国外油气勘探开发新进展丛书(十九)

压 裂 水 平 井

[美] Mohamed Y. Soliman　Ron Dusterhoft　著

郝明强　徐晓宇　译

石 油 工 业 出 版 社

内 容 提 要

本书内容主要包括水平井压裂技术，直井向水平井的转变，水平井油藏工程方法，压裂水平井油藏工程方法，压裂水平井完井工艺，岩石力学基础，水平井钻井工艺，压裂支撑剂，裂缝诊断技术，分解压裂工艺，压裂完井方法和技术，用测井手段分析压裂设计技术，裂缝处理诊断，以及环境管理等内容，集理论、技术和实践于一体。

本书适合从事油气田开发工程的科技人员、工程技术人员和高等院校师生参考阅读。

图书在版编目（CIP）数据

压裂水平井 ／（美）穆罕默德·索里曼
(Mohamed Y. Soliman)，（美）罗恩·达泽霍夫特
(Ron Dusterhoft) 著；郝明强，徐晓宇译. — 北京 ：
石油工业出版社，2020.11
（国外油气勘探开发新进展丛书；十九）
书名原文：Fracturing Horizontal Wells
ISBN 978-7-5183-4259-4

Ⅰ.①压… Ⅱ.①穆… ②罗… ③郝… ④徐… Ⅲ.
①压裂-水平井 Ⅳ.①TE357.1②TE243

中国版本图书馆 CIP 数据核字（2020）第 207980 号

Original title：Fracturing Horizontal Wells
Edited by Mohamed Y. Soliman and Ron Dusterhoft
ISBN：9781259585616
Copyright © 2016 by McGraw-Hill Education.
All rights reserved. No part of this publication may be reproduced or transmitted in any form or by any means, electronic or mechanical, including without limitation photocopying, recording, taping, or any database, information or retrieval system, without the prior written permission of the publisher.
This authorized Chinese translation edition is jointly published by McGraw-Hill Education and Petroleum Industry Press. This edition is authorized for sale in the People's Republic of China only, excluding Hong Kong, Macao and Taiwan.
Translation Copyright © 2020 by McGraw-Hill Education and Petroleum Industry Press.

出版发行：石油工业出版社
　　　　　（北京安定门外安华里 2 区 1 号　 100011）
　　　　　网　　址：www.petropub.com
　　　　　编辑部：(010) 64523710　图书营销中心：(010) 64523633
经　　销：全国新华书店
印　　刷：北京晨旭印刷厂

2020 年 11 月第 1 版　 2020 年 11 月第 1 次印刷
787×1092 毫米　开本：1/16　印张：27.5
字数：650 千字

定价：150.00 元
（如发现印装质量问题，我社图书营销中心负责调换）
版权所有，翻印必究

序

"他山之石，可以攻玉"。学习和借鉴国外油气勘探开发新理论、新技术和新工艺，对于提高国内油气勘探开发水平、丰富科研管理人员知识储备、增强公司科技创新能力和整体实力、推动提升勘探开发力度的实践具有重要的现实意义。鉴于此，中国石油勘探与生产分公司和石油工业出版社组织多方力量，本着先进、实用、有效的原则，对国外著名出版社和知名学者最新出版的、代表行业先进理论和技术水平的著作进行引进并翻译出版，形成涵盖油气勘探、开发、工程技术等上游较全面和系统的系列丛书——《国外油气勘探开发新进展丛书》。

自 2001 年丛书第一辑正式出版后，在持续跟踪国外油气勘探、开发新理论新技术发展的基础上，从国内科研、生产需求出发，截至目前，优中选优，共计翻译出版了十八辑100 余种专著。这些译著发行后，受到了企业和科研院所广大科研人员和大学院校师生的欢迎，并在勘探开发实践中发挥了重要作用，达到了促进生产、更新知识、提高业务水平的目的。同时，集团公司也筛选了部分适合基层员工学习参考的图书，列入"千万图书下基层，百万员工品书香"书目，配发到中国石油所属的 4 万余个基层队站。该套系列丛书也获得了我国出版界的认可，先后四次获得了中国出版协会的"引进版科技类优秀图书奖"，形成了规模品牌，获得了很好的社会效益。

此次在前十八辑出版的基础上，经过多次调研、筛选，又推选出了《天然裂缝性储层地质分析（第二版）》《压裂水平井》《水力压裂——石油工程领域新趋势和新技术》《钻井液和完井液的组分与性能（第七版）》《水基钻井液、完井液及修井液技术与处理剂》《管道应力分析相关土壤力学》等 6 本专著翻译出版，以飨读者。

在本套丛书的引进、翻译和出版过程中，中国石油勘探与生产分公司和石油工业出版社在图书选择、工作组织、质量保障方面积极发挥作用，一批具有较高外语水平的知名专家、教授和有丰富实践经验的工程技术人员担任翻译和审校工作，使得该套丛书能以较高的质量正式出版，在此对他们的努力和付出表示衷心的感谢！希望该套丛书在相关企业、科研单位、院校的生产和科研中继续发挥应有的作用。

中国石油天然气股份有限公司副总裁　李鹭光

作者简介

Mohamed Y. Soliman 博士是休斯敦大学石油工程系主任。在加入休斯敦大学之前，Soliman 博士为得克萨斯理工大学石油工程专业的教授。他曾在哈里伯顿能源服务有限公司（Halliburton Energy）工作了 30 多年，担任过多个技术和管理职位。他是美国石油工程师协会（P. E.）的杰出会员，美国国家发明家科学院（NAI）的会员，还被得克萨斯州评为专业工程师。同时，他还是沙特阿拉伯国王大学的客座教授。他曾经撰写或与他人合著了 200 多篇技术论文，并拥有 27 项美国专利，其中有 10 多项专利正在申请中。

Ron Dusterhoft 是哈里伯顿能源服务有限公司的技术研究员。他在石油行业工作了 32 年，曾在全球多个地点担任过不同的工程职位。他的研究范围涵盖非常规页岩资产和深水防砂应用的水力压裂设计，建模和性能。曾经撰写或与人合著过 30 多篇技术论文，并拥有 60 多项专利，拥有加拿大艾伯塔大学颁发的机械工程学学士学位，并且是美国石油工程师协会的会员。

原书序

　　相比水平井钻探和含烃页岩增产技术，过去的技术很少可对全球产业产生很大的影响。1970—2009 年，美国的原油储量一直在稳定下降，从大约 $430×10^8$ bbl 下降到大约 $200×10^8$ bbl。但是，随着水平井钻探和含烃页岩增产技术于 2009 年的经济应用，储量已增至约 $400×10^8$ bbl。这改变了美国的能源行业布局，并使美国在石油生产方面跃居世界首位。如今，该行业仍在不断创新技术，并努力实现新的平衡，以便于全世界的人们在未来几年内都可获得充足的能源。

　　这些变化背后的科学和工程意义是深远的，但已被许多人忽视了。地球科学与工程学的整合已经达到一个新高度，使得几年前被认为完全不可行的页岩油生产成为可能。尽管未来将面临更多挑战，但更多技术进步将能确保人们在未来可获得充足的，性价比高的能源。

　　本书分析了一些新技术以及第一代技术的快速应用。另外，本书分析了当今行业的最新状况，并展望了未来技术发展。

Gregory L. Powers 博士

哈里伯顿能源服务有限公司技术副总裁

前　言

　　水平井压裂技术的发展彻底改变了石油工业布局，对世界经济产生了重大影响。压裂是水平井完井技术的一部分，压裂技术在过去 10~15 年实现了长足发展。本书全面介绍了水平井完井和压裂技术，主要包括水平井压裂技术，直井向水平井的转变，水平井油藏工程方法，压裂水平井油藏工程方法，压裂水平井完井工艺，岩石力学基础，水平井钻井工艺，压裂支撑剂，裂缝诊断技术，分段压裂工艺，压裂完井方法和技术，用测井手段分析压裂设计技术，裂缝处理诊断等内容，还指出了压裂对环境的潜在影响。希望它对行业工程师和学者都有用。

　　本书是团队合作的成果。其中，Mohamed Y. Soliman（得克萨斯州休斯敦大学石油工程系讲座教授/主任）参与编写了第 1 章、第 3 章、第 4 章、第 5 章和第 8 章；Buddy W. McDaniel（俄克拉何马州邓肯市哈里伯顿能源服务有限公司首席技术顾问）参与编写了第 1 章；Ron Dusterhoft（得克萨斯州休斯敦哈里伯顿能源服务有限公司技术研究员）、Ken Williams（得克萨斯州休斯敦的地质学家，已退休）参与编写了第 2 章；Abiodun Matthew Amao（沙特阿拉伯利雅得国王大学石油与天然气工程系助理教授）、Aref Lashin（沙特阿拉伯利雅得国王大学石油与天然气工程系副教授）、Fernando Samaniego Verduzco（墨西哥国立自治大学石油工程系教授）参与编写了第 3 章；Mehdi Rafiee（得克萨斯州奥斯汀 Statoil Gulf Services 公司高级研究员）、Ali Rezaei（得克萨斯州拉伯克市德州理工大学石油工程学系博士生）参与编写了第 5 章；Ron Dirksen（得克萨斯州休斯敦 APS 技术部副总裁）、Hossein Emadi（得克萨斯州拉伯克市得克萨斯理工大学石油工程系助理教授）参与编写了第 6 章；Philip Nguyen（得克萨斯州休斯敦哈里伯顿能源服务有限公司首席技术顾问）、Mark Parker（俄克拉何马州俄克拉何马城哈利伯顿能源服务有限公司技术经理）参与编写了第 7 章；Gary Frisch（得克萨斯州休斯敦哈里伯顿能源服务有限公司技术顾问）、Ron Sweatman（得克萨斯州蒙哥马利 RS Consulting 公司经理/所有者以及 Independent Energy Standards Corp 公司工程总监）、Ben Wellhoefer（得克萨斯州休斯敦哈里伯顿能源服务有限公司裸眼隔离系统产品经理）参与编写了第 9 章；Jim Surjaatmadja（俄克拉何马州邓肯市哈里伯顿能源服务有限公司技术研究员）、Loyd East（俄克拉何马州邓肯市哈里伯顿能源服务有限公司的全球团队负责人）参与编写了第 10 章；Ahmed Alzahabi（得克萨斯州拉伯克市得克萨斯理工大学石油工程系博士生）、Richard Bateman（得克萨斯州拉伯克市得克萨斯理工大学石油工程系副教授）参与编写了第 11 章；Norm Warpinski（得克萨斯州休斯敦哈里伯顿能源服务有限公司技术研究员）参与编写了第 12 章；Davis L. Ford（得克萨斯州奥斯汀市 Davis L. Ford and Associates 总裁）、Johanna Haggstrom（得克萨斯州休斯敦哈里伯顿能源服务有限公司技术经理）参与编写了第 13 章。在此向他们表示感谢！

Mohamed Y. Soliman

Ron Dusterhoft

译者前言

水平井自问世以来已经有 90 余年的历史，并成功应用于各类油气藏。20 世纪后半叶，压裂水平井技术开始应用于低渗透油气藏，我国也于 20 世纪 90 年代初在大庆油田和长庆油田开始了压裂水平井的现场试验，但一直发展缓慢。自 2005 年以后，随着压裂技术的进步，压裂水平井在世界范围内快速增长，并使得大批特/超低渗透难采储量、页岩油气等实现规模效益开发，成为近年来非常规能源革命的关键技术之一。

虽然已有不少关于水平井方面的专著，但专门针对压裂水平井的还很少。特别是最近十年，压裂水平井在油藏工程设计、工艺优化、裂缝监测、试井分析等方面取得了较快发展和技术进步。并且，我国每年油气产能建设中，超低渗透/致密油气藏和页岩油气的占比也在逐年加大，对压裂水平井这项技术的需求也非常迫切。因此，有必要将国际上最新的理论技术进展和现场试验经验引进过来，供广大科技人员参考使用。

本书是 2016 年美国出版的关于压裂水平井方面比较全面的著作，涵盖了油藏工程、钻井工程、采油工程等多个专业，集理论、技术与现场实践于一体。原书作者有着扎实的专业基础和丰富的现场经验，是压裂水平井方面的国际知名专家，本书是他们的最新研究成果。

本书第 1~5 章、第 8 章由中国石油勘探开发研究院郝明强高级工程师负责翻译，第 6 章、第 7 章、第 9~13 章由大庆油田分公司徐晓宇高级工程师负责翻译。中国石油勘探开发研究院秦勇、刘天宇、蔚涛、胡亚斐等四位工程师参加了部分翻译和审校工作。

由于译者水平有限，加之书中专业跨度较大，翻译过程中难免有不妥之处，敬请广大读者和同仁不吝指正。

译者
2020 年秋

目　　录

1　水平井压裂技术 ……………………………………………………（1）

2　直井到水平井的转变 ………………………………………………（13）

3　水平井油藏工程 ……………………………………………………（29）

4　压裂水平井油藏工程 ………………………………………………（72）

5　岩石力学概述 ………………………………………………………（97）

6　水平井钻井 …………………………………………………………（146）

7　支撑剂和支撑剂运移 ………………………………………………（176）

8　裂缝诊断测试 ………………………………………………………（193）

9　层间封隔技术 ………………………………………………………（234）

10　水平井压裂完井技术 ………………………………………………（302）

11　利用测井数据和分析进行压裂设计 ………………………………（346）

12　压裂诊断 ……………………………………………………………（363）

13　环境管理 ……………………………………………………………（397）

1 水平井压裂技术

1.1 背景

水力压裂是最常用的油气井增产改造技术，其原理是将流体加压泵入储层中，使地层产生裂缝，并向裂缝内铺置支撑剂（小颗粒固体），让其永久或在置入后的几年内保持张开状态，形成具有一定导流能力的裂缝。该技术主要用于改造含有油气的多孔介质储层，以提高单井产量和采油速度。该技术奠基人 Clark 于 1949 年发表的文章指出，Stanolind 石油与天然气公司（Stanolind Oil and Gas Company）于 1948 年首次获得了该技术的美国专利权。

1948 年，聚能射孔完井技术在石油工业中也得到了迅速发展。第二次世界大战结束后的 10 年间，大量新技术被应用到油田开发中，其中水力压裂和聚能射孔完井技术毫无疑问是油气开采历史上的两大重要里程碑。

水力压裂技术已有 50 多年的历史，最初广泛应用于北美地区的直井。然而，当时全球范围内仅有一小部分直井采用水力压裂技术完井，北美以外地区采用该技术则屈指可数。此外，水平井采用压裂技术完井更是罕见，直至 20 世纪 80 年代后期才陆续出现。

因此，在水力压裂技术发展的前 50 年中，只有油气行业上游领域的工程师和项目经理掌握该项技术，外界对该技术知之甚少。但是从 2002 年开始，随着高泵速、大液量分段压裂技术的快速发展，水平井完井技术在 Barnett 页岩储层中取得了巨大成功，开启了水平井页岩完井模式（SCM）的新时代。这或许是继阿拉斯加石油产业繁荣之后，石油行业经历的最快速的变革。

不幸的是，2010 年前后，水力压裂技术被美国主流媒体贴上了"负面实践"的标签，一个规模较小（却掌握话语权且资金充足）的组织推动了反对水力压裂开采油气的运动，该组织忽略了大量事实，为追求轰动效应而妄加评论水力压裂技术的"压裂"过程对环境的影响。

1.1.1 酸化压裂

酸化压裂（酸压）是指依靠酸液的溶蚀作用，将裂缝壁面溶蚀成凹凸不平的表面，停泵卸压后，裂缝壁面不会完全闭合。该技术能够替代水力压裂中固体颗粒的机械支撑作用，适用于坚硬且致密的碳酸盐岩油藏。相关实践表明，酸压成功率较低主要是因为遗留的大量细小颗粒难以溶解，所以该技术只能应用于酸溶解度高于 85% 的碳酸盐岩或白云岩储层。即便如此，仍然无法保证酸压技术能够产生良好的经济效益，几乎所有采用该技术的油田都面临该问题，因此，选择适当的技术和工程应用至关重要。

1.1.2 无支撑剂压裂

有些开采井中，既未铺置支撑剂，也未进行酸化溶解。有些油田运营商甚至认为，水力压裂一旦产生裂缝将不再闭合，从而产生一条具有低阻力和高导流能力的流动通道。实际上，该无支撑剂压裂技术通常只能用于非均质性强、渗透率极低的储层。该技术只在极少数的特殊地层条件下才能够实现商业开采。

开采实践证明,98%以上的水力压裂(强可溶性碳酸盐岩采用酸化压裂技术除外)均铺置了高强度支撑剂,但仍有一些特殊储层需要应用其他压裂方式。

1.1.3 凝胶压裂液

1946年,Stanolind石油与天然气公司首次提出水力压裂概念。在与哈里伯顿固井公司(Halliburton Oil Well Cementing Company, HOWCO,以下简称哈里伯顿公司或哈里伯顿)签订保密协议后,两家公司共同研发出这一技术,并于1947年夏天在堪萨斯州西南部的Hugoton油田进行了首次水力压裂试验。当时采用一种稠化的煤油凝胶液体作为压裂液,该液体由第二次世界大战"遗留"的化学材料制成。而第二次世界大战期间,该材料被用于制作燃烧弹。当时的支撑剂浓度很低,只将几百磅经过清洗和分级的河砂加入几百加仑液体中,并以低于5bbl/min的泵速,泵入油井储层。1947年下半年及1948年,该公司对其他几种压裂方案(Hydra-Frac)陆续进行现场试验,结果表明增产效果良好。1948年末,Stanolind石油与天然气公司取得了该技术的专利权。1949年初,哈里伯顿固井公司获得了水力压裂技术3年期独家商业许可。1949年3月,哈里伯顿首次完成了商业化压裂作业,一项全新的油井压裂技术服务由此诞生。此后的12个月内,该公司的300多口油井采用了水力压裂技术;而到第二年和第三年末,分别有1000多口和3000多口井采用该技术。1952年第二季度,哈里伯顿公司再次获得商业许可,同时还有两家公司也获得了商业化许可。自此,水力压裂技术经历探索起步和规模商业化后,步入快速发展阶段。

1.1.4 水基压裂液或滑溜水压裂液

在凝胶压裂液广泛应用于石油行业的同时,非凝胶体系的水基压裂液(WF)也被用于许多油井以实现压裂增产。然而,水基压裂液中仍需加入不同种类的低浓度聚合物来降低管道摩阻,"滑溜水"(Slickwater, SW)这一叫法由此而来。滑溜水的携砂能力较弱,因此支撑剂浓度过大会导致颗粒沉降而造成砂堵,施工设计时通常会根据特定的储层条件来确定合理的支撑剂浓度,以此来降低风险。近年来,随着分段压裂完井技术的发展,超低渗透油藏成为北美地区的开发热点,低浓度支撑剂的水基压裂液或滑溜水压裂液随之成为最常用的压裂方法。而目前非常规油藏增产过程中更常用的是混合压裂液技术,即在压裂初期泵入滑溜水压裂液,随后使用更加黏稠的凝胶压裂液(井筒附近可采用浓度更高的支撑剂)。

2005年前后,由于北美地区的大部分陆上钻井针对特低、超低渗透储层,因此,几乎所有压裂增产都涉及滑溜水压裂。就此而言,对压裂技术的回顾有助于我们更深入地了解压裂液,尤其是了解从使用弱凝胶压裂液或非凝胶水基压裂液作为主要压裂液进行水力压裂作业的发展过程。而回顾水平井压裂完井之前实践作业情况,对水力压裂技术的进一步了解具有重大意义。因为至今仍有油田采用凝胶压裂液甚至更加复杂的凝胶压裂液对中低渗透储层进行压裂改造。而对于高温高压井而言,有记载的所有成功案例几乎都使用了高黏度压裂液来输送高浓度、高强度的支撑剂。

1.1.5 直井完井

约从1970年起,石油行业开始使用计算机辅助建模,并致力于压裂液的发展和裂缝导流能力的提高,促进了水力压裂技术的又一次飞跃。随着压裂液从原油基、柴油基和弱凝胶水基压裂液向高黏度的乳状、泡沫凝胶甚至交联水基凝胶压裂液系列的转变，压裂液可以输送更多的支撑剂，进而延长裂缝长度并提高导流能力。20世纪70年代末到80年代初，高黏度凝胶压裂液产品的应用开启了致密砂岩储层的"大规模水力压裂"时代。随着大多数采用压裂技术的油井使用交联凝胶压裂液系列产品以形成超长和超高导流能力的裂缝，此类压裂液得到进一步的发展，包括数百万磅支撑剂的使用。此类压裂液大多用于陆上致密气藏。然而研究逐渐表明，砂粒在深井的支撑能力有限，进一步的研究证明滞留的凝胶压裂液可能会严重破坏裂缝的导流能力。

　　油田的实际作业情况表明，直到20世纪80年代初期或中期，几乎所有的陆上完井都采用直井方式。随后，美国石油行业再次掀起高泵速水力压裂技术的浪潮，利用非凝胶或弱凝胶水基压裂液向低渗透厚层气藏（约0.001~0.05mD）中输送少量的支撑剂。该压裂方法的早期普及在很大程度上得益于石油行业曾广泛采用压裂服务定价结构的人工经济学。在北美地区，几乎所有的高压泵压裂服务公司都通过化学剂和支撑剂销售利润来弥补其压裂支出。因此，当购买者采用高压泵压裂服务时，只需购买少量的化学剂，而所需的支撑剂也将大幅减少，因此压裂公司基本毫无利润可言，而买家的完井成本将大幅降低。几年后，压裂服务的定价结构发生改变，高压泵压裂服务产生了可观的利润，而且由于使用少量支撑剂的水基压裂液的产油量较低，其经济优势也不复存在。最终，行业人员认识到，只有在超低渗透储层、低孔隙压力或无孔隙压力的储层中，水基压裂技术才能产生良好的经济效益。许多人认为，即使有支撑剂支撑的裂缝导流能力较高，但采用凝胶压裂液压裂后，若无法充分清理储层中残留的压裂液，将对裂缝的导流能力造成超乎预期的伤害。

1.2　水平井发展史

　　据油田文献记载，水平井钻井最早追溯到19世纪末。但是如果以相关的文献资料作为有效的衡量标准，则表明当时水平井的数量也寥寥无几。

　　然而，如果以水力压裂技术作为油气井增产措施而提出最初概念和专利的时间框架（1946—1948年）为准，则发现最初使用水平钻井技术的并非油田，该技术很可能源于采矿业。与油田应用不同，采矿业通常在地下煤矿的扩大区中钻出用于生产甲烷的水平井，然而由于产出气中空气含量过高，最终未能市场化。煤矿中的水平井专门用于在开采之前对煤炭脱气，仅为采矿过程中的安全考虑。直到20世纪80年代，许多煤矿经营者开始商业化开采煤层气，并将其作为能源投放市场。但是大部分在开采之前通过直井完成，通常在数周至数月的排水周期之后，才能使井口产出纯甲烷。为了提高产气率，产生良好的经济效益，许多煤层都需要进行水力压裂改造。

　　然而，有人认为"水力压裂"增产改造技术可能阻碍了水平钻井技术在石油工业的发展和普及。自20世纪80年代，水平井钻井开始快速普及，这10年间的许多出版物都宣称水平井完井技术是无须进行水力压裂且能够实现低渗透油藏商业开发的方法。

　　此外，在20世纪80年代，各种钻头转向技术也飞速发展，起初并非用于水平井完井。水平井钻井的最终目标产层通常是需要一定程度的三维控制才能到达预期富烃位置的油气高产区，有时只需完成简单的S形轨迹，但偶尔也会遇到较复杂的路径，需要绕过倾斜突起才能到达油气层。

大约在 1980 年以前,钻井技术主要关注的是导向技术,重点是能够轻柔且缓慢地改变井筒方向。从 1980 年到 20 世纪 90 年代中期,转向技术发展缓慢。进入 21 世纪,水平井钻井应用激增,尤其是在 2003 年之后(图 1.1),同时钻井技术快速发展,钻井精准度大幅提高,随钻测量工具与地质导向工具也得到了发展。

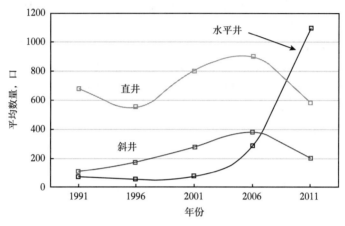

图 1.1　基于钻机数量的钻井类型对比

在过去几年中,大量水平井完井技术广泛应用并进入教科书,打破了该技术只在非北美地区应用的壁垒。在"页岩气革命"爆发的前几年,大多数水平井完井都在北美以外的地区,其中只有一小部分采用了水力压裂完井。

多分支水平井完井是油气井增产提效的另一种技术。对于该技术在任何类型的油藏中的应用,最直接的质疑便是"风险增加了多少?"。而对于低渗透油藏而言,还应考虑"该技术能够有效提高所有分支井的石油产量吗?"若要解决该问题,则需大幅增加所有分支井的完井成本。

1.3　斜井压裂

以往的钻井作业表明,大多数陆上油气生产井基本上都采用直井。仅在过去十年,这一趋势在北美就发生了巨大的变化,新商业开采项目大多为页岩气储层,在生产层段钻水平井。然而,就以往实践和当前的情况来看,大部分水平井钻在生产层段之间存在 15° ~ 70°的倾斜角,因此通常被称为斜井。斜井大多位于无须进行水力压裂完井的高渗透储层。而本节只讨论必须通过水力压裂才能实现商业化生产的情况。

在水力压裂完井方面,经验丰富的工程师们普遍认为,地层中斜井压裂更具挑战性,尤其是直井或水平井压裂中需要形成横向裂缝(McDaniel,2007)时。如果简单地以相同油藏中典型的直井压裂方式对此类斜井采用相同的工程设计,则很难实现增产的效果,因此,斜井压裂难度更大。

实践作业表明,大多数斜井都位于渗透率较高的地层中,在此类地层进行钻探和完井期间,由于高渗透率,根本不需要考虑水力压裂。海上钻井时,想要打到预定井位需要适度或大范围调整钻井轨迹，为了增大与产层的接触面积，需要打斜井，穿透产层。然而开采一段时间后，高渗透区域压力枯竭，此时可能需要重新考虑开发低渗透区域，水力压裂重新发挥作用。在这种情况下，油田运营商应当注意倾斜井筒对水力压裂带来的限制和弊端。

运营商和服务商必须充分考虑水力压裂每个井筒的具体情况，在此基础上进行水力压裂方案设计才能实现预期目标获得经济回报。大多数有关水力压裂的文章，只是简单提醒读者"当井筒需要横跨产层段时，请尽量避免压裂完井"。本书第 5 章将简述斜井压裂的相关情况。

当在低渗透、中高硬度的储层中进行压裂时，很容易压出多个独立平行的裂缝。当前置液使地层压开裂缝后，带有支撑剂的携砂液顺着射孔被注入裂缝，但钻井液会对携砂液的前进造成巨大阻力，这种情况下便会形成单一、狭窄的裂缝（并不会产生预期的宽裂缝）。裂缝之间的应力干扰（应力阴影）是这种裂缝生成的主要原因。本书第 5 章将详细探讨这一问题。在许多情况下，其中只有少数几个裂缝占绝对优势，压裂液也主要流向这几个主裂缝，它们也因此变得更宽。而小裂缝仅在短时间内开启，少量支撑剂进入后很快就不再活跃。作业人员希望继续泵入压裂液，使裂缝在带有支撑剂的携砂液到达之前继续延伸，然而事实证明这只是浪费前置液。在最坏的情况下，主裂缝中的支撑剂也可能出现桥断，所有的裂缝在数秒至数分钟内全部停止延伸。

1.4　水平井压裂

20 世纪 80 年代中后期，水平井钻井、固井、测井和完井技术飞速发展，且有大量的文献（参考资料）记载，这直接催生了水平井压裂技术。McCormick 石油公司（McCormick Oil Company）携手哈里伯顿公司共同完成了首次水平井压裂试验。随后，数家美国石油公司、国际石油公司和其他国家石油公司也加入了该项目。该项目旨在研究水平井钻井、完井、试井和压裂增产的技术和经济可行性。该项目的顺利实施证明了该技术的可行性。

McCormick-哈里伯顿项目同时开展了一些早期研究工作，提高了业界对水平井压裂的了解。Soliman 等人（1990）发表了有关生产流程的早期研究文章，其中说明了横向裂缝中流体聚流的影响，以及横向裂缝数量对总产量的影响。El-Rabaa（1989）从岩石力学角度研究了射孔间距对横向裂缝形成的影响。研究表明将压裂能量集中到有限区域时，能够压裂形成横向裂缝。该概念也被用于其他的增产技术。随后，Soliman 等人（1990）发表了相关的研究结果，解释了产生横向裂缝所需的压力比 Hubbert 和 Willis 在 1957 年发表的文章中提出的破裂压力高的原因。

Soliman 等人（1989）的另一项研究论述了压裂水平井的前景。Abass 等人（1992）、AbouSayed 等人（1995）、Soliman 等人（1996）的研究工作进一步提高了业界对压裂水平井的岩石力学、流体流动和作业的理解。Economides（1989）将流体聚流效应量化为表皮系数。基于该研究成果，涌现出了大量针对水平井压裂影响因素的研究。

虽然压裂增产技术的应用一直以来都集中在北美地区，但是考虑到世界范围内对该技术的应用情况，仍需要拥有更广泛的视角。压裂液的选择主要取决于具体的地层条件。最近 10 年，压裂技术专家引入了更具重大意义的新地层变量，尤其是目前可能对超低渗透烃源岩储层（页岩层）进行井采的情况。图1.2左侧 y 轴说明了压裂液类型与地层渗透率之间的关系，可理解为对数—关系，在 x 轴从左向右移动时，地层由高脆性向高韧性转变。为了更清楚地理解该图，图中右侧 y 轴上添加了双轴，代表压裂液黏度和支撑剂浓度，其中黏度为对数关系，支撑剂浓度为线性关系。

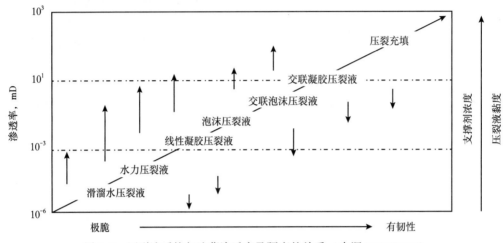

图1.2   压裂液系统与油藏渗透率及硬度的关系（来源SPE133427）

1.5   20世纪80年代中后期水平井应用的增长

水平井的最初目的是在不压裂、不破坏中低渗透储层的同时提高产油量，这一理念在全球获得了极高认可度。仅有少数偏远地区在最初的钻井和完井项目中，采用水平井压裂完井技术，它主要用于白垩系地层（例如奥斯汀白垩系地层和北海白垩系地层）。水平井压裂在这两个白垩系地层的应用除了均属白垩系地层，基本没有其他相似之处。其中，奥斯汀白垩系地层位于得克萨斯州中部到东南部，属于陆上储层，并且也是钻井和油井服务基础设施健全、压裂成本较低的相关地区；而北海白垩系地层处于北海中部远海区域，压裂成本极高。

1.5.1   奥斯汀白垩系地层中的应用

油田运营商很快意识到，要实现商业开采，必须掌握经济性较好的钻井完井技术，通常需要短到中长距离的水平段长度。一般来说，所采用的简单的循环酸化、酸洗、中速酸压、中高速少支撑剂或无支撑剂水基压裂液等都是良好的增产措施，少数情况下，携带高浓度支撑剂的水基交联凝胶压裂液也能增加产量。有些油井也有套管分支水平井。此外，还有极少数技术用于对油井进行精确定位。普通的井通常成本低、风险小，为中等长度的裸眼水平井，采用无支撑剂水基压裂液高速压裂完井。

1.5.2   北海白垩系地层中的应用

北海白垩系地层的水平井压裂成本较高，因此需要对油藏进行深入调查和评估，大部分油田开发方案都是在两个或三个早期试验井的完井或增产方案进行评估的基础上确定的。根据海上油井标准，可在超低渗透率（大部分为1~10mD；少数区域渗透率大于20mD）的

Tor 或 Hod 白垩系地层实施水力压裂。为了增加采油量，20 世纪 80 年代后期油田运营商钻探了很多超长分支水平井。在对酸化压裂和大液量支撑剂裂缝进行评估后，有些地区选择继续使用成本高、但是能够产生更宽裂缝的水力压裂方法，并通过在宽裂缝中铺置大量支撑剂，克服软地层带来的嵌入效应。

20 世纪 90 年代，人们越来越倾向于使用水平井开发低渗透油藏，但不一定对其进行压裂增产。尤其当知道储层特定区域的天然裂缝发育方向时，最主要的是提高水平井垂向穿过天然裂缝群的能力，实现自然增产。

与此同时，微地震监测裂缝的技术也迅速发展，使压裂人员能够远距离观察直井中裂缝的延伸情况，但由于市场需求有限，该技术未得到广泛的推广。20 世纪末，在北美地区，只有少数几个油田（如蒙大拿州东部的 Bakken 油田）反复采用水力压裂技术，而这些油田也未钻探分支水平井来压裂横向裂缝。

在"页岩压裂魔术"被业界广泛采用之前，相关文献的确记载有通过压裂完井以产生多条独立横向裂缝，进而增产提效的实践案例。例如，Willett 等人（2002 年）对得克萨斯州西南部高溶解度的低渗透碳酸盐岩地层的酸压分析。图 1.3 是对该油田东部通过横向裂缝的注水泥浆完井（CLC）与通过横向裂缝的裸眼环空衬管完井（OHLS）的经济效益的比较。如图所示，5 年后，环空衬管完井的每口井的利润比水泥浆完井多 500 万美元。图 1.4 表明该油田中部的油井采油情况正好相反，这表明了横向裂缝的必要性。即使在最近 10 年末，使用连续油管（CT）进行压裂增产的情况仍非常罕见。

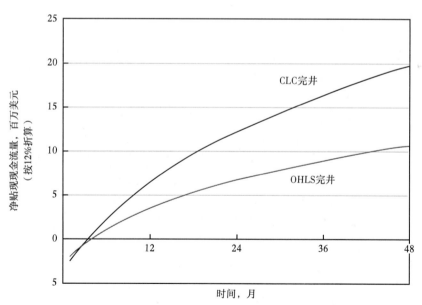

图 1.3　使用 CLC 和 OHLC 完井时在该油藏品质较好区域累计的平均净现金流
（CLC 完井时的初始完井费用略高）

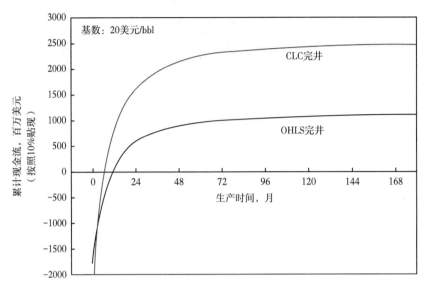

图 1.4　使用 CLC 和 OHLC 完井时在该油藏品质较差区域累计的平均净现金流
（CLC 完井时的初始完井费用略高）

1.6　页岩压裂

20 世纪 90 年代中期，Mitchell 能源公司（Mitchell Energy，由 George Mitchell 创建）开始在得克萨斯州北部的 Barnett 页岩储层中使用大液量、高泵速的水基压裂液（支撑剂浓度非常低）。当时该地区油田基本上都是直井，采用水基压裂液增产措施后，该地区油田在 20 世纪末之前持续盈利，进而推动了该地区采油业的蓬勃发展。但是，油田运营商很快发现，除丹顿县和怀斯县的核心区域外，其他地区压裂风险都较高。在丹顿县和怀斯县，Viola 地层很厚，能够防止裂缝向下扩展到 Ellenberger 含水层。2002 年，Devon 能源公司（DevonEngrgy）收购了 Mitchell 能源公司及其名下的 Barnett 页岩油层。2002 年底，Devon 能源公司采用多分支分段压裂水平井技术完成了 Barnett 页岩储层中的第一批水平井，3000～4000ft 的 4～5 个压裂段使用的液量基本与一口直井相当。试验表明，如果在 Barnett 页岩的上半部分钻水平井，即使在没有 Viola 地层保护的情况下，也可以在井下多点利用水基压裂液压裂分支水平井。这一发现引爆了新一轮的 Barnett 页岩的钻井热潮，最终产生了上千口 Barnett 页岩水平井，这股热潮一直持续至 2012 年。

几十年来，Barnett 页岩一直被认为是烃源岩，因为其生成的天然气会迁移到上部的储层中。即使目前，仍有大量天然气赋存在 Barnett 页岩储层中，但由于其低孔隙度、低渗透率［孔隙度为 1%～4%，渗透率处于微达西（μD）甚至纳达西（nD）级别］，因此需要一个全新的完井和增产概念（相当于直井完井 3～6 倍水基压裂液和支撑剂总用量的超长水平井和大液量高泵速多级水力压裂）才能实现商业开采。

2005 年，美国油田运营商开始对其他"烃源页岩"储层进行勘察评估，并取得了一定的成果。这项评估一直持续到 2015 年，而且对烃源页岩的勘查范围也扩大到全球。大液量高泵速水平井水力压裂协助油田运营商实现了 Barnett 页岩的商业开采，该技术几乎已成为所有新发现烃源页岩储层开发的首选。然而，实践证明此类页岩储层与 Barnett 页岩存在很大不同。

1.7 页岩完井模式（SCM）

2005 年前后，Barnett 页岩的成功开采经验使长水平分支井、大液量、高泵速多级压裂完井技术（页岩完井模式）得到了广泛认可。随后，该技术被应用到烃源岩储层和超致密油气储层（与烃源岩共同归类为非常规油气）的完井，取得了良好的效果。然而，由于该技术只能使用水基压裂液，因此无法用于大部分页岩储层或超低渗透储层。除 Barnett 储层外，很少有页岩储层同时满足该技术应用的三个条件：（1）高脆性储层；（2）广泛的天然裂缝；（3）水平应力差很小。如果缺少其中任何一项或多项，则需要使用较高黏度的压裂液，并在井筒附件铺置更高浓度的支撑剂，确保井筒和大裂缝之间的连通性。图 1.2 在一定程度上说明了这一原理。

1.8 关于石油

由于天然气价格高昂，因此北美地区的大多数原始资源开采多与天然气生产有关。然而，页岩气开发的巨大成功，加之持续的经济低迷导致天然气价格暴跌。由于大部分页岩钻井成本高昂，石油价格也随之攀升，石油公司不得不寻求更多的石油资源。在天然气价格暴跌之前，非常规油气田和烃源岩的开采推动了一项源于 Bakken 页岩开采的新技术的应用。该油田从蒙大拿州东部起一直进入北达科他州，已使用 8~12 台钻机开采多年。然而，2006—2008年，有些运营商在北达科他州的页岩储层的水平井钻井中采用页岩完井技术。运营商意识到需在脆性更高的 Bakken 页岩（图 1.5）采用分支水平井，确保其不会造成裂缝起裂，同时可避免井筒压力过大，限制压裂液注入速率或有时会导致过早脱砂，甚至可能造成未能铺置支撑剂。Bakken 中层富含有机质的页岩更具韧性。一般而言，岩层的脆性越高，裂缝延伸的长度就越长，但是，韧性高的岩层中裂缝的发育情况较差。最近几年，有些谨慎的油田运营商开始进行水平井测井解释，以更好地确定射孔位置，进而降低压裂成本。

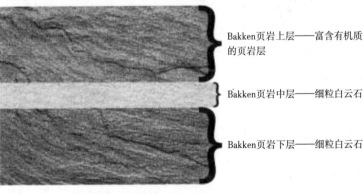

Bakken页岩上层——富含有机质的页岩层

Bakken页岩中层——细粒白云石

Bakken页岩下层——细粒白云石

图 1.5　Bakken 储层中部的薄层（通常只有 9~15ft 厚）为钻井目标层位
（大部分产油源于 Bakken 页岩的上、下层位）

虽然运营商了解页岩完井模式（SCM）对 Bakken 页岩的重要性，但是他们也发现使用水基压裂的油井质量不佳，由此催生了混合压裂技术，即在压裂初期泵入水基压裂液和低浓度支撑剂，随后使用携带高浓度支撑剂的凝胶压裂液完成压裂反排。高黏度压裂液能够向每个压裂段铺置更多的支撑剂，运营商对其反馈较好。这些新发现点燃了美国前所未有的大规模石油钻探。Bakken 页岩的日产量从 2006 年 10 月的 9000bbl，猛增至 2010 年底的 25×10^4 bbl；2012 年中期，200 多台水平井钻机在 Bakken 储层作业，日产量高达 55×10^4 bbl；2014 年中期，Bakken 页岩的总产量接近 100×10^4 bbl/d。

1.8.1 EagleFord 页岩富含干气、湿（凝析）气、纯油

长期以来，EagleFord 储层一直被认为是 Austin 白垩系地层和 Buda 石灰岩地层中天然气的烃源岩。EagleFord 发现和开发的时间与天然气价格崩盘和行业钻井转向富含液化气的时间大致吻合。虽然 EagleFord 页岩的早期开发以干气窗口为主（储层南部区域），但钻探活动很快便被凝析气和油窗所替代。EagleFord 页岩储层几乎成为北美地区最活跃的钻井地带，甚至稍领先于 Bakken 储层。除了少数作为位置标志的直井外，几乎所有的新钻井都是水平井（仅只采用页岩完井模式）。图 1.6 展示了 EagleFord 页岩井分布图。

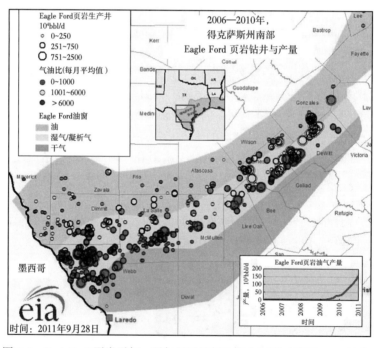

图 1.6 EagleFord 页岩干气、湿气以及油气生产分布图（截至 2011 年末）

许多烃源岩和超低渗透储层已使用页岩完井模式（SCM）成功实现了商业开采。图 1.7 显示截至 2015 年初北美地区 20 个开发最成功的产层。

1.8.2 北美以外地区的页岩气潜力

美国能源信息署（EIA）于 2011 年 4 月发布了一份长达 365 页的全球页岩气资源报告。该报告（2011 年）提供的信息和统计数据说明了美国先进的页岩气钻井和完井技术对全球

图 1.7　北美 20 个最成功的非常规储层商业开发案例分布图

(来源：美国数据来源于公开发表文献。加拿大和墨西哥数据来源于 ARI) 日期：2011.5.9

其他地区的影响。水平井和多级水力压裂已经从根本上改变了页岩气的前景。

2015 年间，阿根廷、澳大利亚、中国和墨西哥等地均报道了页岩气成功开发的案例。欧洲似乎对其持消极态度，因为陆上油田数量较少，也或许由于了解该技术的人也相对较少，到目前为止，欧洲大陆各地区有关成功和失败的案例报道不尽相同，且大多媒体对大液量水力压裂和水平井完井技术的报道均为负面报道。

在全球页岩油气储层勘探过程中，美国的页岩完井技术基本是首选的开发方法。在高成本和高期望的情况下，大多数特定区域的应用都希望尽早产出更多的油气，对大量试验和错误的容忍度极小（在美国很常见）。通过前期调查和分析，辅以井下微地震监测，人们往往能够对完全未知的地下储层有合理的了解。

中国也是较早在页岩储层钻水平井的国家之一，对井下微地震监测（Lv 等，2012）也做出了很大的贡献。即使进行了大量的钻前分析，水平井也很难完全垂直于最大水平应力方向。而微地震监测数据能够解释压裂造成的套管压曲，这一现象在压裂作业中至少发生两次，导致压裂段由原先的 9 段减少为 6 段。如果没有微地震监测手段，压裂造成的储层变化也许永远不为人知，最终成为完全无法解决的难题。

参 考 文 献

[1] Abass, H. H., Hedayati, Saeed, and Meadows, D. L. L. 1992. Non-Planar Fracture Propagation From a Horizontal Wellbore: Experimental Study. SPE 24823, presented at the Annual Technical Meeting of SPE held in Washington D. C., Oct. 4-7.

[2] Abou Sayed, I. S., Schueler, S., Ehrl, E., and Hendricks, W. 1995. Multiple Hydraulic Fracture Stimulation in a Deep Horizontal Tight Gas Well. SPE 30532, presented at the 1995 Annual Technical Meeting held in Dallas, TX, Oct. 22-25.

[3] Clark, J. B. (1949, January 1). A Hydraulic Process for Increasing the Productivity of Wells. Society of Petroleum Engineers, doi: 10. 2118/949001-G.

[4] Economides, M. J., McLennan, J. D., Brown, E., and Roegiers, J. C. 1989. Performance and Stimulation of Horizontal Wells. World Oil, June, pp. 41-45, and, July 1989, pp. 69-76.

[5] El-Rabaa, W. 1989. Experimental Study of Hydraulic Fracture Geometry Initiated from Horizontal Wells. SPE 19720, SPE Annual Technical Conference and Exhibition, San Antonio, TX, Oct. 8-11.

[6] Hubbert, M. K., & Willis, D. G. (1957, January 1). Mechanics Of Hydraulic Fracturing. Society of Petroleum Engineers.

[7] Lv, Z., Wang, L., Deng, S., Chong, K. K., Wooley, J., and, Wang, Q. Ji, Peng, 2012. China's Early Stage Marine Shale Play Exploration: A Deep Asia Pacific Region Horizontal Multiple Stage Frac: Case History, Operation & Execution. Paper SPE 161394, presented at the SPE International Petroleum Exhibition & Conference, Abu Dhabi, UAE, Nov. 11-14. http: //dx. doi. org/10. 2118/161394-MS.

[8] McDaniel, B. W. 2007. A Review of Design Considerations for Fracture Stimulation of Highly Deviated Wellbores. SPE 111211, presented at the Eastern Regional Meeting, Lexington, Kentucky, Oct. 17 - 19. doi: 10. 2118/111211-MS.

[9] Soliman, M. Y., Rose, R., Austin, C., and Hunt, J. L. 1989. Planning Hydraulically Fractured Horizontal Completion. World Oil, September.

[10] Soliman, M. Y., Hunt, J. L., and El-Rabaa, A. 1990. "Fracturing Aspects of Horizontal Wells," JPT, August.

[11] Soliman, M. Y., Hunt, J. L., and Azari, M. 1996. Fracturing Horizontal Wells in Gas Reservoirs. SPE 35260, presented at the Gas Technology Symposium held in Calgary, Canada, Apr. 28 to May 1.

[12] Willett, R. M., Borgen, K. L., McDaniel, B. W., and Michie, E. 2002 Effective Well Planning and Stimulation Improves Economics of Horizontal Wells in a Low - Permeability West Texas Carbonate. SPE 77932, presented at the SPE Asia Pacific Oil and Gas Conference and Exhibition, Melbourne, Australia, Oct. 8-10.

2 直井到水平井的转变

过去几年中，非常规油气藏的商业开采极大地影响了天然气的开发，带来市场巨变，导致天然气供应过剩，因此，天然气价格持续低迷。北美地区，非常规油页岩和富液页岩气藏的钻井和完井产生了同样的影响。虽然国际原油价格取决于全球供需关系，但北美地区天然气市场主要面向当地，即价格由当地供需决定，因此，导致天然气价格波动更大。

就石油行业而言，"非常规资产"通常特指致密气和煤层气（CBM），最近这一概念已扩展至页岩气、富液页岩和致密油藏。本章主要讨论页岩气、富液页岩和致密油，旨在明确如何采用新技术实现此类低品位油气资源的商业化开采。

2.1 致密砂岩气

在致密砂岩气藏或盆地中央气藏中，其圈闭机制与常规油气藏的地层圈闭系统存在明显的差异。在致密气藏中，因流体饱和度的变化和相对渗透率的影响，有些地层渗透率极低，气体的有效渗透率接近于零，此类地层称为油气圈闭。在地质时期，油气运移并聚集至圈闭内，因此此类油气藏是采用有效增产技术提高油气产量的首要目标。针对此类盆地中央气藏的一项有趣的发现，通常上倾水流与油气的接触形成了封闭机制（Williams，2013）。图 2.1 显示了致密气系统所处的地质环境。

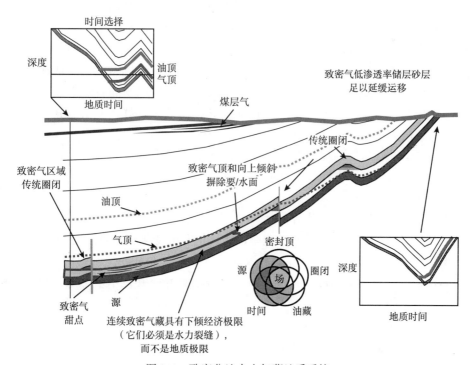

图 2.1 致密盆地中央气藏地质系统

致密气藏的渗透率范围通常为 0.01~0.0001mD。"甜点"区常位于含气饱和度高的区域，此类高渗部位被低渗透率的基岩密封包围。因此，受流体饱和度的变化和相对渗透率的影响，圈闭密封部分的有效渗透率接近零。由于该储层的渗透率较低，水力压裂已广泛用于此类储层，以实现商业化开采。

尽管几乎所有的常规石油地质储层中都可以发现致密气，但迄今为止，仅北美地区完全实现了致密气的商业化开采，此外，中国四川盆地也取得了初步成功。

北美地区的致密气藏通常连续叠置成藏，向下垂直打井可能会钻遇数百甚至数千英尺的独立储层。因此，为实现每个储层增产提效而采用的分段压裂直井或近似直井成为该类油藏的重要开采方案。

石油开采和服务公司已经能够利用详细的测井解释资料对储层渗透率进行相对准确的预测。结合压裂设计模拟器和油藏模拟器，可对裂缝系统进行优化设计，以实现最佳的经济收益。完井过程中，采用该方法可忽略一些低渗透井段，以提高单井的总体经济效益。随着油气行业进入资源模式，利用伽马射线测井可进一步确定合理的射孔层位，通过对不同含油段进行分层压裂可大幅降低单井开采成本。

同时，提高开采效率的水力压裂井下工具也得到了极大的发展。其中一项重大进展是复合桥塞的引入，安装完成后，连续油管（CT）可以快速钻出复合桥塞，有助于降低传统桥塞卡眼的风险，并减少滞留在井筒中的支撑剂数量，如使用支撑剂段塞隔离下部射孔。此外，该技术还可加快多层段射孔速度，使多段压裂在一天内就能够完成。

对 2~4 个储层段采用射孔+笼统限流压裂技术也较为常见。在理想的情况下，多段射孔能够充分限制流量，产生足够的压差，有助于确保所有射孔段都能够获得有效压裂。然而，实际作业中无法完全遵守该技术，大多数情况下，射孔数量过多，无法产生所需的压差，因此，只有部分射孔段得以有效压裂。

连续油管分段压裂创新技术利用大管径连续油管输送跨隔封隔器实现选择性压裂。该技术有助于确保每个储层的有效压裂，是解决纵向多层压裂难题的有效手段，并且在整个过程中不需要停泵。24 小时连续作业实践证明，该技术效果良好，但由于其对流量和压力的局限性，目前尚无法用于浅井压裂。

为了克服连续油管压裂的局限性，已基于该技术研发出了水力喷射射孔压裂技术，可通过油套环空泵送压裂液。实践作业证明该技术效果良好，可在保持充足流量和压力的同时对深井特定单个层位实施压裂。

以下是对致密气关键问题的总结：

（1）致密气的圈闭机制受低基质渗透率、流体饱和度变化和相对渗透率的共同影响。

（2）渗透率通常为微达西（10^{-3}mD）级别。

（3）储层通常呈叠置交错形态，可采用直井分段直井完井技术。但是，个别单砂体储层则可采用常规完井手段。

（4）储层品质由有效孔隙度和有效渗透率决定：

①孔隙度和流体饱和度决定了最佳开采储层。

②储层品质（尤其是有效渗透率）决定了裂缝优化设计方案。

③在直井或斜井压裂中，根据储层品质确定起裂点，通常由裸眼测井确定具体层位，

再通过射孔或水力喷砂射孔进行压裂。

2.2 页岩为何与众不同?

在石油领域中,"页岩"是指大多数难以实现商业开采的一类岩石。能够持续经济开采的页岩储层被认为是富含有机质的烃源岩系统。在这种特殊情况下,储层、圈闭、盖层和烃源岩都存在于超低渗透率的岩石中。溯其沉积历史(包括埋藏深度和地层温度)都对烃源岩生烃至关重要。地质历史时期,大部分烃从烃源岩运移形成传统油气藏。然而,仍有大部分烃不会运移而是赋存于烃源岩形成烃源岩储层。图 2.2 说明了烃源岩系统的地质环境。

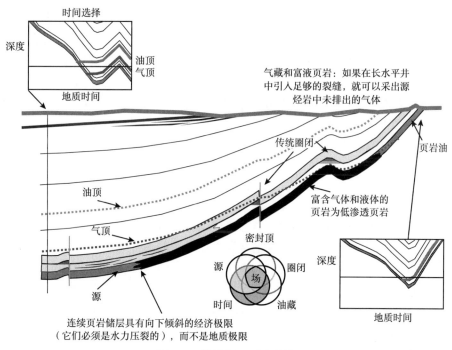

图 2.2   烃源岩—石油系统

烃源岩储层的有效渗透率极低,通常在小于 $1\mu D$ 但是大于 $1nD$ 的区间范围内。受沉积环境影响,此类储层通常处于超压状态,除非存在自然裂缝和/或诱导裂缝,否则其垂直方向上的有效渗透率几乎为零。

烃源岩储层可形成超压圈闭,将高孔隙压力阻隔在其下方,但仍有专门的完井技术可实现其商业开采。

下文将从地质角度对烃源岩油气藏进行概述,合理解释烃源岩油气藏的形成过程以及油田开采公司可实现商业开采的原因。

烃源岩储层的形成由沉积环境和埋藏历史决定,尽管储层品质极差,仍可实现商业开采。下文将对不同条件下的开采方案进行总结。

页岩是超低能量环境下形成的典型沉积岩。因此,由于沉积环境的变化,其地层压力的性质明显不同。从粉砂岩到黏土岩储层，黏土、二氧化硅和碳酸岩的含量尤为典型，表明了从粉砂岩到黏土岩的特征。虽然大多数烃源岩储层都不是真正的黏土，但是伽马（GR）测井解释结果通常如此。这是由于铀和钾有机质的存在所造成的。因此，当采用常用的伽马测井基线截止值时，此类储层将被视为页岩层。

墨西哥湾地区成功开采的部分低电阻率油层，主要为夹薄砂岩的页岩油沉积层。当地广泛采用垂直压裂防砂技术，串联多个砂岩透镜体的方式进行压裂增产。

大部分储层岩石的润湿性本质上为亲水的。

几乎所有实现商业化开采的页岩储层都可被称为烃源岩系统。传统地质学将烃源岩定义为有机物转化为碳氢化合物的场所，随后碳氢化合物运移至圈闭并聚集。大多数常规油气藏的形成都遵循这一过程。

烃源岩的主要特征之一是含有大量的有机质或干酪根。有机质总量（TOC）用于定义烃源岩中干酪根的含量，是决定碳氢化合物能否商业化开采的重要因素。

除有机质总量外，埋藏史和地热史对油藏质量也有很大影响，当干酪根长时间处于高温环境中时，才能转化为碳氢化合物。

在烃源岩环境中，干酪根在埋藏过程中处于高温高压环境，经过一定时间后转化为碳氢化合物。这一过程会产生大量压力，甚至高于破裂压力和上覆岩层压力。由此增加的孔隙压力可能会引发干酪根颗粒之间的微裂缝系统。此类干酪根系统本质上是油湿类型的，具有极高的毛细管压力和孔隙压力，能够防止水渗入该系统。

随着碳氢化合物的持续生成，微裂缝也随之发育，最终形成更占优势的天然裂缝系统，这也是碳氢化合物从烃源岩自发运移至常规油藏的主要机制。此类天然裂缝系统中的大裂缝通常暴露在水中，成为水湿裂缝，其中普遍赋存有方解石矿物。

与常规油气藏相比，烃源岩油气藏是一类更加复杂的油气系统，具有以下特点：

（1）多层叠置；

（2）层间非均质性强；

（3）干酪根系统油湿；

（4）基质系统水湿；

（5）天然裂缝水湿。

石油行业关注的是如何对上述因素进行最佳组合，从而实现碳氢化合物的商业化开采。图 2.3 显示了不同因素共同作用下能够实现碳氢化合物商业化开采的烃源岩系统。

图 2.3 中岩心层段来自 Barnett 页岩储层，可以从中看到多个非常薄的水平层以及方解石充填的垂直和水平裂缝组合。复杂水力裂缝系统被认为是 Barnett 页岩商业化开采的首要因素。在开采中，水力裂缝会发生滑移，从而激活更多的能够将天然气有效输送至井筒的天然裂缝。图 2.4 展示了页岩地层中存在的天然裂缝系统。

深入认识烃源岩储层有助于预测措施效果和推广成功经验。为此，常需要采用地下岩石相关多学科的综合方法对烃源岩储层进行分析，主要包括：（1）盆地建模；（2）流体运移建模；（3）地质学；（4）地球物理学；（5）岩石物理学；（6）油藏工程；（7）钻井和完井。

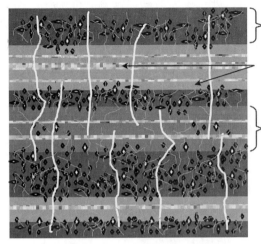

富含有机物的干酪根颗粒层和相互连接的微裂缝网络

裂缝，可能是张开的，也可能是闭合的，通常是在油气生成和运移过程中形成的

富含钙质的薄片，具有不同属性的高重叠性

图 2.3　烃源岩储层层间关系复杂，包括干酪根系统内相互连接的有机质富集层，以及含黏土或方解石的层状断层和裂缝系统

图 2.4　Barnett 页岩天然裂缝岩心样本

2.3　盆地建模和流体运移建模

在早期勘探工作中，常采用盆地建模，确定可能存在埋藏和沉积的地区，有助于识别可能存在的油气资源。在烃源岩模型中，盆地建模更为重要，因为其有助于确定热成熟度，从而识别可开采的流体类别（天然气、凝析油或石油）。

随后，可使用烃源岩或流体运移模型，确定圈闭在烃源岩系统中的油气储量。可与孔隙压力、总有机碳含量和油藏厚度结合使用，进一步提高勘探预测的准确性。图 2.5 显示了 Barnett 页岩天然气产区的埋藏史。图 2.6 和图 2.7 显示了盆地建模过程中使用的不同地图，以识别关键参数进而提高勘探的准确性。

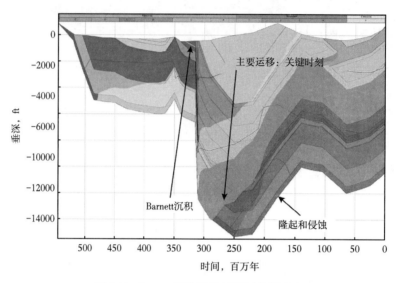

图 2.5　Barnett 页岩天然气产区的埋藏史

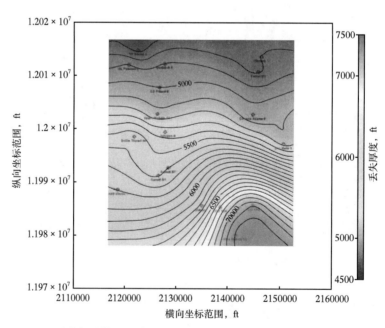

图 2.6　Barnett 页岩侵蚀模型，确定了地层厚度和净厚度；东西坐标范围为 21110000ft
至 2160000ft，南北坐标范围为 1197000ft 至 12020000ft

　　不同油藏的埋藏史截然不同，甚至同一油藏不同储层也不尽相同。例如得克萨斯州南部的 EagleFord 油藏，可根据不同储层的埋藏史，区分干气、凝析油和石油产区。

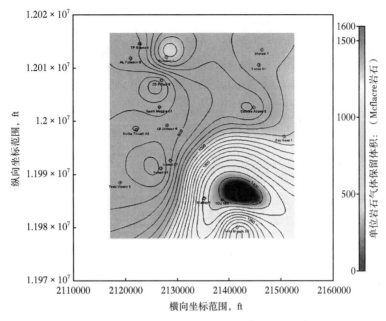

图 2.7　图 2.6 中 Barnetf 页岩中剩余天然气分布

此外，盆地建模还有助于确定烃源岩油藏的最佳完井模型。了解埋藏深度对储层的影响有助于更好地理解一些基本的地层特征和完井策略。

（1）岩石的脆性随着埋藏深度的增加而增加。

（2）产油量随着埋藏深度的增加而减少（但是，随着埋藏深度的增加，天然气产量会增加）。

（3）活性黏土含量随着埋藏深度的增加而降低。高温下，活性黏土转化为低活性黏土。

从完井角度来看：

（1）高脆性有利于实施水力压裂增产手段，因此需要大液量压裂。

（2）高脆性产气层中，小液量低浓度支撑剂即可提供所需的传导率；而在较软的强塑性产油层中，则需要大液量高浓度支撑剂来保证裂缝的传导能力。

地质学、地球物理学、岩石物理学、油藏工程、钻井工程和完井工程等领域将在本章之后的部分进行更详细的讨论。

2.4　水平井钻井需求

水平钻井用于油田开发由来已久，早在北海白垩系储层就已采用水平井多级压裂完井技术实现了商业化开采。但该技术用于超低渗透气藏或页岩气藏尚属首次，为气藏的经济开发提供了有效解决方案。图 2.8 显示了水平井多级压裂增产措施与油藏品质的关系以及技术发展历史（Shelley 等，2010）。

下面将换个角度研究水平井多级压裂，了解必须对水平井进行多段横向水力压裂的必要性，横向裂缝的高度决定了储层泄油半径和产量。

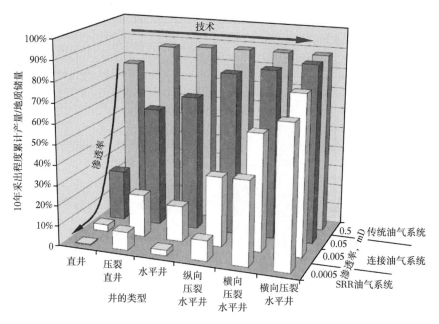

图 2.8　水平井多级压裂增产措施效果与油藏品质的关系（Shelley 等，2010）SPE 130108

从图 2.9（a）可以看出，常规油藏渗透率较高，采用直井便可实现大范围有效的泄油，40acre❶内只需 16 口井即可覆盖 90% 的有效泄油面积。

图 2.9（b）所示为烃源岩油藏渗透率对有效泄油面积的影响，当渗透率降低至烃源岩油藏的渗透率时，水力压裂直井的泄油半径显著减小，同样 16 口直井只能覆盖 10% 的有效泄油面积。

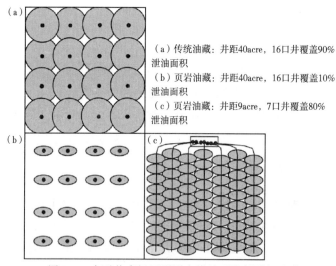

（a）传统油藏：井距40acre，16口井覆盖90%泄油面积

（b）页岩油藏：井距40acre，16口井覆盖10%泄油面积

（c）页岩油藏：井距9acre，7口井覆盖80%泄油面积

图 2.9　水平井多级压裂增产措施开发低品相油藏

---

❶　acre——英亩，1 英亩 = 4046.86m²

图 2.9（c）所示为压裂水平井对超低渗透油藏产能的重大影响。图 2.9 中，7 口水平井经过多级压裂后，有效井距降至 9acre，即仅 7 口水平井便可覆盖 80% 的有效泄油面积。

综上所述，水平井与水力压裂相结合扩大了与页岩裂缝接触面积，以实现并持续进行商业化开采。

目前，在进行压裂设计时，应将最大裂缝接触面积和导流能力作为关键设计参数。

使用水平井开发页岩储层时，水平井筒与页岩层的接触关系决定了起裂点，起裂点上方和下方的岩石性质决定了裂缝的扩展高度。

井筒的位置在压裂设计中至关重要，最好设置在油藏品质最好的部位，并尽可能达到最大的裂缝接触面积。

选择性射孔的作用有限，主要为了避免在坚硬基质附近射孔。

从直井向水平井的转变对井位选择和压裂设计提出了重大挑战。直井开发中，通常利用裸眼测井识别优质储层段，然后通过选择性射孔并在井筒内优质储层段进行压裂，即可获得较好的开采效果。然而，在水平井开发中，测井信息仅反映沿井筒方向的地层性质，在未进行直井测井和油藏建模确定井筒位置的情况下，无法体现井位与穿过地层层位之间的关系。

通过地质建模，可建立所有方向的特定层面和相的三维（3D）油藏模型，以识别储层甜点区、地层倾角和断层等特征，最终确定最佳井位。

地质建模是将地质、地球物理和岩石物理建模结合的学科，用于捕捉单个环境中的所有关键信息，有助于协助钻完井工程师更好地制订井位决策并完成完井设计。

2.5 地质建模

在烃源岩或页岩油气藏中，地质建模的作用与常规油气藏工程略有不同。地质建模通常会创建一个静态油藏模型，以确定储量分布。当其用于烃源岩油藏建模时，地质模型不仅反映油藏属性，还能详细说明相分布和岩石属性，进而确定储层品质并挖掘增产潜力（Dusterhoft 等，2013）。图 2.10 展示了烃源岩油藏地质建模的工作流程。其中关键步骤如下：

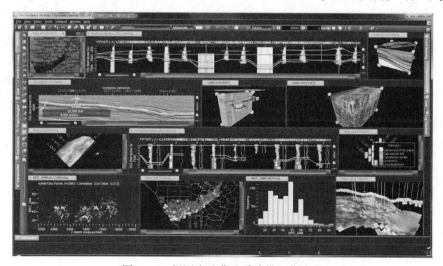

图 2.10　烃源岩油藏地质建模工作流程

（1）信息和数据采集；

（2）关键地质层面的识别和制图；

（3）创建非常精确的速度模型，将地震数据转换为深度数据；

（4）将地震与地质相结合，更精确地推断井间性质；

（5）更详细的地震解释，以及油藏储层内的断层识别；

（6）利用叠前地震反演和各向异性分析，绘制关键储层参数分布图（包括岩石物性和油藏属性）；

（7）进行详细的岩石物理解释和相识别；

（8）结合地震数据和岩石物理解释相分布；

（9）确定地质单元的网格尺寸，以提供储层的代表性视图；

（10）建地质网格模型。

图 2.11 为地质网格模型图，在该图中，深灰色表征油藏的脆性断层，浅灰色表征塑性断层。该模型清楚显示了该属性的显著变化。但是需要注意的是，该网格图只是模型中的某一层网格，当观察水平层面后方的横截面时，可以发现不仅在水平层面内脆性发生了变化，垂直方向上也存在明显的变化。大多数储层的垂向非均质性要比水平非均质性严重得多，并且极小的垂向距离内会发生重大变化。正是由于岩层属性在垂直方向上的剧烈变化，使井位选取成为实现有效压裂增产和最大化产量的关键参数。

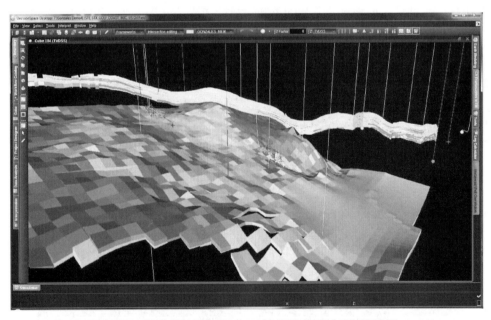

图 2.11　得克萨斯州南部 EagleFord 页岩部分地质网格模型

作为可视化单一平台相关油藏所有信息的辅助工具，地质网格模型提供了所有可视化参数信息，主要包括：

（1）储层属性；（2）总有机碳含量（TOC）；（3）岩石的物性；（4）设计的井轨迹；（5）微地震数据；（6）测井数据。

将上述信息汇总至同一平台，分享给所有油井设计人员和完井工程师，有助于工程师在井位部署和完井设计方面做出更好的决策。

2.6　井位部署

如上文所述，垂直和水平方向的储层非均质性决定了储层中最佳井位的选择。实践作业证明，水力压裂能够实现储层的最大暴露面积，并连接井筒；然而，水力裂缝的发育受岩石物性的制约。部署有效井位时不仅需要了解储层特征，还需了解裂缝的扩展特征。

起裂点的作用之一是检查裂缝的扩展行为，其方法是利用地质模型为水平井创建地层柱。通过该地层柱，将裂缝垂向扩展高度设为起裂点函数，利用水力裂缝模拟器进行裂缝行为模拟，并决定预期的裂缝垂向扩展。图 2.12 为极端垂向非均质性对裂缝扩展行为的影响实例，具体取决于起裂点。水平井中，起裂点的位置由水平井井筒在储层中的位置所决定。

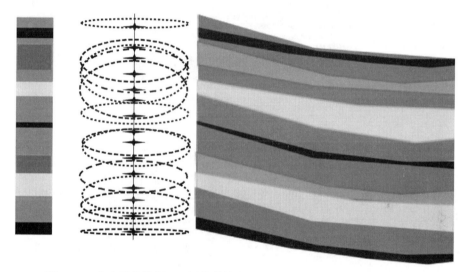

图 2.12　水力裂缝模拟，以评估井筒位置和起裂点对储层沟通程度的影响

多数人认为，水力压裂可帮助实现全油藏接触，通过裂缝模拟可以观察到裂缝可能未达到预期的扩展高度，因而导致压裂接触效果远低于预期。因此，根据裂缝扩展行为确定最佳井位，才能确保储层获得有效的压裂增产改造并连接至井筒。图 12.13 说明了水平井井位和裂缝扩展行为对储层接触效果和完井的影响。

烃源岩油气藏中往往存在过渡区或塑性岩层，它们能有效地阻挡裂缝垂向扩展。部署井位时应尽量避免该区域，减少其对水力裂缝扩展的影响，提高单井效率。图 2.14（Buller 等，2014）说明了井位部署对单井产能的影响。

方案一钻井目标层位为储层富含黏土的区域，虽然该区域钻探难度低、导向钻具易识别、钻进速度快，但完井过程却遇到了极大阻力。

该井 10 个压裂段中有 6 个出现了过早的裂缝闭合现象。这意味着在这种高温高压（HP/HT）环境下，每段压裂结束都必须清理连续油管，以清除井筒中剩余的支撑剂，并进行下一段射孔。这一过程将大幅增加完井时间和费用。

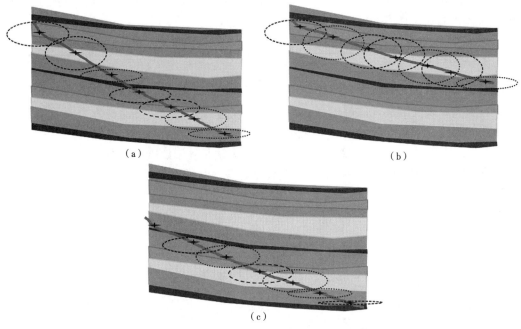

图 2.13　井位和裂缝扩展对储层沟通效果的影响

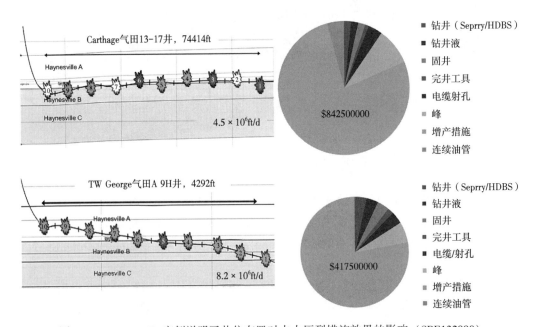

图 2.14　Haynesville 实例说明了井位布置对水力压裂措施效果的影响（SPE132990）

根据完井后测井解释，该井目标层位富含黏土层，具有较高的泊松比和较强的延展性，为上下岩层的过渡层。因此，井筒所在位置具有较复杂的应力分布和岩石性质，很难实现有效增产。

方案二钻井目标是 Haynesville A 和 Haynesville B 过渡层上方和下方储层，尽可能地避免了在过渡层附近射孔，因此井斜度较大。即便如此，该井 10 个压裂段中仍有 1 个压裂段过早闭合，而该压裂段正好位于过渡层位。

　　然而，方案二的有效增产率几乎是方案一的两倍，该方案尽可能避免了裂缝闭合现象，大幅缩短了井筒处理时间，储层改造成本仅为第一个方案的一半。

　　上述两个方案证明，储层中井筒位置会导致单井的产量降低一半，而成本翻倍。

　　开发复杂油藏时，应明确目标层段，尽可能降低不确定因素对产能和单井经济效益的影响。

　　实际作业证明，在水平裸眼和/或套管完井地质导向随钻测井中，该方案也是确定最佳射孔位置和压裂段的有效方法。此外，采用该方法（Dahl 等，2015）能够识别钻穿储层的侧向断层性质，选择适合压裂的层位进行集中水力压裂，从而在不影响完井效果的前提下，大幅降低完井成本。在地质导向中，该方案还可用于未来的井位设计、优化新井井位。图2.15 展示了一个完井案例，若采用常规压裂方案，将产生 31 个压裂段，而使用该方案只需19 个压裂段，节省了大量的完井成本，并且产能也高于常规方案。

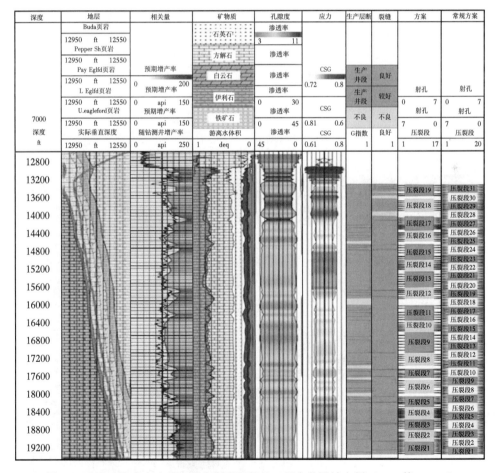

图 2.15　通过综合方法减少水力压裂段数的工程完井设计实例（Dahl 等，2015）

2.7 压裂增产设计

压裂增产设计取决于油藏性质和特征。本章完井设计的重点是根据油藏特征优化裂缝长度和间距。

在常规油藏中，最佳裂缝长度由井距或泄油半径决定。然而，在烃源岩油藏中，由于油藏渗透率极低，几乎无法动用压裂范围外的储量，因此油藏的泄油半径基本等同于有效裂缝长度。基于此，建立了必须进行合理管理的系列对应关系，而完井优化设计则取决于这些关系。

（1）有效裂缝长度决定了有效泄油半径或储层改造体积（SRV）。而储层改造体积对应着井的控制储量。裂缝越长，储层改造体积则越大，意味着该井可以动用更多的潜在储量。

（2）裂缝导流能力是连接井筒的油藏重要参数。低渗透储层改造时，只有当裂缝导流能力达到一定值时才有可能产出油气。此外，还需要注意的是，近井地带在高压降、支撑剂破碎并嵌入地层的情况下，必须进一步提高区域导流能力，以确保长期产能。

（3）裂缝密度或强度可最大限度地增加储层改造体积范围内的裂缝暴露面积，即裂缝密度越高，储层改造体积范围内油藏的采油速度更快。

优化裂缝长度、裂缝间距和裂缝密度需要平衡早期采油速度和长期采收率的关系。由于这些变量是独立的，可采用随机建模的方法对采收率进行模拟和预测。该过程结合地质模型、裂缝模拟器和油藏动态模拟器，采用迭代算法评估多个变量的影响，以此最终确定最佳方案。

评估和优化过程可能需要完成几百次模拟，因此采用自动化过程，如图 2.16 所示。

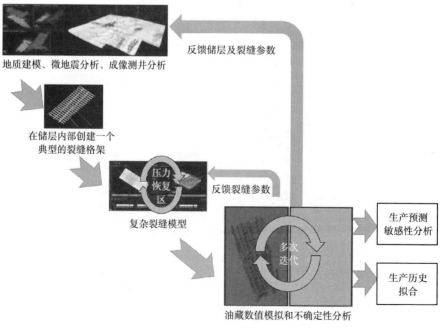

图 2.16　页岩油藏水平井压裂裂缝优化工作流程

2.8　非常规油藏开发工作流程

美国和加拿大在探索烃源岩油藏开发方法的经验教训都是反复试验和试错得出的。在 Barnett 页岩等油藏的早期开采中，优化开采方案需要数年的时间；近几年，方案优化周期明显缩短。但是，主要问题仍未解决，井位、井筒长度、裂缝长度、裂缝间距、裂缝导流能力和井间距等变量相互影响，简单的试错法难以得出最佳方案。因此，要想真正优化某油田的开采方案，最好通过建模、方案测试和调整最终确定最佳方案。

已建立了以油藏为中心的非常规油田开发工作流（Dahl 等，2014），其目的是有效加速学习和吸收新技术以优化油田开发。该工作流可以分为两个相对独立的周期，第一个为油田勘探工作流，如图 2.17 所示。该工作流程通常由油田运营商完成，评估并确定全面开采的可行性。由于地质模型与储量挂钩，整个流程进展相对较慢，无须经常更新。

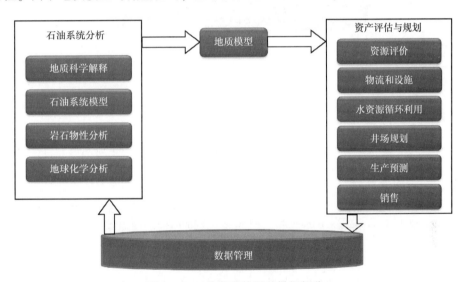

图 2.17　工作流程涉及的勘探部分

连续钻完井优化循环工作流由勘探工作流扩展而来。该流程进展相对较快，其中，新井完井信息不断被整合并集成到原有模型中，不断加深对储层的认识，实现油田滚动开发。整个油田开采生命周期中均采用结构化数据，以建立如图 2.18 所示的解决方案。

确定了用于储量评估的地质模型，便可创建可滚动更新的开发工作流的油田综合模型，并建立包含所有钻完井信息的独立平台。授予钻完井工程师访问权限，即可帮助工程师在井位部署、井距和完井设计方面做出更明智的最佳决策。

该动态模型的建立旨在获取更多关键信息，帮助钻完井和开发工程师做出更好的决策，而非确定油田储量。通过生产历史拟合，获取和调整油藏属性、岩石物性、孔隙压力、应力等其他关键参数，以最大限度地了解油藏。

直井到水平井的转变更需要对油藏有更深入的了解，确保井位的最佳位置并优化其他多项参数，包括：（1）井距；（2）井筒长度；（3）裂缝长度；（4）裂缝导流能力；（5）裂缝间距等。

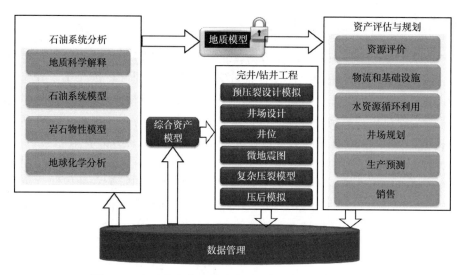

图 2.18 以油藏为中心的非常规油气开发完整工作流程

参 考 文 献

[1] Buller, D., Scheibe, C., Stringer, C., and Carpenter, G. 2014. A New Mineralogy Cuttings Analysis Workflow for Optimized Horizontal Fracture-Stage Placement in Organic Shale Reservoirs. Paper SPE 170908-MS presented at the SPE Annual Technical Conference and Exhibition, Amsterdam, The Netherlands, 27-29 October.

[2] Dahl, J., Spaid, J., McDaniel, B., Grieser, B., Dusterhoft, R., Johnson, B., and Siddiqui, S. 2014. Accelerating Shale Asset Success through Applied Reservoir Understanding. Paper URTeC 1920572 presented at the Unconventional Resources Technology Conference, Denver, Colorado, USA, 25-27 August.

[3] Dahl, J., Samaripa, J., Spaid, J., Hutto, E., Johnson, B., Buller, D., and Dusterhoft, R. 2015. Application of an Engineered Completion Methodology in the Eagle Ford to Improve Economics. Paper URTeC 2153805 presented at the Unconventional Resources Technology Conference, San Antonio, Texas, USA, 20-22.

[4] Dusterhoft, R., Williams, K. K., and Croy, M. 2013. Understanding Complex Source Rock Petroleum Systems to Achieve Success in Shale Developments. Paper SPE 164271 presented at the SPE Middle East Oil and Gas Show and Conference, Manama, Bahrain, 10-13 March.

[5] Shelley, R. F., Soliman M. Y., and Vennes, M. 2010. Evaluating the Effects of Well-Type Selection and Hydraulic-Fracture Design on Recovery for Various Reservoir Permeability Using a Numeric Reservoir Simulator. Paper SPE-130108 presented at the Annual Conference and Exhibition, Barcelona, Spain, 14-17 June.

[6] Williams, K. E. 2013. Source Rock Reservoirs Are a Unique Petroleum System. AAPE ACE, Pittsburgh, Pa. AAPG Search and Discovery Nr. 41138.

3 水平井油藏工程

目前水平井已广泛应用于各类油田开采项目，整体技术已然成熟。Joshi（1987）认为水平井技术虽然起步晚、起点低，但是实现了重大突破。Norris 等人（1991）则表示，水平井技术点燃了石油巨头和小型独立油田运营商的勘探开发热情。

20 世纪 90 年代初，该技术获得了空前的关注、投资和宣传，几乎每个油田开采运营商都拥有规划中或运营中的水平井项目。但由于当时水平井技术领域几乎处于空白状态，因此，大量研究侧重于油藏工程方面。

产能和非稳态压力响应分析的研究工作侧重于各种边界条件和解析解。其中，因为水平井的轨迹设计要考虑三维绕障，所以其边界条件不仅包括直井的三维油藏边界，还要考虑顶部和底部（垂直）边界。

在随后的几年中，针对地层伤害、非达西流动和任意完井方式等近井筒效应（NWB）的解决方法陆续被提出。此外，水平井油水两相流入动态（IPR）也受到了专家学者们的关注。

非稳态压力理论得到极大的丰富和发展，开始考虑天然裂缝性油藏中水平井的各种边界条件、压力及压力导数响应特征。

模拟模型得到进一步完善，尤其是水平井复杂三维流动模型，其中包括网格加密和井筒水力压裂模拟。通过模拟模型和简化解析表达式解决了水气锥进问题。

强化采油（EOR）是水平井的最初应用领域之一。此外，EOR 相关研究工作也包括水驱、蒸汽驱和重力驱技术。

水平井水力压裂是页岩气和致密气藏开发中的重要领域，这项技术目前还在不断研究和优化。此外，用于产量预测的压裂模型、裂缝数量优化程序以及压裂水平井早期非稳态压力响应等，都是近期正在进行的研究领域。

本章将讨论上述部分主题。首先明确水平井的定义。

3.1 水平井定义

所有的井都是先从地面垂直钻探至一定深度，再进行转向。水平井的长度从几十英尺到数千英尺不等，通常是油藏厚度的许多倍，因此，水平井与油层的接触面积远大于直井，产量也远远超过定向井，波及效率也更高。

低渗透储层中，直井压裂已被水平井压裂所取代。然而，水平井并不是万能方案。如图 3.1 所示，在天然裂缝储层中使用水平井会大幅提高与裂缝系统接触的概率，从而显著降低钻干井的风险。

水平井可以通过酸化或压裂实现增产，从而提高油井产能。本章将探讨水平井是否是最佳方案的使用情景，下一章将讨论水平井水力压裂措施效果。

根据曲率半径，水平井可以分为超短半径、短半径、中半径和长半径井 4 种类型。

水平井拥有诸多优势，其中最显著的是投资回报率（ROI）高。尽管水平井的钻完井成本高于常规的直井，但是其高产能足以抵消高成本。通常 1 口水平井的产能可抵 224 口直井成本。

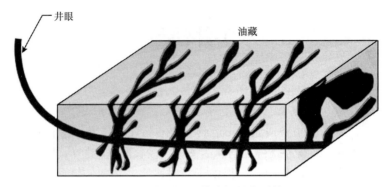

图 3.1　与裂缝系统接触的水平井

本章所提及的水平井模型如图 3.2 所示。在该模型中，假设井的水平段长度为 L，半径为 r_w，并在箱式封闭地层中平行于 x 方向钻进。箱体 z 向厚度为 h，长度为 $2y_e$，宽度为 $2x_e$。

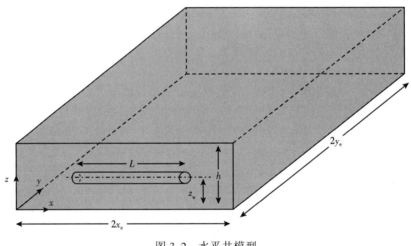

图 3.2　水平井模型

产出的流体为弹性微可压缩流体，不考虑重力影响。孔隙度和流体黏度为常数。此外，假设在初始条件下模型各处压力相同。

该模型各向异性，其中水平方向的等效渗透率不同于垂直方向的渗透率。由于涉及几何形状，垂直方向上的流体分流量对整体流动有重要影响。我们知道，定向井近井地带以水平流动为主，垂向渗透率的影响不大。与其不同的是，水平井近井地带垂向渗透率对井的产量和井位设计均有很大影响。

3.2　钻水平井的原因

大多数情况下，水平井泄油面积远大于直井，能够带来可观的初期产量。此外，相同产量下，水平井的单位压降小于直井，因此，在可能发生气锥和水锥问题的情况下，更适合采用水平井强化采油。

3.3   水平井应用对象

水平井既可以裸眼完井也可以压裂完井。压裂水平井和选井标准将在其他小节中详细讨论。在主要利用水平井长度和方位优势的情况下，通常采用裸眼完井方式。

如 Borisov（1964）所阐述，在垂向渗透率相对合理的条件下，水平井能够有效开采薄油层。低渗透储层同样适合采用水平井进行开发。水平井可钻穿更多储层天然裂缝，从而能够更大程度发挥水平井的优势。如本节前文所述，水平井是解决油藏锥进问题的良好方案。

3.4   水平井的流动状态

试井分析通常要考虑流体流动状态，即瞬态流动情况。在进行水平井流动状态分析时，同样有必要考虑这一因素。水平井附近可识别的流动状态包括早期径向流、半径向流、早期线性流、晚期拟径向流和晚期线性流。此类流动状态可用于描述定流量生产井。

出现早期径向流时，瞬时压力尚未接触油藏的垂直边界，此时，大多数油藏具有渗透率各向异性，并受水平井的几何尺寸影响，导致瞬时压力在水平面上的移动速度比在垂直面上更快，从而使流型更偏向椭圆而非径向。

由于水平井偏心，当流动到距离某一垂向边界更近的位置时，会出现半径向流（半径流）。半径向流可能发生在早期径向流之后。

在瞬时压力触及两个垂向边界后，便形成早期线性流动。此时，油藏厚度 h 开始对流动状态产生影响。随后，更远处的流体开始流向井筒，出现拟径向流，该流动状态将成为早期线性流的主导流态。

当瞬时压力触及油藏的任何一条外部边界，流动状态转变为晚期线性流。当两个水平边界同时作用时，晚期线性流将完全展开。

需要注意的是，在水平井试井分析中，能够观察到多种不同流态，其主要取决于水平井相对于油藏几何形状的位置，以及水平井本身的长度、宽度和高度。

3.5   水平井渗流解析解

水平井的渗流能力主要通过产能体现。有关水平井产能评估，文献提及了多种模型，主要包括数值模型、解析模型和经验模型。本节将主要讨论解析模型。

为了快速、高效且简明地评估油井生产能力，油田现场工程师通常使用解析模型。然而，现有的解析模型通常对外部和内部边界条件有特殊限定。在使用此类模型时，工程师必须选择最符合现场油藏条件和井条件的模型，以确保得到相对准确和一致的评估结论。

解析模型可分为稳态（恒压外边界条件）模型、拟稳态（无流量外边界条件）模型。此外，还有混合边界条件（即油藏外边界中前述两种边界条件的任何组合情况）模型。本节将介绍主要类别下水平井模型的开发情况，并研究针对储层中不同流动状态时对该模型的修改应用。

水平井模型主要采用均匀流量、无限导流能力和有限导流能力 3 种内边界条件开发。均匀流量边界条件下，假设沿井筒各点单位长度的流速相同。无限导流能力边界条件下，假设井筒内的压降可以忽略或不存在。但是，实际上，井筒中可能存在有限压降，导致流量不均匀，导流能力有限。在模拟有限导流能力时，部分模型将流入模型与井筒水力学模型结合，得到沿井筒的综合压降模型，尤其是对于长水平井（Guo 等，2008；Hill 和 Zhu，2008）。水平井沿井筒的流量和压力分布会受所选边界条件的影响。

所使用的油藏模型主要分为两种类型：椭球形油藏（Borisov，1964；Giger 等，1984；Joshi，1988；Economides 和 Heinemann，1991），以及箱形油藏模型（Balm 和 Odeh，1989；Butler，1996；Furui 等，2003）。椭球形油藏模型是最常用的稳态渗流模型。

3.6 油井稳态渗流

水平井油藏工程应用的研究工作主要致力于增产提效，下文将使用稳态渗流解析解加深对油井产能的认识。

有些研究侧重于产能指数的发展，以明确水平井和直井的产能关系。

与直井相比，水平井的产能要高 2~5 倍（Ozkan 等，1987），其主要由 L_D 和 r_{wD} 这两个基本参数决定（Joshi，1986；Ozkan 等，1987）。无量纲水平段长度 L_D、是水平段长度、地层厚度和渗透率比值（K_v/K_h）的函数，见公式（3.1）。假设地层各向同性，则无量纲井径 r_{wD} 为井径与水平段半长之比，见公式（3.2）。

$$L_D = \frac{L}{2H}\sqrt{\frac{K_v}{K_h}} \tag{3.1}$$

$$r_{wD} = \frac{r_w}{L} \tag{3.2}$$

导流能力无限大的水平井产能可能与导流能力无限大的垂直裂缝类似。为了实现精确对比，无量纲井长 L_D 应大于 8。

在某些情况下，由于压裂直井的导流能力或裂缝高度有限，在等效井身长度和裂缝长度条件下，水平井的产能可能高于水力压裂直井。如图 3.3 和图 3.4 所示，水平井的典型压力和导数响应特征与无限导流能力垂直裂缝相似。

在理想均质且各向同性油藏中，低渗透率储层和薄油层中常规直井的产能较低。同等条件下，采用水平井可增大井筒与油层的接触面积，从而可提高油井产能。

非均质油藏中，水平井的优势更加明显，水平井筒提高了穿过油藏有利部位的可能性。而直井对同一储层有利部位的钻遇率是储层水平方向厚度和质量变化的函数。

用达西定律对多孔介质中流动的描述，见式（3.3）。该公式假设储层均质，直井完全穿透了整个储层。压力损失受水平方向渗透率影响，而与垂直方向的渗透率无关。

$$p - p_{wf} = \frac{141.2qB\mu\ln(r/r_w)}{K_h h} \tag{3.3}$$

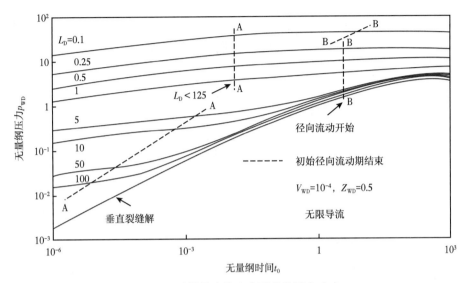

图 3.3   无限导流能力水平井的压力响应

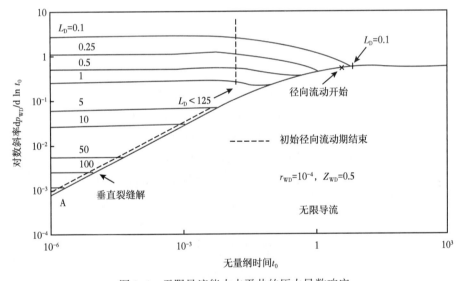

图 3.4   无限导流能力水平井的压力导数响应

水平井的稳态产能指数受到广泛关注。20 世纪 60 年代中期 Borisov（1964）研究了水平井的稳态流动行为。Giger 等人（1984）进一步完善了该研究工作。在此之前，研究人员只对水平井产能进行了定性研究。

方程在二维（2D）流动基础上扩展得到三维流动。流动模式定义为垂直面的径向流动和水平面的线性流动，并假设水平井处于无限厚油藏中心。

为了计算水平井的稳态产能，大量公式被提出。其中，Joshi（1988）提出的方程被公认为标准方程，见式（3.4）。Joshi 提出的方程（1991）假设储层为椭球体，内部边界条件为恒定压力或无限导流能力。

$$q_h = \frac{0.00708K_h h\Delta p}{\mu B\left[\ln\left(\dfrac{\alpha + \sqrt{a^2 - (L/2)^2}}{L/2}\right) + \dfrac{\beta h}{L}\ln\left(\dfrac{(\beta h/2)^2 - \beta^2\delta^2}{\beta h r_w/2}\right)\right]} \quad (L>\beta h,\ \delta<\frac{h}{2},\ L<1.8r_{ch})$$

$$(3.4)$$

其中

$$\beta = I_{ant} = \sqrt{\frac{K_h}{K_v}} \tag{3.5}$$

$$\alpha = \left(\frac{L}{2}\right)\left[0.5 + \sqrt{0.25 + (2r_{eh}/L)^2}\right]^{0.5} \tag{3.6}$$

式中 δ——水平井偏心率,ft。

实践证明,该公式能够很好地反映水平井和直井的产能差异。还可对目标储层的井身长度、渗透率各向异性、地层厚度等参数进行敏感性分析。该筛选过程有助于确定水平井相比于直井的产能提高情况,从而对水平井产能进行评估。

相应地,根据式(3.7)计算直井产能。

$$q = \frac{Kh\Delta p}{141.2B\mu\left[\ln\left(\dfrac{r_e}{r_w}\right) + S\right]} \tag{3.7}$$

可以发现,在式(3.7)中,只有水平渗透率会影响直井产能。式(3.4)和式(3.7)可用于绘制文献中提及的许多图,以预测和对比水平井和直井的产能。

然而,由于数值模型结果与 Joshi 模型解析解不一致,Economides 和 Heinemann(1991)提出对 Joshi 模型进行修正。修正模型考虑了各向异性的影响,并对油井的半径和高度进行坐标变换(表示为等效半径和高度)。Economides 和 Heinemann 声称该修正模型基于 Muskat(1937)各向异性的表述和 Peaceman(1983)推导的等效井筒半径提出,见式(3.8),其他参数均与 Joshi 模型相同。

$$q_h = \frac{0.00708K_h h\Delta p/\mu\beta}{\ln\left[\dfrac{a + \sqrt{a^2 - (L/2)^2}}{L/2}\right] + \dfrac{I_{ami}h}{L}\ln\left[\dfrac{I_{ani}h}{r_w(I_{ani}+1)}\right]}$$

$$I_{ani} = \sqrt{K_h/K_v} \tag{3.8}$$

在文献中,式(3.8)通常被称为 Joshi Economides 模型。

在箱形油藏中,假设油藏为平行六面体,典型的箱形油藏稳态模型包括 Butler(1996)和 Furui 等人(2003)所建的模型。Butler(1996)针对油藏中心的水平井产能,提出了相关方程,见式(3.9)。

$$q_h = \frac{0.00708k_h L_w\Delta p/\mu B}{I_{ani}\ln\left[\dfrac{hI_{ani}}{r_w(I_{ani}+1)}\right] + \dfrac{\pi y_b}{h} - 1.14I_{ani}} \tag{3.9}$$

Furui 等人（2003 年）的模型如公式（3.10）所示：

$$q_h = \frac{0.00708 K_H L_w \Delta p / \mu B}{\left\{ I_{ani} \ln\left[\dfrac{h I_{ani}}{r_w(I_{ani}+1)}\right] + \dfrac{\pi y_b}{h I_{ani}} - 1.224 I_{ani} \right\}} \tag{3.10}$$

需要注意的是，如果油井未完全穿透储层，则需采用 Babu 和 Odeh（1989）提出的表皮模型对方程进行修正。

3.6.1　气井稳态渗流

几乎所有早期开发的水平井渗流模型都是针对微可压缩流体单相（油相）流动开发的。水平井中天然气的流动形态与石油的流动形态截然不同，因此，必须开发能够充分表征水平井筒内气体流动的产能模型。相关文献表明，业界已实践过很多方法，尝试将垂直油井模型简单地转换为气井流量的等效参数。但是，此类模型过于简单，未考虑因摩擦和加速损失而导致的水平井筒内压力的下降，而这种影响对气井而言，可能至关重要，因为水平井压力损失由加速度损失和摩擦损失组成，在水平井流动建模时应考虑该影响（Ozkan 等，1993；Sarica 等，1994）。

Kamkom 和 Zhu（2006）在未考虑井筒效应的情况下，提出简化模型，见式（3.11）至式（3.13）。Joshi-Economides 模型的 p^2 形式见式（3.11）：

$$q_g = \frac{K_h h(p_e^2 - p_{wf}^2)}{1424 \overline{\mu}_g \bar{z} T \left\{ \ln\left[\dfrac{a + \sqrt{a^2 - (L/2)^2}}{(L/2)}\right] + \dfrac{I_{ani} h}{L} \ln\left[\dfrac{I_{ani} h}{r_w(I_{ani+1})}\right] \right\}} \tag{3.11}$$

Furui 等人的 p^2 形式模型如公式（3.12）所示：

$$q_g = \frac{K_h L_w(p_e^2 - p_{wf}^2)}{1425 \bar{z} \overline{\mu} T \left\{ I_{ani} \ln\left[\dfrac{h I_{ani}}{r_w(I_{ani}+1)}\right] + \dfrac{\pi y_b}{h I_{ani}} - 1.224 I_{ani} \right\}} \tag{3.12}$$

相同的拟压力见式（3.13）：

$$q_g = \frac{K_h L_w [m(\bar{\bar{p}}) - m(p_{wf})]}{1424 T \left\{ I_{ani} \ln\left[\dfrac{h I_{ani}}{r_w(I_{ani}+1)}\right] + \dfrac{\pi y_b}{h I_{ani}} - 1.224 I_{ani} \right\}} \tag{3.13}$$

其中

$$m(p) = 2\int_{p_a}^{p} \frac{p}{\mu z} dp \tag{3.14}$$

考虑到井筒附近的非达西流动效应，对于高产量气井，还应额外考虑高产量引起的表皮效应，公式（3.15）。

$$q_g = \frac{K_h L_w [\, m(\bar{p}) - m(p_{wf}) \,]}{1425 \bar{z} \bar{\mu} T \left\{ I_{ani} \ln\left[\dfrac{h I_{ani}}{r_w (I_{ani} + 1)} \right] + \dfrac{\pi y_b}{h I_{ani}} - 1.224 I_{ani} + S + D q_g \right\}} \tag{3.15}$$

其中

$$D = 2.2 \times 10^{-15} \frac{L \gamma_g \sqrt{K_x K_z}}{\mu_g p_{wf}} \cdot \left[\left(\frac{\beta_d}{L^2} \right) \left(\frac{1}{r_w} - \frac{1}{r_d} \right) + \left(\frac{\beta}{L_2} \right) \left(\frac{1}{r_d} - \frac{1}{r_e} \right) \right] \tag{3.16}$$

式（3.17）和式（3.18）用于估算伤害和未伤害的湍流系数。

$$\beta_d = \frac{2.6 \times 10^{10}}{\left(\sqrt{K_x K_z} \right)_d^{1.2}} \tag{3.17}$$

和

$$\beta = \frac{2.6 \times 10^{10}}{\left(\sqrt{K_x K_z} \right)^{1.2}} \tag{3.18}$$

Guo 等人（2008）提出了一个简化但严谨的模型，用于预测和评估高摩擦气井的产能。结果表明，该模型比以往的模型更加准确。沿井筒的气体流量分布由方程组（3.19）给出。

$$q_g(z) = \frac{3 J_{sp} p_e}{\left(\dfrac{3}{C} \right)} \left\{ 2[F_1(z_0) - F_1(z)] - [F_2(z_0) - F_2(z)] \right\}$$

$$z = \frac{p_e}{3} \left[C_2 - \left(\frac{3}{C} \right)^{20} x \right]$$

$$z = \frac{p_e C_2}{3}$$

$$F_1(z) = 3^{-1/3} \left\{ \lg(z + 3^{-1/3}) - \frac{1}{2} \lg(z^2 - 3^{1/3} z + 3^{-2/3}) + 3^{1/3} \arctan\left[\frac{3^{1/3}}{3} (2 \cdot 3^{1/3} z - 1) \right] \right\}$$

$$F_1(z_0) = 3^{-1/3} \left\{ \lg(z_0 + 3^{-1/3}) - \frac{1}{2} \lg(z_0^2 - 3^{1/3} z_0 + 3^{-2/3}) + 3^{1/3} \arctan\left[\frac{3^{1/3}}{3} (2 \cdot 3^{1/3} z_0 - 1) \right] \right\}$$

$$F_2(z) = 2 F_1(z) + \frac{3z}{3z^3 + 1}$$

$$F_2(z_0) = 2 F_1(z_0) + \frac{3 z_0}{3 z_0^3 + 1} \tag{3.19}$$

前文讨论的稳态方程的各种形式用于确定并比较水平井和垂直井的产能，但是尚未解决独特的边界条件、有限泄油面积和特殊井位等问题。

3.6.2　油井拟稳态渗流

目前为止提出的稳态模型大多具有假设条件方面的限制，因此不适用于实际和现实的油井。因此，需要开发普适性较强、限制性假设更少的稳态模型，提高其现场适用性。Babu 和 Odeh（1989）开发了首个描述稳态流动的产能模型，其采用封闭、各向异性（x、y 和 z

方向上的渗透率不同）或各向同性（x、y 和 z 方向上的渗透率相同）的箱形有限油藏模型，井位可以设在油藏的任何位置。其内边界条件为等流量生产，即井筒的生产剖面均匀。此外，采用分离变量和傅里叶级数的方法推导了三维扩散方程，模型见式（3.20）。

$$q = \frac{7.08 \times 10^{-3} b \sqrt{K_x K_z}(\bar{p}_R - p_{wf})}{\beta \mu [\ln(A^{0.5}/r_w) + \ln C_H - 0.75 + S_R]} \tag{3.20}$$

A 为泄流面积，C_H 为形状因子，其公式为

$$\ln C_H = 6.28 \frac{a}{h} \sqrt{K_z/K_x} \left[\frac{1}{3} - \frac{x_0}{a} + \left(\frac{x_0}{a}\right)^2\right] - \ln\left(\sin\frac{108°z_0}{h}\right) - 0.5\ln\left[(a/h)\sqrt{K_z/K_x}\right] - 1.088 \tag{3.21}$$

S 为表皮系数，当油井完全穿透储层时，表皮系数 S_R 为 0，有储层伤害或改造时，$S = S_R + S_f$。对于需要 p_{wf} 为平均值或常数的各向异性油气藏，可通过求得井筒上的最大和最小压力的平均值，或考虑形状因子的 C_H 平均值得出 S_R。

该模型考虑了形状因素，支持泄油区井位任意设置。测试结果表明，与其他更为严谨的模型相比，该模型的误差小于 3%。该公式可用于描述任意泄油面积、渗透率、各向异性、井筒长度或井筒位置下的油井产能。同时，该公式表明井筒长度和穿透程度对产能的影响最大。

Mutalik 等人（1988）提出了如下拟稳态模型。该模型假设水平井导流能力无限大，并将形状因子等效为表皮系数，其产能公式见式（3.22）。

$$q = \frac{7.08 \times 10^{-3} Kh\Delta p}{\beta \mu \left[\ln\left(\frac{r'_e}{r_w}\right) - 0.738 + S_f + S_{CA,h} - c'\right]} \tag{3.22a}$$

$$r'_e = \sqrt{A/\pi} \tag{3.22b}$$

该模型主要用于描述具有矩形泄油面积的水平井。其中，$S_{CA,h}$ 是等效形状系数的表皮系数，S_f 是无限导流能力下井筒完全穿透裂缝的表皮系数，L 为裂缝长度，c' 为形状因子转换常数。

针对各向异性的生产井，Economides 等人（1996）提出了普遍适用的产能方程，可用于描述非稳态、稳态和拟稳态以及不同内边界条件（均匀流量或无限导流能力），也适用于多分支井。该模型见式（3.23）。

$$q = \frac{\bar{K}x_x(\bar{p} - p_{wf})}{887.22\beta\mu\left(p_D + \frac{x_e}{2\pi L}\sum S\right)} \tag{3.23}$$

其中，油藏平均渗透率为 $\bar{K} = \sqrt[3]{K_x K_y K_z}$。

$\sum S$ 为机械表皮、湍流和其他表皮系数之和。

$$p_D = \frac{x_e C_H}{4\pi h} + \frac{x_e}{2\pi L}S_x \tag{3.24}$$

$$S_x = \ln\left(\frac{h}{2\pi r_w}\right) - \frac{h}{6L} + S_e \tag{3.25}$$

$$S_e = \frac{h}{L}\left[\frac{2z_w}{h} - \frac{1}{2}\left(\frac{2z_w}{h}\right)^2 - \frac{1}{2}\right] - \ln\left[\sin\left(\frac{\pi z_w}{h}\right)\right] \tag{3.26}$$

S_e 为垂直方向的偏心表皮系数；如果油井位于油藏的垂直中心，则 S_e 可以忽略不计。为了说明各向异性，Mutalik 等人（1988）提出了井筒长度、井筒半径和储层尺寸的转换方法。

3.6.3　气井拟稳态渗流

稳态模型的修正方法同样适用于拟稳态模型，可由此推导出水平气井的产能表达式。Kamkom 和 Zhu（2006）对 Babu 和 Odeh（1989）提出的模型进行了修正，通过对气井压力进行平方和拟压力处理，得到式（3.27）和式（3.28）。

$$q_g = \frac{b\sqrt{K_y K_z}(\overline{p}^2 - p_{wf}^2)}{1.424\,\overline{z}\,\overline{\mu}_g T\left[\lg(A^{0.5}/r_w) + \ln C_H - 0.75 + S_R\right]} \tag{3.27}$$

$$q_g = \frac{b\sqrt{K_y K_z}\left[m(\overline{p}) - m(p_{wf})\right]}{1424T\left[\ln(A^{0.5}/r_w) + \ln C_H - 0.75 + S_R + \dfrac{b}{L}(S + Dq_g)\right]} \tag{3.28}$$

上述公式中的所有参数由式（3.20）和式（3.21）计算得出。

产能公式的计算结果（Karcher 等，1986；Mitwali 和 Singab，1990；Adegbesan，1991）与实际油田单井产能一致（Juma 和 Bustami，1990），这进一步证明了解析解预测水平井产能的可能性。

3.6.4　水平井两相流经验产能模型

前面提到的稳态和拟稳态解析模型是针对单相油气流动时提出的。由于受相对渗透率和其他流体动力学问题的影响，两相流动情景下的产能预测更为复杂。因此，现有的解析解不适用于此类复杂的流动状态，而油藏数值模型则是此类情景的首选解决方案。然而，油藏数值模型需要更多的数据、资源和技术以预测产能，因此，还必须开发水平井两相流动经验模型。

因此，在给定井底压力的情况下预测两相流产量时，可使用流入动态关系曲线（IPR）。IPR 是经验公式，用于描述稳定油藏压力下产量和井筒流动压力之间的关系（Gilbert，1954）。

Vogel（1968）首次提出了该模型，见式（3.29），该模型与多数油井产能拟合结果良好。基于 Vogel 模型，Fetkovich（1973）提出了适用性更强的产能方程，见式（3.30）。

$$\frac{q_o}{q_{o,max}} = 1.0 - 0.2\frac{p_{wf}}{p_R} - 0.8\frac{p_{wf}}{p_R} \tag{3.29}$$

$$\frac{q_o}{q_{o,max}} = \left[1 - \left(\frac{p_{wf}}{p_R}\right)^2\right]^n \tag{3.30}$$

结合数值模拟结果，在 Vogel 模型的基础上，Bendakhlia（1989）首次提出了水平井 IPR 方程。该方程由修正 Vogel 公式（3.31）和 Fetkovich 产能公式（3.30）发展而来。

$$\frac{q_{\text{o}}}{q_{\text{o,max}}} = 1.0 - V\frac{p_{\text{wf}}}{\overline{p}_{\text{R}}} - (1 - V)\left(\frac{p_{\text{wf}}}{\overline{p}_{\text{R}}}\right)^2 \tag{3.31}$$

公式为数值数据的曲线拟合，最佳拟合数据根据式（3.32）确定。

$$\frac{q_{\text{o}}}{q_{\text{o,max}}} = \left[1 - V\frac{p_{\text{wf}}}{\overline{p}_{\text{R}}} - (1 - V)\left(\frac{p_{\text{wf}}}{\overline{p}_{\text{R}}}\right)^2\right]^n \tag{3.32}$$

式（3.32）引入了参数 V（Vogel 修正方程中的变量参数）和 n（Fetkovich 产能方程指数）。n 和 V 的拟合曲线如图 3.5 所示，通常 n 和 V 取平均值，分别为 1.1 和 0.2。

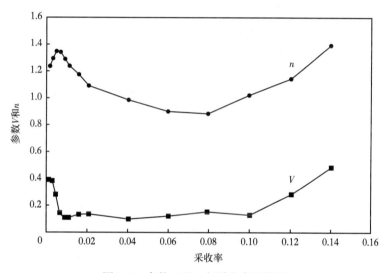

图 3.5　参数 V 和 n 与采收率的关系

此外，Cheng（1990）也根据 Vogel 方程提出了水平井 IPR 方程。他使用数值模拟器对垂直（0°）到水平（90°）不同倾角的斜井产能进行了研究，并采用回归算法，得到了最佳拟合公式，见式 3.33。

$$\frac{q_{\text{o}}}{q_{\text{o,max}}} = 0.9885 - 0.2055\frac{p_{\text{wf}}}{\overline{p}_{\text{R}}} - 1.1818\left(\frac{p_{\text{wf}}}{\overline{p}_{\text{R}}}\right)^2 \tag{3.33}$$

根据式（3.34），Retnanto 和 Economides（1998）提出了 IPR 模型，该模型用于预估气驱油藏的水平井和多分支井产能。

$$\frac{q_{\text{o}}}{q_{\text{o,max}}} = 1.0 - 0.25\frac{p_{\text{wf}}}{\overline{p}_{\text{R}}} - 0.75\left(\frac{p_{\text{wf}}}{\overline{p}_{\text{R}}}\right)^n$$

其中

$$n = \left[-0.27 + 1.46\left(\frac{p_{\text{r}}}{p_{\text{b}}}\right) - 0.96\left(\frac{p_{\text{r}}}{p_{\text{b}}}\right)^2\right](4 + 1.66 \times 10^{-3}p_{\text{b}}) \tag{3.34}$$

Wiggins 和 Wang (2005) 提出的 IPR 模型与 Vogel 方程相似,通过所有数值模拟,首先提出了回归模型 [式 (3.35)],此外,针对特定采收率或压力衰竭百分比的产能,提出相关模型 [式 (3.36)]。

$$\frac{q_o}{q_{o,\max}} = 1.0 - 0.4533\frac{p_{wf}}{\overline{p}_R} - 0.5467\left(\frac{p_{wf}}{\overline{p}_R}\right)^2 \tag{3.35}$$

$$\frac{q_o}{q_{o,\max}} = 1.0 - d\frac{p_{wf}}{\overline{p}_R} - (1-d)\left(\frac{p_{wf}}{\overline{p}_R}\right)^2 \tag{3.36}$$

其中,d 为油藏压力衰竭函数。

在评估两相 IPR 相关性时,KamKom 和 Zhu (2005) 认为,现有的 IRP 方程在特定情况下具有较高的准确性,而且流体系统的泡点压力对 IPR 具有显著影响。

油田现场实践案例 (Celier 等,1989;Mitwali 和 Singab,1990;Adegbesan,1991) 表明,水平井的初始产量很高,但递减速度快,主要是因为与水平井筒接触的泄油面积大。在天然裂缝性油藏中,高密度裂缝系统接触的直井具有同样的特征。

3.6.5 水平井泄油面积

在施工条件保持不变的情况下,水平井的泄油半径比直井更大。由此,研究人员提出了替代比 (RR) 概念,用于说明与直井相比,水平井的产能提高程度。

$$RR = (r_{eh}/r_{ev})^2 \tag{3.37}$$

RR 表示达到与水平井产能相同程度所需的直井数量。除极长的水平井以外,替代比概念可用于大多数水平井与直井的产能对比。

另一个相关概念是井密度 (R_{WD}) 的降低,根据式 (3.38) 确定:

$$R_{WD} = 1 - \frac{1}{RR} \tag{3.38}$$

Giger (1987) 提出了面积产能指数 (API) 概念,即生产指数与泄油面积的比值,见式 (3.39)。

该概念假设垂直井和水平井的面积产能指数相等:

$$API = \frac{J}{A} \tag{3.39}$$

RR 值的计算公式中,需要计算直井的有效井筒半径 [式 (3.40)] 和水平井有效半径 [式 (3.41)]。

$$r_{weff} = \sqrt{RR}\,r_w\left[\frac{r_w}{r_{ev}}\right]^{\left(\frac{1}{RR}-1\right)} \tag{3.40}$$

$$r_{eff} = \frac{\left(\frac{Lr_{ef}}{2}\right)\left(\frac{2r_w}{\beta h}\right)^{\beta h/L}}{a\left[1+\sqrt{1-\frac{1}{RR}\left[\frac{L}{2a}\left(\frac{r_{eh}}{r_{ev}}\right)\right]^2}\right]} \tag{3.41}$$

式（3.41）考虑了储层各向异性 P。替代比（RR）是指相同产量下直井与水平井的比值。

生产指数比值和替代率 RR 应区别对待。具体而言，生产指数比值假设水平井和直井具有相同的泄油面积，而在确定替代比时，水平井和直井的泄油面积不同。

通过式（3.41），可得出有效直井半径 r_{eff}。图 3.6 中 x 轴表示有效半径与井径的比值。可通过该图得出 R_{WD}。若已知 R_{WD} 为 0.61，可以通过式（3.2）、式（3.37）和式（3.38）计算得出 RR。结果表明，10 口水平井可替代 26 口直井。

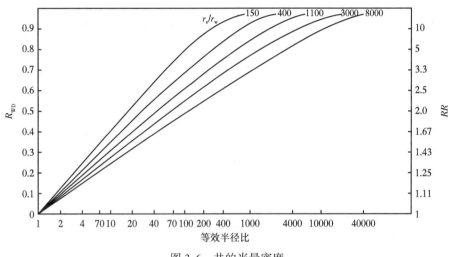

图 3.6　井的当量密度

计算替代比时，需要确定水平井泄流面积，式（3.42）根据拟稳态产能方程（Joshi，1990）导出。水平井泄油面积是椭圆轴线长和直井泄油面积的函数。

$$A_H = \pi ab \tag{3.42}$$

其中

$$a = L/2 + r_{ev} \tag{3.43}$$

$$b = r_{ev} \tag{3.44}$$

3.7　各项参数对水平井产能的影响

案例研究和现有文献表明，因井筒、地质和油藏参数的不同，水平井产能可比直井高出 2~5 倍。大多数情况下，水平井产能受井长、位置和临界速率的影响。

这些参数主要根据地质、测井和生产试验确定。但是，地层厚度、渗透率、储层伤害情况（表皮）和压裂增产技术也会影响水平井产能，设计方案应综合考虑以上因素，以制订最佳储层开发方案。

3.7.1　井筒长度

制订水平井方案时，应确定最佳井筒长度，以确保油井的经济效益最大化。为了研究水平井长度对产能的影响，模型设置有效无限导流能力的垂直裂缝。200m（656ft）长水平井的产能是直井的 3 倍。

总体对比显示，水平井的产能比直井高 2.5~3.8 倍，并且产能随 K_v/K_n 比值的增大而提高。此外，在薄储层中，水平井增产效果更为显著（Ozhn 等，1987；Reisz，1991），高渗透率地层的产能也高于低渗透率地层。

井筒长度是影响产能的主要因素之一。井筒长度对采收率的影响因储层质量而异。图 3.7 显示了不同储层厚度下，井筒长度对产能比值的影响。井筒长度可导致水平井产量比未采用增产手段的直井高 2~5 倍（Da Prat 等，1981；Karcher 等，1986；Giger，1987；Joshi，1987；Ozkan 等，1987；Celier 等，1989；Juma 和 Bustami，1990；Mitwali 和 Singab，1990；Adegbesan，1991）。

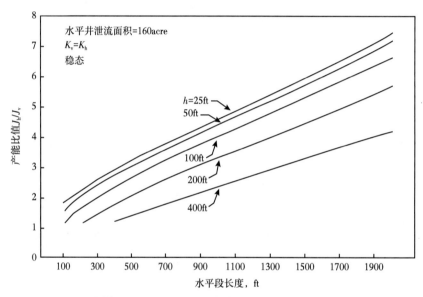

图 3.7　不同储层厚度下水平井与直井的产能比与水平段长度的关系

3.7.2　地层厚度

地层厚度对水平井与直井产能比值的影响如图 3.8 所示。图 3.7 显示了水平井长度和地层厚度对产能比值的影响。对于给定的水平井长度，产能比随着地层厚度的减小而增大。

图 3.8 说明了不同渗透率比值（K_v/K_h）下，地层厚度对产能的影响。对于给定的水平井长度，产能比值随着 K_v 的增加而增加与成正比。

从图 3.8 可以看出，产能比值随着（K_v/K_h）值的增大而减小。随着油藏厚度的增大，垂向渗透率越小，影响越明显。换言之，对于较薄的地层，只有地层垂向渗透率远小于水平渗透率时，其影响才会显著。

3.7.3　储层渗透率

储层渗透率对流体流动能力的影响很大，井筒泄油半径和产能都是平均渗透率的函数。平均渗透率越高，油井的预期产能越高。

直井和水平井都是如此。天然裂缝性储层中，沿天然裂缝方向的渗透率远大于基质流向裂缝的渗透率。因此，垂直于天然裂缝的水平井井位部署具有很大优势。

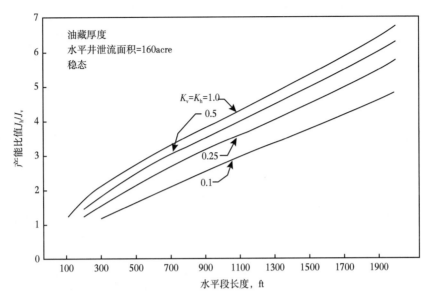

图 3.8   垂向渗透率对井产能比值的影响（Joshi，1987）

此外，渗透率各向异性也会影响油井产能，如图 3.8 所示。当各向异性程度较大时，应垂直于最高渗透率进行水平井钻井，以最大限度提高产量（Peterson 和 Holditch，1990）。

对于天然裂缝系统，假设裂缝渗透率是 $\sqrt{K_y/K_x}$ 乘以低渗透率方向的水平段长度（Karcher 等，1986 年）之积。因此，当渗透率大于垂向裂缝渗透率的 16 倍时，裂缝方向的泄油半径为其垂向泄油半径的 4 倍。

垂向渗透率较难评估。测量数据通常来自岩心分析，可能与实际的垂向渗透率有所不同。由于岩心分析是在某一阶段进行的，因此，岩心分析报告中不会涉及页岩或黏土薄层对渗透率的影响。

垂向渗透率的标准测量值大约为水平渗透率的 1/5～1/10。数值模拟研究中，常取水平渗透率的作为垂向渗透率值。在纯厚砂岩地层中，垂向渗透率可能与水平渗透率十分接近，（K_y/K_h）值为 1.0。

低渗透油藏一直是直井开发的难点。如前文所述，在此类油藏中，沿低渗透率方向钻水平井将比直井具有更大的生产能力。

在研究渗透率各向异性的程度和方向时，常采用关井或干扰试井和岩心实验手段。对岩心数据进行统计分析可以提高垂向渗透率的预测准确度。

3.7.4   井筒直径

鉴于水平井长度对产量影响巨大，而井筒直径对产能没有明显影响。通常，根据井筒稳定性和钻井难度（而非产能的提高程度）来确定井筒直径。

通过 6in、8.5in 和 12.25in 井径进行敏感性因素分析（Joshi，1991）研究，结果表明，井径对产量没有显著影响。小井眼技术（Azari 和 Soliman，1997）的研究也得出了类似的结论。

此外，油田现场实践表明，经过数百个小时的生产后，4in 和 10in 井径的产量没有明显差别（图 3.9）。因此，水平开采的限制因素似乎在于井筒水力学，而非储层因素。

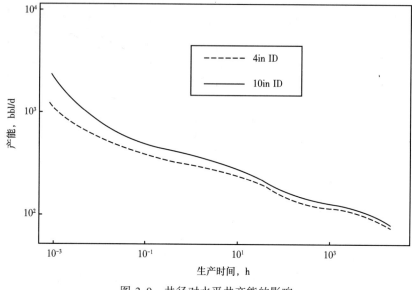

图 3.9 井径对水平井产能的影响

图 3.9 表明，井筒直径只会在垂直径向流的早期影响油井的产能。在垂直径向流期间，水平井的产能与储层厚度等于水平井长度的直井相当。因此，当受到边界影响时，水平井的产能受其长度的影响。

第 10 章将探讨水平井完井技术。然而，水平井完井技术的多个因素会对产量产生影响。El-Sayed（1991）研究了井筒稳定性对产量的影响，结果表明裸眼产量受井筒内压降影响。

岩石的抗剪强度与地层压力的保持程度相关，原始油藏、压力保持程度较好的油藏或衰竭油藏的抗剪能力不同。油藏开发初期产量高，且不存在出砂问题。随着采出程度的增大，地层能量随之下降，但直到开发后期才会出现出砂问题。

根据储层岩石类型，采用割缝衬管或套管射孔完井。当地层压力衰竭至 0.35psi/ft 时，水平井无法承受该压降，因此无法保持正常生产。

如果不受流量限制，裸眼完井比割缝衬管或套管射孔完井的初期产量更高。但在整个生产过程中，地层压力将持续降低，井筒周围的应力也随之变化，从而导致井筒坍塌和出砂。在松散地层中，使用砂砾或砾石充填完井更为稳定，但随着继续钻进，筛网周围松散的砂土有可能崩塌，并造成穿孔。Renard 和 Dupuy（1990）对因筛管周围坍塌的实际产能进行了估算。

3.7.5 井偏心效应δ

根据稳态解析解，研究人员（Joshi，1991）绘制了图 3.10，用于说明井偏心对水平井产能的影响。结果表明，水平井在油藏内部的位置对产能具有直接影响。

偏心距用于描述垂向井位的井容差（图 3.2，Borisov，1964；Joshi，1987；Goode 和 Kuchuk，1991；Reisz，1991）。上文所述的几个公式都假设水平井筒位于地层的垂直中心。

对于封闭顶底边界的特定地层，如果特定的地层中存在顶部和底部边界，但是不存在气顶或底水，则井筒的理想位置将在地层中心（$h/2$）。任何生产损失都可能是由于井位没有垂直居中而造成的。由此，提出了基于偏心距影响的封闭顶底边界油藏产能计算方法。

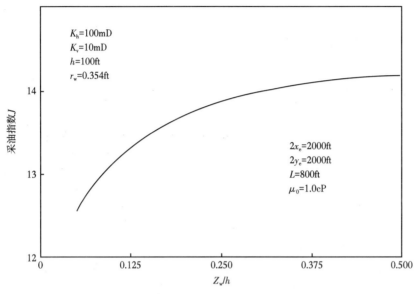

图 3.10　水平井偏心对产能的影响

将井筒视为贯穿整个油藏厚度的垂直裂缝，则井径越大，产能损失越小。Joshi（1986）提出，如果将水平井视为流体采出通道，则它可以位于地层垂直剖面的任何位置，可保证产能损失最小。

通过计算可得，距油藏中心 $h/4$ 处部署水平井，其产能损失最小，该损失低于最高产量的 10%。然而，如果水平段长度小于地层高度的 2 倍，则偏心距将会对水平井产能影响（Joshi，1986）产生一定的影响。

简单来说，当水平井长度足够长时，较近距离的油气将沿垂直方向流入井筒，而不是水平方向。随着水平井长度的缩短，该流入模式将不再成立。同时，因水平井的偏心效应，产能也显著降低。此外，在开采早期，偏心距更易受到边界的影响。

为了证明以上几点，本章的第一作者使用解析模拟器对偏心效应进行了研究。图 3.11 和图 3.12 显示了水平井长度与地层厚度比值 L/h 较高（$L/h=20$）的情况下，偏心距对水平井产能的影响。当 $\delta=12.5$ft，$L/h=0.19$ 时，偏心的影响可以忽略不计；当 $\delta=27.5$ft，$L/h=0.42$ 时，偏心距开始产生一定影响，但该影响程度仍然很小。当 L/h 比值明显降低时，偏心效应显著增大。

图 3.13 和图 3.14 的基础条件与前两幅图相同，只是水平井长度缩短（$L/h=4.0$）。图 3.13 和图 3.14 表明，偏心会严重导致产能出现重大损失。然而，轻度偏心率对产能的影响仍然很小。

井筒偏心对具有油水接触或气油接触的水平井影响较大。水平井井位的选取至关重要，合理的井位可以避免因水锥或气锥过早突破而导致采收率或产能的降低。

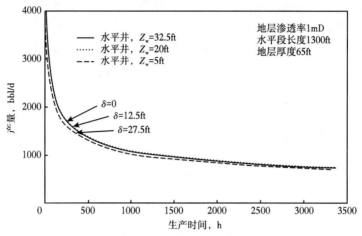

图 3.11 偏心距对长水平井累计产量的影响

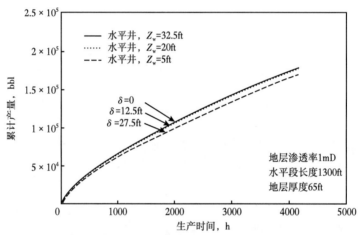

图 3.12 偏心距对长水平井累计产能的影响

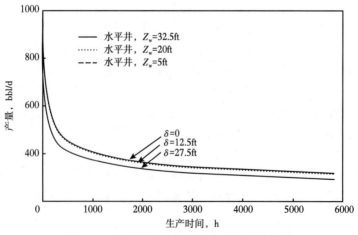

图 3.13 偏心距对较短的水平井产能的影响

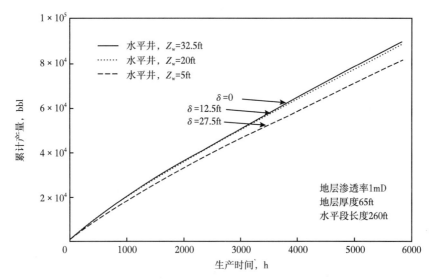

图 3.14 偏心距对较短的水平井累计产量的影响

最理想的开采方案是最大限度采出油气的同时，尽量减少因锥进引起的底水或气顶产出。水平井的最佳井位取决于储层的特征以及天然气和水的特性，临界产能即为最佳井位。后面章节将介绍气锥或水锥的井位计算方法。

3.8 地层伤害对水平井产能和压力的影响

地层伤害对水平井流动效率几乎没有影响。Peterson 和 Holditch（1990）、Renard 和 Dupuy（1990）针对地层伤害或表皮系数对产能的影响进行了研究。结果显示，钻完井会直接造成地层伤害，且会影响近井地带的压降。水平井的水力压裂和基质压裂能够大幅提高产能（Economides 等，1989；Soliman 等，1989）。然而，随着水平段长度的增加，水平井单位长度流量减小，地层伤害对近井地带总压降的影响也逐渐减小，甚至可以忽略不计。如前文所述，对压裂直井的研究也得出了类似的结论（Solimrn 和 Hunt，1985；Hunt 和 Solimrn，1994）。在地层伤害严重的情况下，水平井的流动效率大幅降低（Giger 等，1984；Sparlin 和 Hagen，1988）。

各向异性比值 K_v/K_h 比较大的储层中，地层伤害对水平井产能的影响较小（与直井相反）。Renard 和 Dupuy（1990）针对地层伤害对水平井产能的影响进行了研究。结果表明，延长水平井筒的长度 L 在一定程度上能够减轻地层伤害对流动效率的影响，长度为 L 的水平井在各向异性储层中的产能等于在各向同性油藏的产能除以渗透率各向异性比值的平方根。

Peterson 和 Holditch（1990）针对地层伤害对水平井产气量和渗透率的影响进行了研究。假设垂向渗透率比水平渗透率小，严重的地层伤害可能会导致流动效率显著降低。为避免这种情况，可采用酸压或水力压裂进行储层改造。

Renard 和 Dupuy（1990 年）提出了产能计算公式，其中考虑了井筒坍塌以及由此造成的地层伤害。并对水平与直井进行了对比，从而进一步检验未改造或完全改造后的直井产能。此外，还对稳态方程进行了修正，考虑了均匀各向异性介质中不可压缩流体的流动。

含有表皮因子的直井流动效率方程可表示为

$$FE_v = \frac{\ln(r_c/r_w)}{\ln(r_e/r) + S} \tag{3.45}$$

其中，表皮系数 S 为

$$S = \left(\frac{K}{K_s} - 1\right)\ln\left(\frac{r_s}{r_w}\right) \tag{3.46}$$

Renard 和 Dupuy（1990）提出的水平井流动效率如下：

$$FE_h = \frac{\dfrac{L}{h\beta}cosh^{-1}(X) + \ln\left(\dfrac{h}{2\pi r'_w}\right)}{\dfrac{L}{h\beta}cosh^{-1}(X) + \ln\left(\dfrac{h}{2\pi r'_w}\right) + S} \tag{3.47}$$

其中

$$r'_w = \frac{1 + B}{2\beta}r_w \tag{3.48}$$

$$X = \frac{2r_{eH}}{L} \tag{3.49}$$

对直井和水平井的比较分析显示，水平井筒周围的地层伤害对产能的影响较低，这主要是因为水平井单位长度的流线密度比直井低。对此，Renard 和 Dupuy 研究的相关结果见表 3.1。

就压裂水平井而言，研究人员也得出了类似的结论，即长水平井同样能够降低地层伤害对产能的影响。然而，严重的地层伤害将严重降低油井的产能。Renard 和 Dupuy（1990）提出当垂向渗透率小于水平渗透率时，各向异性比将放大表皮系数对产能的影响（表 3.1）。

表 3.1　表皮系数对水平井和直井流动效率的影响

表皮系数	FE_v	FE_h		
		$K_h/K_v = 1$	$K_h/K_v = 2$	$K_h/K_v = 0$
1	0.89	0.96	0.94	0.91
5	0.62	0.83	0.76	0.76
10	0.44	0.71	-.61	0.50
20	0.29	0.55	0.55	0.34

Peterson 和 Holditch（1990）对具有地层伤害的水平井进行了数值模拟和技术经济分析，同样得出了类似的结论。结果表明，各向异性较弱的地层中，采用水平井可使产能提高 13.7%。为了使产量和净现值最大化，井筒应垂直于高渗透率方向。

假设水平井周围的表皮伤害沿径向或轴向都是不均匀的，水平井跟部沿轴向的伤害半径将大于趾部，主要是因为跟部接触措施改造的时间更长。在直井钻井过程中也会出现类似的效应，然而，由于水平井更长，这种效应被放大了。

井筒沿径向下部的伤害往往比上部深，这主要是受重力作用以及井筒周围的应力分布影响。

Frick 和 Economides（1991）对钻井液滤液模型进行了数值模拟研究，结果表明，水平井筒周围的伤害分布与图 3.15 和图 3.16 所示的分布基本相似。下面两图均表明，水平井周围的伤害形状为截锥，锥底位于水平井跟部，截锥顶位于水平井尖趾部。截面为椭圆形，其椭圆度取决于各向异性程度。

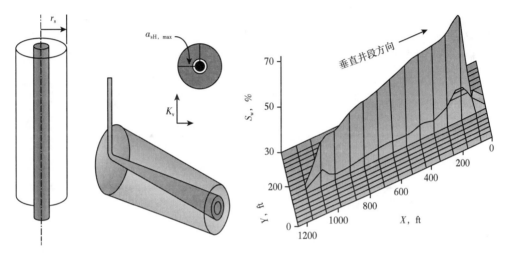

图 3.15　井筒伤害截面

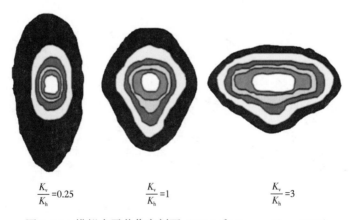

$$\frac{K_v}{K_h}=0.25 \qquad \frac{K_v}{K_h}=1 \qquad \frac{K_v}{K_h}=3$$

图 3.16　模拟水平井伤害剖面（Frick 和 Economides，1991）

Frick 和 Economides（1991）利用图 3.15 和图 3.16 中给出的几何图形，在直井表皮公式基础上，推导出了地层伤害情况下的表皮系数公式：

$$s_{\mathrm{h}} = \left(\frac{K}{K_{\mathrm{s}}} - 1 \right) \ln \left[\frac{1}{\sqrt{K_{\mathrm{h}}/K_{\mathrm{v}}} + 1} \sqrt{\frac{4}{3} \left(\frac{a_{\mathrm{sHmax}}^2}{r_{\mathrm{w}}^2} + \frac{a_{\mathrm{sHmar}}}{r_{\mathrm{w}}} + 1 \right)} \right] \qquad (3.50)$$

其中，a_{sHmax}为垂直截面附近伤害锥的水平半轴。

上述方程假设水平井趾部的伤害半径可以忽略不计。考虑到趾部伤害是不可忽略的，本章的第一作者推导出了表皮伤害的通用公式：

$$s_h = \left(\frac{K}{K_s} - 1\right) \ln\left[\frac{a_{sHmar}/r_w}{\sqrt{K_h/K_r} + 1} \sqrt{\frac{4}{3}(R^2 + R + 1)}\right] \quad (3.51)$$

其中

$$R = a_{sHmin}/a_{sHmax} \quad (3.52)$$

如果水平井趾部无伤害，则 $R = r_w/a_{sHmax}$，此时，式（3.51）与式（3.50）相同。根据式（3.51）绘制图3.17，说明不同各向异性比条件下的表皮系数与伤害深度的关系。如果水平方向的伤害是均匀的，则不能使用式（3.51）。在这种情况下，可使用一般形式的式（3.53）进行预测，如图3.18所示。此时，$R = 1$，并将大大简化公式（3.53）。

$$s_h = \left(\frac{K}{K_s} - 1\right) \ln\left[\frac{2a_{sHmax}/r_w}{\sqrt{K_h/K_r + 1}}\right] \quad (3.53)$$

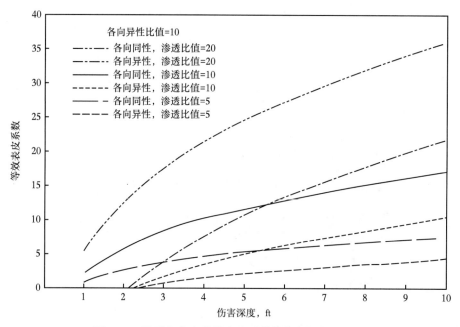

图3.17　锥形伤害中等效表皮系数与伤害深度的关系

如果地层为各向同性，则式（3.53）将与直井表皮系数相同 ［式（3.54）］。

$$s_v = \left(\frac{K}{K_s} - 1\right) \ln\left(\frac{r_d}{r_w}\right) \quad (3.54)$$

式（3.53）可应用于只穿透部分地层的直井；但是，需要注意的是，K_h 是指平行于井筒的地层渗透率，K_v 是指垂直于井筒的渗透率。此外，在储层被完全穿透的情况下，只有水平方向的渗透率会影响井的产能，此时应使用式（3.54）。

图 3.17 和图 3.18 均表明，水平井井筒周围的钻井液侵入较深，将导致严重的表皮伤害。在这种情况下，通常会使用防止脱水的添加剂，防止水钻井液在渗透性地层中先期脱水，进而避免水平井钻井过程中可能出现的严重伤害。

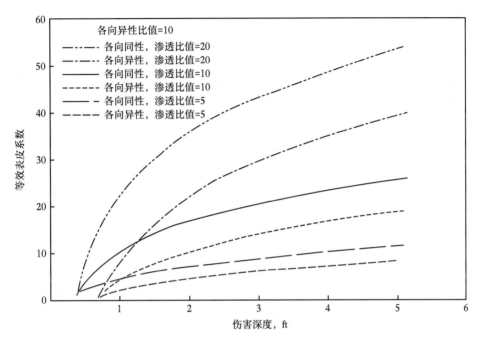

图 3.18　均匀伤害中等效表皮系数与伤害深度的关系

上述公式的发展基于假设一地层伤害随着时间的增加而逐渐增加。在大多数情况下，该假设是有效的。然而，在油田现场的实际监测中，发现流体突破通常发生在水平井跟部附近，该发现与前述的预测结论相悖。

流体首先突破在井眼跟部，该发现与作者对压裂直井（Soliman 和 Hunt，1985）的分析研究结果一致。这意味着锥形伤害可能并不适用于所有情况。而式（3.52）和式（3.53）仅在早期径向流阶段有效，随着开发的不断进行，流体流动形态可能会发生变化，特别是在地层伤害较为严重的情况下。

表皮系数对水平井产能的影响

在考虑表皮系数的情况下，水平井和直井的稳态产能方程为

$$q_h = \frac{0.00708 K_h h \Delta p / \mu \beta}{\ln\left[\dfrac{a + \sqrt{a^2 - (L/2)^2}}{L/2}\right] + \dfrac{\beta h}{L}\ln\left[\dfrac{(\beta h/2)^2 - \beta^2 \delta^2}{\beta h r_w / 2}\right] + S_h} \tag{3.55}$$

其中，$L > \beta h$，$\delta < h/2$。

直井产能方程为

$$q_v = \frac{0.00708 K_h h \Delta p / \mu \beta}{\ln\left(\dfrac{r_e}{r_w}\right) + S_v} \qquad (3.56)$$

与无伤害直井相同产量下，受地层伤害的水平井的表皮系数可表示为

$$S = \frac{L}{\beta h}\left\{\ln\left(\frac{r_e}{r_w}\right) - \ln\left[\frac{a + \sqrt{a^2 - (L/2)^2}}{L/2}\right]\right\} - \ln\left[\frac{(\beta h/2)^2 - \beta^2 \delta^2}{\beta h r_w/2}\right] \qquad (3.57)$$

图 3.19 给出了式（3.30）中的等效表皮系数与水平段长度的关系，各向异性比 $\alpha = 1$，3，10，100，见表 3.1。

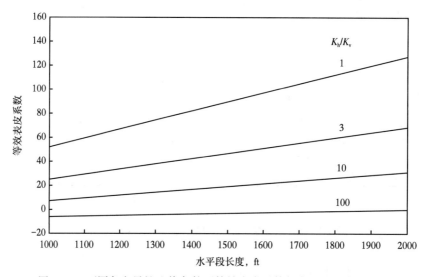

图 3.19   不同各向异性比值条件下等效表皮系数与水平段长度的关系

图 3.17 表明，垂向渗透率与水平渗透率相差不大时，水平井的产能明显高于直井。当 $\alpha = 3$，对于 1000ft 长的水平井，只有表皮伤害非常严重时，其产量才与直井相等。

当垂向渗透率极低时，需要更长的水平井才能体现其相对于直井的产能优势。图 3.20（Frick 和 Economides，1991）为水平井和直井（水平井长度为 1000ft）的产能与表皮系数的关系曲线图。图 3.17 和图 3.18 都表明，只有当地层伤害非常严重时，长水平井的产能才与直井相等。

假设直井地层未受到伤害，根据式（3.55）和式（3.56）可得到采油指数与水平井和直井表皮系数的关系式：

$$PI = \frac{\ln(r_e/r_w) + S_v}{\ln\left[\dfrac{a + \sqrt{a^2 - (L/2)^2}}{L/2}\right] + \dfrac{\beta h}{L}\ln\left[\dfrac{(\beta h/2)^2 - \beta^2 \delta^2}{\beta h r_w/2}\right] + S_h} \qquad (3.58)$$

图 3.21 给出了在不同的各向异性比值条件下，长 1000ft 的水平井含表皮系数的采油指数与表皮系数的关系曲线。该图假设直井地层未受到伤害。

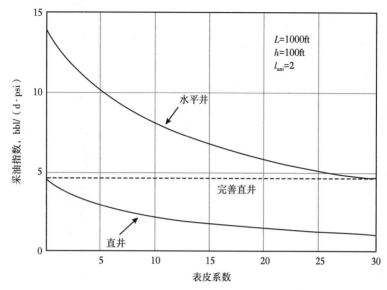

图 3.20　表皮因子对直井和水平井产能的影响

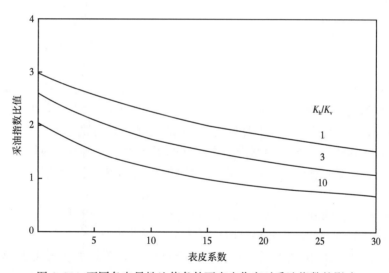

图 3.21　不同各向异性比值条件下表皮伤害对采油指数的影响

3.9　水平井与压裂直井的产能对比

由于压裂增产措施与地层和油藏条件密切相关，产能对比通常不涉及压裂增产措施。因此，大多数产能研究仅限于对未采取增产措施的直井与水平井进行比较。

joshi（1988）是首位研究水平井长度对水平井产能关系的研究人员，他将水平井等效为有限导流或无限导流能力的裂缝，对 K_v/K_h 值、水平段长度、裂缝导流性和原油 API 重度等控制因素进行了分析。

从图 3.22 可以看出，在地层渗透率为 1mD 时，长度超过 1300ft 的水平井产能高于有限导流（3412mD·ft）裂缝的直井产能。单井产能比值随水平段长度（水平段和水力压裂裂缝）的增加和裂缝导流能力的降低而增加。

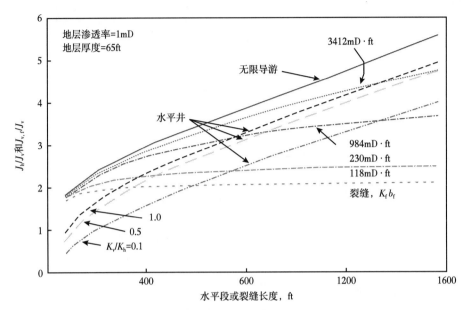

图 3.22   水平井与压裂直井采油指数的对比（Joshi，1987）

当地层变厚、水平渗透率降低或垂向渗透率降低时，情况会发生变化。Joshi（1988 年）表示"即使在低渗透油气藏中，虽然也可以压裂形成导流能力低于 1mD·单位长度的水力裂缝；但是，1300ft 左右的长水平井更容易钻探，同时还能提高井的产能。"

然而，Joshi（1988）推导出稳态产能方程证明了上述结论。虽然根据该方程式通常可以得出有效结论，但是具体细节尚不准确。本章的第一作者使用了不定常解重新研究了该问题。

图 3.23 为长度为 1300ft 的水平井与相同长度的水力压裂裂缝的直井产能对比图。该图表明，水平井和压裂直井的增产效果都明显优于未压裂直井。

虽然长期产能比与 Joshi 预测的类似，但早期产能却相差较大。图 3.23 还说明当垂向渗透率等于水平渗透率时，水平井的产能高于压裂直井。然而，该图也表明，当垂向渗透率降至 0.1mD·ft，压裂直井的裂缝导流能力高于 230mD·ft 时，压裂直井的产能高于水平井。

极低的地层渗透率条件下，该现象将更为明显（图 3.23）。当地层渗透率为 0.1mD 时，图 3.24 能够更好地体现上述问题。

当垂向渗透率等于水平渗透率时，图 3.24 中裂缝导流能力为 3412mD·ft 和 984mD·ft 时的压裂直井，产能明显优于水平井。随着地层厚度的增大或垂向渗透率的降低，产能差距将被进一步放大。

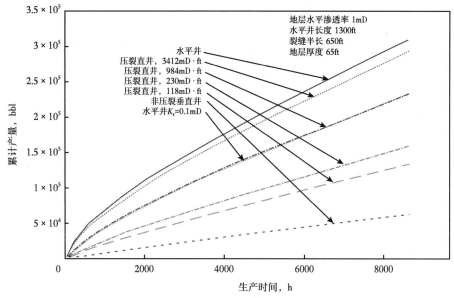

图 3.23　水平井与压裂直井累计产量的对比

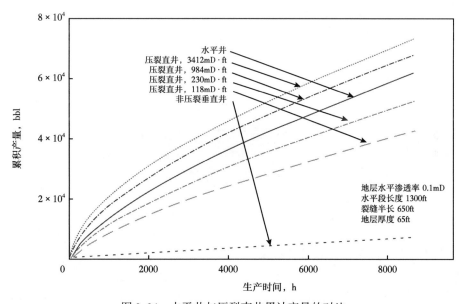

图 3.24　水平井与压裂直井累计产量的对比

3.10　水平井应用实例回顾

3.10.1　底水驱

油田实践作业证明，水平井在控制水锥问题方面非常成功。如果考虑地质、泄油能力和临界采油速度等因素，则在同等产量下，水平井比直井更有利于控制底水锥进。

3.10.2　锥进和脊进

长水平井可以达到比直井更高的临界产量，主要归于下述两个原因：

（1）由于井身长度降低了沿井筒的压降梯度；

（2）精确控制水平井垂直深度，避免钻入水层或离水层太近。

水平井的成功和商业化采油效率，文献中早有记载，甚至在水锥或气锥导致无法钻探直井进行商业化开采的情况下，水平井也不失为一种有效的解决方案。水平井防止锥进和脊进的关键在于对临界速度或出水时间的准确估算。

锥进的主要原因是局部压力的下降（图3.25）。直井近井筒压降大，更易引起底水向油井井底突进，进而导致锥进。在低渗透地层中，压力扩散速度较慢，因此该现象更为明显。而由于天然裂缝性油气藏中存在垂直裂缝，因此锥进问题极为严重。流体通过多孔介质时会选择低阻力通道，则通过裂缝的流量远大于通过低渗透率基质的流量。因此，减少压降是防止或减少锥进的最佳解决方案。

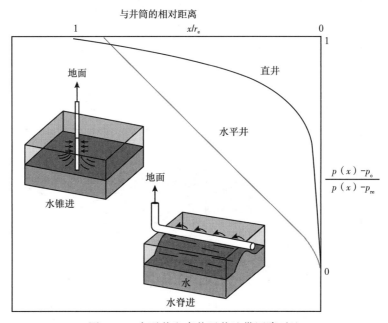

图 3.25　水平井和直井近井地带压降对比

通常采用油藏模拟手段确定临界产量。同时，研究人员（Craft 和 Hawkins，1959 年；Schols，1972；Pirson，1977；Hunt，1985；Hoyland 等，1989）陆续提出了简单的解析解，用于优化最佳井筒位置，结合数值模拟手段，可进行更全面的预测分析。本章节仅探讨了其中与水平井应用相关的解决方案。

Chaperon（1986）提出了封闭边界水平井的临界产量方程式。其中，假设水平井完全穿透泄油区，并根据流体力学理论推导出以下方程式。

$$Q_o = 4.888 \times 10^{-4} \Delta\rho \frac{h_{oi}}{y_{eD}} \frac{K_h}{\mu B_o} LF \tag{3.59}$$

其中

$$F = 3.9624955 + 0.061439 y_{eD} - 0.00054 y_{eD}^2 \tag{3.60}$$

和

$$y_{eD} = \frac{y_e}{h_o} \sqrt{\frac{K_v}{K_h}} \qquad (3.61)$$

y_{eD} 为储层宽度的一半（垂直于水平井方向）。

水平井临界产量与直井临界产量的比值由式（3.62）确定。

$$\frac{Q_{ch}}{Q_{cv}} = \frac{L}{y_e} \frac{F}{q_c^*} \qquad (3.62)$$

其中

$$q_c^* = 0.7311 + (1.9434/r_{eD}) \qquad (3.63)$$

Ozkan 和 Raghavan（1988）提出了用于估算水平井出见水情况的关系式，并由此推导出具有恒压边界的底水驱油藏见水时间的关系式：

$$t_b = \frac{fh^3 EK_h a_D^2}{qK_v} \qquad (3.64)$$

其中

$$f = \phi(1 - S_{wc} - S_{oir}) \qquad (3.65)$$

和

$$a_D = \frac{\sqrt{A}}{h} \sqrt{K_v/K_h} \qquad (3.66)$$

有效控制水锥是水平井的重大优势之一。此外，水平井可提高波及效率，这一点常被忽视。波及效率（E_s）为水平井长度的函数（图 3.26）。井筒长度固定时（例如以现有的井筒模式），通过增大井距可延迟见水时间。

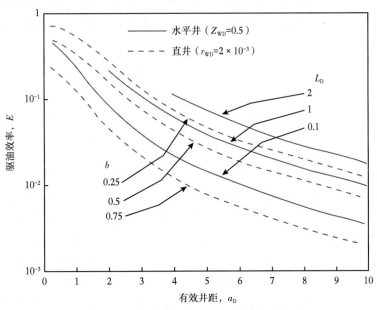

图 3.26　水平井和直井的驱油效率对比

Ozkan 和 Raghavan（1988）也提出了波及系数与水平段长度的关系式（图 3.27）。通过设置相匹配的井距、水平段长度和最大临界产量，可得到最佳采收率。可通过式（3.67）计算见水时间。

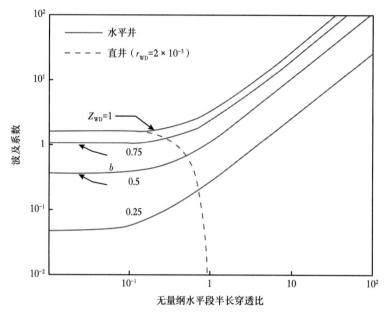

图 3.27　无限大油藏直井和水平井的波及系数对比

可采用类似方法估算在带有气顶或底水的储层中水平井的见水时间。大多情况下，出于经济效益的考虑，不可能长时间低于临界产量开采。此时，见水时间便成为重要的考虑因素。Papatzacos 等人（1989）提出了预测见水和见气时间的关系式，如半解析解方程式（3.67）和式（3.68）所示。该方程式假设初始重力平衡（而非恒定压力边界条件）。

$$t_{\text{DBT}} = 1 - (3q_{\text{D}} - 1) \ln \frac{3q_{\text{D}}}{3q_{\text{D}} - 1} \tag{3.67}$$

$$q_{\text{D}} = \frac{0.01622\mu_{\text{o}}q_{\text{o}}B_{\text{o}}}{L\left(\dfrac{K_{\text{v}}}{K_{\text{h}}}\right)^{1/2} h(\rho_{\text{o}} - \rho_{\text{g}})} \tag{3.68}$$

Papatzacos 等人（1989）对半解析解结果与数值模拟结果进行了对比。图 3.28 和图 3.29 分别说明了气锥的无量纲见水时间和误差。结果表明，当数值解的见气时间早于半解析见气时间时，天然气黏度越低，误差百分比越大。但是该误差可忽略不计，即半解析解适用于所有黏度的天然气。

针对存在底水和气顶的油气藏，Papatzacos 等人（1989）提出了底水和气顶的见水见气时间关系式。见水时间与油气藏中井的位置以及气、油、水的密度比密切相关。将水平井井筒置于储层的垂直剖面内，给定流体密度和最大产量，则可以使锥进降到最低甚至消除。式（3.69）和式（3.70）可用于计算无量纲见水见气时间和最佳井筒位置。该公式取决于气体、水和石油的密度比，如公式（3.72）所示。qD 的值根据式（3.72）确定。

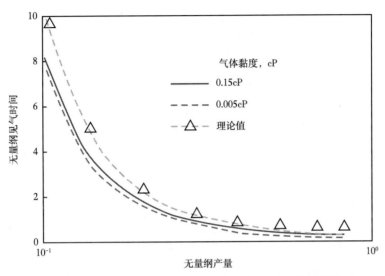

图 3.28　单一气锥情形下无量纲见气时间与无量纲产量的关系
（理论结果与模拟结果对比，Papatzacos 等人，1989）

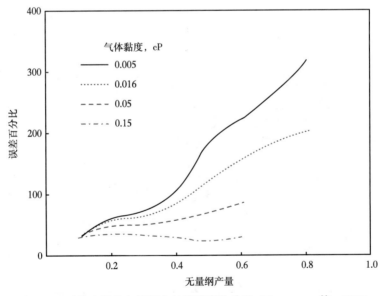

图 3.29　百分比误差与量纲次气锥速度的关系（Papatzacos 等，1989）

$$\beta_{\mathrm{opt}} = c_{\mathrm{o}} + c_1 U + c_2 U^2 c_3 U^3 \tag{3.69}$$

$$\ln(t_{\mathrm{BDT}}) = c_0 + c_1 U + c_2 U^2 c_3 U^3 \tag{3.70}$$

其中

$$U = \ln q_{\mathrm{D}} \tag{3.71}$$

而

$$\psi = \frac{\rho_w - \rho_o}{\rho_o - \rho_g} \qquad (3.72)$$

图 3.30 和图 3.31 分别说明了无量纲产量 q_D 和最佳井位与水、气同时突破时间的关系。

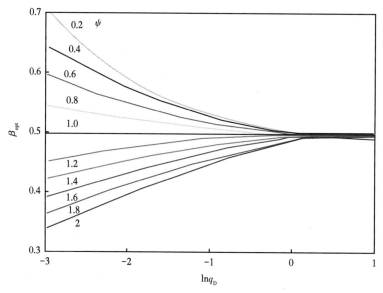

图 3.30　双锥情况下井的位置与无量纲采油速度的关系（Papatzacos 等，1989）

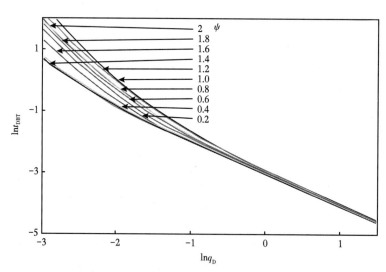

图 3.31　双锥情况下水气同时突破的无量纲时间与无量纲采油速度的关系（Papatzacos 等，1989）

　　在存在底水驱、边水侵入或气顶活跃的油藏中，锥进的机理和性质会略有不同。最理想的方法是计算最大采油速率（MER），从而使采收率最大化。

　　由于分析方法未考虑地质异常，也未对流体进行详细的分析，因此得到的最大采油速率可能只是最佳数学解。然而，最大采油速率可能小于计算得出的临界采油速度，可通过延迟见水时间来提高最终采收率。

特定地质条件和水气性质情况下，采油速度越低，最终采收率应该越高。解析解一定程度上能够指导现场控制水锥问题，而油藏模拟能为存在水锥或突破问题时计算最准确的水平井产量。

3.10.3　水驱开发

注水开发现已成为提高油田产量和采收率的主要开采方法之一。目前，注水开发常用于保持地层压力并扩大波及系数。与正常的枯竭开发相比，这一方法的应用能够延长生产井的寿命，在注入井点之间和生产井点之间形成压力分布和饱和度流线。

在对称井网模式中，最大的压力梯度位于注入井与生产井之间。注入水沿着该梯度的流动速度比沿着其他梯度线的流动速度快。因此，常规水驱过程中当注入水突破时，只有最大压力梯度附近的地层会发生水淹。

当通过水平井注水或采油时，由于水平井与油藏的接触面积更大，从而能够有效提高波及效率。当水平井作为注入井时，注入量比普通直井大许多，波及效率也随之扩大。

由于注水开发方案因油田而异，油藏管理的首要决策是建立合理的注水开发模式。最佳方案设计需要考虑井网模式、边外注水、线性驱动等多种手段。当制订常规直井开发方案时，需要遵循下述指导原则：

（1）地下石油储量足以满足将建设的地面生产能力要求；

（2）注水速度足以维持设计产能；

（3）采收率最大化的同时尽量降低产水量；

（4）合理利用油藏非均质性，如定向渗透率、地层裂缝、倾斜地层和储层沉积；

（5）现有井网和井距的兼容性；

（6）注入水和地层水的兼容性。

水平井注水开发方案的指导原则与直井大致相同。但是，水平井的井位布置与底水驱油藏类似，钻井应充分利用定向渗透率或裂缝的优势，控制早期见水情况。

直井开发过程中易过早见水，浪费大量可采储量。在该应用中，可将水平井视为线汇，沿程压降和流速大大降低。HMsen 和 Verhyden（1992）报道了美国 OXY 石油公司向某成熟的注水开发油田中钻探了一口水平井，在技术和经济上都取得了成功。水平井能够大幅度提高产量，其采油指数和实际产量甚至比直井高出 500%。

此外，直井开发油田的整体水油比（WOR）普遍较高，为 0~11。而水平井的 WOR 仅为 0.7。

此外，业内研究人员提出了一些简单的解析解方程式，可预测注水开发的水平井产能。Muskat（1937）建立了单位流度比条件下水驱开发的直井产能方程式。

线性驱动（图 3.32）：

$$i = \frac{0.001538 K_o h \Delta p}{\mu_o \left(\lg \dfrac{a}{r_w} + 0.682\, \dfrac{d}{a} - 0.902 \right)} \tag{3.73}$$

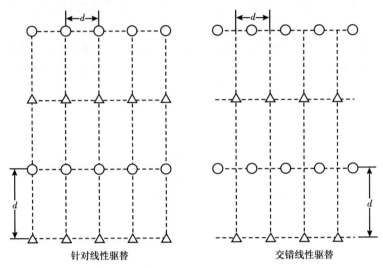

图 3.32   注水系统

五点法井网驱动（图 3.32）

$$i = \frac{0.001538 K_{\mathrm{o}} h \Delta p}{\mu_{\mathrm{o}} \left(\lg \dfrac{d}{r_{\mathrm{w}}} \right)} \tag{3.74}$$

基于 Muskat 方程，可以推导出水平井的产能方程式（图 3.33）。

$$i = \frac{0.001538 K_{\mathrm{o}} h \Delta p}{0.682 \mu_{\mathrm{o}}} \tag{3.75}$$

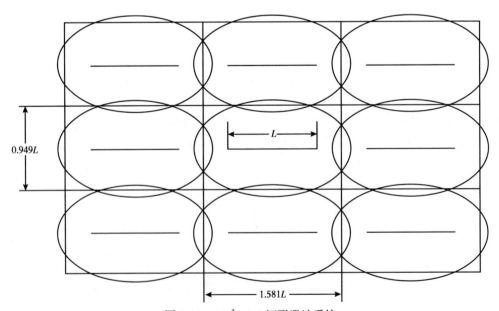

图 3.33 $A/L^2 = 1.5$ 矩形泄油系统

水平井与常规五点法直井井网的产能比可表示为

$$PR = \frac{\lg(d/r_{w}) - 0.2688}{0.682} \tag{3.76}$$

通常，使用 d 和 r_w 值计算的产能比大于4。例如，当 $d=600\text{ft}$，$r_w=3\text{ft}$ 时，可计算得出产能比为4.45。这表明美国OXY石油公司可以提前预测投产的水平井产能。

Suprunowicz 和 Butler（1992a，1992b）对水平井井网布置开展了更为全面的研究（图3.34）。

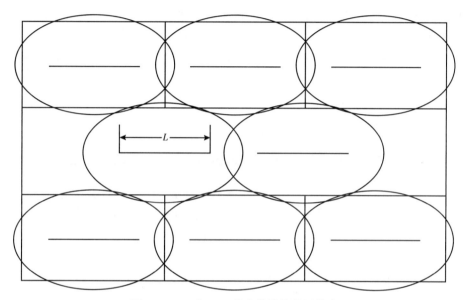

图 3.34 $A/L^2 = 1.5$ 的交错排状井网模式

油田作业实践证明，水平井在 PrudhoeBay 注水作业中的应用是成功的（Sherrard 等，1987）。水平井的引入解决了水锥和注入水提前突破的潜在问题。预期第一口投产的水平井产能是直井的 2~4 倍，实际产能低于预期，主要是由于井损坏和油藏连续性低于预期而导致的。

3.11 蒸汽驱开发

蒸汽驱是应用最广泛的一种提高采收率的方法，主要是因为注汽采油效率高，而成本相对较低。全球约80%的三次采油都是通过蒸汽驱进行热力采油。注汽过程中面临的主要问题是蒸汽过载。为了解决这一问题，通常通过缩小井距来减少蒸汽超覆的影响。自1981年以来，业内研究人员一直在研究并优化水平井结合注汽的开发方案（Rial，1984；Robin，1987；Combe 等，1988；Petit 等，1989 年；Ahner 和 Sufi，1990；Best 等，1990；Asgarpour 等，1990）。这些研究证明了在热采中使用水平井开发的几大技术优势。

通过水平井注入蒸汽可以延迟蒸汽超覆，提高波及效率（Butler 和 Stephens，1981 年；Joshi 和 Threlkeld，1984；Rial，1984；Dykstra 和 Dickinson，1989；Asgarpour 等，1990）。在水平井作为注水井的模拟研究中，OOIP 的最终采收率为64%~76%。同样，水平井作为生产井也能够大幅度提高产能。长水平井增加了井筒与储层的接触面积，进而提高了波及效率。Petit 等人（1989）对水平井注汽和注水模式进行了技术经济评估，结果表明，水平井在蒸汽驱中的潜力更大，且生产成本低于常规直井。

Asgarpour 等人（1990）对某稠油油藏进行了现场实例研究。在加拿大海湾地区钻的某水平井，其产量为常规直井产量的 7 倍多。Asgarpour 等人采用数值模拟方法对水平井进行了参数敏感性分析、历史拟合和产能预测。模拟结果表明，水平井在直井开发区的应用非常成功，其在加快生产的同时，还增加了可采储量。

水平井应用的主要技术之一是蒸汽辅助重力泄油技术（SAGD），其基本概念如图 3.35 所示。图 3.36 至图 3.38 显示了 SAGD 应用的多种方案。

SAGD 的早期应用之一是 1978 年在加拿大冷湖应用的，开发方案与图 3.37 相似。水平井长度为 803ft，直井位于水平井上方 147ft 处。经过 10 年的开采，运营商认为直井水平高度设置在 260~365ft，可能更为合理。

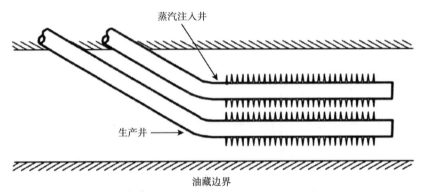

图 3.35　方案 1：双水平井 SAGD

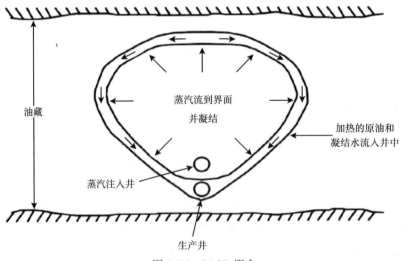

图 3.36　SAGD 概念

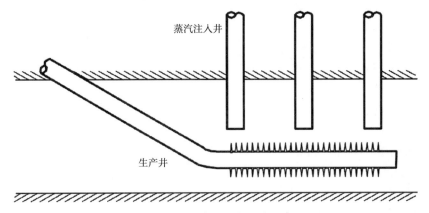

图 3.37　方案 2：直井和水平井组合 SAGD

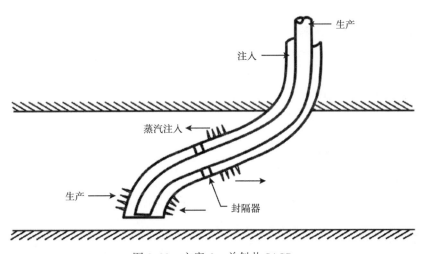

图 3.38　方案 3：单斜井 SAGD

3.12　符号说明

A　　泄油面积，$arce^2$

A_H　水平井泄油面积，ft^2

API　生产区采油指数，标准 $bbl/(d \cdot psi \cdot ft^2)$

a_D　无量纲有效井距

B　　体积系数

B_o　原油体积系数

b　　递减指数的倒数

b　　穿透比，%

C_H　形状因子

c_t　总压缩系数，psi^{-1}

E　　无量纲驱油效率

F　　无量纲函数

FE　流动效率

f　　微观驱替效率 $=f\left(1-S_{wc}-S_{oir}\right)$

h　　储层厚度，ft

h_o　油层厚度，ft

h_{oi}　初始油层度，m

J　　采油指数，标准 bbl/d/psi

K　　油藏渗透率，mD

K_f　裂缝渗透率，mD

K_{fw}　裂缝导流能力，mD·ft

K_h　水平渗透率，mD

K_m　基质渗透率，mD

K_{roi}　初始油相相对渗透率

K_v　垂向渗透率，mD

K_x　x 方向渗透率，mD

K_z　z 方向渗透率，mD

L　　水平段长度，ft 或 m

L_D　无量纲水平段长度

L_e　油藏长度（垂直于矩形），ft

N　　Fetkovich 产能方程指数

p　　压力，psia

Δp　压差，psi

p_D　无量纲压力

p_i　初始地层压力，psia

p_R　泄油区域平均压力，psia

p_{wf}　井底流压，psia

Q_c　临界产量（油藏条件下），m^3/h

Q_{ch}　水平井的临界产量（油藏条件下），m^3/h

Q_{cv}　垂直井的临界产量（油藏条件下），m^3/h

Q_{lc}　水平井单位长度的临界产量（油藏条件下），$m^3/(h·m)$

q　　产量，bbl/d 或 $10^3 ft^3/d$

q_D　无量纲产量

q_h　水平井产量，bbl/d

$q_{i,i}$　$t=0$ 时初始产量，bbl/d

q_o　产油量，bbl/d

$q_{o,max}$　$p_{wf}=0$ 时最大产油量，bbl/d

RR　替代比

r	储层径向距离，ft
r_{eD}	无量纲外边界半径（r_e/r_w）
r_{eh}	水平井外边界半径，ft
r_{ev}	直井的外边界半径，ft
r_w	井筒半径，ft
r_{wd}	无量纲井筒半径
S	表皮系数
S_R	局部穿透表皮系数
T	油藏温度，°R
t	生产时间，d
t_b	见水时间，d
t_{DBT}	无量纲见水时间
t_{Df}	天然裂缝系统无量纲时间
t_{Dp}	无量纲生产时间
V	修正的 Vogel 方程中的变量
V_f	裂缝介质体积与总体积的比率
X_e	油藏长度，ft
Y_e	与水平井垂直方向的油藏密度
Z_w	油藏底部以上的高度
a	孔隙间流动形状因子，ft^2
b_{opt}	压裂井优化因子
d	水平井偏心距，ft
λ	流度比
μ	流体的黏度，oP
μ_o	原油黏度，cP
ρ_g	气体密度，g/cm^3
ρ_o	油相密度，g/cm^3
ρ_w	水相密度，g/cm^3
φ	孔隙度
Φ	密度差
δ	水平井偏心距，ft

参 考 文 献

[1] Adegbesan, K. O. 1991. A Successful History Match of a Thermal Horizontal Well Pilot. SPE 21539, SPE International Thermal Operations Symposium, Bakersfield, CA, Feb. 7–8.

[2] Ahner, P. F., and Sufi, A. H. 1990. Physical Model Steam‐Flood Studies Using Horizontal Wells SPE/DOE 20247. SPE/DOE Seventh Symposium on Enhanced Oil Recovery, Tulsa, OK, Apr. 22–25.

[3] Asgarpour, S., Springer, S., Pantella, P., and Singhal, A. 1990. Enhanced Heavy‐Oil Production by

Horizontal Drilling Case—Study. CIM/SPE 90 - 126, CIM/SPE International Technical Meeting, Calgary, Jun. 10-13.

[4] Azari, M. , and Soliman, M. Y. 1997. Evaluation of Slim-Hole Production Performance. SPE/IADC 37658, presented at the SPE/IADC Drilling, held in Amsterdam, The Netherlands, Mar. 4-6, JPT, Sep. 1997, pp. 1009-1010.

[5] Babu, D. K. , and Odeh, A. S. 1989. Productivity of a Horizontal Well. SPE Reservoir Engineering. November, pp. 417-421.

[6] Bendakhlia, H. , and Aziz, K. 1989. "Inflow Performance Relationships for Solution-Gas Drive Horizontal Wells," SPE 19823, SPE Annual Technical Conference, San Antonio, TX, Oct. 8-11.

[7] Best, D. A. , Lesage, R. P. , and Arthur, J. E. 1990. Steam Circulation in Horizontal Wellbores. SPE/ DOE 20203, SPE/DOE Seventh Symposium on Enhanced Oil Recovery, Tulsa, OK, Apr. 22-25.

[8] Borisov, J. P. 1964. Oil Production Using Horizontal and Multiple Deviation Wells. Moscow. Translated by J. Strauss, S. D. Joshi, Phillips Petroleum Co. , The R&D Library Translation, Bartlesville, Oklahoma.

[9] Butler, R. M. 1996. Horizontal Well for the Recovery of Oil, Gas and Bitumen, Petroleum Monograph No. 2, Petroleum Society of the CIM.

[10] Butler, R. M. , and Stephens, J. D. 1981. "The Gravity Drainage of Steam Heated Oil to Parallel Horizontal Wells," *J. Can. Pet. Tech.* , 290-296.

[11] Celier, G. C. M. R. , Jouault, P. , and de Montigny, O. A. M. C. 1989. Zuidwal: A Gas Field Development with Horizontal Wells. SPE 19826, SPE Annual Technical Conference and Exhibition, San Antonio, TX, Oct. 8-11.

[12] Chaperon, I. 1986. Theoretical Study of Coning Toward Horizontal and Vertical Wells in Anisotropic Formations: Subcritical and Critical Rates. SPE 15377, SPE Annual Technical Conference, New Orleans, LA, Oct. 5-8.

[13] Cheng, A. M. 1990. Inflow Performance Relationships for Solution-Gas-Drive Slanted/Horizontal Wells. SPE 20720, SPE Annual Technical Conference, New Orleans, LA, Sep. 23-26.

[14] Combe, J. , Burger, J. , Renard, G. , and Valentin, E. 1988. New Technologies in Thermal Recovery: Contribution of Horizontal Wells. Paper 117, 4th UNITAR/UNDP Conference, Edmonton, Aug. 7-12.

[15] Craft, B. C. and Hawkins, M. F. 1959. Applied Petroleum Reservoir Engineering, Englewood Cliffs, NJ, Prentice-Hall.

[16] Da Prat, G. , Cinco-Ley, H. , and Ramey, H. J. , Jr. 1981. Decline Curve Analysis Using Type Curves for Two-Porosity Systems. SPEJ, Jun. 1981, pp. 354-362.

[17] Dykstra, H. , and Dickinson, W. 1989. Oil Recovery by Gravity Drainage into Horizontal Wells Compared with Recovery from Vertical Wells. SPE 19827, SPE Annual Technical Conference and Exhibition, San Antonio, TX, Oct. 8-11.

[18] Economides, M. J. , Brand, C. W. , and Frick T. P. 1996. Well Configurations in Anisotropic Reservoirs. SPE 27980, SPE Formation Evaluation, December, pp. 257-262.

[19] Economides, M. J. , and Heinemann, Z. E. 1991. Comprehensive Simulation of Horizontal Well Performance. SPE 20717, SPE Formation Evaluation, December, pp. 418-442.

[20] Economides, M. J. , McLennan, J. D. , Brown, E. , and Roegiers, J. C. 1989. Performance and Stimulation of Horizontal Wells. World Oil, June, pp. 41-45, July, pp. 69-76.

[21] El-Sayed, A-A. H. 1991. Maximum Allowable Production Rates from Open-Hole Horizontal Wells. SPE 21383, SPE Middle East Oil Show, Manama, Bahrain, Nov. 16-19.

[22] Fetkovich, M. J. 1973. The Isochronal Testing of Oil Wells. SPE 4529, SPE-AIME, Sep. 30 to Oct. 3.

[23] Frick, T. P., and Economides, M. J. 1991. Horizontal Well Characterization and Removal. SPE 21795, presented at the SPE Western Regional Meeting, Long Beach, California, Mar. 20-22.

[24] Furui, K., Zhu, D., and Hill, A. D. 2003. A Rigorous Formation Damage Skin Factor and Reservoir Inflow Model for a Horizontal Well. SPE Production & Facilities, August, pp. 151-157.

[25] Giger, F. 1987. Low-Permeability Reservoirs Development Using Horizontal Wells. SPE/DOE 16406, SPE/DOE Low Permeability Reservoirs Symposium, Denver, CO, May 18-19.

[26] Giger, F. M., Reiss, L. H., and Jourdan, A. P. 1984. The Reservoir Engineering Aspects of Horizontal Drilling. SPE 13024, SPE Annual Technical Conference and Exhibition, Houston, TX, Sep. 16-19.

[27] Gilbert, W. E. 1954. Flowing and Gas Lift Well Performance. American Petroleum Institute, January.

[28] Goode, P. A., and Kuchuk, F. J. 1991. Inflow Performance of Horizontal Wells. SPE Reservoir Engineering, August, pp. 319-323.

[29] Guo, B., Ai, C., and Zhang, L. 2008. A Simple Analytical Model for Predicting Gas Productivity of Horizontal Well Drain Holes with High Friction. SPE 108390, SPE Western Regional Meeting, Los Angeles, CA, Mar. 31 to Apr. 02.

[30] Hansen, K. L., and Verhyden, M. S. 1992. Benefits of a Horizontal Well in a Sandstone Waterflood. SPE 24370, SPE Rocky Mountain Regional Meeting, Casper, WY, May 18-21.

[31] Hill, A. D., and Zhu, D. 2008. The Relative Importance of Wellbore Pressure Drop and Formation Damage in Horizontal Wells. SPE 100207, SPE Production & Operations, May, pp. 232-240.

[32] Hoyland, L. A., Papatzacos, P., and Skjaeveland, S. M. 1989. Critical Rate for Water Coning: Correlation and Analytical Solution. SPE Reservoir Engineering, November, pp. 495-502.

[33] Hunt, J. L., and Soliman, M. Y. 1994. Reservoir Engineering Aspects of Fracturing High Permeability Formations. SPE 28803, presented at the SPE Asia Pacific Oil & GAS Conference held in Melbourne, Australia, Nov. 7-10.

[34] Joshi, S. D. 1986. Augmentation of Well Productivity Using Slant and Horizontal Wells. SPE 15375, SPE Annual Technical Conference, New Orleans, LA, Oct. 5-8.

[35] Joshi, S. D. 1987. A Review of Horizontal Well and Drainhole Technology. SPE 16868, SPE Annual Technical Conference, Dallas, TX, Sep. 27-30.

[36] Joshi, S. D. 1988. Production Forecasting Methods for Horizontal Wells. SPE 17580, SPE International Meeting on Petroleum Engineering, Tianjin, China, Nov. 1-4.

[37] Joshi, S. D. 1990. Methods Calculate Area Drained by Horizontal Wells. *Oil and Gas Journal*, Sep. 17, pp. 77-82.

[38] Joshi, S. D. 1991. Horizontal Well Technology, Penn Well Books, Tulsa, Oklahoma, p. 114.

[39] Joshi, S. D., and Threlkeld, C. B. 1984. Laboratory Studies of Thermally and Aided Gravity Drainage Mechanism Using Horizontal Wells. 5th Annual Advances in Petroleum Recovery and Upgrading Technology Conference, Calgary, Alberta, Canada, Jun. 14-15.

[40] Juma, M., and Bustami, S. 1990. Application of Pressure Analysis and Inflow Performance Models on Horizontal Wells and Simulation of Horizontal Well Performance. SPE 21340, SPE Abu Dhabi Petroleum Conference, Abu Dhabi, May 14-16.

[41] Kamkom, R., and Zhu, D. 2005. Evaluation of Two-Phase IPR Correlations for Horizontal Wells. SPE 93986, SPE Production and Operations Symposium, Oklahoma, OK, Apr. 17-19.

[42] Kamkom, R., and Zhu, D. 2006. Generalized Horizontal Well Inflow Relationships for Liquid, Gas or Two-

Phase Flow. SPE 99712, SPE/DOE Symposium on Improved Oil Recovery, Tulsa, OK, Apr. 22-26.

[43] Karcher, B. J. , Giger, F. M. , and Combe, J. 1986. Some Practical Formulas to Predict Horizontal Well Behavior. SPE 15430, SPE Annual Technical Conference, New Orleans, LA, Oct. 5-8.

[44] Mitwalli, M. , and Singab, A. 1990. Reservoir Engineering Experience in Horizontal Wells. SPE 21341, SPE Abu Dhabi Petroleum Conference, Abu Dhabi, May 14-16.

[45] Muskat, M. 1937. The Flow of Homogenous Fluid through Porous Media, McGraw Hill.

[46] Mutalik, P. N. , Godbole, S. P. , and Joshi, S. D. 1988. Effects of Drainage Area Shapes on the Productivity of Horizontal Wells. SPE 18301, SPE Annual Technical Conference and Exhibition, Houston, TX, Oct. 2-5.

[47] Norris, S. O. , Hunt, J. L. , Soliman, M. Y. , and Puthigai, S. K. 1991. Predicting Horizontal Well Performance: A Review of Current Technology. SPE 21793, SPE Western Regional Meeting, Long Beach, CA, Mar. 20-22.

[48] Ozkan, E. , Raghavan, R. , and Joshi, S. D. 1987. Horizontal Well Pressure Analysis. SPE 16378, California Regional Meeting, Ventura, CA, Apr. 8-10.

[49] Ozkan, E. and Raghavan, R. 1988. Performance of Horizontal Wells Subject to Bottom Water Drive. SPE 18545, SPE Eastern Regional Meeting, Charleston, WV, Nov. 2-4.

[50] Ozkan, E. , Sarca, C. , Haciislamoglu, M. , and Raghavan, R. 1993. The Influence of Pressure Drop along the Wellbore on Horizontal Well Productivity. SPE 25502, Production Operations Symposium, Oklahoma, OK, Mar. 21-23.

[51] Papatzacos, P. , Herring, T. R. , Martinsen, R. , and Skjaeveland, S. M. 1989. Cone Breakthrough Time for Horizontal Wells. SPE 19822, SPE Annual Technical Conference and Exhibition, San Antonio, TX, Oct. 8-11.

[52] Peaceman, D. W. 1983. Interpretation of Wellblock Pressures in Numerical Reservoir Simulation with Non-square Grid blocks and Anisotropic permeability. SPE Journal, June, pp. 531-543.

[53] Peterson, S. K. , and Holditch, S. A. 1990. The Effects of Skin Damage upon the Productivity of a Well Containing a Horizontal Borehole. SPE 19415, SPE Formation Damage Control Symposium, Lafayette, LA, Feb. 22-23.

[54] Petit, H. J. M. , Renard, G. , and Valentin, E. 1989. Technical and Economic Evaluation of Steam Injection with Horizontal Wells for Two Typical Heavy Oil Reservoirs. SPE 19828, SPE Annual Technical Conference and Exhibition, San Antonio, TX, Oct. 6-11.

[55] Pirson, S. J. 1977. Oil Reservoir Engineering, Robert E. Krieger Publishing Co. , Huntington, NY.

[56] Reisz, M. R. 1991. Reservoir Evaluation of Horizontal Bakken Well Performance on the Southwestern Flank of the Williston Basin. SPE 22389, SPE Annual Technical Conference, Dallas, TX, Oct. 6-9.

[57] Renard, G. , and Dupuy, J. G. 1990. Influence of Formation Damage on the Flow Efficiency of Horizontal Wells. SPE 19414, SPE Formation Damage Control Symposium, Lafayette, LA, Feb. 20-23.

[58] Retnanto, A. , and Economides, M. J. 1998. Inflow Performance Relationships of Horizontal and Multibranched Wells in a Solution Gas-Drive Reservoir. SPE 50659, SPE European Petroleum Conference, The Hague, Netherlands, Oct. 20-22.

[59] Rial, R. M. 1984. 3D Thermal Simulation Using a Horizontal Wellbore for Steam-Flooding. SPE 13076, SPE Annual Technical Conference, Houston, TX, Sep. 16-19.

[60] Robin, M. 1987. Laboratory Evaluation of Foaming Additives Used to Improve Steam Efficiency. SPE 16729, SPE Annual Technical Conference and Exhibition, Dallas TX, Sep. 27-30.

[61] Sarica, C. , Ozkan, E. , Haciislamoglu, M. , Raghavan, R. , and Brill J. P. 1994. Influence of Wellbore Hydraulics on Pressure Behavior and Productivity of Horizontal Gas Wells. SPE 28486, SPE Annual Technical Conference and Exhibition, New Orleans, LA, Sep. 25-28.

[62] Schols, R. S. 1972. "An Empirical Formula for the Critical Oil Production Rate," Erdoel Erdas Z, January, Vol. 88, No. 1, pp. 6-11.

[63] Sherrard, D. W. , Brice, B. W. , and MacDonald D. G. 1987. Application of Horizontal Wells at Prudhoe Bay. JPT, November, pp. 1417-1425.

[64] Soliman, M. , Rose, B. , El Rabaa, W. , and Hunt, J. L. 1989. Planning Hydraulically Fractured Horizontal Completions. World Oil, Sep. , pp. 54-58.

[65] Sparlin, D. D. , and Hagen, R. W. 1988. Controlling Sand in a Horizontal Completion. World Oil, Nov. , pp. 54-60.

[66] Suprunowicz, R. , and Butler, R. M. 1992a. "The Choice of Pattern Size and Shape for Regular Arrays of Horizontal Wells," Journal of Canadian Petroleum Technology, Vol. 31, No. 1, pp. 39-44, January.

[67] Suprunowicz, R. , and Butler, R. M. 1992b. "The Productivity and Optimum Pattern Shape for Horizontal Wells Arranged in a Staggered Rectangular Array," Journal of Canadian Petroleum Technology, Vol. 31, No. 6, pp. 41-46.

[68] Vogel, J. V. 1968. Inflow Performance Relationship for Solution Gas Reservoirs. SPE 1476, SPE Transactions Vol. 243, January.

[69] Wheatley, M. J. 1985. An Approximate Theory of Oil/Water Coning. SPE 14210, SPE Annual Technical Conference, Las Vegas, NV, Sep. 22-25.

[70] Wiggins, M. L. , and Wang, H. S. 2005. A Two-Phase IPR for Horizontal Oil Wells. SPE 94302, SPE Production and Operations Symposium, Oklahoma, OK, Apr. 17-19.

4 压裂水平井油藏工程

虽然在天然裂缝性油气藏和边底水油气藏（控制水锥、气锥）中，水平井开发效果良好，但在一些特殊情况下，采用压裂水平井效果更佳。水平井压裂完井过程中可能会遇到复杂地层，因此，为应对可能出现的低产量情况，需提前制订合理的应急方案。相关研究表明，压裂增产改造措施能够大幅提高产能（Soliman 等，1989；Soliman 等，1990；Walker 等，1993）。

下列情况下，必须对水平井进行压裂改造。

（1）由于垂向渗透率较低或存在页岩夹层导致垂向流动受限。图 4.1 为纵向钻取的岩心柱，可以发现存在明显的低渗透页岩夹层，其可能导致水平井产能的大幅降低。因此该井采取了压裂改造，该井的压裂裂缝在岩心柱上清晰可见。

（2）天然裂缝方向与诱导裂缝方向不同。

（3）低产能地层。

（4）与邻层相比，产层应力更低。

确定水平井周围应力场（大小和方向）有助于指导和优化水力压裂方案设计。优化设计方案时，应避免剪切应力效应对裂缝扩展造成的不利影响，在这种情况下，必须在平行于最小主应力的方向钻探水平井以形成横向裂缝，或垂直于最小主应力钻探水平井，产生轴向或纵向裂缝。从作业和生产的角度来看，两种方法各有其优缺点。

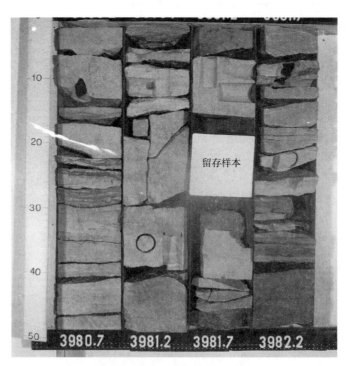

图 4.1　明显分层的全直径岩心

4.1　压裂水平井

裂缝方向的两种极端情况为横向裂缝和纵向裂缝，如图 4.2 和图 4.3 所示。

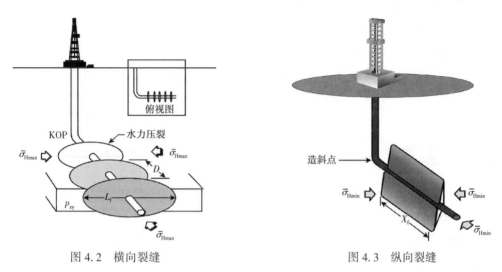

图 4.2　横向裂缝　　　　　　　　图 4.3　纵向裂缝

4.2　横向裂缝

4.2.1　单一横向裂缝的流动状态

Soliman 等人（1990）建立了用于研究横向裂缝早期瞬态行为的解析模型。该模型与 Schulte（1986）提出的解析解类似，其中只考虑了径向—线性流态。如图 4.4 所示，横向压裂水平井与压裂直井的不同之处在于，压裂水平井周围的流体呈放射状，并向井筒方向聚流。因此，在预测其产能时，还需考虑附加的压降，可能会导致横向压裂效果不如导流能力相当的压裂直井。图 4.5 阐述了这一观点，径向—线性流所需的压降高于双线性流。

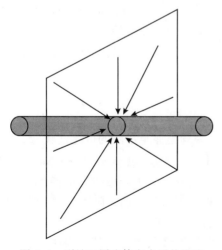

图 4.4　裂缝四周流体向水平井聚流

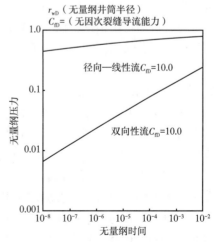

图 4.5　双线性流与径向流的无量纲压降与无量纲时间的关系对比（Soliman 等，1990）

随着时间的推移和无量纲导流能力的增加，两者的差异将逐渐缩小。对于无限导流能力裂缝而言，在两种流态下的压降相等。这表明，高渗透率地层不适合采用横向裂缝压裂措施。相反，对于页岩和致密气等低渗透油气藏，建议采用横向压裂裂缝。

在水力压裂作业的泵送阶段，常尾随注入具有高导流能力的支撑剂来降低裂缝周围的高压降。其中，横向裂缝内的压降直接取决于支撑剂的尾注半径和导流能力。在地层中铺置具有高导流能力支撑剂有助于提高井的产能，同时便于水力压裂后洗井。

图4.6很好地解释了横向压裂水平井的流动形态。Roberts（1996）描述了以下流动模式：线性—径向流动、地层线性流动、复合线性流动和拟径向流动。

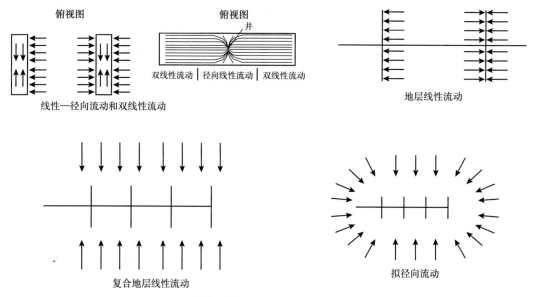

图4.6　尾注支撑剂半径对产能的影响（Roberts，1996）

可能会得出以下结论：尾注高导流能力的支撑剂有助于降低井筒周围流体聚流造成的高压降。也有可能得出结论，认为"横向压裂缝应具备无量纲高导流能力"。

在气藏中，井筒周围的非达西流影响更加显著，因此，在计算裂缝导流能力时应考虑该因素。

4.2.2　多条横向裂缝的动态特征

压裂横向裂缝的优点在于可产生多条平行裂缝，进而提高油气产量（图4.7）。此类裂缝的长度通常短于压裂直井产生的双翼裂缝，因此，裂缝延伸至水层的可能性较低。

业内研究人员已广泛探讨了横向裂缝的增产机理。Giger（1985）和Karcher等人（1986）是最早专注于横向裂缝研究的学者。Karcher等人（1986）运用数值模拟手段研究了具有多条无限导流能力垂直裂缝水平井的稳态产能。图4.7表明，随着裂缝数量和长度的增加，压裂水平井的产量将远远超过未进行增产改造的水平井。

然而，Giger（1985）指出，压裂完井时应考虑最佳裂缝条数，且其应为裂缝长度的函数。即基于稳态解，当裂缝条数大于4时，压裂裂缝在进行扩展时，会产生相互干扰，产能与裂缝扩展长度之间的关联性更加显著。

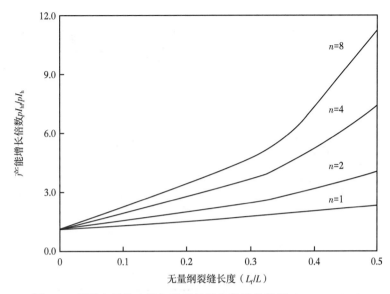

图 4.7　压裂水平井产能与裂缝长度和数量的关系（Giger, 1985）

Mukherjee 和 Economides（1988）将无限导流能力裂缝等效为一口垂直生产井，提出了简化的稳态解析解，但其中只考虑了储层中的线性流动。Karcher 等人（1986）、Mukherjee 和 Economides 等人（1988）提出的解析解仅考虑了稳态产能的增加，未提供与早期瞬态压力行为相关的信息。在致密储层中，生产初期的产能非常重要，且非稳态期将持续数年。

Mukherjee 和 Economides（1988）提出的解析解中，将裂缝（$h/2$ 方向）径向流方程与线性流方程做差得到了裂缝中的额外压降，并使用定产量典型曲线法来预测井的生产动态。然而，实际裂缝内部难以出现径向稳态流动。因此，该模型只适用于初期产能评价。

$$p_{\mathrm{D,总}} = p_{\mathrm{D}} + (S_{\mathrm{ch}})_{\mathrm{c}} = \frac{Kh\Delta p}{141.2q\,\beta\,\mu} \qquad （适用于油藏） \qquad (4.1)$$

$$p_{\mathrm{D,总}} = p_{\mathrm{D}} + (S_{\mathrm{ch}})_{\mathrm{c}} = \frac{Kh\Delta p}{1414q\,T} \qquad （适用于气藏） \qquad (4.2)$$

$$(S_{\mathrm{ch}})_{\mathrm{c}} = \frac{Kh}{K_{\mathrm{f}}W}\left[\ln(h/r_{\mathrm{w}}) - \frac{\pi}{2}\right] \qquad (4.3)$$

Solirman 等人（1990）利用数值模拟器，对具有多条无限导流能力裂缝的水平井非稳态流动状态进行了研究。该研究侧重于流体流动状态，图 4.8 利用为油藏工程方法优化最佳的裂缝条数。从图中可清楚地观察到，随着裂缝数量的增加，总产量增速下降，说明存在最佳裂缝条数。图 4.9 为总产量与裂缝数量之间的关系，其同样说明存在最佳裂缝条数。然而，最佳裂缝条数的预测必须考虑经济效益。如图 4.9 所示，超过 6 条裂缝后产能增幅明显降低。后面的章节关于页岩储层的研究也得出了类似的结果，储层的渗透率越低，水平段越长，裂缝条数也相应增多，每口水平井需要 20~100 条裂缝。

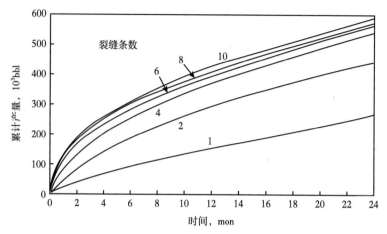

图 4.8　累计产量与时间的关系（Soliman 等，1990）

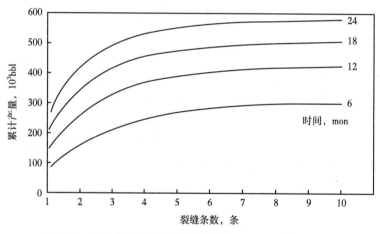

图 4.9　累计产量与裂缝条数的关系（Soliman 等，1990）

4.3　产能对比

　　图 4.10 所示为不同完井方式时的产能对比，其中地层厚度为 400ft，地层渗透率为 0.005mD。图 4.10 表明在该油藏条件下，压裂水平井的产能明显优于其他完井方式，其次是压裂直井。无论垂直走向或水平走向，多分支井（MLT）的效果都不理想。

　　图 4.11 至图 4.15 显示了油藏内部的压力分布。需要注意的是，只有压裂水平井的情况下，储层深处才会出现明显的压力下降。

　　未改造直井的压力分布表明直井对油藏的影响较小。径向流态与低渗透率导致压力下降大都出现在井筒周围，因此，不压裂直井产能较低。而垂直裂缝井由于人工裂缝穿透储层较深，使得大部分储层流动压力较低。平面二维多分支（MLT）井显示地层内部的平面压力明显下降，但剖面上的压降并不明显。

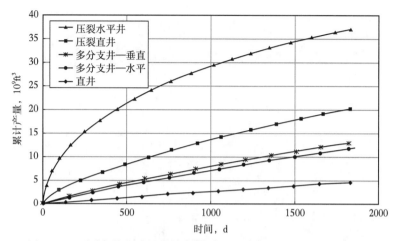

图 4.10　不同完井方式的累计产量对比（厚度 = 400ft，K = 0.05mD）

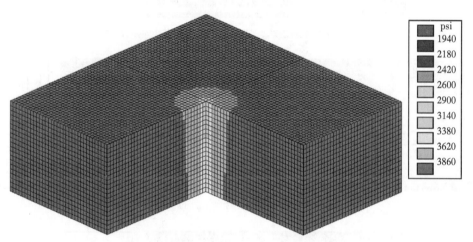

图 4.11　某直井连续生产 5 年后的压力分布

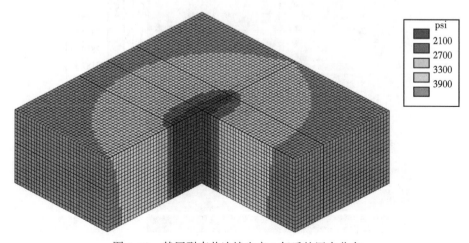

图 4.12　某压裂直井连续生产 5 年后的压力分布

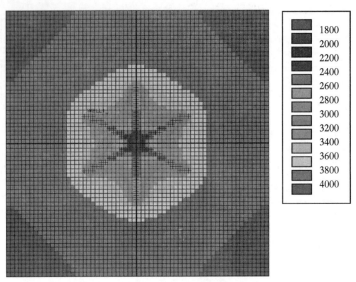

图 4.13　经过 5 年的生产，某分段完井水平井的垂向压力分布

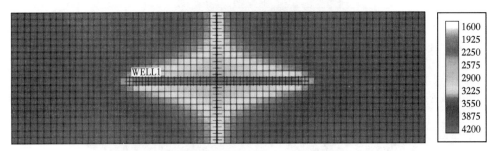

图 4.14　多分支井连续生产 5 年后的平面压力分布

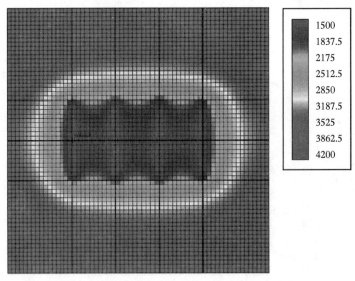

图 4.15　某压裂水平井生产 5 年后的压力分布

需要注意的是，假设水平井为完全射孔，这可以通过在压裂后射孔或在裸眼井中形成多个压裂缝来实现。

Shelley 等人（2010）根据地层渗透率和裂缝条数等因素，概述了不同完井方式的增产效果。图 4.16 和图 4.17 分别说明了渗透率和完井方式对油气藏采收率的影响。通过这两幅图可以发现对于低渗透地层，压裂水平井是非常有必要的。

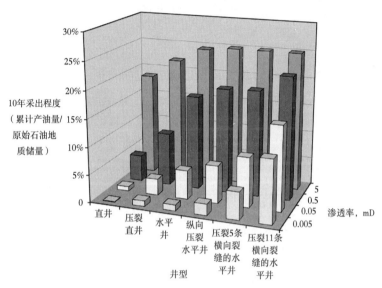

图 4.16　渗透率与完井方式对油田采出程度的影响（Shelley 等，2010）

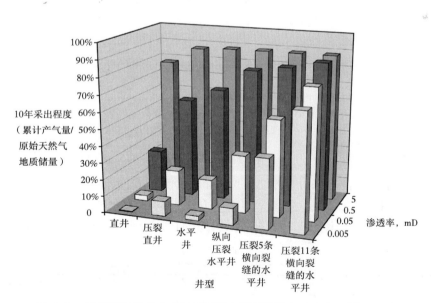

图 4.17　渗透率与完井方式对气田采出程度的影响（Shelley 等，2010）

4.4　裂缝条数的影响

低渗透油藏开发的关键是扩大裂缝接触面积。水平井压裂形成多条横向裂缝可以扩大与储层的接触面积。储层渗透率越低，横向裂缝的密度应越大，才能最大限度地提高产能。渗透率为 0.01mD 地层所对应的裂缝间距为 200~250ft。页岩地层等渗透率为纳达西级别，裂缝间距可能需要缩小至 50~80ft。换言之，纳达西地层所需的裂缝条数为常规地层的 4~6 倍。本章末尾将详细讨论页岩地层的相关情况。

4.5　裸眼完井与套管完井

图 4.18 对裸眼完井和套管完井的产能进行了对比。从图中可以看出，除其中单一裂缝情况外，在非常短的时间（1~2 年）后，裸眼部分对总产量的贡献较小。虽然图 4.18 并未显示射孔的影响，但存在 3 条以上裂缝的情况下，射孔数量对总产量的影响较小。对于存在多条裂缝的低渗透储层，裸眼段对产能的提升作用十分有限。

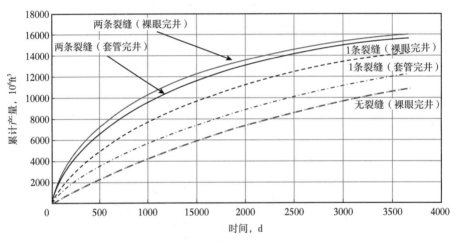

图 4.18　射孔对产能的影响

4.6　过顶替的影响

支撑剂过顶替使井筒与水力裂缝之间形成了一个没有支撑剂的区域。根据储层力学性质、地应力和流动压力的不同，水力裂缝可能在与井筒相交处闭合，从而导致裂缝失效、产能损失。表 4.1 列出了压裂直井过顶替最大值的计算实例。压裂水平井对过顶替可能更为敏感。

表 4.1　过顶替最大值

杨氏模量，psi	5000000	1000000	5000000	1000000
泊松比	0.25	0.25	0.3	0.3
闭合压力，psi	4000	4000	5000	5000
最大过冲长度，ft	10	2	7.7	1.5

近井裂缝导流能力的降低或完全丧失将对油井产能产生显著的影响。图 4.19 所示为压裂水平井当 10% 的横向裂缝与井筒交汇处，导流能力降低时对产能所造成的影响。从图中可以看出，当无量纲裂缝导流能力降至 0.5 时，压裂水平井的产能明显降低。若 10% 横向裂缝无量纲导流能力降至 0.05，这些裂缝将完全失去作用。相关计算表明，距离井筒 2% 的裂缝长度导流能力下降可能导致整条裂缝失效。表 4.1 和图 4.19 表明，过顶替，特别是在软地层中（如页岩层）的过顶替，可能不利于开发。因此，如果采用压裂技术易发生过顶替情况时，则应格外小心。

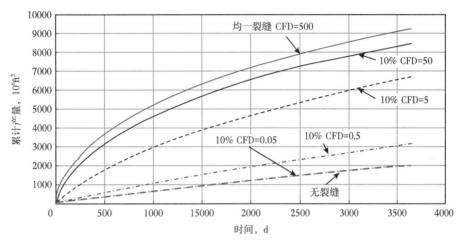

图 4.19　井筒附近裂缝导流能力降低对产能的影响

4.7　最佳裂缝条数

用足够长时间开发完一个油气藏的最佳裂缝条数取决于多种因素。储层和流体性质是影响裂缝数量的最关键因素。例如，随着地层渗透率的降低，低渗透油气藏所需的开发时间将延长，因此，可能需要更多条裂缝以加快开采速度。其他影响因素还包括油气藏面积和水平井筒内的摩擦压降。

此外，压裂成本与油气井成本、压裂风险等相关的经济因素，也可被视为确定最佳裂缝数量的影响因素。其中石油和天然气价格是关键因素，裂缝越多，投资者就越能更快地收回成本；然而，少量的裂缝可能会带来更高的产出投入比。

Taylor 等人（2010）利用数值模拟软件，对页岩储层中裂缝间距对总产量的影响进行了研究。图 4.20 表明，合理的裂缝间距可缩短至 10m。一般情况下，裂缝越多，产量越高。但是，为了制订最佳方案，还必须考虑经济因素、压裂风险等其他因素。Taylor 等人的经济分析表明，10m 裂缝间距的经济效益良好，如图 4.21 所示。

对于其他油气藏，在综合考虑裂缝数量和经济因素的情况下，Taylor 等人（2010）认为，虽然 10m 的裂缝间距能够最大限度地提高累计产气量，但并非最佳的经济效益方案。显然，多裂缝设计导致了高成本。因此，如图 4.22 所示，最佳裂缝间距为 50～75m（164～246ft）。虽然 50m 间距和 75m 间距的设计在生产 10 年后的利润相当，但是 75m 裂缝间距所需的项目作业时间更短，因此更为可取。最佳方案通常取决于油藏条件、裂缝设计参数、油气价格等经济条件，但项目周期和经济指标在方案优化过程中起着重要的作用。

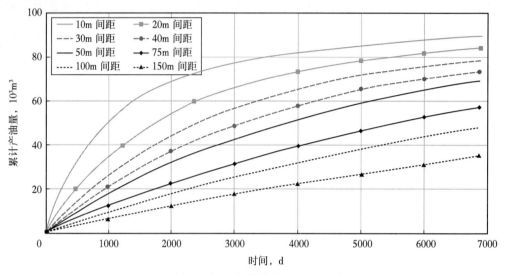

图 4.20　不同裂缝间距的累计产量（Taylor 等，2010）

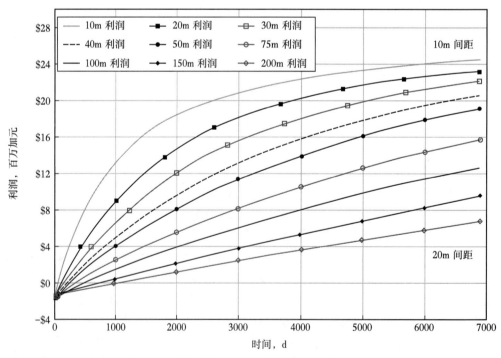

图 4.21　不同裂缝间距的利润（Taylor 等，2010）

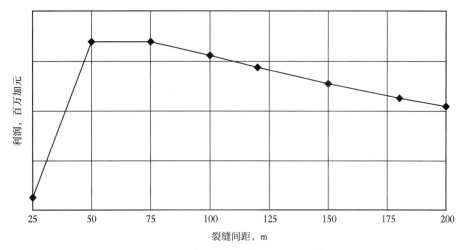

图 4.22　利润与裂缝间距的关系（Taylor 等，2010）

4.8　纵向裂缝的产能

为了形成纵向（轴向）裂缝，应垂直于最小水平主应力方向钻水平井。为了实现这一目标，标准技术是对水平井进行水泥固井，然后垂直平面上射孔完井。通常情况下，水平井各压裂段相对独立并分段压裂。射孔段长度取决于地层机械和物理均质性以及裂缝的受控程度。由于裂缝越长，所需的注入量越高，因此注入量可能也是控制因素之一。

封隔段越短，裂缝越容易控制。然而，如果地层均质性较强，较长封隔段也可实现预期的裂缝控制效果。最极端情况是进行裸眼完井单段压裂，Hugoton 油田实践作业就是如此。

与压裂直井和横向裂缝相比，主要差异在于无量纲裂缝导流能力和裂缝长高比。裂缝长高比为裂缝总长度除以地层厚度。如果无量纲裂缝导流能力无限大，则裂缝性能总是相等的，与长高比无关。无限导流能力裂缝是指与地层内部压降相比，其裂缝内部压降可忽略不计的裂缝。从数学角度看，无量纲裂缝导流能力大于 300。

当裂缝导流能力无限大或几乎无限大时，即裂缝内的压降与储层中的压降相比是微不足道的，则纵向裂缝的流动状态可看作二维流动。该流动状态与直井相交无限大垂直裂缝的流动状态相同。

如果裂缝导流能力是有限的，则在长高比为 1 的情况下，两种裂缝的性能类似。随着长高比的增大，纵向裂缝的性能逐渐优于压裂直井。如果无量纲裂缝导流能力较低，则流体倾向于在地层中流动更长的距离再流入井筒。然而，由于在纵向裂缝内部，流体流动距离要小于压裂直井，因此，压裂水平井的总压降将小于压裂直井。

如果压裂目的为形成超长裂缝，则压裂纵向裂缝的难度要低于同等裂缝长度的直井。当然，在制订压裂方案时，产层和周围区域的应力差异以及水平井与直井的钻探成本也是应考虑的重要因素。如前文所述，储层均质性也影响方案的制订。

研究人员对纵向压裂水平井的产能进行了大量研究。Economides 等人（1989）对纵向压裂水平井与垂直裂缝井的稳态产能进行了比较，如图 4.23 所示，对于高导流能力裂缝而言，两种裂缝的性能非常相似。但在裂缝导流能力较低的情况下，纵向压裂水平井的产能优于垂直裂缝井。两者之间的差异随着裂缝导流能力的降低而增大。主要是因为在纵向压裂水平井中，随着流体在裂缝中流动的距离缩短，裂缝内的压降也将降低。

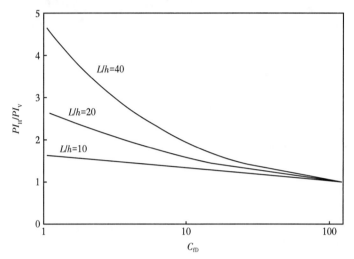

图 4.23　垂直裂缝井和纵向裂缝水平井的采油指数对比（Economides 等，1989）

数值模拟结果表明，在相同的裂缝体积、长度和导流能力条件下，一组横向裂缝的产能要优于纵向裂缝。图 4.24 为纵向裂缝数量对产能的影响，其中，纵向裂缝长度为井身长度的三分之一。

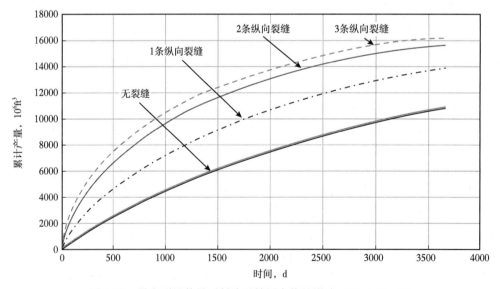

图 4.24　纵向裂缝数量对低渗透储层产能的影响（$K = 0.01\text{mD}$）

图 4.25 是对纵向、横向裂缝系统与压裂直井对产能影响的比较。其中，横向裂缝的面积与纵向裂缝面积相等。从图中可以看出，在三种方案中，横向裂缝系统的产能最高，其

次是纵向裂缝。这是因为横向裂缝与储层的接触面积更大。储层各向异性会对产能造成一定的影响，但并不会改变相对趋势。图中横向裂缝的产能优势明显，压裂设计时可大幅度增加裂缝数量，而纵向裂缝的长度受水平井水平段长度制约明显。这一概念在压裂超渗透率地层（如页岩层）时非常重要。

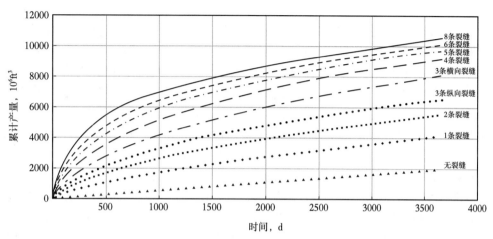

图 4.25 低渗透储层纵向裂缝与横向裂缝产能对比（$K = 0.01\text{mD}$）

4.8.1 横向裂缝的干扰

前述内容主要讨论了在水平井穿透整个泄油区的情况下，所需的最佳横向裂缝条数。如果裂缝间距较小或泄油/气区面积非常大、生产时间很长，则裂缝将产生相互干扰，这种情况下各条裂缝的产量不尽相同。外侧裂缝的产能将高于内侧裂缝，并且随着时间的延长，外侧裂缝的产能将更高。

4.8.2 纵向裂缝与横向裂缝对比

根据水平井的深度和位置，可选择压裂横向裂缝或纵向裂缝。横向裂缝的缺点是，任何应力方向的计算错误都可能导致形成垂直于最小主应力方向的粗糙砂面，增加了造缝过程中意外脱砂的可能性。在确定纵向裂缝时，尽管应力方向也很重要，但裂缝转向前通常会沿井筒扩展一段距离，因此其影响较小。但是，纵向裂缝的产能通常会低于横向裂缝。

压裂多条横向裂缝的主要优点是加快油气生产速度。此外，多条横向裂缝通常延伸距离较短，降低了穿透其他层位的可能性，有助于避免潜在的复杂情况。

相关研究表明，井筒附近的横向裂缝宽度可能低于理论值，因此导致高摩阻和过早出砂等问题。随着地层渗透率的降低，有必要增加横向裂缝条数。页岩地层实践作业时，出现过水平井压裂 100 多条横向裂缝的情况。

纵向裂缝的优点是可生成一系列沿着整个水平段的裂缝。与横向裂缝一样，每条纵向裂缝规模都很小，穿透周围层位的机会降低。

对横向裂缝和纵向裂缝性能进行比较，结果表明，横向裂缝不足 5 条时，可能不具有经济效益。在高渗透率储层中，不宜采用横向裂缝。而由于裂缝内部流体流动距离较短，使得纵向裂缝更适合于高渗透储层。此外，还需要关注裂缝内压裂液的清理，文献（Soliman 和 Hunt, 1985)认为清理压裂液形成高导流能力的裂缝十分必要。采用横向裂缝时，流体向井筒汇集，因此，更需要高导流能力的裂缝。

4.8.3 压裂水平井综述

虽然业界对压裂水平井进行了大量的研究，但是大部分研究都只考虑了横向裂缝，有关纵向裂缝的研究寥寥无几。显然，在水平井钻井前就应制订裂缝压裂方案。下面讨论有助于确定选择横向裂缝还是纵向裂缝；但是，还需进一步模拟和预测这两种裂缝的产能。

根据水平井的深度和位置，可选择压裂横向裂缝还是纵向裂缝。横向裂缝的缺点是任何应力方向的计算错误都可能导致形成垂直于最小主应力方向的粗糙砂面，增加了造缝过程中意外脱砂的可能性。在确定纵向裂缝时，必须考虑应力方向，但裂缝转向前通常会沿井筒扩展一段距离，因此其影响较小，而且，纵向裂缝的产能通常也低于横向裂缝。压裂多条横向裂缝的主要优点是加快油气生产速度。此外，多条横向裂缝通常延伸距离较短，降低了穿透其他层位的可能性，有助于避免潜在的复杂情况。

纵向裂缝的优点是可以生成一系列沿整个水平段的裂缝。与横向裂缝一样，每条纵向裂缝规模都很小，穿透周围层位的机会较小。裸眼完井时，沿着水平段的方向更容易生成纵向裂缝。在这种情况下，虽然将承担更大的风险，但是，完井成本将大幅降低。当固井、套管和射孔的成本相对较高时，该风险水平是可以接受的。当多井同时压裂时，裸眼完井的成本优势更加明显。

对横向裂缝和纵向裂缝性能进行比较，结果表明，横向裂缝不足 5 条时，可能不具有经济效益。在高渗透储层中，不宜采用横向裂缝。而由于裂缝内部流体流动距离较短，使得纵向裂缝更适合于高渗透储层。此外，还需要关注裂缝内压裂液的返排，相关文献（Soliman 和 Hunt, 1985）提出了返排压裂液提高裂缝导流能力的必要性。采用横向裂缝时，流体向井筒汇集，因此，更需要高导流能力的裂缝。由于横向裂缝和纵向裂缝的流动期特征不同，返排纵向裂缝压裂液比横向裂缝压裂液更为容易，这也是决定选择纵向裂缝还是横向裂缝的另一考虑因素。

在某些情况下，纵向裂缝的性能优于大量横向裂缝。例如，当地层渗透率较高无法实现裂缝高导流能力，此类情况在相关文献中已有记载。另一种情况是地层相当薄，且应力差异较大，裂缝极易扩展时，无论压裂直井还是横向压裂水平井都难以成功实现纵向压裂水平井的改造效果。

4.9 压裂后页岩地层中的流体流动

天然气是一种清洁的低成本能源，是石油的极佳替代能源。在过去的几年里，人们意识到了天然气的丰富储量。然而，天然气常赋存于难以勘探和开采的地层中。此类气藏通常被称为非常规气藏。按照储层类型分类，非常规气藏可分为致密气、煤层气和页岩气三种类型。

致密气藏是指渗透率在微达西范围内的气藏。煤层气储层存在天然裂缝，然而气体通常以吸附状态赋存于岩石表面，此类气藏的储集能力较差。而页岩气藏的基质渗透率通常在纳达西范围内，一般都具有天然裂缝，同时存在自由气和吸附气。

这类气藏条件极大地影响了气藏的勘探与开发，涵盖了钻井、完井、增产和生产等环节。为实现非常规气藏的商业开采，重要的是最大限度扩大井与储层的接触面积。本章将重点探讨非常规气藏中的流体流动和地质力学，首先将对页岩储层进行讨论。

根据 Jackson（1997）对页岩的定义，页岩是指任何"层状、硬化（胶结）的岩石，其中黏土含量需高于67%。"根据该经典定义，多达50%的沉积岩均可被称为页岩。然而，典型的产气页岩并非纯黏土层，通常由黏土质沉积岩、石英岩甚至碳酸盐岩混合而成。实际上，大多数产烃页岩的黏土含量不到50%，因此无须严格遵守该定义。

页岩的颜色是页岩储层的鲜明特征，可以表明沉积环境和有机质含量：绿色和红色页岩分别表示含铁矿物的还原状态和氧化状态。页岩气藏中总有机碳（TOC）含量通常为3%~10%。其中的热成熟气体（R_o 高达2%）常含有热成因甲烷，甲烷吸附在有机质上，增加了原位气体的含量。

TOC 含量、热成熟度和天然裂缝，共同决定了页岩储层是否具有经济开采的潜力。为实现非常规气藏的经济开发，应最大限度地扩大井与气藏的接触面积。地层越致密，达到该经济目标所需的接触面积就越大。相关研究已证实，在致密储层和页岩储层中，扩大接触面积的最佳方法是横向压裂水平井。因此这项工作的重点在于水力压裂非常规油气藏的流体流动规律、岩石力学和地质力学性质。

页岩储层的产能

如前文所述，页岩的三个特性使其在产量上独具优势—天然裂缝性储层、超低渗透基岩以及吸附气的存在。相关研究已采用数值模拟器，研究了吸附气对于产能的影响。模型假设为天然裂缝性气藏，横向压裂水平井位于储层中心（双重孔隙模型）。结果如图4.26所示，页岩吸附气含量范围为20~80ft³/t，可以发现吸附气可明显提高页岩产能；然而，投产后一年内的影响并不明显。生产100天内，吸附对总产量的影响几乎可以忽略不计。

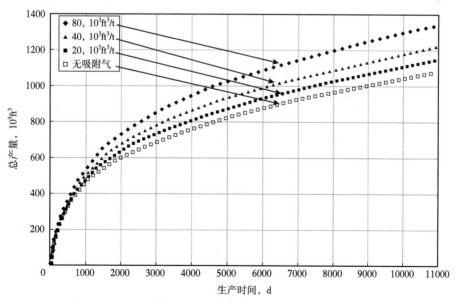

图4.26　吸附气对总产量的影响（Soliman 等，2012）

4.10　储层复杂性的影响

为了最大限度地扩大与油藏的接触面积，相关人员提出了储层体积改造（SRV）并将其应用在压裂作业中，以提高裂缝系统的复杂性。有几种方法可以完成该作业。已有油田公司采用滑溜水压裂液和少量支撑剂以打开地层薄弱面，但是，天然裂缝系统应可提供超强导流能力，这样才能形成超渗透性页岩储层。在使用低黏度流体系统时，还需额外关注支撑剂运输和生成裂缝的有效性。因此，相关研究人员对支撑剂浓度较为保守，尤其是压裂初始阶段，小尺寸支撑剂（如40目、70目，甚至100目）有助于避免早期脱砂，同时其相对表面积较大，沉降发生之前需输送的距离更远。小尺寸支撑剂还有利于对天然裂缝的支撑。

Soliman 等人（2010），East 等人（2010），Roussel 和 Sharma（2010）提出了拉链式压裂方法，通过交替压裂产生横向裂缝，从而提高裂缝系统复杂度和改变应力场。Rafiee 等人（2012）对拉链压裂方法进行改进，促使裂缝系统进一步复杂化。在韧性地层中，更加难以形成复杂的裂缝系统，因此与支撑剂结合的技术也显得尤为重要。

根据表4.2列出的数据模拟结果如图4.27所示，该图描述了裂缝系统和吸附气对产能的影响。裂缝系统对产能具有极大的积极作用，这也印证了前述结论。在本文中，通过改变水力裂缝周围双重孔隙性质来模拟裂缝的复杂程度。

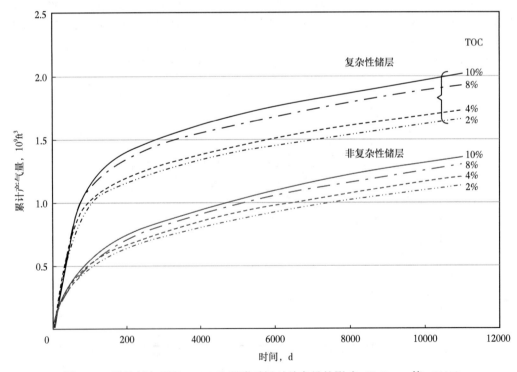

图 4.27　裂缝复杂程度、TOC 和吸附时间对总产量的影响（Soliman 等，2012）

表 4.2　模拟数据 (Soliman 等, 2012)

储层	TOC %	吸附时间 d	地质储量 $10^6 ft^3$	自由气 $10^6 ft^3$	吸附气 $10^6 ft^3$	吸附气/气体总量, %	累计产气量 $10^6 ft^3$
复杂性	10	100	5275.4	2926.8	2348.6	44.5	2009
复杂性		10	5275.4	2926.8	2348.6	44.5	2005
复杂性	8	100	4805.6	2926.8	1878.8	39.1	1907
复杂性		10	4805.6	2926.8	1878.8	39.1	1924
复杂性	4	100	4335.9	2926.8	1409.1	32.5	1739
复杂性		10	4335.9	2926.8	1409.1	32.5	1728
复杂性	2	100	3396.5	2926.8	469.7	13.8	1653
复杂性		10	3396.5	2926.8	469.7	13.8	1662
复杂性	0	0	2926.8	2926.8	0	0.0	1542
无复杂性	10	100	5230	2879.2	2350.8	44.9	1347
无复杂性	10	10	5230	2879.2	2350.8	44.9	1347
无复杂性	8	100	4759.8	2879.2	1880.6	39.5	1298
无复杂性	8	10	4759.8	2879.2	1880.6	39.5	1297
无复杂性	6	100	4289.6	2879.2	1410.4	32.9	1248
无复杂性	6	10	4289.6	2879.2	1410.4	32.9	1252
无复杂性	4	100	3819.5	2879.2	940.3	24.6	1197
无复杂性	4	10	3819.5	2879.2	940.3	24.6	1197
无复杂性	2	100	3349.3	2879.2	470.1	14.0	1144
无复杂性	2	10	3349.3	2879.2	470.1	14.0	1142
无复杂性	0	0	2879.2	2879.2	0	0.0	1096

4.11　页岩储层横向裂缝数量的优化

前文讨论了基于生产和经济因素考量对横向裂缝数量的优化问题。当裂缝数量明显增加时 (如压裂页岩地层时), 除之前所述因素, 还需考虑缝间干扰和裂缝系统复杂度对产能和经济效益的影响。

4.12　油田现场案例与产能拟合

需要注意的是页岩地层产能拟合的两种方法。第一种方法是使用商用数值模拟器进行产能拟合。Shelly (2007) 对 Barnett 页岩压裂水平井进行了相关研究, 气藏数据见表 4.3, 拟合结果见表 4.4。

表 4.3　储层参数

参数	数值
厚度	400ft
孔隙度	5.5%
含水饱和度	30%
气藏压力	3800psi
泄气面积	2640ft×1320ft
裂缝数量	4
裂缝间距	600ft
裂缝面滤液侵入距离	0.7ft

表 4.4　拟合结果

参数	拟合值
水平渗透率	0.00025mD
垂直渗透率	0.000025mD
裂缝导流能力	20mD·ft
裂缝半长	500ft
裂缝类型	对称双翼

　　基于参数拟合值调参，天然气和水的产量能够很好地拟合。产量拟合通常比累计产量的拟合更为困难，且能够更准确地反映拟合结果。Shelly（2007）不仅拟合了产气量，还拟合了产水量。图 4.28 至图 4.31 为拟合结果。

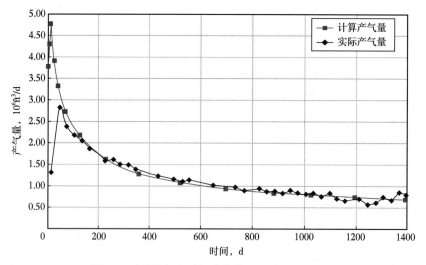

图 4.28　天然气产量拟合曲线（Shelley，2007）

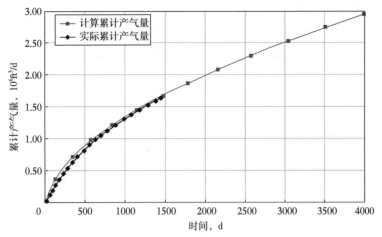

图 4.29   累计产气量拟合曲线（Shelley，2007）

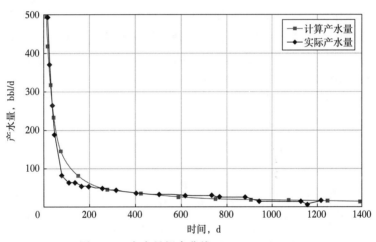

图 4.30   产水量拟合曲线（Shelley，2007）

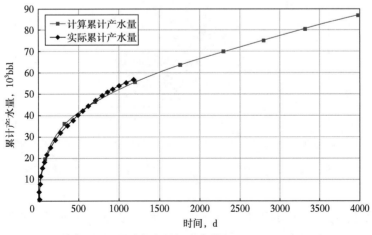

图 4.31   累计产水量拟合曲线（Shelley，2007）

Soliman 和 Grieser（20W）提出了另一个油田现场案例和拟合方法。目标页岩储层渗透率低于 $1\mu D$。East 等人（2004）对该储层压裂工艺进行了探讨。储层基本性质见表 4.5。

表 4.5　基本地层性质

参数	数值
净厚度	300~400ft
孔隙度	4%
含水饱和度	33%
渗透率	$<1\mu D$
井底压力	3800psi
井底温度	180℉
井底流压	1000~1500psi
K_v/K_h	0.1

平面和垂直方向的微地震监测数据如图 4.32 和图 4.33 所示。微地震资料显示，数据点在平面和垂直方向上分布较为均匀，表明该储层体积改造（SRV）效果较好。对各压裂段的研究结果表明，裂缝扩展符合设计要求，同时也表明网状裂缝系统较为复杂。该压裂改造在 Barnett 页岩储层中进行，该处最大和最小水平应力的差值很小，通常不超过 100psi。因此，净压力预期有助于天然裂缝的进一步扩展。

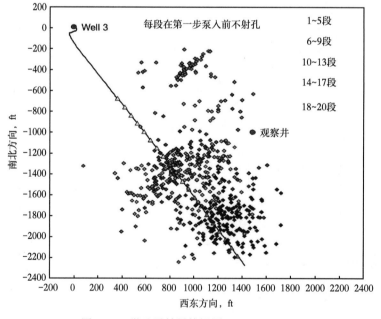

图 4.32　微地震结果俯视图（East，2004）

为了更好地进行生产数据的历史拟合，从压力和产量两个方面计算了不同时间的井底流压，并对井底流压进行拟合。首先可通过调整地层渗透率达到基本合理的拟合。如前文

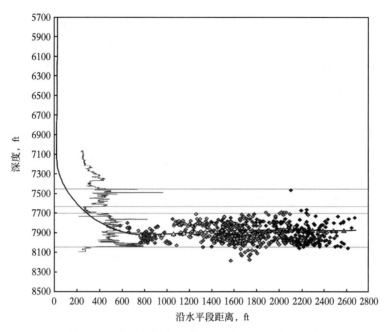

图 4.33　微地震监测结果侧视图（East 等，2004）

所述，微地震监测结果明确了裂缝尺寸，因此将裂缝尺寸设为已知参数。水平段长 2120ft，横向裂缝 20 条，如图 4.34 所示。生产 500 天之前的拟合结果非常理想，如图 4.35 所示。后期数据表明，大约 550 天时，产气量有所增加，此时流动压力低于模拟器压力。之后，流动压力可能进一步降低，以维持大约 $400 \times 10^3 \text{ft}^3/\text{d}$ 的产气量。

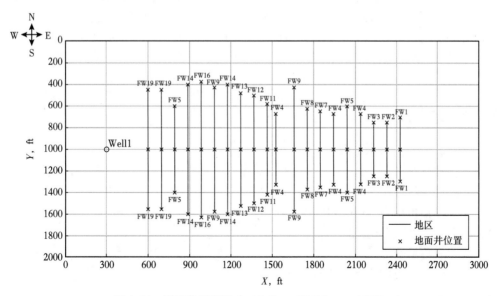

图 4.34　裂缝位置和尺寸（Soliman 和 Grieser，2010）

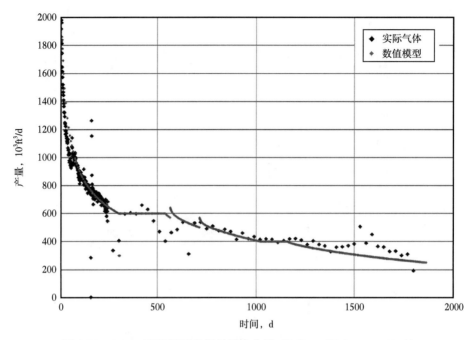

图 4.35　Barnett 页岩储层产气量拟合曲线（Soliman 和 Grieser，2010）

　　现场生产数据的拟合结果表明，使用平面双翼裂缝形态对压裂页岩储层的生产进行拟合和预测是可行的；然而，地层渗透率可能与原始地层渗透率不同，具体取决于是否形成网状裂缝系统。在形成网状裂缝系统的情况下，拟合渗透率明显高于原始地层渗透率，同时印证了天然裂缝的存在。此类存在复杂裂缝系统的区域通常称为 SRV。目前，微地震监测是最可靠的确定 SRV 的方法。在预测产能时，必须考虑以下几个问题：

　　（1）准确预估 SRV。除 SRV 外，地层渗透率可能会变为纳达西级的原始地层渗透率。

　　（2）另一个重要问题是储层远端裂缝系统的复杂性可能会下降，这将导致明显偏离既定趋势。

4.13　符号说明

B	流体地层体积系数
h	地层厚度，ft
K	地层渗透率，mD
$m(p)$	气体拟压力，psi^2/cP
Δp	整个油气藏的压降，psia
S	表皮系数
S_{ch}	因聚流效应产生的表皮系数
μ	黏度，cP

参 考 文 献

［1］ East, Grieser, McDaniel, Johnson, Bill, Jackson, R., 和 Fisher, Kevin. 2004. Successful Application of Hydrajet Fracturing on Horizontal Wells Completed in a Thick Shale Reservoir. SPE 91435. This paper was prepared for presentation at the 2004 SPE Eastern Regional Meeting held in Charleston, West Virginia, U. S. A. Sep. 15-17.

［2］ East, L., Soliman, M. Y., and Augustine, J. 2010. Methods for Enhancing Far-Field Complexity in Fracturing Operations. SPE 133380, presented at Annual Technical Conference and Exhibition, Florence, Italy, Sep. 19-22.

［3］ Economides, M. J., McLennan, J. D., Brown, E., and Roegiers, J. C. 1989. "Performance and Stimulation of Horizontal Wells," World OH, Jun. 1989, pp. 41-45, and, July 1989, pp. 69-76.

［4］ Giger, F. M. 1985. "Horizontal Wells Production Techniques in Heterogeneous Reservoirs," SPE 13710, presented at the SPE Middle East Oil Technical Conference held in Bahrain, Mar. 11-14.

［5］ Jackson, J. A. 1997. Glossary of Geology, 4th edition. American Geological Institute.

［6］ Karcher, B. J., Giger, F. M., and Combe, J. 1986. Some Practical Formulas to Predict Horizontal Well Behavior. SPE 15430, SPE Annual Technical Conference, New Orleans, LA, Oct. 5-8.

［7］ Mukherjee, H., and Economides, M. J. 1988. A Parametric Comparison of Horizontal and Vertical Well Performance. SPE 18303, SPE Annual Technical Conference and Exhibition, Houston, TX, Oct. 2-5.

［8］ Rafiee, M., Soliman, M., and Pirayesh, E. 2012. Hydraulic Fracturing Design and Optimization: A Modification to Zipper Frac. SPE 159786, presented at the Annual Technical Conference and Exhibition, San Antonio , Texas, Oct. 8-10.

［9］ Roberts, R. M., Ruskauff, G. J., and Avis, J. D. (1996, January 1) . A Generalised Method for Analyzing well Testes in Complex Flow Systems. Society of Petroleum Engineers, doi: 10. 2118/36023-MS.

［10］ Roussel, N. P., and Sharma, M. M. 2010. Optimizing Fracture Spacing and Sequencing in Horizontal Well Fracturing. Paper SPE 127986 presented at the International Symposium and Exhibition on Formation Damage Control, Lafayette, Louisiana, USA, Feb. 10-12. doi: 10. 2118/127986-MS.

［11］ Schulte, W. M. 1986. Production from a Fractured Well with Well Inflow Limited to Part of the Fracture Height. SPE Production Engineering, Sep. , pp. 333-343.

［12］ Shelley, R. 2007. Halliburton Internal project.

［13］ Shelley, R., Soliman, M. Y., and Vennes, Mike. 2007. Evaluating the Effects of Well-Type Selection and Hydraulic - Fracture Design on Recovery for Various Reservoir Permeability using a Numeric Reservoir Simulator. SPE 130108 presented at the SPE EUROPEC/EAGE Annual Conference and Exhibition to be held in Barcelona, Spain, Jun. 14-17.

［14］ Soliman, M. Y., Daal, Johan, and East. Loyd, 2012. Fracturing Unconventional Formations to Enhance Productivity. Accepted for publication. Journal of Petroleum Science & Engineering Invitational paper.

［15］ Soliman, M. Y., East, L. E., and Augustine, J. 2010. Fracturing Design Aimed at Enhancing Fracture Complexity. Paper SPE 130043 presented at the EUROPEC/EAGE Annual Conference and Exhibition, Barcelona, Spain, Jun. 14-17. doi: 10. 2118/130043-MS.

［16］ Soliman, M. Y., and Grieser, W. 2010. Analyzing, Optimizing Frac Treatments by Means of a Numerical Simulator. Technology Update, JPT Jul. 22-25

［17］ Soliman, M. Y., and Hunt, J. L. 1985. Effect of Fracturing Fluid and Its Cleanup on Well Performance. SPE 14514, SPE Eastern Regional Meeting, Morgantown, WV, Nov. 6-8.

[18] Soliman, M. Y. , Hunt, J. L. , and El Rabaa, W. 1990. Fracturing Aspects of Horizontal Wells. JPT, August, pp. 966-973.

[19] Soliman, M. Y. , Rose, B. , El Rabaa, W. , and Hunt, J. L. 1989. Planning Hydraulically Fractured Horizontal Completions. World OH, Sep. , pp. 54-58.

[20] Taylor, R. S. , Glaser, M. A. , Kim, J. , Wilson, B. , Nikiforuk, G. , Nobel, V. , Romanson, R. , 等人 (2010, January 1). Optimization of Horizontal Wellbore and Fracture Spacing using an Interactive Combination of Reservoir and Fracturing Simulation. Society of Petroleum Engineers, doi: 10. 2118/137416—MS.

[21] Walker, R. F. , Ehrl, E. , Arasteh, M. 1993. Simulation Verifies Advantages of Multiple Fracs in Horizontal Well. OGJ, Nov. pp. 362-372.

5　岩石力学概述

压裂不仅是改造低渗透率硬地层直井的有效手段，同时也可以在高渗透率的软地层中进行水平井压裂。实施压裂改造技术需要对储层物性有全面且深入的了解，在此基础上才能进行有效的压裂设计和完井优化，并获取理论和实际完井施工参数。目前，多级压裂技术已广泛应用于水平井完井，尤其在非常规油气藏中，多级压裂已成为一种普通的完井方式。当进行多级压裂时，流体流动、地质力学和压裂作业等方方面面都不容忽视，水平井多级压裂尤为如此。

虽然未进行增产改造的水平井在天然裂缝性油气藏和控制气锥/水锥问题方面非常有效，但在许多情况下，水平井压裂才是提高产能的唯一可行方案。钻探水平井及压裂横向或纵向裂缝会造成油气藏能量快速衰竭，因此钻井前必须考虑到井位、应力场和压裂施工之间的复杂关系，以判断水平井压裂的可行性。同时，应制订适当的应急计划，以应对压裂改造措施后可能出现的低产问题。此外，还应注意实施水平井压裂的决定可能会影响钻井方向和完井方式（水泥套管完井或裸眼完井）。当出现下列任何一种情况时，可考虑实施水平井压裂。

（1）由于垂向渗透率较低或页岩夹层而导致垂向流动受限。

（2）因地层渗透率低导致地层产能低。

（3）产层与周围地层相比应力较低。在这种情况下，由于裂缝高度和长度都会扩展，所以大规模直井压裂并不可行。

从根本上而言，尽管水平井压裂与直井压裂类似，但要想获得最佳改造效果，需要特别注意水平井的特殊性。水平井和直井在岩石力学、油藏工程和施工作业等方面存在很大差异。因此首先应关注储层的岩石力学属性。

5.1　地下应力和变形的计算

岩石力学分析的第一步是进行地下应力和变形计算。由于水力压裂的目标地层通常位于地表深处，因此正应力通常为压缩状态。最简单的情况是无限大油气藏钻探直井，如图 5.1 所示。在这种情况下，可选择两种坐标系：（1）用于计算岩石内应力的笛卡尔坐标系；（2）用于计算井周围应力的圆柱坐标系。图 5.1 中，z、x、r 是笛卡尔坐标系的分量，z、r 是径向坐标系的分量。每个坐标系都包含九个分量。有关笛卡尔坐标系的应力公式参见文献（如 Jaeger 等所著的《Fundamental of Rock Mechanics》，2009）。下文将主要从直井、斜井和水平井三种不同情况进行应力计算讨论。

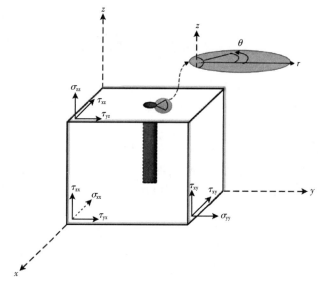

图 5.1　用于应力计算的笛卡尔坐标系和径向坐标系

5.2　直井周围的应力分布

直井的最小环向应力可通过以下公式计算：

$$\sigma_\theta = 3\sigma_h - \sigma_H - p_i \tag{5.1}$$

假设上覆岩层压力是垂向的并且是最大应力，当注入压力超过 σ_θ 时，地层将发生破裂。Hubert & Willis 破坏准则如公式（5.1）所定义。

5.3　斜井周围的应力分布

用于确定直井周围应力分布的基本公式可扩展用于确定斜井周围的应力分布。机械钻井分析包括两个步骤：首先进行井眼周围应力分布的计算，然后将应力与地层强度进行比较。可使用多种模型计算井眼周围的应力场，假设从简单到复杂：线弹性、非线弹性或岩石的弹塑性行为，分为考虑或不考虑热效应或渗透压等参数两种情况。最常用的岩石破坏准则是 Mohr-Coulomb 破坏准则，但是 Hoek-Brown 强度准则和 Drucker-Prager 屈服准则等模型也常用到。需要注意的是，Hoek-Brown 强度准则实质上是非线性形式的 Mohr-Coulomb 线性准则。

使用基本线弹性模型的主要优势在于其参数数量有限，评估过程相对简单且易于实现。然而该模型过于简单，其预测的岩石破裂时间通常比实际提前。

用于确定直井周围应力分布的基本公式可扩展用于确定斜井周围的应力分布，水平井实际上可以看作是斜井的极限。基于 Kirsch（1898）和 Fairhurst（1968）提出的直井解析解，Bradley（1979）提出了一组关于斜井应力分布的公式：

$$\sigma_r = p_i \tag{5.2}$$

$$\sigma_\theta = (\sigma_x + \sigma_y) - 2(\sigma_x - \sigma_y)\cos 2\theta - 4\tau_{xy}\sin 2\theta - p_i \qquad (5.3)$$

$$\sigma_z = \sigma_{zz} - \nu\left[2(\sigma_x - \sigma_y)\cos 2\theta + 4\tau_{xy}\sin 2\theta\right] \qquad (5.4)$$

$$\tau_{r\theta} = \tau_{rz} = 0 \qquad (5.5)$$

$$\tau_{\theta z} = 2(\tau_{yz}\cos 2\theta - \tau_{xz}\sin 2\theta) \qquad (5.6)$$

轴向应力（S_x，S_y 和 S_z）和剪应力（t_{xy}，t_{yz} 和 t_{zx}）是最小水平应力、最大水平应力、覆岩应力、井斜、偏移方向与最大水平应力之间的夹角的函数。通过夹角（θ）确定围绕井眼圆周的切向应力的测量位置。

现代井眼稳定性计算过程对 $0° \sim 360°$ 的夹角 θ 进行迭代计算，从而确定最大切应力。如果去掉与偏差相关的参数，上述公式将恢复为直井的标准应力公式。

5.4　水平井周围的应力分布

水平井周围的应力分布可根据直井周围的应力分布公式计算。水平井径向应力、切应力和轴向应力的公式可以由上述斜井的公式推导出来，平行于最大应力方向的水平井的应力分布可以通过以下公式确定：

$$\sigma_r = p_i \qquad (5.7)$$

当 $\sigma_H > \sigma_v$ 时

$$\sigma_\theta = 3\sigma_v - \sigma_H - p_i \qquad (5.8)$$

$$\sigma_z = \sigma_h - 2v(\sigma_H - \sigma_v) \qquad (5.9)$$

当 $\sigma_H < \sigma_v$ 时

$$\sigma_\theta = 3\sigma_H - \sigma_v - p_i \qquad (5.10)$$

$$\sigma_z = \sigma_h - 2v(\sigma_v - \sigma_H) \qquad (5.11)$$

5.5　MOHR-COULOMB 破坏准则

McLean 和 Addis（1990）认为，线性破坏准则（即 Mohr-Coulomb 准则）是最适用于井筒稳定性分析的准则，通过查阅岩石力学和井眼稳定性方面的文献，似乎证实了此结论。然而，该模型所预测的岩石破裂时间通常比实际情况提前。

图 5.2 展示了 Mohr-Coulomb 准则的分析案例。将先前通过计算得出的径向应力和切向应力绘制在 x 轴（有效正应力）上，并绘制出莫尔应力圆。通过破坏包络线确定了地层由于剪切破坏（砂磨）而破裂的应力条件。当莫尔应力圆半径增大时，井筒压力随之减小，莫尔应力圆与破坏包络线相切并穿过包络线时，地层就会破裂。

图 5.2 所示线性或抛物线的破坏包络线通过岩心实验测得。在无法获得岩心数据的情况下，初始剪切应力可由 Deere 和 Miller（1969）以及 Coates 和 Denoo（1981）提出的公式计算获得，摩擦角通常设为 30°。

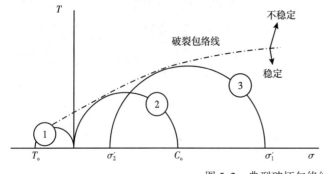

图 5.2　典型破坏包络线

5.6　水平井筒的稳定性分析

普通斜井的应力分布见式（5.2）至式（5.6），水平井筒主应力方向上的应力分布见式（5.7）至式（5.12）。普通应力与水平井筒方向的示意图见图 5.3。

$$\sigma'_r = p_i \tag{5.12}$$

$$\sigma'_\theta = \sigma_{11} + \sigma_{22} - 2(\sigma_{11} - \sigma_{22})\cos2\theta - 4\sigma_{12}\sin2\theta - p_i \tag{5.13}$$

$$\sigma'_z = \sigma_{33} - 2v\left[(\sigma_{11} - \sigma_{22})\cos2\theta + 2\sigma_{12}\sin2\theta\right] + p_i \tag{5.14}$$

式中　σ_{11}、σ_{22}、σ_{33}——三个方向的总原位正应力；

　　　σ_{12}、σ_{23}、σ_{23}——三个方向的总原位剪应力；

　　　θ——与最小主应力的夹角；

　　　β——与最大主应力的夹角。

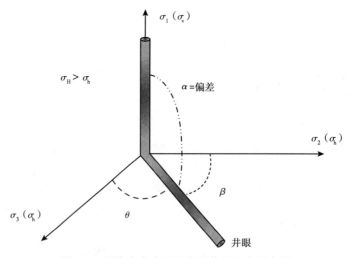

图 5.3　原位主应力下的水平井眼走向示意图

如果将 θ 角设为零，将倾斜角 α 设为 90°，则井筒将平行于最小主应力，通过式（5.2）至式（5.6）可计算得知水平井筒周围的应力分布情况。如果井筒与最小应力成一定角度，则剪切应力将影响井筒稳定性，并且在拉伸作用下，将对裂缝扩展产生影响，可能形成因剪切破坏引起的"阶梯"。

Hsiao（1988）提出的示例如图5.4所示。该示例表明，水平井筒的稳定性取决于井筒尺寸、流体性质和相对应力值。图5.4给出了最合理的相对应力大小，并指出垂直应力是最大的。图5.4表明水平井筒在最小应力方向钻井时最稳定。此外，该图显示了拉伸和压缩破坏的井筒稳定性区域。当井筒沿最小应力方向钻进时，该区域最宽，这表明当沿最小应力方向钻井时最安全。此外，Hsiao还提出了其他不同相对应力值的示例，此类应力值反映了不同情况下的水平井眼稳定性。

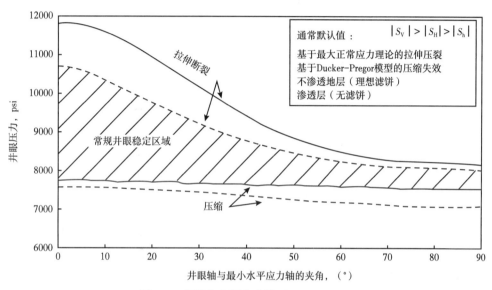

图5.4　井眼作业压力曲线（Hsiao，1988）

5.7　斜井的井筒稳定性分析

上述分析主要针对水平井。在斜井的机械井筒稳定性分析中，需要确定井筒稳定条件下的井眼压力范围或钻井液密度。首先需要确定井筒压力的最小临界值，即将要形成地层剪切破坏的井筒压力。剪切破坏会导致地层出砂。井筒保持稳定的最大压力取决于开启原始状态下闭合的天然裂缝的压力，或者产生诱导裂缝的压力。

上述分析有助于确定维持井筒机械稳定的钻井液密度计算程序。最小临界压力还确定了出砂之前地层能够承受的最大压降。

在三维（3D）模型中，井筒稳定性的标准算法适用于大斜度井和水平井。该模型显示，井筒压力最小临界值或出砂压力随着井筒偏差的增大而增加。另一方面，最大压力或破裂压力随着井筒偏差的增加而减小，这也是孔隙压力和斜井方位的应力场函数。

井筒倾角从0°（直井）到90°（水平井）的变化以及孔隙压力在0.7~0.3 psi/ft范围内的变化（Soliman和Boonen，2000）如图5.5所示。灰度包络线下方的区域表示机械稳定的井筒条件。在特定应力分布和地层特征，特别是岩石固结、大斜度井或水平井条件下，孔隙压力降低将导致井筒出现稳定性问题。如图5.5所示，当孔隙压力降至约0.55psi/ft

时，水平井筒将变得不稳定。此时必须使用水泥套管完井，否则会导致井筒出砂。

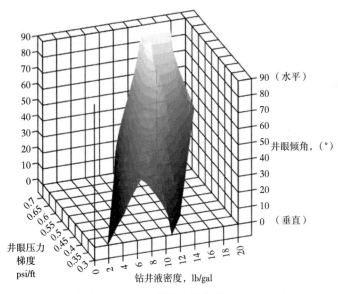

图 5.5　钻井液相对密度随孔隙压力梯度变化规律（Soliman 和 Boonen，2000）

　　此外，还需要确定最大（或最小）应力方向与井眼偏差方向之间的夹角。最大水平应力方向上水平井的机械稳定性略逊于最小水平应力方向的水平井。图 5.6 所示为在弱胶结砂岩地层中与最大水平主应力夹角为 0°（沿最大水平主应力方向钻井）和 90°（沿最小水平主应力方向钻井）时钻出的斜井稳定性井筒条件区域（Soliman 和 Boonen，2000）。现代井眼稳定性分析通过将 0°~90° 内的井筒偏差角度进行压力迭代来计算该夹角。平行于最大水平主应力方向的水平井将出现井眼稳定性问题，而平行于最小水平主应力方向的水平井则在某一钻井液密度范围内保持相对稳定（图 5.6）。

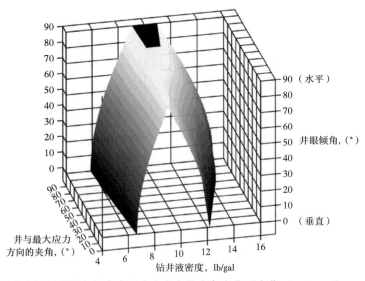

图 5.6　井筒稳定性随井眼与最大水平应力方向的夹角变化而变化（Soliman 和 Boonen，2000）

5.8　井筒稳定性的参数敏感性分析

如前文所述，井筒机械不稳定性是原位应力、孔隙压力、井眼轨迹和岩石性质之间相互作用的结果。通常使用线弹性分析来预测发生井筒破坏的情况，以及防止由于剪切破坏导致地层破裂和井壁坍塌所要求的钻井液密度安全范围。在达到最佳钻井液密度的情况下，才能够防止高欠平衡/井喷和井眼剪切破坏，但是钻井液密度不能过高，否则会导致地层破裂。准确预测井筒稳定性很大程度上取决于输入参数的质量。对输入参数进行质量控制（QC）时，需要进行全面的敏感性分析，以确定影响井筒稳定性的关键参数，同时去除对井筒稳定性无重大影响的参数。由于需要大量计算，大多数常规计算方法常忽略这一关键步骤。

在典型的井筒稳定性分析中，所有参数（如原位应力、所参照的破坏准则、岩石强度和岩石性质等）都具有不确定性。在分析井筒稳定性时，需要进行参数敏感性分析，以研究不同参数对临界钻井液相对密度的影响。通过研究输入参数的"相对敏感度"，可以了解关键参数对计算过程的影响程度。结合不确定性分析，可以确定钻井液相对密度安全范围预测值的可信度。

Anderson 等人（1996）发表了有关井筒稳定性的敏感性参数分析结果，认为在特定情况下，孔隙压力是决定保持井筒稳定所需临界钻井液相对密度的最重要因素。同时，最大和最小水平应力也发挥重要作用，是需要慎重设置约束条件。相反，最大水平应力的方向对计算过程几乎没有影响，因此可以根据地质构造进行粗略估算。

5.9　井眼坍塌分析

钻井过程中会导致井筒周围的应力重新分布，使最小和最大应力方向的应力相对集中，其大小可根据 Kirsch 公式计算（图 5.7）。

$$\sigma_A = 3\sigma_H - \sigma_h \tag{5.15}$$

$$\sigma_B = 3\sigma_h - \sigma_H \tag{5.16}$$

最小水平应力与井眼（σ_A）交叉处的应力大于最小水平应力与井眼（σ_B）交叉处的应力。井壁破裂首先发生在最小应力和井壁的交叉处。因此，井眼破裂方向的应力测量有助于辨别应力场方向。井眼破裂说明压力已超过井壁处的地层强度，但并不代表井眼破裂，因为钻出的井眼仍然可用。可使用 4 臂或 6 臂卡钳工具测量井眼破裂情况。超声波成像测井工具是首选工具，每个深度水平的测量范围可达 200 卡尺。图像分析软件可提供实时连续图像，并显示任何深度的井眼横截面。因为是定向图像，所以可以显示破裂方向，进而确定应力场方向。通过图 5.8，可以明确地辨别出井眼破裂方向为卡钳横截面的东北和西南方向，即最小水平应力方向。天然裂缝的方向则垂直于最小水平应力，振幅和传播时间如图像所示。裂缝的方向和倾角可通过计算获得，并在轨迹 2 中以倾角仪的形式表示为向西南倾斜。

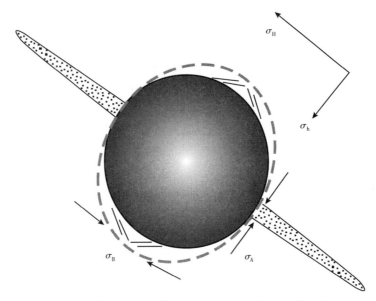

图 5.7　井眼坍塌和裂缝方向与水平应力场方向的关系

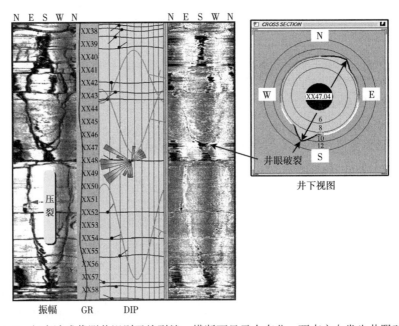

图 5.8　超声波成像测井识别天然裂缝，横断面显示在东北—西南方向发生井眼破裂

5.10　横向裂缝的压裂破坏准则

Hubert 和 Willis（1957）破坏准则通常用于预测直井的破裂压力。直井裂缝通常为轴向裂缝，因此当切向压力小于 0 时便会达到破坏准则，换言之，根据该破坏准则，直井的拉

伸破裂压力可通过下式计算得

$$p_b = 3\sigma_h - \sigma_H \tag{5.17}$$

可通过式（5.7）和式（5.10）计算得知水平井的相应标准，标准值取决于应力相对值。通常情况下，垂直应力最大，将 Hubert 和 Willis 破坏准则应用于水平井［式（5.7）］可得

$$p_b = 3\sigma_v - \sigma_H \tag{5.18}$$

在实验室（El-Rabaa，1989）和油田作业（Soliman，1990）中都发现 Hubert 和 Willis 破坏准则可能大大低估了横向裂缝的破裂压力。主要是因为该准则假设发生轴向裂缝。Weijers 等人（1992）无法拟合裂缝起裂压力与拉伸破裂压力。Hubert 和 Willis 破坏准则适用于直井轴向裂缝或水平井纵向裂缝，但不适用于横向裂缝。

Lyunggren 等人（1988）将 Hoek 和 Brown（1980）破坏准则用于压裂直井。Soliman（1990）使用该准则对压裂水平井进行起裂压力预测，表明横向裂缝的起裂压力见式（5-19）。

$$p_b = \frac{3}{2}\sigma_1 - \sigma_L - \sigma_c \tag{5.19}$$

式中　σ_1——σ_v 和 σ_H 中的最大应力；

　　　σ_L——两者中的最小应力；

　　　σ_c——岩石的抗压强度。

El-Rabaa（1989）在关于水平井压裂的实验中采用了该破坏准则，并获得成功。表 5.1 对横向裂缝起裂的实验观测值与理论计算值进行了比较。需要注意，下表 5.1 中的每一行涉及不同实验。

表 5.1　起裂压力实验观测值与理论预测值的比较

实验组	观测压力 psi	通过 H&W 准则计算出的压力 psi	通过 H&B 准则计算出的压力 psi
HZ-1	2850~3850	1750	3275
HX-2	3400~4250	1750	3600

表 5.1 清楚地表明，H&B 破坏准则能够更好地预测产生横向裂缝所需的破裂压力，通过该准则还可以计算产生轴向裂缝的破裂压力。因此，表 5.1 所列数据表明在应力场相同的情况下，轴向裂缝比横向裂缝更容易发生，该结果可用于解释在水平井压裂时潜在的复杂裂缝路径。

Owens 等人（1992）提出了计算任意定向水平井破裂压力的另一种方法。根据 Daneshy（1973）提出的公式和 Willis 和 Hubert 破坏准则，计算裂缝的起裂压力，并将计算结果与北海油田的现场观测数据进行了比较（图 5.9）。

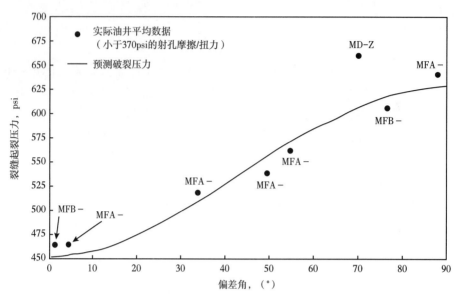

图 5.9 北海白垩系地层任意定向水平井的破裂压力 (Owens 等, 1992)

5.11 直井压裂

当垂向应力完全垂直的情况下, 直井压裂情况较为简单, 且相关文献中已进行了详细讨论, 因此, 本节不做进一步讨论。

5.12 斜井压裂

Soliman 和 Daneshy (1990) 探讨了斜井中裂缝的起裂和扩展行为。根据井的斜度和倾角, 并假设裸眼完井或集中射孔段, 可能发生以下两种情况之一:

(1) 形成与井筒轨迹垂直的倾斜裂缝, 该裂缝与垂直平面的夹角等于井斜角。当裂缝向远离井筒方向扩展时将发生转向, 形成垂直于最小水平应力的垂直裂缝, 如图 5.10 所示。

图 5.10 斜井裂缝扩展的第一种情况 (Soliman 和 Daneshy, 1990)

（2）开始形成垂直裂缝。当裂缝向远离井筒方向扩展时将发生转向甚至垂直于最小水平应力，如图 5.11 所示。

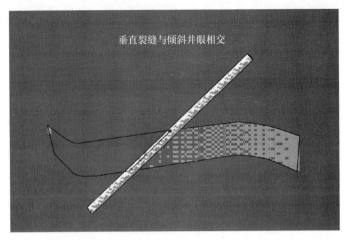

图 5.11   斜井裂缝扩展的第二种情况（Soliman 和 Daneshy，1990）

如果射孔段很短（其水平投影小于井筒直径的 4 倍），则有可能产生与井筒相交的垂直横向裂缝。裂缝起裂模式是否属于上述两种情况之一，取决于三种主应力的相对大小。

Daneshy（1973）就裂缝与斜井相交后重新定向的情况（图 5.12）进行了相关报告。El-Rabaa（1989）也提出了同样的裂缝扩展行为，如图 5.13 所示。裂缝的重新定向可能会产生因剪切裂缝的影响而形成的"阶梯"，由此可能会催生多条裂缝。由于射孔方案、井筒走向与应力方向的关系，可能会产生多条与斜井相交的裂缝。在这种情况下，预计可以发生较大的起裂压力和扩展压力。

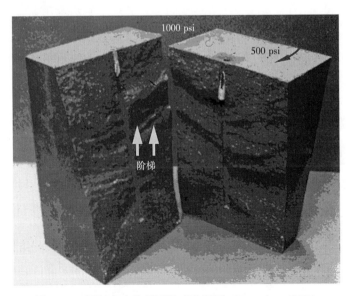

图 5.12   倾斜应力作用下的直井压裂（Daneshy，1973）

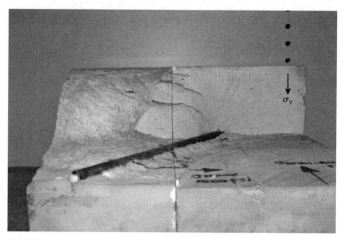

图 5.13　向主应力方向倾斜的水平井压裂 (El-Rabaa, 1989)

如果涉及弱胶结地层，并且最大和最小水平应力相差无几，则可以得出，裂缝将沿起裂方向继续扩展的结论。基于该结论，Soliman 等人（1998）提出了一种压裂技术，使裂缝扩展面与井筒位于同一平面，从而实现裂缝与井筒之间的良好连通。他们还表示，在这种情况下，射孔起着极其重要的作用，并建议以 180° 相位角在斜井的上下两侧进行射孔，来引导沿射孔方向的裂缝起裂。由于应力相差很小，因此裂缝将沿同一方向扩展。当裂缝扩展面与井筒位于同一平面时，会产生垂直裂缝。压裂井的试井结果证实了这一假设。后面将讨论该技术在裸眼完井或套管完井中的应用，其中采用水力喷射技术代替射孔作业。

5.13　水平井压裂

与斜井压裂相比，水平井压裂相对容易。水平井和最小应力平面之间的夹角决定了是否能够产生横向裂缝以及横向裂缝可能的扩展路径（Abass 等，1992），如图 5.14 所示。其他学者也对这一问题进行了研究。复杂的裂缝形态可能导致复杂的流动路径，进而导致扩展压力高于预测值。起裂方向有时可能同最小水平应力与井眼相交处的最小应力形成夹角（σ_B）。

实验室观测结果显示（图 5.13），在现场条件下也可能会出现这一现象，如图 5.15 和图 5.16 所示。

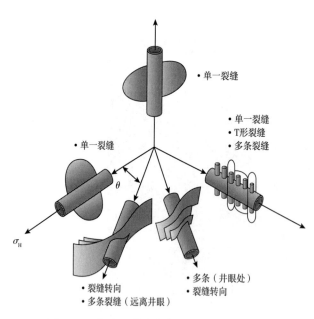

图 5.14　非平面裂缝形态（Abass 等，1992）

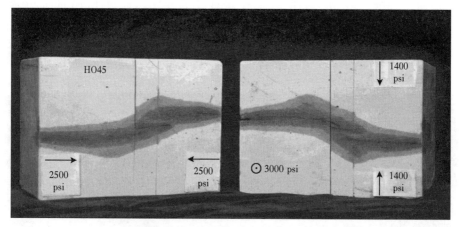

图 5.15　裸眼井形成的多条平行裂缝（Abass 等，1992）

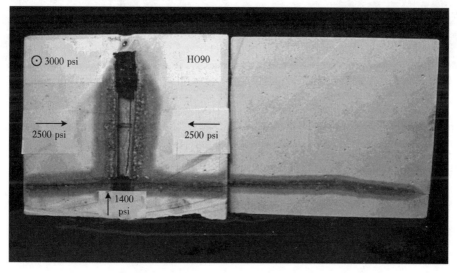

图 5.16　压裂岩样 HO90 产生的倒 T 形裂缝（Abass 等，1992）

5.14　横向裂缝的形成

如果沿井筒与最大应力形成一定角度的方向进行钻井，或射孔段较长，则可能会产生多条裂缝，或产生沿复杂路径扩展的横向裂缝，如图 5.14 所示。该复杂压裂缝形态可能会导致流体沿弯曲路径流动，造成高于预期的扩展压力。裂缝起裂方向与最小应力方向的夹角有时小于 90°。随着裂缝进一步扩展进入地层，其将重新转向为垂直于最小应力的方向。

5.15　产生横向裂缝的射孔段

如前文所述，轴向裂缝比横向裂缝更容易生成。因此，即使井筒走向平行于最小应力方向，除横向裂缝外，还会产生轴向裂缝。El-Rabaa（1989）对此进行了研究并得出结论：

为防止形成轴向裂缝，射孔段不得大于井筒直径的 4 倍。通过 El‑Rabaa 开展的实验（图 5.17），可以看出射孔段对横向裂缝形成的影响：当射孔段长度小于井筒直径的 2 倍时，会产生一条横向裂缝；如果射孔段长度超过井筒直径的 2 倍，可能会产生多条横向裂缝。

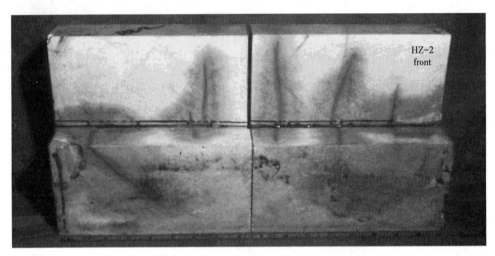

图 5.17　射孔段长度对裂缝起裂的影响（El‑Rabaa，1989）

然而，油田作业实践表明，可在一定程度上放宽对上述射孔段长度的限制。油田作业已经成功地实践了直径为 2ft（井筒直径的 4 倍）的射孔段。

射孔段较短可能会导致多条裂缝和井筒弯曲等，进而造成较大的近井摩阻。Abou‑Sayed 等人（1995）曾报告称，某井近井摩阻高达 2146 psi。将在另一节中详细讨论近井摩阻。

5.16　纵向裂缝的形成

如果在平行于最大主应力的方向进行水平井钻井，则所形成的裂缝将沿井筒方向扩展。如果射孔段较长或未进行固井和套管完井，则会产生轴向（纵向）裂缝。由于轴向裂缝比横向裂缝更容易产生（较低的破裂压力），因此对最大应力方向偏离公差可能很高。然而，偏离最大应力方向的裂缝在扩展一段距离后可能会裂缝转向，进而引发一系列问题，下一节将详细讨论此类问题。

纵向裂缝不及横向裂缝常见，主要是因为纵向裂缝与储层的接触范围较小。后文中油藏工程章节将对此进行详细讨论。

5.17　裂缝转向和转向半径

如前文所述，如果初始裂缝起裂方向与最小水平应力成一定角度，则裂缝扩展一段距离后会发生转向至垂直于最小主应力的方向。转向常呈阶梯式。而阶梯式扩展现象的出现可能导致裂缝扩展压力过高以及过早出砂。Hsiao（1988）的分析研究再次证实了 Daneshy

（1973）提出的结论，即剪切应力对与最小水平主应力方向成一定角度的水平井的稳定性起重要作用。

然而，有些学者并不认为阶梯式扩展是一种剪切破坏。Baumgartner 等人（1989）提出，斜井裂缝的起裂和扩展仅仅是由于拉伸破裂造成的。Hallam 和 Last（1990）认为 Daneshy、El-Rabaa 和 Abass 等人发现的阶梯式裂缝可能只是初始裂缝，而且连通程度可能较低。

无论裂缝发生转向的破裂模式如何，发生转向形成的有效裂缝过窄会导致延伸压力过高。此外，裂缝过窄还有可能滞留支撑剂，最终导致过早出砂。

Soliman 和 Daneshy（1990）研究了对斜井和水平井的微压裂测试并得出结论：由于最大应力和剪切应力的影响，微压裂和小型压裂的测试值高于最小应力。为了降低应力影响，建议进行高于正常值的微压裂测试，或是进行多种压力测试，同时确定最小水平应力和最大水平应力。

实验和分析研究证明，转向半径随着泵速的增加而增大。此外，研究结果还表明，当最大和最小水平应力的比值更大时，转向半径则变短。Viola 和 Pica（1984）的研究表明，最大和最小水平应力的比值大于 2 时，不可能在平行于最小水平应力方向上产生裂缝。然而 Viola 的研究是基于解析解进行的，仅具有一定的指导意义。

当裂缝发生转向时，裂缝预期宽度将缩小。缩小程度则取决于转向角度。特别是纵向裂缝转向而形成横向裂缝时，宽度会大幅缩小。Deimbacher 等人（1993）提出了简单的公式来计算裂缝宽度的缩小值：

$$\frac{w_1}{w_t} = 1.5 \frac{d}{l} \tag{5.20}$$

式中 d——井直径；

　　　　l——射孔段长度。

如果井与最小应力的方向成一角度 α，则采用下式计算裂缝宽度的缩小值：

$$\frac{w_1}{w_t} = 1.5 \frac{d}{l}(1 - \cos\alpha) + \cos\alpha \tag{5.21}$$

式（5.15）表明，如果射孔段大于直径的 1.5 倍，裂缝宽度将会缩小。

El-Rabaa 和 Rogiers（1990）针对上述问题提出了更全面的解决方案，即不仅要考虑应力相对值，还应考虑所产生裂缝的大小。因此，裂缝宽度不仅仅是应力和井筒相对方向上的简单几何函数。可采用下式计算预期缝宽：

$$w_1 = w_t \frac{\pi}{2} \frac{L_2}{L_1} \frac{(\alpha p - \sigma_3)}{[p - \sigma_3(m^2 - kl^2)]} \tag{5.22}$$

根据实验室研究结果，如果射孔段小于井筒直径的 4 倍，则只会产生横向裂缝。尽管上式并非精确的定量表征，但仍可定性说明当裂缝发生转向时，裂缝宽度会明显缩小。裂缝宽度缩小可能会导致出砂，而且在裂缝扩展时，裂缝宽度过小会导致导流能力急剧下降，进而影响产能。

5.18 井筒处或远离井筒的多条裂缝

相关研究和实践均已证明，斜井或水平井压裂可产生多条裂缝，主要是因为井筒向最小水平应力方向倾斜或存在较长的射孔段。多条平行裂缝的示例如图 5.15 所示（Abass 等，1992）。此类裂缝最初同时扩展，扩展至一定距离后，一组裂缝将继续扩展，而其余裂缝将停止扩展。

多条裂缝的同时存在将导致裂缝宽度（包括主裂缝）比预期更窄，从而导致高摩阻、高扩展压力、表面积过大造成较高漏失速率以及潜在出砂等问题。

压裂过程中，应了解应力场分布情况，合理设计射孔段长度、数量、方位以及应力方向，以避免产生多裂缝，并尽可能保证井筒与主裂缝之间有良好连通。

5.19 T 形裂缝

如前文所述，轴向压裂比横向压裂更易形成。另外，由于井筒周围的应力分布，裸眼井或长射孔段末端可能会产生裂缝。因此，理论上可能会形成复杂的 T 形裂缝甚至是工字形裂缝，并且此类裂缝的转向过程极其复杂。一旦形成多条裂缝，则可能会出现前文提及的各种问题。T 形裂缝示例如图 5.16 所示。为了避免产生 T 形裂缝，应全面了解应力分布方向并合理设计射孔段（Abass 等，1992）。

5.20 裸眼井横向压裂

在水平井压裂中采用水力喷射技术生成多条横向裂缝。该技术能够实现裸眼水平井横向裂缝的精确连续布置。经济上具有可行性，在裸眼或套管完井条件下同样有效，能够实现以下四个主要目标：

（1）在水平井或直井中精确布置裂缝；

（2）大幅降低非平面裂缝的产生概率；

（3）最小化甚至消除扭曲，从而降低井筒附近的摩擦压降；

（4）利用流体力学原理，设计用于增加水力喷射压裂孔道内压力的系统。

因此，在裸眼井环空形成压降的同时喷射部位会起裂。其中最大的技术难点是预测流体流动和应力干扰以及由此产生的地质力学变化，因为这些变化将决定裂缝的方向、形态、起裂和延伸压力等参数。

5.21 封隔器对横向裂缝的影响

在过去几年中，水平井裸眼完井技术已向下面方向发展，在辅以多种技术手段（如套管外部的机械压缩封隔器和化学膨胀封隔器）进行分段压裂的情况下，以可控方式沿井筒多个指定位置形成横向裂缝。机械式封隔器可在高压差下实现机械转向。然而，可能起裂点正好在封隔器的位置。实验示例如图 5.18 所示，其中水平井筒平行于最小应力方向。为了防止注入点周围的流体泄漏，水平井筒的一端使用"封隔器"。实验观察到沿井筒不连续处产生横向裂缝，未观察到纵向裂缝。另一个实验示例如图 5.19 所示，观察到相同的起裂模式。

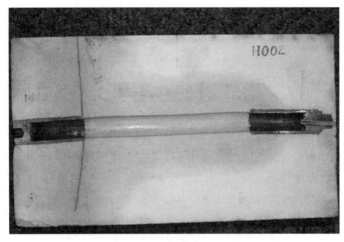

图 5.18　封隔器对起裂的影响（Li 等，2011）

图 5.19　压裂斜井中封隔器的影响（Li 等，2011）

Li 等人（2011）研究了横向裂缝周围的应力分布以及封隔器对裂缝的影响，并给出了这一现象的数学解释：裸眼封隔器的密封压力不合理，会导致封隔器边缘产生裂缝。对常规封隔器施加较高的内部压力，将有助于产生横向裂缝。另外，封隔器边缘处形成横向裂缝后，压裂段内更容易产生横向裂缝。

5.22　应力干扰

应力干扰在水平井水力压裂设计和裂缝形成中起着重要作用。线弹性和叠加原理是确定应力干扰的两个重要概念。水力压裂涉及定压边界上确定边界值的问题。定压边界的存在将导致岩石表面和内部发生应力变化和颗粒位移。为了解决位移和应力变化问题，假定变形具有"线弹性"，且将在岩体和裂缝附近引起正应力和剪切应力。换言之，变形引起的诱导应力将改变其周围环境的应力状态。多裂缝体系中，不同裂缝产生的诱导应力相互叠加，将导致在多条裂缝相交区域出现应力干扰现象。干扰应力可能会对周围油井的水力压裂裂缝走向产生影响。对多分支井而言，应力干扰可能会产生更大的影响。此外，应力干扰对不同完井方式（套管完井和裸眼完井）的影响也会有所不同。本节中，将主要探讨半无限裂缝、扁平形裂缝、椭圆裂缝和多裂缝引起的应力干扰问题。本章结尾将讨论应力干扰对多裂缝同时扩展的影响。

5.23 半无限裂缝引起的应力干扰

Sneddon（1946）以及 Sneddon 和 Elliott（1946）曾在多年以前对弹性介质中裂缝周围的应力分布进行了研究。为了简化问题，Sneddon 和 Elliot 假设裂缝是高度有限、长度无限的矩形。与高度和长度相比，裂缝的宽度则非常小。在均匀的内部压力作用下，出现裂缝。半无限系统中的主要应力为 σ_x、σ_y 和 τ_{xy}。Sneddon 和 Elliot 在文章中给出了详细的数学推导过程：

$$\frac{1}{2}(\sigma_y + \sigma_x) = p_0 \left[\frac{r}{\sqrt{r_1 r_2}} \cos(\theta - 0.5\theta_1 - 0.5\theta_2) - 1 \right] \tag{5.23}$$

$$\frac{1}{2}(\sigma_y - \sigma_x) = p_0 \frac{2r\cos\theta}{H} \left(\frac{H^2}{4r_1 r_2} \right)^{\frac{3}{2}} \cos\left[\frac{3}{2}(\theta_1 + \theta_2) \right] \tag{5.24}$$

$$\tau_{xy} = -p_0 \frac{2r\cos\theta}{H} \left(\frac{H^2}{4r_1 r_2} \right) \sin\left[\frac{3}{2}(\theta_1 + \theta_2) \right] \tag{5.25}$$

$$\sigma_z = \mu(\sigma_x + \sigma_y) \tag{5.26}$$

在对称双翼平面裂缝条件下，主应力三个分量随裂缝长高比的变化如图 5.20 所示。图中使用的对称线代表水平井中产生多条裂缝的水平面。其中，x 方向是垂直于裂缝面的方向；换言之，其代表最小水平应力的变化。y 方向是平行于裂缝面的方向。z 方向与裂缝面垂直。式（5.23）至式（5.26）可用于计算储层中任意点的应力干扰情况。当储层中存在多口压裂井时，应进行计算以评估应力干扰情况。

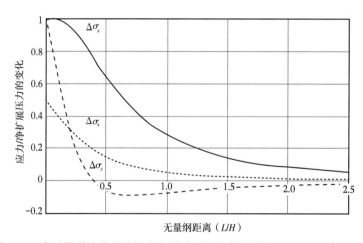

图 5.20 半无限裂缝的无量纲应力随无量纲距离的变化（Soliman 等，2008）

和预期一样，最大的应力变化与最小水平应力的方向一致。此外，除了靠近裂缝的区域外，周围区域的垂直应力变小，但下降速率较慢。多裂缝水平井中，这种现象预计将更明显。因为假设了线弹性介质和线性控制公式（微分方程、边界条件和初始条件），可适用叠加原理，而叠加原理表明效果是累积的，因此应力变化更为明显。实践作业中，应力干扰可能比解析结果更加严重。要了解该情况，需要考虑下列情形。由于产生了第一条水力裂缝，第二条裂缝需要克服较高的最小水平应力，这意味着相应内部压力 p_{o} 较高。p_{o} 的增量将非常接近最小水平应力的增量。此外，第三条压裂缝会受到更大影响。换言之，应力干扰随每条压裂缝的产生不断累积，这可能会对压裂设计、裂缝的起裂和扩展产生重大影响。因此，连续压裂时，压力将随着压裂缝条数的增加而增大。如果三个主应力之间的应力对比非常大，则应力干扰的影响可能不会影响起裂方向和扩展方向。如果应力之间的差异不大，则预想的裂缝扩展方向可能会发生变化。换言之，与第一次裂缝形成过程中的最小应力方向相比，随后的裂缝形成过程中情况可能并非如此。发生此类逆转的时间取决于主应力的大小、裂缝的高度和裂缝之间的距离。

5.24 扁平形裂缝引起的应力干扰

半无限裂缝的分析结果同样适用于有限裂缝。研究半无限裂缝中部附近的应力干扰情况与有限裂缝更为相似。为简单起见，本节将研究扁平形裂缝的影响。这种情况同多条横向微裂缝与水平井相交的情况非常相似，其中预期裂缝高度和长度将大致相等。

Sneddon（1946）提出了扁平形裂缝附近的应力分布数学解。由于该应力分布问题属于三维问题，因此可以看到其数学解析解非常复杂。Sneddon 计算并展示了扁平形裂缝引起的应力干扰情况。图 5.21 显示了三个主应力的几何形态的变化。由于 y 轴和 z 轴在方向上呈几何对称，因此，平行于裂缝平面的应力变化是相同的。该曲线不能描述半无限裂缝引起的应力变化。

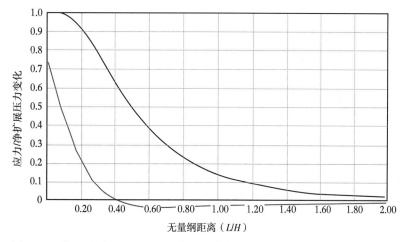

图 5.21 扁平形裂缝的无量纲应力随无量纲距离的变化（Soliman 等，2008）

　　半无限裂缝和扁平形裂缝引起的最小水平应力（垂直于裂缝）变化情况如图 5.22 所示。两条曲线形状相似，但除靠近裂缝的区域外，扁平形裂缝引起的应力变化较小。上文讨论的应力干扰也适用于这种情况。

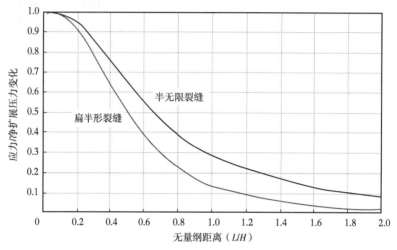

图 5.22　半无限裂缝和扁平形裂缝引起的无量纲最小应力随无量纲
距离的变化对比（Soliman 等，2008）

　　人工压裂缝引起的应力干扰尚未得到充分研究，可能很难用解析解来评估，用数值解来描述可能更容易。本章末尾将进行相关的数值讨论。另一方面，上述半无限裂缝和扁平形裂缝的讨论说明了两种极限情况。可以利用这两种极限情况来预估有限长矩形裂缝产生的应力干扰。

　　扁平形裂缝的应力场各向异性随无量纲距离的变化如图 5.23 所示，应力场各向异性在裂缝面附近的变化约为 30%。应力场各向异性的变化随裂缝距离的增加而增大，距离裂缝

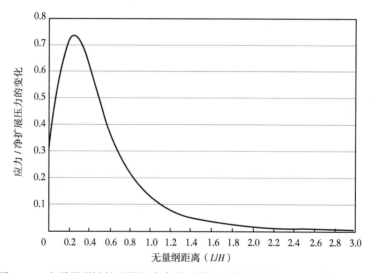

图 5.23　扁平形裂缝的无量纲应力随无量纲距离的变化（Rafiee 等，2012）

无量纲距离0.24处的净压力约为74%，这表明如果应力场各向异性程度较轻，即近似各向同性，则裂缝附近可能存在应力转向。Bamett页岩就存在这种情况，其水平最大最小应力差约为100psi。然而在大多数情况下，当远离裂缝的距离约为高度的两倍时，应力各向异性的变化几乎可以忽略不计，则应力场恢复至其原始状态。

5.25　椭圆形裂缝引起的应力干扰

Green和Sneddon（1950）针对椭圆形裂缝引起的应力干扰提出了解析解。假设均质弹性介质中存在恒定内压的裂缝，该椭圆形裂缝的形态如图5.24所示。

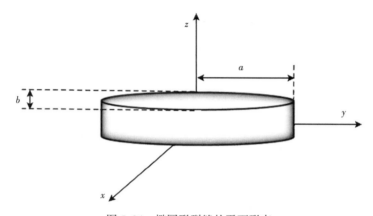

图5.24　椭圆形裂缝的平面形态

针对椭圆形裂缝，Warpinski等人（2004）提出以下应力计算公式：

$$\sigma_x + \sigma_y = -8G\left[(1-2v_r)\frac{\partial^2 \varphi}{\partial z^2} + \frac{\partial^3 \varphi}{\partial z^3}\right] \tag{5.27}$$

$$\sigma_x - \sigma_y + 2i\tau_{xy} = 32G\frac{\partial^2}{\partial z^2}\left[(1-2v_r)\varphi + z\frac{\partial \varphi}{\partial z}\right] \tag{5.28}$$

$$\sigma_z = -8G\frac{\partial^2}{\partial z^2} + 8Gz\frac{\partial^3 \varphi}{\partial z^3} \tag{5.29}$$

$$\tau_{xz} - i\tau_{yz} = 16Gx\frac{\partial^3 \varphi}{\partial x\partial z^2} \tag{5.30}$$

图5.25显示了椭圆形裂缝的主应力变化，假设裂缝长度是高度的两倍。另一方面，图5.26和图5.27分别描述了不同长高比下，最小应力和最大应力随裂缝距离的变化。从图中可以观察到，在长高比为5时，随裂缝距离的增大，应力变化减小。在长高比为10或更大时，解析解可用于描述半无限裂缝。图5.28和图5.29更清晰地说明了上述数据。

图5.28显示穿过裂缝中心井筒的四分之一裂缝的三维视图。图5.29显示了支撑裂缝引起的诱导应力。裂缝末端剪切应力有明显变化，说明该应力为张应力。

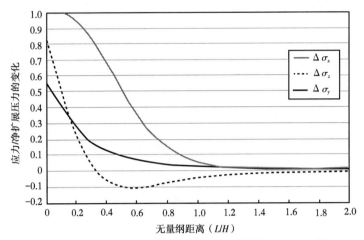

图 5.25　椭圆形裂缝无量纲应力随无量纲距离的变化（Rafiee 等，2012）

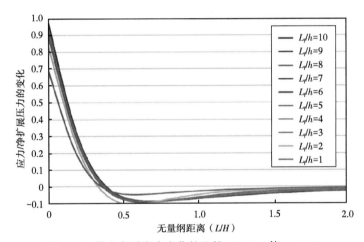

图 5.26　最小水平应力变化的比较（Rafiee 等，2012）

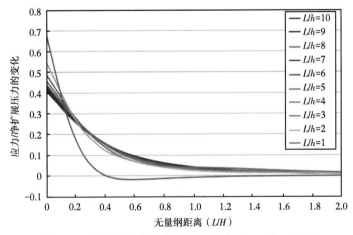

图 5.27　最大水平应力变化的比较（Rafiee 等，2012）

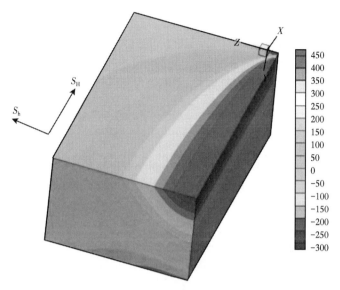

图 5.28　最小水平应力（psi）变化的三维可视图（Rafiee 等，2012）

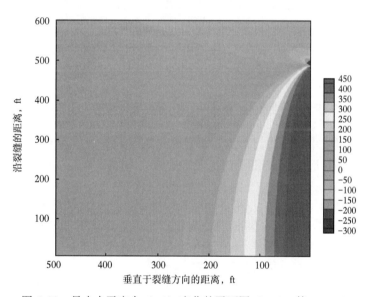

图 5.29　最小水平应力（psi）变化的平面图（Rafiee 等，2012）

Rafiee 等人（2012）使用平均相对离差（MRD）对长高比的影响进行了研究。根据下列公式计算 MRD：

$$\mathrm{MRD}_{i-j}(\%) = 100 \times \frac{\sum\limits_{n-1}^{50}(\Delta\sigma_{xj} - \Delta\sigma_{xi})_n}{\sum\limits_{n-1}^{50}(\Delta\sigma_{x2} - \Delta\sigma_{x1})_n} \tag{5.31}$$

式中 i 和 j 表示长高比，取值范围分别为 1~9 和 2~10。

根据计算所得的 MRD 结果，当 $\dfrac{L}{H}$>5 时，MRD 小于 10%。并且，MRD 随着长高比的减小呈指数增长，如图 5.30 所示。

换言之，当 $\dfrac{L}{H}$>5 时，相邻长高比之间 $\Delta\sigma_x$ 值的差异并不明显。同时，该结果证实了交互效度分析得出的结论。

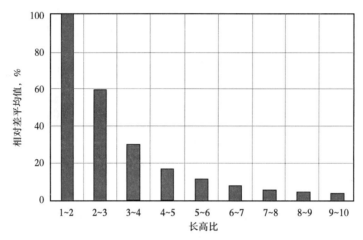

图 5.30　9 组长高比的相对差平均值（基于 500 个 $\Delta\sigma_x$ 数据）（Rafiee 等，2012）

5.26　压裂水平井多裂缝系统引起的应力干扰

在水平井压裂过程中，沿井筒形成若干条横向裂缝是一种常见的方法。多条裂缝会引起应力干扰，并且预计应力干扰会随着裂缝数量的增加而增加，因此需要了解多裂缝系统引起的应力干扰情况。

采用扁平形裂缝模型，计算了多裂缝系统对期望净压力值和缝间应力的影响。其中，假设水平井具有 5 条横向裂缝，裂缝的长高比设为 0.5、0.75 和 1.0，结果如图 5.31 和图 5.32 所示。

图 5.31 表明，如果横向裂缝之间的距离等于裂缝直径，则预计在形成第四条裂缝时，净压力将比形成第一条裂缝时增加 21%。由于裂缝间距较大，因此后续裂缝所需的净压力大致相同。如果裂缝间距是裂缝直径的一半，则预计形成第三条裂缝时的净压力为形成第一条裂缝的 2 倍。而形成后续裂缝所需的净压力也显著增加，如图 5.31 所示。

裂缝之间的干扰会导致应力发生变化。最小水平应力（垂直于裂缝）的增量高于其他两个应力的增量。实际上，如图 5.20、图 5.21 和图 5.25 所示，平行于裂缝的应力将在大于裂缝高度 0.4 的距离处有所下降。随着更多裂缝的产生，将导致应力比值发生变化（下降）。如果任何点的应力变化值大于应力中的原始比值，则预计井筒附近的优选压裂取向将发生变化，该变化将影响压裂过程：在实施裸眼压裂的情况下，该变化造成的影响将更加严重。由于多条裂缝引起的应力比值的变化如图 5.32 所示。该图表明，如果横向裂缝的间距相等并且等于裂缝高度，则在产生第四条裂缝时，预期应力比值的变化约为第一条裂缝

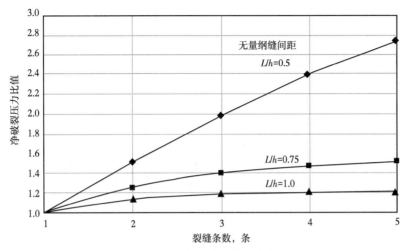

图 5.31 裂缝扩展压力与原始净压力比值的变化（Soliman 等，2008）

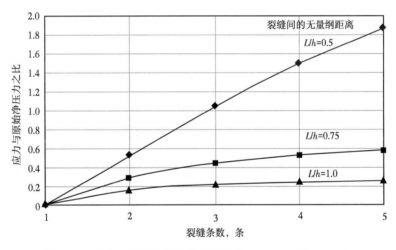

图 5.32 应力与原始净压力的比值变化（Soliman 等，2008）

生成时净压力的 24%。如果裂缝距离是裂缝高度的一半，则在第三条裂缝生成时预期的应力比值变化略大于第一条裂缝生成时的净压力，而且净压力在后期阶段显著增加。

井筒附近的裂缝转向并不意味着远离井筒的地层应力也发生变化，只表明井筒附近的应力场可能发生变化，从而导致产生纵向裂缝而非横向裂缝。然而，随着裂缝的进一步扩展，应力场恢复至原始状态，使裂缝在储层中发生转向，进而造成裂缝严重弯曲和早期出砂。

图 5.33 和图 5.34 重新整合了图 5.31 和图 5.32 所示的数据，分别描述了净压力、应力与横向裂缝无量纲距离之比的变化。与图 5.31 和图 5.32 相比，图 5.33 和图 5.34 更清晰地显示了不同距离的应力干扰情况。

即使裂缝间距不相等，也可以进行类似的分析。图 5.33 和图 5.34 可用于裂缝间距不相等时的计算，在这种情况下，上述章节中提及的一般结论和观察结果仍然成立。

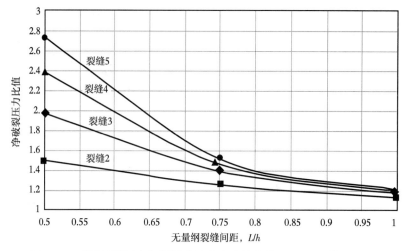

图 5.33　裂缝扩展压力与原始净压力之比的变化（Soliman 等，2008）

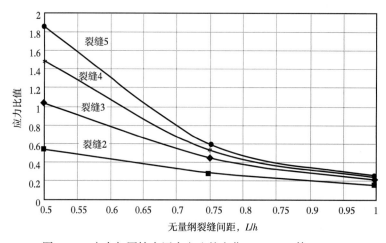

图 5.34　应力与原始净压力之比的变化（Soliman 等，2008）

5.27　水平井不同完井方式对应力干扰的影响

任何完井方式都会产生应力干扰，但是裸眼压裂完井中，应力干扰可能更为明显，这主要归因于两大因素：一是流体能够进入之前已存在的裂缝，并进一步提高裂缝内的压力；二是当应力比值变化足够明显时，可能会产生纵向裂缝和/或非平面裂缝，进而导致井筒提前出砂或意外出砂。

5.28　地质构造对应力分布的影响

在进行应力干扰计算或应力场研究时，需要考虑应力分布可能受地质构造的强烈影响。地层的背斜构造通常会使最大水平应力指向地层中心。因此，裂缝将朝中心方向起裂。在钻取长水平井时，很容易发现，根据钻井方向的不同，不同点裂缝的起裂方向可能不同。

5.29　油气田实例

如本章理论所述，多裂缝系统会对连续的每条裂缝产生干扰。油气田实例中压力监测证明了该理论的有效性。

Penlers Chert 地层的水力喷射压裂证明存在应力叠加的情况（图 5.35）。在 6 条压裂裂缝中，环空表面处理压力从 1575 psi 增加到 2600 psi（0.73～0.99 psi/ft）。从第一条裂缝到后续裂缝，1025 psi 压力的增加造成缝间应力干扰，从而导致应力分布不均匀和压裂面错位。如果出现应力干扰现象，则储层岩石必须足够坚固，足以承受额外的应力载荷且不会破碎。

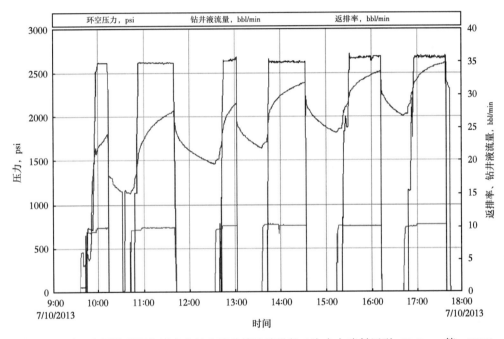

图 5.35　对一个裸眼砾石充填完井的水平井筒连续进行 6 次水力喷射压裂（Soliman 等，2008）

与 Penters Chert 储层的缝间应力干扰造成的诱导应力不同，Barnett 页岩储层似乎吸收了诱导应力。图 5.36 显示了 20 次水力喷射压裂后，每条裂缝的瞬时关井压力。尽管仍存在缝间干扰引起的应力增加，但是产生的诱导应力很小。此外，还有迹象表明，部分水平井筒穿过压力衰竭区域，对应的地层的压力明显下降。需要注意的是，此类井筒中采用的传统高速水力压裂技术同样适用于低压储层。

图 5.37 显示了某 Barnett 页岩未胶结套管完井水平井的瞬时关井压力，该井在 1 天内进行了 12 次水力喷射水力压裂，缝间应力干扰从第 1 条裂缝递增到第 12 条裂缝，但诱导应力的增加幅度却低于 Penters Chert 储层。这一情况说明，裂缝发育地层似乎有能力吸收压裂产生的诱导应力，而在天然裂缝发育较弱的储层，使用水力喷射压裂工艺进行多段压裂时，会遇到严重的压力叠加问题。

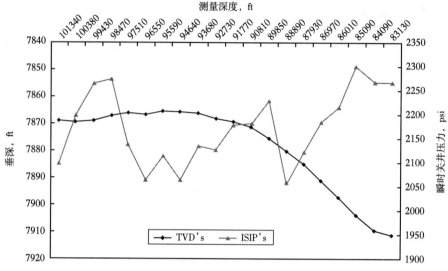

图 5.36 Barnett 页岩储层中一口水平井在 2 天内连续进行 20 次水力喷射压裂
作业的瞬时关井压力（Soliman 等，2008）

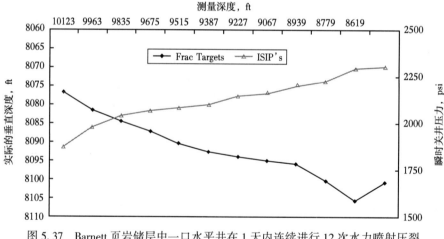

图 5.37 Barnett 页岩储层中一口水平井在 1 天内连续进行 12 次水力喷射压裂
作业的瞬时关井压力（Soliman 等，2008）

5.30 横向与纵向裂缝

根据水平井的深度和方位，设计压裂方案时，可以选择横向裂缝或纵向裂缝。横向裂缝的缺点是，应力方向的错误计算可能导致裂缝转向垂直于最小水平应力时产生的粗砂面，进而导致压裂过程中过早出砂。虽然应力方向是纵向压裂的重要考虑因素，但其对转向前的裂缝扩展阶段影响不大。而且，纵向压裂水平井的产能可能低于横向压裂水平井。

为了降低横向裂缝对应力方向的依赖性，并最大化产生单一横向裂缝的可能性，建议在压裂处理之前先对储层进行酸化处理。

形成多条横向裂缝的主要目的是提高油气产量，另一大优势是，多裂缝系统中的裂缝通常较短，减少了穿透周围区域的机会，因此，从根源上避免了一些潜在问题。

部分研究表明，井筒附近的横向裂缝宽度可能低于理论预测值（Hubert 和 Willis，1957；Olson，1995），这种情况可能会导致潜在的高摩阻和过早出砂等潜在问题。

纵向裂缝的优点是可生成多条纵向裂缝以扩及整个水平段长度。与横向裂缝相同的是，生成的每条裂缝都很短，因此穿透周围区域的可能性也很小，此外，裸眼完井中还有可能会产生轴向裂缝。在极端情况下，可能会同时产生多条纵向裂缝和轴向裂缝。无论应力方向如何，裂缝都有可能沿轴向起裂。然而，为了将裂缝转向的影响降至最低，建议水平井走向与最大水平应力方向之间的夹角不超过 15°。虽然纵向压裂的成本较低，但在裸眼井中进行纵向压裂可能会存在潜在问题。该技术在均质地层中的应用效果最好，很有可能生成连续裂缝。

对横向和纵向裂缝的评估表明，当 C_{fD} 值低于 5 时，横向裂缝可能不具有经济效益。横向压裂不适用于高渗透率地层。由于裂缝内部流体的短程流动，纵向压裂更适用于高渗透地层。此外，清理压裂液可能存在其他潜在问题。文献（Soliman 和 Hunt，1985）提出了有效清理裂缝以达到高导流能力的必要性。若为横向裂缝，流线向井筒汇合时对裂缝导流能力的要求会更高。

5.31 页岩地层中的重复压裂

5.31.1 二次强化压裂的常规方法

根据低黏度流体所生成的预期裂缝形态和可降低导流性的添加剂最小残余量，高泵速滑溜水压裂技术是纳米级孔隙地层的最佳改造手段。低黏度流体倾向于增加裂缝复杂性，而黏性流体旨在抑制裂缝的复杂性。若要产生尽可能复杂的几何裂缝并达到较大返排的效果，则可选择低黏度的滑溜水作为压裂液。当认为复杂裂缝有助于提高产能时，则可采用低黏度水力压裂液进行储层改造，前提是由复杂裂缝引起的净压力增加不会限制整体裂缝的扩展。滑溜水压裂早期成功用于 Barnett 页岩储层，该储层具有低应力、各向异性特征。因此，尽管净压力很小，但仍可开启天然裂缝。

在使用低黏度压裂液时，需要关注支撑剂的输送情况以及生成的有效裂缝宽度。因此，支撑剂浓度设计通常较为保守，尤其是初始支撑剂段塞。使用小尺寸支撑剂（如 70 目，甚至 100 目）能够避免过早出砂。并且，小尺寸支撑剂具有高比表面积，能够在沉降发生之前进入裂缝的远端。此外，研究表明，小尺寸支撑剂有利于支撑膨胀的天然裂缝。

Rushing 和 Sullivan（2003）提出了混合水压裂技术，该技术利用低黏度流体的造缝能力，再利用黏性流体的运输特性，以高泵速向地下输送低支撑剂浓度的滑溜水实现裂缝复杂性，最后使用含有高浓度大尺寸支撑剂的黏性流体，通过裂缝系统进入储层远处以对裂缝进行支撑。

Waters 等人（2009）提出了另一种实现裂缝复杂性的方法，即扩大与储层的接触范围，该方法称为"同步压裂"。在单个水平井筒中进行多段分簇射孔，则缝间应力干扰将使产生的诱导裂缝更加复杂，进而扩大复杂裂缝系统与储层的接触面积。

同步压裂还可用于同步压裂两口平行的水平井，因此引发的诱导应力对裂缝尖端产生干扰，从而促进裂缝垂直于主裂缝方向继续扩展。基于同步压裂技术，改变沿水平井侧面的射孔和压裂顺序，开发出了"拉链式"压裂技术。此外，近年来，交替压裂技术也得到了长足的发展。交替压裂中，首先精确设计两条压裂裂缝，再使位于两条裂缝中间的第三条裂缝起裂并打开天然裂缝（East 等，2011；Soliman 等，2010）。交替压裂技术其实是前两种技术的结合（Rafiee 等，2012）。下文将对这三种压裂技术分别进行讨论。

5.31.2 拉链式压裂技术

拉链式压裂技术可以同时对两个相邻水平井进行压裂改造，如图 5.38 所示（Waters 等，2009）。Roussel 和 Sharma（2011a 和 2011b）对拉链式压裂设计中裂缝周围的应力场进行了数值模拟，以研究裂缝附近区域的应力反转情况。在拉链式压裂中，当相对的裂缝朝向彼此扩展时，裂缝尖端会发生一定程度的干扰，并迫使裂缝垂直于水平井筒的方向扩展。这种情况下，应力干扰水平非常低，且只有在两条裂缝非常靠近后才会发挥作用。因此，远场裂缝复杂性受到的影响可能并不明显。相同现象如图 5.28 和图 5.29 所示。

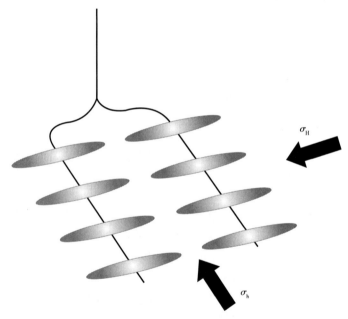

图 5.38　拉链式压裂中的裂缝布置

然而，剪切应力的等值线（图 5.28 和图 5.29）表明裂缝尖端附近受到显著的剪切效应影响，因此可能会开启天然裂缝并影响裂缝走向。当两井相对应的裂缝距离非常近时，可能会导致裂缝的扩展方向发生变化，进而增加井间连通存在的风险。

5.32　交替裂缝应力转换方法

如前文所述，交替压裂首先需要形成两条裂缝。两条裂缝会导致缝间应力场发生改变，但不至于发生逆转。因此，需要增强裂缝的应力干扰和转向程度，以便净压力能够开启天然裂缝。

Soliman 等人（2010）提出了交替压裂的算例，各项参数见表 5.2。一般情况下，最小水平应力的增量大于最大水平应力。缝间应力干扰使得原始应力各向异性的程度大幅降低，甚至会造成缝间各向异性的反转。

表 5.2　实例输入参数

输入参数	
水平应力各向异性大小，psi	375
最小水平应力方向	东西方向
水平井走向	东西方向
净压增大值（裂缝 1），psi	300
净压增大值（裂缝 2），psi	300
裂缝半长（裂缝 1），ft	400
裂缝半长（裂缝 2），ft	400
裂缝高度，ft	400
杨氏模量	7.0×10^6
泊松比	0.22
初始裂缝压力梯度，psi/ft	0.7
允许最大的裂缝压力梯度，psi/ft	0.9
裂缝 1 和裂缝 2 之间的距离	变量

如果诱导应力场能够改变应力各向异性大小，并使得在压裂第 3 条裂缝（在裂缝 1 和裂缝 2 之间）时如期开启天然裂缝，则第 3 条裂缝周围极有可能会形成复杂的裂缝网络，从而增加裂缝群（而不仅仅是平面裂缝与储层）的连通性。此外，另一种替代方案是设计裂缝间距，在产生第 2 条裂缝时便实现缝间应力各向异性的逆转，在产生第 3 条裂缝时使其成为连通两条横向裂缝的纵向裂缝。

根据 Soliman 等人（2010）提出的方法，上述方案是可行的。为简化计算，假设两条原始裂缝完全相同，第 3 条裂缝恰好处于两条裂缝中间。这种假设并非计算必需，但是能够更清楚地实现该方案的可视化。

图 5.39 显示了沿水平井筒应力各向异性随裂缝间距的变化。显然，在特定情况下，应力各向异性最大值出现在裂缝 1 与裂缝 2 的等距处，因此，裂缝 3 将于裂缝 1 或裂缝 2 处起裂。无论从哪条裂缝起裂，都不太可能改变裂缝方向。在这种情况下，如果应力各向异性的变化超过了两个水平应力之间的实际差异，则有可能在两条裂缝之间产生纵向裂缝；然而，随着裂缝 3 的尖端越来越接近裂缝 1 或裂缝 2，裂缝将转向至平行于原始裂缝的状态，此时，可能会抑制裂缝在该方向的扩展。至少在表 5.2 中给出的特定条件下，会增加二次裂缝相交和开口的可能性。

如果裂缝 1 和裂缝 2 的间距较小，则可能导致裂缝 3 的应力各向异性反转，并生成纵向裂缝。如果裂缝 1 和裂缝 2 的间距大于 500ft，则需要大幅提高裂缝 3 的净压力以实现裂缝的复杂性。

在压裂过程中观察到的净压力同样会对裂缝间距的设计产生重要影响。图 5.40 显示了

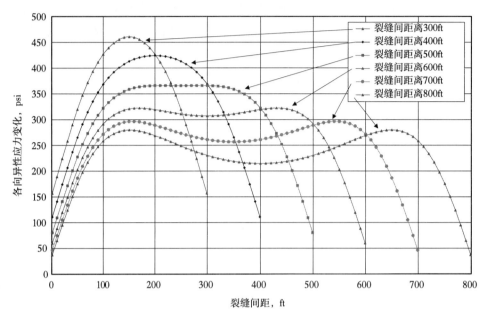

图 5.39　不同缝间距下两条平行裂缝之间储层应力各向异性的变化（Soliman 等，2010）

净压力对应力各向异性计算值的影响。该图表明裂缝 1 和裂缝 2 引起的不同净压力对裂缝间应力各向异性所产生的影响。在本实例中，裂缝间距为 400ft。采用一定浓度的支撑剂段塞在该裂缝间进行连通压裂，诱导裂缝间储层应力转换，进而优化净压力以产生应力各向异性的变化，实现第三条裂缝的复杂性。图 5.40 示例表明，为了降低裂缝 3 的应力各向异性，由前两条裂缝诱导增加的净压力最优值在 200~300psi 范围内。

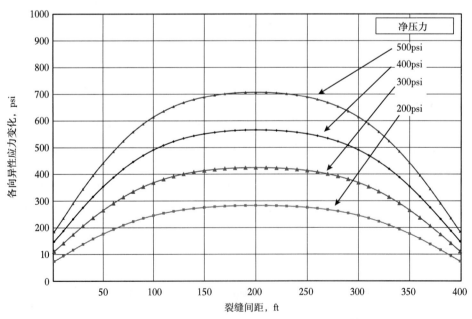

图 5.40　400ft 缝间距下应力各向异性的变化（Soliman 等，2010）

5.33   改进的拉链式压裂技术

Rafiee 等人（2012）提出了新的压裂方案设计，该技术将拉链式压裂的操作简单性与交替压裂的有效性相结合，对拉链式压裂技术进行了改进。改进后的拉链式压裂（MZF）裂缝布置方法如图 5.41 所示。如前文所述，拉链式压裂设计中应力扰动局限于裂缝尖端附近区域，而在 MZF 中，裂缝之间的应力场受到分支井中间裂缝的应力干扰。

通过 MZF 技术，行业操作人员可以结合交替压裂和拉链式压裂的优势形成更复杂的裂缝系统。然而，与交替压裂不同，MZF 操作简单，且不需要特殊的井下工具。在该设计中，裂缝以交错方式布置，以利用位于每两个连续裂缝之间的邻井的中间裂缝。图 5.42 显示了该方法的裂缝布置效果以及缝间诱导应力的变化情况。

设计 MZF 方案时，应考虑实际的应用限制。相邻水平井的横向裂缝不能相交，可能会造成完井伤害。若 MZF 能正确实施，其引起的应力场变化能够降低应力各向异性并开启地层中的天然裂缝。与其他压裂设计相比，MZF 完井时，井筒附近的应力反转风险和井间连通风险最小。从地质力学角度来看，MZF 能够改善裂缝复杂性，从流体流动角度来看，MZF 能够提高储层的长期产能。下一章节将描述不同压裂设计对流体流动的影响。

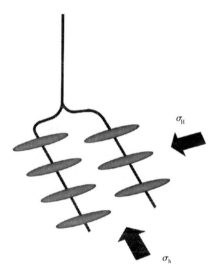

图 5.41　MZF 设计中的裂缝布置

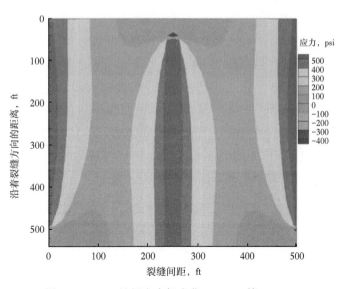

图 5.42　MZF 缝间应力场变化（Rafiee 等，2010）

5.34　水平井水力压裂裂缝位置的数值模拟

如上文所述，对于具有复杂几何形态的水力裂缝，很难得到应力和位移的解析解。因此，需要采用数值方法对地质力学问题进行研究。通常有两种不同的数值方法可用于解决此类问题。第一种方法为有限元法（FEM）和有限差分法（FDM），需要对自身进行离散化处理。第二种方法则主要对相关问题的边界进行离散化处理，典型方法为边界元法（BEM）。FEM 和 FDM 更适用于非线性问题，而 BEM 适用于无限域问题。BEM 对问题进行降维处理，并且此方法中的网格生成很快。在计算处理方面，BEM 比其他方法（包括 FEM）更有效。下文将讨论该方法的裂缝处理效率。

BEM 可分为直接边界元法和间接边界元法。许多文献（Crouch 和 Starfield，1983；Aliabadi 和 Rooke，1991）都提及了这两种方法的结合使用情况。在间接边界元法中，首先需要解决满足边值问题的奇点，基于该奇点后可求解其他边界值参数。鉴于该方法采用间接求解过程，因此被称为"间接边界元法"。其他边界元法通过创建未知数与适当边界值参数相关联的代数公式直接求解，因此被称为"直接边界元法"。

在解决裂缝相关问题上，被称为"位移不连续法（DDM）"（Crouch，1976）的间接边界元法（BEM）得到广泛认可。该方法将裂缝视为两个相对位移的平行表面，假设除裂缝边界处，其他任何地方的位移都是连续的。如前文所述，BEM 将问题降低了一个维度，使三维裂缝问题转化为二维（2D）问题，二维裂缝问题转化为 DDM 中的线裂缝问题。图 5.43 展示了一个常位移不连续单元。为了提高求解精度，还可以使用高阶 DDM（Shou 和 Crouch，1995）和特殊尖端处理单元（Ym，2004）。

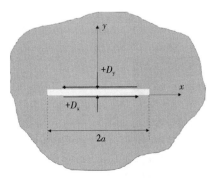

图 5.43　常位移不连续单元示意图

根据图 5.43 所示的单元，可以定义两个位移：法向位移和切向位移。Crouch（1976）提出了此类位移的计算公式：

$$D_x = u_x(x, \ 0_-) - u_x(x, \ 0_+) \qquad (5.32)$$

$$D_y = u_y(x, \ 0_-) - u_y(x, \ 0_+) \qquad (5.33)$$

对长裂缝位移的解析解进行扩展，可以得到任意裂缝形态的一般解。采用位移不连续单元对裂缝边界进行离散化，然后计算各单元对其他单元位移和应力的影响。Crouch（1976）提出了用于计算任意点应力的位移不连续方法的一般公式：

$$\sigma_{xx}^i = \sum_{j=1}^N A_{xx}^{ij} D_x^j + \sum_{xy}^N A_{xy}^{ij} D_y^j \qquad (5.34)$$

$$\sigma_{yy}^i = \sum_{j=1}^N A_{yx}^{ij} D_x^j + \sum_{xy}^N A_{yy}^{ij} D_y^j \qquad (5.35)$$

$$\sigma_{xy}^i = \sum_{j=1}^N A_{sx}^{ij} D_x^j + \sum_{xy}^N A_{sy}^{ij} D_y^j \qquad (5.36)$$

式中，j 为单元序号；A_{ii} 等为应力的边界影响系数。由于在第 j 个单元的单位剪切或正常位移不连续，对第 i 个单元中心引起了正应力和剪切应力。任意点的位移可通过下列方程组得出：

$$u_x^i = \sum_{j=1}^N B_{xx}^{ij} D_x^j + \sum_{j=1}^N B_{xy}^{ij} D_y^j \tag{5.37}$$

$$u_y^i = \sum_{j=1}^N B_{yx}^{ij} D_x^j + \sum_{j=1}^N B_{yy}^{ij} D_y^j \tag{5.38}$$

同样，B_{xx} 等为位移的边界影响系数。

一般来说，裂缝有三种扩展模式。拉伸模式，又称张开模式，常见于水力压裂的解析解。该模式只考虑裂缝表面正应力引起的位移，可用于计算理想情况下（裂缝面垂直于最小应力）的裂缝扩展。如果井筒与远场应力呈一定角度，则应采用裂缝混合扩展模式。因此，将模式 Ⅱ（"滑动模式"）与模式 Ⅰ 结合使用，即剪切模式。模式 Ⅱ 中裂缝面垂直于前缘滑动。在模式 Ⅲ（也被称为"撕开模式"、反平面剪切模式）中，裂缝面做平行于另一方向的相对滑动。采用混合模式测定裂缝扩展情况时，需要考虑两个参数，一是断裂韧性，二是应力强度因子。断裂韧性是指材料的性质，可在实验室中进行测量。应力强度因子是载荷和裂缝尺寸的函数关系。对于某类特定裂缝，应计算该裂缝扩展模式（模式 Ⅰ 和模式 Ⅱ）的应力强度因子，然后将其大小与扩展阈值进行比较，进而确定裂缝是否扩展，以及裂缝的扩展方向。一般来说，混合模式裂缝扩展准则可分为两类：基于主应力（应变）的准则和基于能量的准则（Shen 等，2014）。

科研人员使用了几种不同的扩展准则来预测混合模式下裂缝的扩展路径（Erdogan 和 Sih，1963；Sih，1974；Shen 和 Stephansson，1994；Dobroskok 等，2005）。根据岩石脆性，基于主应力 σ 的扩展准则最常被使用。此外，印第安纳州石灰岩和西风花岗岩压裂实验结果表明，上述裂缝扩展准则中最准确的是 S-准则（Sih，1974），如图 5.44 所示。

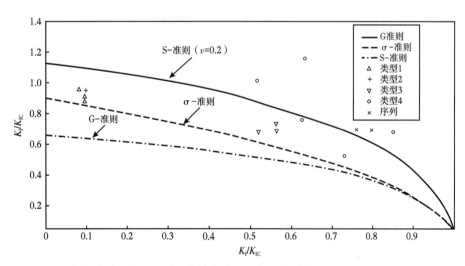

图 5.44　三种混合模式裂缝扩展准则对印第安纳州石灰岩实验结果的预测对比（Behnia 等，2011）

根据 σ-准则，当裂缝开始扩展时：

$$\cos\frac{\theta_0}{2}\left[K_{\mathrm{I}}\cos^2\frac{\theta_0}{2} - \frac{3}{2}K_{\mathrm{II}}\sin\frac{\theta_0}{2}\right] = K_{\mathrm{IC}} \tag{5.39}$$

式中　K_{I} 和 K_{II}——分别为模式 I 和 II 的应力强度因子；

　　K_{IC}——模式 I 的断裂韧性；

　　θ_0——裂缝扩展角度。

其中，扩展角度可由式（5.40）计算：

$$\theta_0 = 2\arctan\left[\frac{1}{4}\left(\frac{K_{\mathrm{I}}}{K_{\mathrm{II}}}\right) - \frac{1}{4}\sqrt{\left(\frac{K_{\mathrm{I}}}{K_{\mathrm{II}}}\right)^2 + 8}\right] \tag{5.40}$$

其控制方程为

$$K_{\mathrm{I}}\sin\theta_0 + K_{\mathrm{II}}(3\cos\theta_0 - 1) = 0 \tag{5.41}$$

Olson（1991）提出了尖端单元的法向和剪切位移不连续性与模式 I 和模式 II 应力强度因子相关联的公式，见式（5.42）和式（5.43）。

$$K_{\mathrm{I}} = 0.806\frac{\sqrt{\pi}E}{4(1 - v^2)\sqrt{l}}D_{\mathrm{n}} \tag{5.42}$$

$$K_{\mathrm{II}} = 0.806\frac{\sqrt{\pi}E}{4(1 - v^2)\sqrt{l}}D_{\mathrm{s}} \tag{5.43}$$

采用 Pollard 和 Hollazhausen（1979）提出的方法进行对比，结果发现，对于裂缝间距较小的长裂缝，上述两种方法的误差小于 5%（Olson，1991）。图 5.45 和图 5.46 对长裂缝应力强度因子模式 I 和模式 II 的解析解和数值解进行了比较。

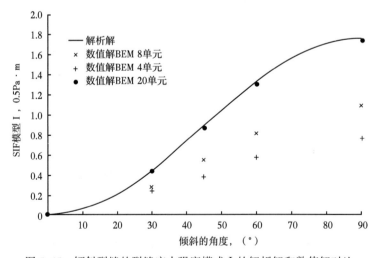

图 5.45　倾斜裂缝的裂缝应力强度模式 I 的解析解和数值解对比

可使用式（5.39）至式（5.41）预测均匀介质中任一水力裂缝的扩展路径。不同净压力下的裂缝扩展路径如图 5.47 所示。起裂时，裂缝垂直于最大水平应力方向，后期根据净压力大小进行扩展，预测路径与 Dong 和 DePater（2001）得出的研究结果进行了对比。结果表明，净压力越大，裂缝在转向最大水平应力方向前的扩展距离就越大（即裂缝的转向半径越大）。

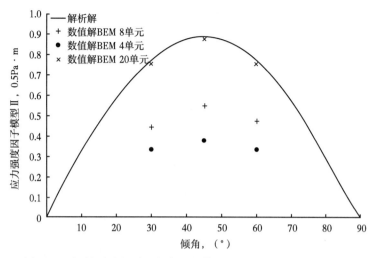

图 5.46　倾斜裂缝的裂缝应力强度模式 II 的解析解和数值解对比

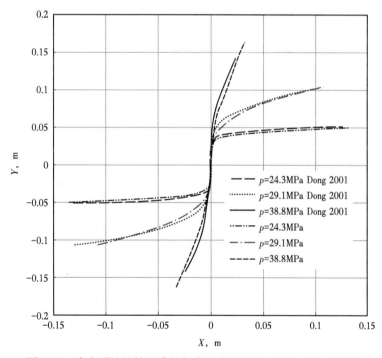

图 5.47　水力裂缝的扩展路径与净压力的关系（Rafiee 等，2015）

影响裂缝扩展路径的另一个重要因素是最大和最小水平应力差（应力各向异性）。如果应力各向异性为零（$\sigma_H = \sigma_h$），则在压裂设计中钻井方向并不重要。在应力各向异性较大的情况下，应重点考虑钻井方向和裂缝布置，以避免井筒弯曲和过早出砂问题。上一实例中水平面应力各向异性对裂缝扩展的影响如图 5.48 所示。该图表明，应力各向异性较大会使朝向最大水平应力的裂缝转向半径减小。

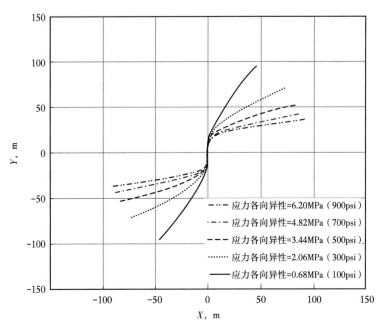

图 5.48　应力各向异性对裂缝扩展路径的影响（Rezaei，2015）

前述结果表明，当各向异性较强时，应沿最小水平应力方向钻水平井，沿井筒形成横向裂缝。如果地层各向异性较强，且井筒走向应沿最大应力方向，则需要泵入更高压的流体以形成纵向裂缝，并保障裂缝与井筒的良好连通。

5.35　水力压裂中的耦合问题

水力压裂本质上是非常复杂的过程，其中包括多种不同的现象，如因水力负荷引起的岩石机械变形，由于流体运动引起的裂缝内压力的重新分布，以及压裂液与孔隙体积之间的温度交换等。裂缝扩展及其机理是其中另一大难题。此外，水力压裂过程还涉及压裂液泄漏以及支撑剂运输等。基于解决方案的复杂性，需要将水力压裂中涉及的不同问题进行耦合求解，以获取更符合实际情况的解决方案。耦合过程可见文献（Adachi 等，2007；Shen 等，2012；Safari 和 Ghassemi，2014）。下文将讨论流体流动和机械变形之间的耦合过程。

就流体流动与岩石变形之间的耦合而言，水力压裂研究大致可以分为两个方向。第一个方向是假设裂缝内的流体流动在裂缝内部产生恒定的压力分布，并且压力不会随时间、裂缝变形和扩展而发生变化。Shen 和 Slephenson（1993）、Dong 和 DePaler（2001）以及 Behnia 等人（2011）发表的文章载有相关实例。第二个方向则求解流体流动公式以及流体运动在裂缝内部产生的压力分布。相关例子可见 Zhang 和 Jeffrey（2006）、Shen 等人（2012）的文章。

压裂液以两种方式影响裂缝行为，即增加裂缝宽度并引起裂缝扩展。并且，裂缝表面上的位移会导致流体压力发生变化。因此，应考虑流体和岩石之间的相互作用来解决水力—机械耦合问题。裂缝内的流体流动需要求解两个方程式，即连续性方程和 Poiseuille 方程。如果流体不可压缩且无压裂液泄漏，则连续性方程可表示为

$$\frac{\partial \omega}{\partial t} = \frac{\partial q}{\partial x} \qquad (5.44)$$

式中　q——注入速率；

　　　t——注入时间。

第二个方程是 Poiseuille 定律：

$$q = \frac{\omega^2}{12\mu} \frac{\partial p_\mathrm{f}}{\partial x} \qquad (5.45)$$

式中，μ 为流体黏度。通常采用数值方法求解裂缝内的流体流动，然后对地质力学的数值解进行迭代，将断裂面的应力、变形与流体流动相耦合。上述两个公式的边界条件是尖端单元的净压力始终为零，且注入量恒定不变。流动变量（即速率和流体黏度）对裂缝扩展路径的影响如图 5.49 和图 5.50 所示。

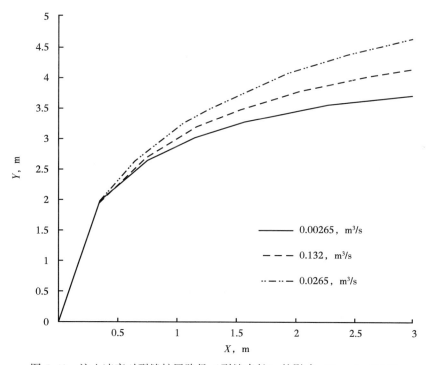

图 5.49　注入速率对裂缝扩展路径（裂缝半长）的影响（Rezaei，2014）

如图 5.49 所示，高泵速下，裂缝在转向最大水平应力方向前的扩展距离较长，主要是因为高泵速向裂缝面施加了更大的压力（正应力）。黏度对裂缝转向半径具有同样的影响。压裂液黏度越高，裂缝向最大水平面的转向半径越大，如图 5.50 所示。

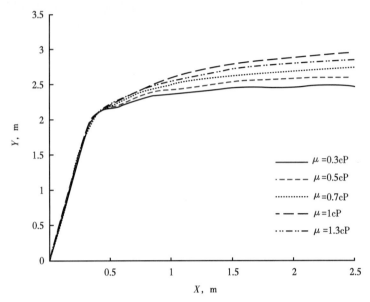

图 5.50   压裂液黏度对裂缝扩展路径（裂缝半长）的影响（Rezaei，2014）

5.36   裂缝高度的影响

设计水平井水力压裂方案时，应考虑的另一重要因素是裂缝高度。可采用拟三维压裂模型和全真三维模型对该因素进行研究。但是，大多数此类模型并未考虑平面外的裂缝扩展，因此具有一定的局限性。全真三维模型则能够克服该局限性，但是由于其计算速度较低，通常采用其简化模型。Olson（2004）针对裂缝高度提出的修正系数见式（5.34）至式（5.36），影响因子见式（5.46）。

$$G^{ij} = 1 - \frac{d_{ij}^{\beta}}{\left[d_{ij}^2 + \left(\dfrac{h}{\alpha} \right)^2 \right]^{\frac{\beta}{2}}} \tag{5.46}$$

式中，d_{ij} 为两个 DDM 单元中点之间的距离，h 为裂缝高度，α 和 β 为两个系数，Olson（2004）建议系数分别取 1 和 2.3。将修正系数（Olson 称其为 G）代入式（5.34）和式（5.35），得到下列最终公式。

$$\sigma_{s}^i = \sum_{j=l}^{N} G^{ij} C_{ss}^{ij} D_{s}^j + \sum_{j=1}^{N} G^{ij} C_{sn}^{ij} D_{n}^j \tag{5.47}$$

$$\sigma_{n}^i = \sum_{j=1}^{N} G^{ij} C_{ns}^{ij} D_{s}^j + \sum_{j=1}^{N} G^{ij} C_{nm}^{ij} D_{n}^j \tag{5.48}$$

将上述修正用于裂缝高度，可以发现裂缝高度对平行裂缝的开度和间距的影响规律。裂缝高度对开启程度的影响如图 5.51 所示。从图中可以看出，当裂缝高度与长度比增大到一定程度时，对裂缝高度的影响可以忽略不计。

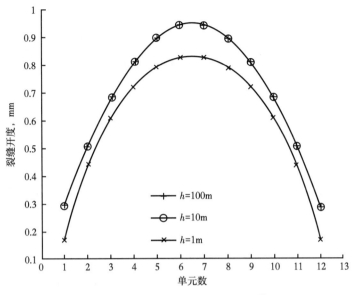

图 5.51　裂缝高度对开度的影响（Rezaei 等，2015）

此外，裂缝高度也会对裂缝间距产生影响，这些影响可归因于 G 因子的变化。考虑到裂缝高度的影响，可通过 G 因子对二维 DDM 的解析解进行修正。图 5.52 描述了不同裂缝间距下，G 因子随裂缝高度的变化而发生的变化规律。随着裂缝高度的增加，裂缝高度对间距较小的裂缝的影响更大。此外，该图还表明，当裂缝高长比达成一定程度时，裂缝高度的影响可以忽略不计。

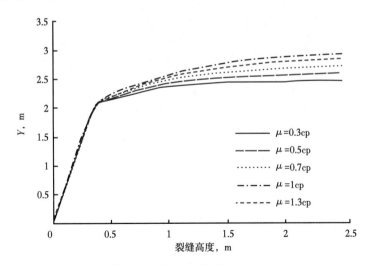

图 5.52　裂缝高度对不同缝间距的影响（Rezaei 等，2015）

5.37　裂缝在水平井眼的位置

水平井的裂缝设计需要考虑特殊因素，因为水平井的裂缝间隔很近（通常为 20m）。因此，应力干扰是水平井多裂缝系统中水力压裂设计的关键因素。但是，需要注意的是，如果忽略应力干扰的影响，在多裂缝系统中加入任何新裂缝都可能导致裂缝布置方案的失败。前述解析解和静态分析（即未考虑裂缝扩展情况）相关的章节，已讨论了应力干扰的影响。本节将从地质力学方面讨论水平井多裂缝系统的数值模拟方法。

常见的水平井水力压裂设计需要在单口或多口平行水平井眼中选择裂缝位置并产生多个连续或同步压裂裂缝。在同步压裂中，多条裂缝同步生成并彼此平行扩展。而在连续压裂中，多条裂缝按顺序被支撑或加压。如前文所述，已有裂缝会改变裂缝附近主应力的方向和大小，如果新裂缝位于该区域，可能产生非预期结果。

同步压裂可用于压裂单口或多口相互平行的水平井。在压裂时会产生缝间干扰。水平井同步压裂后，平行裂缝尖端产生的应力干扰，将使裂缝相互远离并继续扩展。在这种情况下，如果应力各向异性较大且采用高泵速注入支撑剂，则可能导致过早出砂等其他问题。此类情况示意图如图 5.53 所示，其中水平井筒位于 x 轴，沿井筒有两处平行射孔。受应力干扰的影响，两条裂缝均偏离最大水平应力（y 轴）的方向。在这种情况下，较高泵速或较小的缝间距很有可能造成裂缝过早出砂。

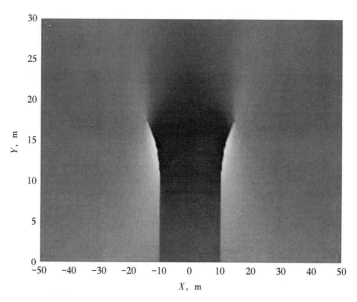

图 5.53　两个平行裂缝同时扩展（单井）（Rezaei 等，2015）

当同步压裂两口平行水平井时，观察到的情况则不同。当两条相对裂缝相向扩展时（图 5.54），两条裂缝尖端附近的应力将随之发生变化。该变化在最小水平应力（y 轴）的方向上更大。如图 5.54 所示，水平井筒位于 y 轴，井距为 300m。当两条裂缝相互接近时，诱导应力变大，此时，两条裂缝尖端附近的最大应力方向将逐渐发生改变。在各向同性的均质介质中，可以发现，如果裂缝间距较小，则应力的变化使裂缝在重叠之前便远离彼此扩展。重叠之后，裂缝将彼此相向扩展并且可能发生井间连通。相关文献（Pollard 等，1982）记载了类似的实验示例。对于各向异性介质，裂缝扩展路径则与裂缝间距和井距密切相关。压裂设计有时在整个开发方案设计中至关重要。

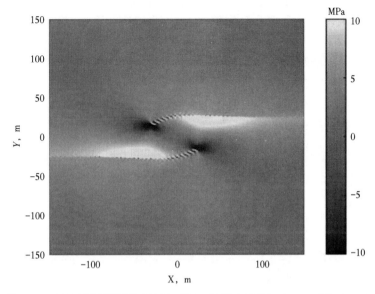

图 5.54　两个平行裂缝同时扩展（两口平行水平井）（Rafiee 等，2015）

对于存在天然裂缝的地层，最好采用现代压裂技术开启地层薄弱截面来形成复杂的裂缝网络。在常规压裂设计中，为避免井间连通，平行水平井的裂缝半长之和应小于井距。如图 5.54 所示，裂缝间距较小时会增强应力阴影效应，还可能导致与邻井裂缝相互作用并造成井间相通。因此，压裂设计时，应特别考虑该问题。

如图 5.55 所示，可利用两条重叠平行裂缝中心线位置的净压力对最小水平应力进行归一化处理。两个水平井筒位于 y 轴上，井距为 300m（图 5.54）。在裂缝系统中生成初始半长为 50m 的裂缝，并使它们朝向彼此扩展。从图中可以看出，裂缝扩展至 50m、100m 和 175m 处的应力变化情况并不一致。50m 和 100m 的裂缝（重叠前）在裂缝面处的应力变化

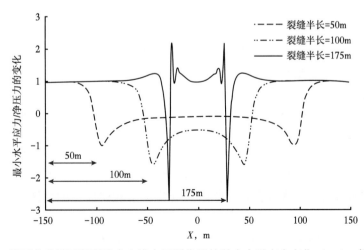

图 5.55　沿两条重叠平行裂缝中心线在不同位置的最小水平应力变化（Rafiee 等，2015）

最大,并且在裂缝尖端附近迅速下降。对于这两种情况,在裂缝尖端末重叠前,应力干扰作用不明显;当两条裂缝完全重叠(裂缝半长达到175m)后,尖端之间的应力阴影达到最大。

相同条件下,裂缝沿两个间距为300m的平行水平井眼相向扩展50m时,沿同一直线($y=0$)的正应力和剪切应力的变化如图5.56所示。从图中可以看出,最小水平应力的变化在裂缝尖端处达到最大,而最小值则在距离尖端最远的位置。剪切应力的变化在尖端处最大,表明裂缝在扩展过程中,可能会发生剪切破坏。此外,最大水平应力的变化明显小于最小水平应力方向的变化。

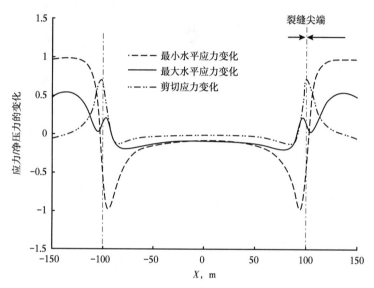

图5.56 沿两个扩展裂缝之间的中心线的应力变化 (Rafiee 等, 2015)

连续压裂是按裂缝顺序逐条压裂的过程,而先产生的裂缝由流体支撑或加压。与同步压裂的情况类似,连续压裂可用于单口或多口平行的水平井压裂。在任何一种情况下,都应该明确已存在裂缝对新裂缝产生的影响。MZF可用于水平井分段多簇压裂,旨在提高井组裂缝网络的复杂性,同时降低裂缝连通风险。在MZF设计中,应考虑单井平行裂缝之间的相互作用以及平行井组相向裂缝之间的干扰。Rafiee 等人(2012)对MZF中间裂缝的宽度变化进行了研究。MZF中间裂缝可与已存在的两条裂缝等距或不等距。等距布置的情况下,只有当两条裂缝之间存在应力干扰或关泵时,裂缝才会停止扩展。但是在不等距布置的情况下,其他因素(如流体压力、至最近一条裂缝的距离和扩展路径等)也有可能使裂缝停止扩展。图5.57展示了非对称MZF情况下,最小水平应力的变化情况。研究结果表明,随着中间裂缝的扩展,两条预先存在裂缝之间的应力干扰可能迫使中间裂缝偏离距离其最近的裂缝。而在两条裂缝重叠后,中间裂缝将再次转向最近的裂缝。裂缝的转向半径取决于应力干扰程度。

图5.58显示由于应力阴影效应,两条平行裂缝尖端附近的剪切应力在缝间区域受到抑制。当中间裂缝在该区域扩展时,也会对该区域的应力场产生影响。如果该区域存在天然裂缝,则很可能被中间裂缝激活。

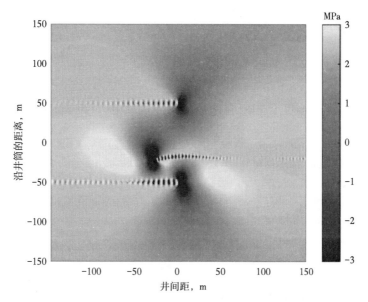

图 5.57　非对称 MZF 中最小水平应力的变化（Rezaei 等，2015）

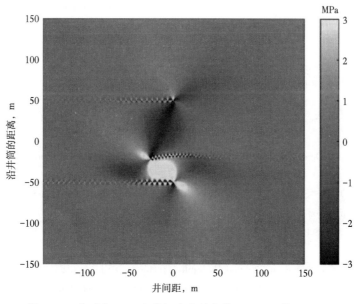

图 5.58　非对称 MZF 中剪切应力的变化（Rezaei 等，2015）

5.38　总结

　　本章主要从解析和数值两方个面讨论了压裂水平井涉及的各种岩石力学问题。显然，在设计横向压裂与纵向压裂时，均需要在实施压裂前考虑并研究影响裂缝起裂与扩展的诸多因素。本章研究表明，在对页岩地层中的水平井进行压裂设计时，需重点考虑井间和缝间应力干扰情况。而远场裂缝的复杂性,很大程度上依赖于对岩石力学属性以及对应力场和应力干扰的掌握程度。

参 考 文 献

[1] Abass, H., Hedayati, S., and Meadows, D. L. L. 1992. Non-Planar Fracture Propagation from a Horizontal Wellbore: Experimental Study. SPE 24823, presented at the Annual Technical Meeting of SPE held in Washington DC, Oct. 4-7.

[2] Abou-Sayed, I. S., Schueler, S., Ehrl, E., and Hendricks, W. 1995. Multiple Hydraulic Fracture Stimulation in a Deep Horizontal Tight Gas Well. SPE 30532, presented at the 1995 Annual Technical Meeting held in Dallas, TX, Oct. 22-25.

[3] Adachi, J., Siebrits, E., Peirce, A., and Desroches, J. 2007. "Computer Simulation of Hydraulic Fractures," International Journal of Rock Mechanics and Mining Sciences, 44 (5): 739-757.

[4] Aliabadi, Mohammad H., and David P. Rooke. *Numerical Fracture Mechanics*. Vol. 8. Springer Science & Business Media, 1991.

[5] anderson, R. N., Flemings, P. B., Losh, S., Whelan, J., Billeaud, L., Austin, J., and Woodhams, R. 1996. Results of the Pathfinder Drilling Program into a Major Growth Fault. Part of the GBRN/DOE Dynamic Enhanced Recovery Project in Eugene Island 330 Field, Gulf of Mexico.

[6] Baumgartner, J., Carvalho, J., and McLennan, J. 1989. Fracturing Deviated Boreholes: An Experimental Laboratory Approach. Rock at Great Depth. Maury, V., and Fourmaintraux, D. (eds), Balkema, Rotterdam.

[7] Behnia, M., Goshtasbi, K., Marji, M. F., and Golshani, A. 2011. "On the Crack Propagation Modeling of Hydraulic Fracturing by a Hybridized Displacement Discontinuity/Boundary Collocation Method," Journal of Mining and Environment, 2 (1): 1-16.

[8] Bradley, W. B. 1979. "Failure of Inclined Boreholes," Journal of Energy Resources Technology, Transactions of ASME.

[9] Jaeger, John Conrad, Neville G W Cook, and Robert Zimmerman. Fundamentals of rock mechanics. John Wiley & Sons, 2009.

[10] Coates, G. R., and Denoo, S. A. 1981. Mechanical Properties Program Using Borehole Analysis and Mohr's Circle, SPWLA.

[11] Crouch, S. L. 1976. "Solution of Plane Elasticity Problems by the Displacement Discontinuity Method," International Journal for Numerical Methods in Engineering, 10: 301-343.

[12] Crouch, S. L., and Starfield, A. M. 1983. Boundary Element Methods in Solid Mechanics. George Allen & Unwin, London.

[13] Daneshy, A. A. 1973. A Study of Inclined Hydraulic Fractures. SPEJ, April, pp. 61-68.

[14] Deere, D. U., and Miller, R. P. 1969. Engineering Classification and Index Properties for Intact Rock, U. S. Air Force Systems Command Weapons Lab., Kirtland Air Force Base New Mex., AFWL-TR-67-144.

[15] Deimbacher, F. X., Economides, M. J., and Jensen, O. K. 1993. Generalized Performance of Hydraulic Fractures with Complex Geometry Intersecting Horizontal Wells, SPE 25505, SPE, Richardson Texas.

[16] Dobroskok, A., Ghassemi, A., and Linkov, A. 2005. "Extended Structural Criterion for Numerical Simulation of Crack Propagation and Coalescence under Compressive Loads," International Journal of Fracture, 133 (3): 223-246.

[17] Dong, C. Y., and De Pater, C. J. 2001. "Numerical Implementation of Displacement Discontinuity Method and Its Application in Hydraulic Fracturing," Computer Methods in Applied Mechanics and Engineering, 191

(8-10)：745-760.

[18] East, L. E., Soliman, M. Y., and Augustine, J. R. 2011. "Methods for Enhancing Far-field Complexity in Fracturing Operations," SPE Production & Operations, (3)：291-303.

[19] El-Rabaa, W. 1989. Experimental Study of Hydraulic Fracture Geometry Initiated from Horizontal Wells, SPE 19720, SPE Annual Technical Conference and Exhibition, San Antonio, TX, Oct. 8-11.

[20] El-Rabaa, W., and Rogiers, J. C. 1990. Potential Rock Response Problems Associated with Horizontal Well Completions. Third South American Congress of the ISRM, Caracas, Oct. 17-20.

[21] Erdogan, F., and Sih, G. C. 1963. "On the Crack Extension in Plates Under Plane Loading and Transverse Shear," Journal of Fluids Engineering, 85 (4)：519-525.

[22] Fairhurst, C. 1968. Methods of Determining In-Situ Rock Stresses at Great Depth, TRI-68 Missouri River Div., Corps of Engineer, Feb.

[23] Green, A. E. and Sneddon, I. N. 1950. "The Distribution of Stress in the Neighbourhood of a Flat Elliptical Crack in an Elastic Solid," Mathematical Proceedings of the Cambridge Philosophical Society. 46 (1)：159163.

[24] Kirsch, G. 1898. Die Theorie der Elasticitaet und die Beduerfnisse der Festigkeitslehre, VDI Z., 42, 707.

[25] Hallam, S. D., and Last, N. C. 1990. "Geometry of Hydraulic Fractures from Modestly Deviated Well-bores," SPE 20656, presented at the Annual Technical Meeting held in New Orleans, LA, Sept. 23-25.

[26] Hoek, E., and Brown, E. T. 1980. "Empirical Strength Criterion for Rock Masses," Journal of the Geotechnical and Geoenvironmental Engineering, ASCE, Vol. 106, GT9, pp. 1013-1035.

[27] Hsiao, C. 1988. A Study of Horizontal-Wellbore Failure. SPE Production Engineering, November, pp. 489494.

[28] Hubert, M. IK., and Willis, D. G. 1957. "Mechanics of Hydraulic Fracturing," Transactions of AIME, Vol. 210, 153-168.

[29] Li, G., Allison, D., and Soliman, M. Y. 2011. Geomechanical Study of the Multistage Fracturing Process for Horizontal Wells. ARMA 11-121, 45th U. S. Rock Mechanics/Geomechanics Symposium, San Francisco, CA, Jun. 26-29.

[30] Lyunggren, C., Amadei, B., and Stephansson, O. 1988. Use of Hoek and Brown Failure Criterion to Determine In-Situ Stresses from Hydraulic Fracturing Measurements. In Proc. Care 88, Newcastle Upon Tyne, January, London.

[31] McLean, M. R., and Addis, A. D. 1990. Wellbore Stability Analysis: A Review of Current Methods of Analysis and Their Field Application, IADC/SPE 19941, Drilling Conference, Houston.

[32] Olson, J. E. 1991. Fracture Mechanics Analysis of Joints and Veins. Stanford University, California.

[33] Olson, I. E. 1995. Fracturing From Highly Deviated and Horizontal Wells: Numerical Analysis of Non Planar Fracture Propagation. SPE 29573, presented at SPE Rocky Mountains Regional held in Denver Colorado, Mar. 20-22.

[34] Olson, J. E. 2004. "Predicting Fracture Swarms-the Influence of Subcritical Crack Growth and the Crack-Tip Process Zone on Joint Spacing in Rock," Geological Society, London, Special Publications, 231 (1)：73-88.

[35] Owens, IK. A., anderson, S. A., and Economides, M. J. 1992. "Fracturing Pressures for Horizontal Wells," SPE 24822, presented at SPE Annual Technical Conference and Exhibition, Washington DC, Oct. 4-7.

[36] Pollard, D. D., and Holzhausen, G. 1979. "On the Mechanical Interaction between a Fluid-Filled Fracture

and the Earth's Surface," Tectonophysics, 53, 27-57.

[37] Pollard, D. D., Segall, P., and Delaney, P. T. 1982. Formation and Interpretation of Dilatant Echelon Cracks. Geological Society of America Bulletin.

[38] Rafiee, M., Rezaei, A., and Soliman, M. Y. 2015. "Investigating Hydraulic Fracture Propagation in Multi Well Pads: A Close Look at Stress Shadow from Overlapping Fractures, " Hydraulic Fracture Journal, 2 (2): 70-81.

[39] Rafiee, M., Soliman, M. Y., Meybodi, H. E., and Pirayesh, E. 2012. Geomechanical Considerations in Hydraulic Fracturing Designs. SPE 162637, presented at the SPE Canadian Unconventional Resources Conference being held in Calgary, AB.

[40] Rafiee, M., Soliman, M. Y., and Pirayesh, E. 2012. Hydraulic Fracturing Design and Optimization: A Modification to Zipper Frac. SPE 159786, presented at the SPE Annual Technical Conference and Exhibition being held in San Antonio, Texas.

[41] Rezaei, A., Rafiee, M., Soliman, M. Y., and Morse, S. 2015. "Investigation of Sequential and Simultaneous Well Completion in Horizontal Wells Using a Non-Planar, Fully Coupled Hydraulic Fracture Simulator," In Proceedings of the 49th US Rock Mech. Symp., San Francisco, ARMA 15-0449.

[42] Roussel, N. P., and Sharma, M. M. 2011a. Strategies to Minimize Frac Spacing and Stimulate Natural Fractures in Horizontal Completions. Paper SPE 146104 - MS presented at the SPE Annual Technical Conference and Exhibition, Denver, Colorado, USA, Oct. 30-Nov. 2.

[43] Roussel, N. P., and Sharma, M. M. 2011b. "Optimizing Fracture Spacing and Sequencing in Horizontal-Well Fracturing," SPE Production & Operations, (2): 173-184.

[44] Rushing, J. A., and Sullivan, R. B. (2003, January 1). Evaluation of a Hybrid Water-Frac Stimulation Technology in the Bossier Tight Gas Sand Play. Society of Petroleum Engineers, doi: 10. 2118/84394-MS.

[45] Safari, R., and Ghassemi, A. 2014. 3D Coupled Poroelastic Analysis of Multiple Hydraulic Fractures, 110.

[46] Shen, B., Guo, H., Ko, T. Y., Lee, S. S. C. 2012. "Coupling Rock-Fracture Propagation with Thermal Stress and Fluid Flow," International Journal of Geomechanics. , 13 (06): 794-808.

[47] Shen, B., and Stephansson, O. 1993. "Numerical Analysis of Mixed Mode I and Mode II Fracture Propagation," International Journal of Rock Mechanics and Mining Sciences & Geomechanics Abstracts, 30 (7): 861-867.

[48] Shen, B., Stephansson, O., and Rinne, M. 2014. Modelling Rock Fracturing Processes, Springer.

[49] Shou, K. J., and Crouch, S. L. 1995. "A higher order displacement discontinuity method for analysis of crack problems. " International Journal of Rock Mechanics and Mining Sciences & Geomechanics Abstracts. Vol. 32 No. 1. Pergamon.

[50] Sih, G. C. C. 1974. "Strain-Energy-Density Factor Applied to Mixed Mode Crack Problems," International Journal of Fracture, 10 (3), 305-321.

[51] Sneddon, I. N., 1946. "The Distribution of Stress in the Neighborhood of a Crack in an Elastic Solid," Proceedings of the Royal Society of London, A (187): 229-260.

[52] Sneddon, I. N., and Elliott, H. A. 1946. "The Opening of a Griffith Crack under Internal Pressure," Quarterly of Applied Mathematics, 4 (3): 262-267.

[53] Soliman, M. Y. 1990. "Interpretation of Pressure Behavior of Fractured, Deviated, and Horizontal Wells," SPE 21062, SPE Latin American Petroleum Engineering Conference, Rio de Janeiro, Oct. 14-19.

[54] Soliman, M. Y., and Boonen, P. 2000. "Rock Mechanics and Stimulation Aspects of Horizontal Wells," Journal of Petroleum Science and Engineering, 25, 187-204.

[55] Soliman, M. Y. , and Daneshy, A. A. 1990. "Interpretation of Pressure Behavior of a Fractured, Deviated or a Horizontal Well," SPE 21062, presented at the SPE Latin American Petroleum Engineering Conference, Rio de Janeiro, Brazil, Oct. 14-19.

[56] Soliman, M. Y. , Dupont, R. , Chapman, B. , andFolse, IK. 1998. "Case History: 180-Degree Perforation Phasing Used in Fracturing Low Resistivity Zones in Gulf of Mexico Wells," OTC 8584 presented at the Offshore Technology Conference Held in Houston, Texas, May 4-7.

[57] Soliman, M. Y. , East, L. E. , and Adams, D. L. (2008, September 1) . Geomechanics Aspects of Multiple Fracturing of Horizontal and Vertical Wells. Society of Petroleum Engineers, doi: 10. 2118/86992-PA.

[58] Soliman, M. Y. , East, L. E. , and Augustine, J. R. 2010. Fracturing Design Aimed at Enhancing Fracture Complexity. Paper SPE 130043 - MS presented at the SPE EUROPEC/EAGE Annual Conference and Exhibition, Barcelona, Spain, Jun. 14-17.

[59] Soliman, M. Y. , and Hunt, J. L. 1985. "Effect of Fracturing Fluid and Its Cleanup on Well Performance," SPE 14514, presented at SPE Eastern Regional Meeting, Morgantown, WV, Nov. 6-8.

[60] Viola, E. , and Piva, A. 1984. "Crack Path in Sheets of Brittle Material," Engineering Fracture Mechanics, 19 (6): 1069-1084.

[61] Warpinski, N. R. , and Banagan, P. T. 1989. "Altered-Stress Fracturing," JPT, Sep. , pp. 990-991.

[62] Waters, G. A. , Dean, B. IK. , Downie, R. C. , IKerrihard, K. J. , Austbo, L. , and McPherson, B. 2009. Simultaneous Hydraulic Fracturing of Adjacent Horizontal Wells in the Woodford Shale. SPE paper 119635-MS presented at the SPE Hydraulic Fracturing Technology Conference, Woodlands, Texas, Jan. 19-21.

[63] Weijers, L. , De Pater, C. J. , Owens, IK. A. , and Kogsboll, H. H. 1992. "Geometry of Hydraulic Fractures Induced from Horizontal Wellbores," SPE 25049, presented at the European Petroleum Conference in Cannes, France, Nov. 16-18.

[64] Yan, X. 2004. "A Special Crack Tip Displacement Discontinuity Element," Mechanics Research Communications, 31 (6): 651-659.

[65] Zhang, X. , and Jeffrey, R. G. 2006. "The Role of Friction and Secondary Flaws on Deflection and Re-Initiation of Hydraulic Fractures at Orthogonal Pre - Existing Fractures," Geopjhysical Journal International, 166: 1454-1465.

6 水平井钻井

水平井良好的经济效益和高附加值使得水平井钻井数量猛增。此外，方案设计、建模过程和技术方面的持续改进在降低水平井钻井和完井成本的同时大幅提高了水平井的产量。其中建模和精细化完井、增产改造和施工活动都是最大限度提高水平井经济效益的决定性因素。

水平井钻井在很多方面与定向钻井极其相似。然而，水平井钻井时，需要密切关注和检查井筒稳定性、井眼清洁、扭矩和摩阻变化并选择正确的设备，以确保可以安全、高效地完成钻井施工。

水平井主要有两种布井方法。第一种方法基于对地下地层的最佳推测设计井眼轨迹，然后根据此设计方案施工。如果实际情况与推测略有不同，也不会出现太大的意外。通常地质资料通常都非常有限，如果有足够的地质资料，则可以事先确定水平井眼在地层中的最佳位置。因此，该方法很可能无法最大限度地提高水平井的经济效益。

仅依靠方案设计和勘察资料，钻井轨迹将会弯曲穿过地层，可能钻穿顶部或底部地层，甚至可能会错过大部分产层。

第二种方法是使用地质导向技术（与第一种方法中的辅助技术类似），根据地质情况确定井位，并在钻探过程中不断进行方案调整。采用该方法可提高井眼轨迹穿过产层的概率，并确保水平井始终处在"甜点区"。虽然该技术的钻探成本较高、时间较长，但最终会获得更高的经济回报。

本章将讨论高效和高回报的水平井钻井方案的设计方法。

6.1 讨论

如图 6.1 所示，美国大峡谷完美地展示了地球岩层的分布情况。全球大部分地层都具有水平沉积的地质特征，沉积岩层相对较薄，但延伸距离很长。此类地层有些含有碳氢化合物，在其中钻探水平井能够获得大量油气。

在过去的 35 年中，石油行业开发出许多能够帮助钻井工程师使用钻井工具控制和"操纵"钻头的开采技术，从而在垂直方向钻探到一定深度后，在目标产层钻探水平井。

这些技术包括操纵钻头的井下工具（可转向钻具、涡轮和旋转式转向工具）、钻具方向和倾斜度测量工具［如随钻测量（MWD）工具和转向工具］、地层特性测量工具［随钻测井（LWD）工具］、用于井眼清洁、减阻和提高井筒稳定性的专用钻井液，以及用于建模和监控钻头和工具动态的软件技术。这些技术都有助于提高井眼轨迹的准确性，确保钻井过程顺利进行。

6.2 关键成功因素

水平井钻井的关键成功因素与井筒稳定性、井眼清洁、扭矩和摩阻变化、正确选择技术和井眼布置有关。

图 6.1 大峡谷地层

6.2.1 井眼稳定性

6.2.1.1 介绍

首先，必须确保钻井过程中井眼保持通畅并处于良好状态，以便有效清除井眼中的岩屑，从而避免或最大限度降低井眼破损对油气产能的影响。

井眼稳定性对任何油井而言都至关重要，尤其是斜井，随着倾斜度的增加，井眼稳定性会变得更加复杂。斜井井眼稳定性是指保持井眼通畅且基本没有岩屑，以完成钻井、下套管、固井、完井等步骤，并在整个生命周期内保证油井的油气产量。

钻井前，地下岩石处于平衡状态。钻井取出的地下岩石会导致井眼周围应力的重新分布。根据下列公式，可计算出垂直井筒周围的新应力（Zoback，2007）。

$$
\begin{cases}
\sigma_r = 0.5(\sigma_H + \sigma_h - 2p_p)\left(1 - \dfrac{r_w^2}{r^2}\right) + 0.5(\sigma_H - \sigma_h) \times \left(1 - \dfrac{4r_w^2}{r^2} + \dfrac{3r_w^4}{r^4}\right)\cos(2\theta) + \dfrac{\Delta p \times r_w^2}{r^2} \\[3mm]
\sigma_\theta = 0.5(\sigma_H + \sigma_h - 2p_p)\left(1 - \dfrac{r_w^2}{r^2}\right) - 0.5(\sigma_H - \sigma_h) \times \left(1 + \dfrac{3r_w^4}{r^4}\right)\cos(2\theta) - \dfrac{\Delta p \times r_w^2}{r^2} - \sigma_{\Delta T} \\[3mm]
\sigma_z = \sigma_v - 2\nu(\sigma_H - \sigma_h)\dfrac{r^2}{r_w^2}\cos(2\theta)
\end{cases}
\tag{6.1}
$$

式中 σ_r——径向应力，psi；

   σ_H——最大总水平应力，psi；

   σ_h——最小总水平应力，psi；

p_p——孔隙压力，psi；

r_w——井眼半径，ft；

r——距井眼中心的径向距离，ft；

θ——从方位角 σ_H 测量的角度；

Δp——BHP$-p_p$，psi；

BHP——井底压力，psi；

σ_θ——切向应力，psi；

$\sigma_{\Delta t}$——热应力，psi；

σ_z——垂向应力，psi；

σ_v——上覆岩层应力，psi；

ν——泊松比。

井壁上的新应力（$r_w = r$）为

$$\sigma_r = \Delta p$$
$$\sigma_\theta = \sigma_h + \sigma_H - 2(\sigma_H - \sigma_h)\cos(2\theta) - 2p_p - \Delta p - \sigma_{\Delta T}$$
$$\sigma_z = \sigma_v - 2v(\sigma_H - \sigma_h)\cos(2\theta) - p_p - \sigma_{\Delta T}$$
$$\sigma_{\theta-\min} = 3\sigma_h - \sigma_H - 2p_p - \Delta p - \sigma_{\Delta T}$$
$$\sigma_{\theta-\max} = 3\sigma_H - \sigma_h - 2p_p - \Delta p - \sigma_{\Delta T}$$
$$\sigma_{\theta-\max} - \sigma_{\theta-\min} = 4(\sigma_H - \sigma_h)$$
$$\text{FBP} = \sigma_{\theta-\min} + T \tag{6.2}$$

式中 FBP——地层破裂压力，psi；

T——岩石抗拉强度，psi。

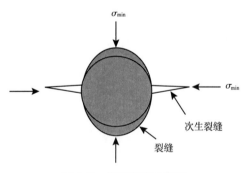

图 6.2 井眼失稳示意图

在大多数情况下，钻井液的用途在于补偿钻井取出的地下岩石和平衡地层压力。然而，钻井液也可能引起水化和化学反应等井眼应力环境下的其他变化。

拉伸、挤压或剪切破坏可能导致井眼不稳定，如图 6.2 所示。拉伸破坏是由于对井壁施加的压力高于地层破裂压力（FBP）引起的，将导致岩石中产生一条或多条裂缝，进而造成钻井液泄漏到地层中。由于岩石中有小裂缝存在，或者其与最小切向应力（$\sigma_{\theta-\min}$）的比值较小，岩石的抗拉强度通常会被忽略。此外，还需注意的是，超过地层破裂压力并不代表肯定会出现钻井液泄漏。裂缝的扩展方向垂直于最小水平应力方向（图 6.2）。裂缝扩展压力数值上与最小水平应力（σ_h）相等。最小水平应力被视为钻井过程中当量循环密度值的上限。正常的钻井作业中，井壁上的小裂缝通常不会造成严重的问题。然而，较大的裂缝会引起泄漏等问题，因此，需要妥善处理。

挤压或剪切破坏会导致井壁剥落或破裂，极端情况下将导致井眼坍塌。因此，需要及时从井眼中清除因井壁剥落或破裂产生的岩石碎片，确保钻井作业的顺利进行。当对岩石在最小应力方向上施加的最大应力和最小应力之差超过 Mohr-Coulomb 准则时，就会发生该破坏模式。针对该问题的常见做法是增加钻井液相对密度，以减小最大应力、增大最小应力，从而使井筒更加稳定。

井眼稳定性取决于多个因素。本章主要讨论岩石力学性质、孔隙压力、应力场主应力、井眼轨迹、钻井液相对密度、井眼压力、钻井液化学性质、温度和时间对于井眼稳定性所造成的影响。与常规油气藏不同，非常规油气藏对于温度的敏感性更高。Emadi 等人（2014）所开展的实验研究表明，温度对页岩油试样的无侧限抗压强度（UCS）有显著影响，因此对井眼稳定性也有明显影响。

如图 6.3 所示，当温度从 140 ℉ 升高至 180 ℉ 时，UCS 将从 8000psi 降低至 6600psi。换言之，温度每升高 40 ℉，UCS 就将降低 18%。

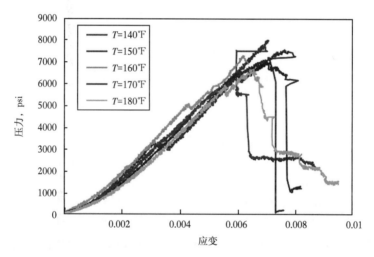

图 6.3　温度对页岩油 UCS 的影响（Emadi 等，2014）

6.2.1.2　岩石力学特性和孔隙压力

岩石中的应力根据岩石基质和孔隙流体的情况分布。为确定在清除岩石后近井地带的应力分布情况，必须首先了解岩石力学变量值，如岩石的拉伸和挤压强度、杨氏模量、泊松比以及内摩擦角和摩擦系数等。

这些变量值通常通过岩心测试（如岩心三轴力学测试）得到。由于取心作业费用昂贵，通常无法进行抗压强度测试，因此，也无法得到实际测量值。通常通过计算或在钻井过程中根据机械和岩石物理测量值推导出相关值。例如，通过电缆和/或随钻（LWD）伽马射线、密度、孔隙度和声波测井，可以估算出合理的岩石封闭和无侧限抗压强度（CCS 和 UCS）值。但需要注意的是，在对裂缝性地层和层状地层进行 LWD 测井推算 UCS 时，需对测量数据进行修正。测得的岩石物性数据也用于确定泊松比（ν）和杨氏模量（E）等值。

$$\nu = \frac{0.5(v_p/v_s)^2 - 1}{(v_p/v_s)^2 - 1}$$

$$E = 2\rho v_{\mathrm{s}}^2(1 + \nu) \tag{6.3}$$

式中 v_{p} 和 v_{s} 分别为岩石的压缩波速度和剪切波速度，而 ρ 为岩石密度。

大多数岩层，特别是含油储层的岩石，都不是各向同性的。如前文所述，大多数岩石都沉积在薄水平层中，有些沉积薄层的厚度仅为数毫米。薄岩层的岩石性质可能存在很大差异，在评估岩石性质及其维持井眼稳定性的能力时，需要考虑岩层间岩石性质的影响。

岩石孔隙流体压力也是影响井眼稳定性的重要因素，特别在油井的整个生命周期内，产出或注入流体可能会使该压力发生改变。岩石有效应力将随着孔隙压力而发生变化。假设涉及各向同性线性弹性特性岩石，则有效的最小应力的变化可用下列公式计算得到（Aadnoy 等，2009）：

$$\Delta\sigma_{\mathrm{h}} = \alpha\left(\frac{1 - 2\nu}{1 - \nu}\right)\Delta p_{\mathrm{p}} \tag{6.4}$$

式中　$\Delta\sigma_{\mathrm{h}}$——最小总水平应力的变化，psi；

$\Delta\sigma_{\mathrm{p}}$——孔隙压力变化，psi；

ν——泊松比；

α——毕奥常数

钻井过程中，可通过电缆或随钻测量工具直接获得岩石孔隙压力，或者在试井或生产时用井下压力表进行测量。

6.2.1.3　现场主应力

在钻井和生产过程中，需要准确地确定现场应力张量的大小和方向来模拟和预测井眼稳定性。行业中最常见的是由垂直应力（σ_{v}）、最大水平应力（σ_{H}）和最小水平应力（σ_{h}）组成的应力张量。水平应力（σ_{H} 和 σ_{h}）互相垂直。

垂直应力值等于上覆岩层（即岩石、孔隙流体以及近海油井的上部地层水）的质量。可通过电缆和/或随钻（LWD）密度测井工具得到的地层密度确定其精确值。

受岩石和流体密度影响，上覆岩层压力梯度（$\mathrm{d}\sigma_{\mathrm{v}}/\mathrm{d}D$）的变化范围为 $0.9 \sim 1.1\mathrm{psi/ft}$。确定水平应力分量的数值和方向则相对困难。

可根据世界应力图（图 6.4）大致确定水平应力方向，然后通过分析图像或井径测井中所获得的钻井诱导裂缝和井筒破裂方向来进一步判断。结合多种手段，可将应力方向的不确定性限制在 $\pm20°$ 以内。

从漏泄测试（LOT）数据（图 6.5）中可得到最小水平应力值。在钻井过程中，可通过漏泄测试来确定井眼出现裂缝之前的最大许用压力。在大多数情况下，井眼的许用应力值等于最小水平应力值。因为通常假设最脆弱的地层位于套管底部正下方，所以漏泄测试通常是在离套管几英尺的地层钻进时进行的。

使用防喷器（BOP）关井后，向井筒泵入压井液，井筒内压力呈直线上升，直到井内压力稳定并下降。斜率是整个系统（流体、套管、压井管线以及漏泄测试过程中暴露的岩石）的压缩性函数。起裂压力为压力开始下降时的值。压力稳定后，压力值等于裂缝延伸压力或最小水平应力（σ_{h}）。

对于因钻探引起裂缝的油井，可通过钻井液循环密度估算最大水平应力值，再通过岩石破裂模型（例如 Mohr-Coulomb、Drucker-Prager 或改进水道）进一步限制该应力值。

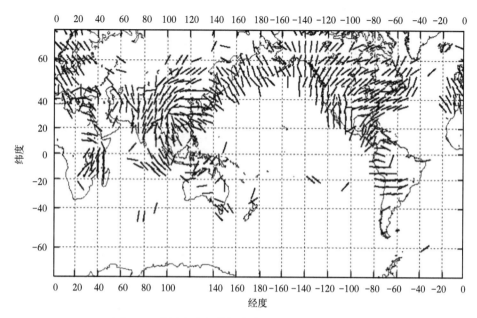

图 6.4　世界应力图数据库中的最大水平应力方向

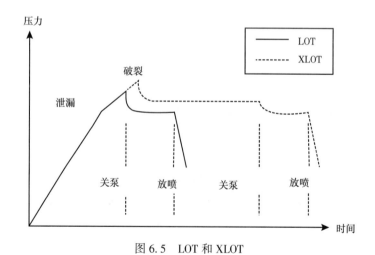

图 6.5　LOT 和 XLOT

　　井眼轨迹的控制能尽量减少完井钻井过程中潜在的井眼稳定性问题。在通常的断层应力条件（$\sigma_v > \sigma_H > \sigma_h$）下，可通过沿最小水平应力方向钻井来确保井眼的稳定性，这也通常是压裂增产的最佳方向，但情况并不总是如此。如果根据精准的方案进行设计和建模，沿其他方向钻井也可以得到稳定的井眼。具体而言，利用沿井筒的主应力、岩石强度、孔隙压力、杨氏模量和泊松比建立模型，进而确定维持井眼稳定性所需的许用井眼压力及相应的钻井液密度上下限。

　　图 6.6 显示了在给定深度、不同方位和倾角下保持井眼稳定性所需的最小钻井液密度（g/mL）。在 55°倾角和 265°方位角处的黑点表明，该条件下的最小钻井液密度为 1.75g/mL。

一般来说，在最小水平应力方向上，所需的钻井液密度低于最大水平应力方向的密度。然而，只要井筒其他部位能够承受的钻井液相对密度上限不低于 1.776g/mL，就能够在该方向上建造油井。对于水平井而言，只要该水平井位于同一地层中，岩石性质和主应力就能保持稳定。

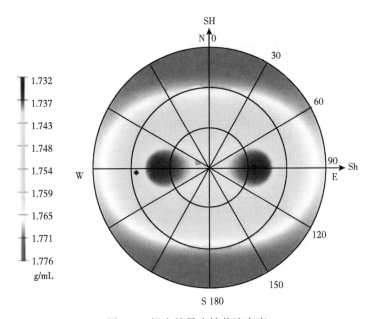

图 6.6　规定的最小钻井液密度

6.2.1.4　钻井液相对密度和井筒压力

钻井液液柱所施加的压力必须保持在稳定井筒所需的上下限范围内。钻井液相对密度的上限为岩石破裂压力梯度，下限则取储层孔隙压力和岩石发生剪切破坏的对应压力中的较大值（图 6.7）。

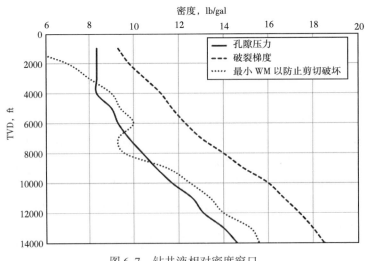

图 6.7　钻井液相对密度窗口

井眼内的压力是钻井液静压力以及井壁与钻柱、钻井液在井眼中循环时的压力增量的函数。由此产生的明显较高的钻井液相对密度称为当量循环密度（ECD）。

$$ECD = \frac{BHP}{0.05195 \times TVD}$$

$$BHP = p_h + \Delta p_f$$

$$p_h = 0.05195 \times MW \times TVD$$

$$\Delta p_f = \frac{0.039 \times f \times L \times MW \times v^2}{D_o - D_i} \qquad (6.5)$$

式中　ECD——当量循环密度，lb/gal；

　　　BHP——井底压力，psi；

　　　p_h——流体静压力，psi；

　　　Δp_f——摩擦压降，psi；

　　　MW——钻井液相对密度，lb/gal；

　　　TVD——实际垂直深度，ft；

　　　L——截面长度，ft；

　　　v——钻井液流速，ft/s；

　　　f——摩擦系数（钻井液相对密度、塑性黏度、屈服点的函数）；

　　　D_o——井径，in；

　　　D_i——管径，in。

结果表明，即使水平井眼的 TVD 为常数，且钻井液相对密度和液体静压力保持恒定，水平井趾端的当量循环密度也高于跟部。下文将讨论起下钻过程中其他压力的变化情况。

某些情况下，需要起出钻柱，然后再重新下入井中。在这种情况下，钻柱底部一般存在一些直径较大的部件（如钻头、稳定器和扩眼器），起下过程中其作用类似于活塞。活塞效应会导致钻头进入井内时压力增加（冲击），取出时压力减小（抽吸）。可通过降低起下作业速度和/或保持钻井液低流变性（塑性黏度和屈服点）来最大限度地降低冲击和抽吸效应。

必须保持井眼内的钻井液密度、流变性和速度，使最低和最高压力条件处于油井允许的操作窗口内（图 6.7），并将波动控制在最低限度。

当允许的操作窗口很小时，有必要严格控制井底压力和当量循环密度。在这种情况下，可适当采用控压钻井（MPD）或欠平衡钻井（UBD）等技术。

这两种技术均需要将井眼内的压力控制在很小的范围内，避免压力峰值，即井眼压力始终处于安全窗口内。在欠平衡钻井过程中，需要控制流入井眼的地层流体。这些技术的主要目的是使井眼保持良好的开放状态，尽可能降低储层伤害，某些情况下还可加快钻井过程。

这两种技术均采用相对密度较轻的钻井液。控压钻井使用的钻井液当量密度等于或接近孔隙压力，而欠平衡钻井使用的钻井液密度则低得多。地面回压管将泵入流体汇向井眼，以将钻井压力维持在所需的水平。井下作业时，结合反馈数据，可在钻井液循环和非循环状态切换时控制压力波动 (图 6.8)。

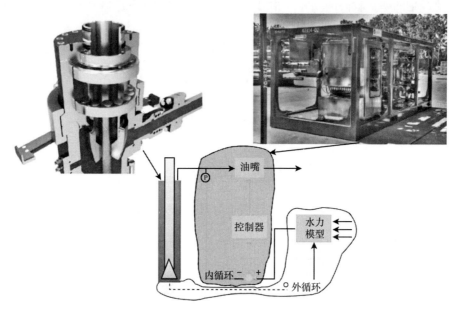

图 6.8　包含 RCD 和自动节流阀的控制压力钻井系统 (Saad 等，2012)

6.2.1.5　钻井液化学性质

钻井液的化学性质对井眼稳定性有重大影响。钻井液的化学成分相对岩石而言应是惰性的。例如，钻进水敏性地层（如黏土层和页岩层）时，由于毛细管压力高，可使用合成或天然的油性钻井液 (Muniz 等，2005)。

在其他情况下，可使用化学添加剂（如氯化钾）控制离子从地层进入钻井液中。如果不加以适当控制，离子迁移将会改变岩石状态和力学特性，导致一段时间后岩石弱化并可能发生挤压破坏 (Huang 等，1998)。与地层流体水活性相比，某些水活性较低的钻井液配方可阻止水从页岩地层流入井眼内，从而在一定时间内防止了页岩膨胀 (Bai 等，2008)。不合理的钻井液配方会导致岩石发生水化作用或化学变化，从而影响井眼稳定性。此类化学反应通常与时间和温度相关，在确定特定钻井液的适用性时必须考虑到这些因素。然而，由于页岩油储层的黏土含量较低，黏土引起的膨胀通常并非造成井筒不稳定的主要原因 (Emadi 等，2013)。

6.2.2　井眼清洁

6.2.2.1　介绍

钻井液循环的主要作用是在钻柱移动时辅助清除岩屑。如果单靠钻井液循环无法确保有效清洁，则可以考虑使用机械辅助装置。钻井液中的碎屑或岩屑会提高钻井液的相对密度和当量循环密度，从而增加钻井液施加的压力。因此，很有必要对钻井液中的岩屑载荷进行控制，以便额外载荷和当量循环密度的提高不会对井眼稳定性造成影响。因此，需要时刻监测井筒中清除的钻屑数量，密切关注井眼的清洁状况。可通过在地面称量钻屑，并将实际观察值与根据井眼尺寸和钻速推测的理论值进行比较来判断井眼的清洁程度。如果发现两者之间存在较大偏差，应及时采取补救措施。

补救措施包括改变钻柱旋转速度、引入低黏度或高黏度清洗液、引入纤维材料、进行短暂作业或采取以上任意组合手段（Hill 等，1996）。水平井井眼清洁与直井有很大不同。主要区别是水平井的钻屑沉积床通常位于水平段下方。碎屑清除不彻底可能会造成扭矩和阻力过大、卡钻、钻柱遇卡等问题（Nwagu 等，2014）。对于直井而言，通常无须钻柱旋转带动也能有效清洁井眼，而水平井则有所不同，它需使用高速旋转钻柱在 1000ft 的岩屑床横截面上机械搅动以达到有效清洁的目的。与直井或斜井使用的高黏度清洗液不同，水平井井眼清洁的关键因素为钻柱旋转。换句话说，钻柱旋转是实现水平井井眼有效清洁的必要条件，而井眼有效清洁是确保水平井完井钻井高效经济性的关键因素。因此，设计井眼清洁方案时，必须考虑岩屑运移、岩屑堆积影响以及当量循环密度控制等问题。

6.2.2.2 岩屑运移

岩屑运移受诸多因素的影响，例如钻井液性质（密度、黏度、胶凝强度和速度）、岩屑性质（密度、尺寸、形状和浓度）、井眼尺寸和倾角以及钻杆的转速、进尺速度、尺寸和离心率。

3D 计算流体动力学（CFD）模型可以非常精确地评估上述变量的影响，然而，由于完成模拟所需的时间过长，实际钻井过程中通常无法使用流体动力学模型。因而，研究人员开发出很多简化计算模型，用于评估和显示此类变量对钻井液携带钻屑能力的影响。

受重力影响，钻屑本身具有向井底运移的倾向。岩屑在给定流体中的移动和下沉速度分别称为运移速度和沉降速度。钻井液的性质应能够保持较小的岩屑沉降速度。然而，若考虑钻井液的其他要求（保持井眼机械和化学稳定性等），可能无法配制出所需的钻井液，导致钻井液的钻屑携带能力不足，部分岩屑会发生沉降。

在水平井段中，钻井液和钻柱旋转速度是影响钻井液清洁井眼能力的主要因素，而在低倾角井段，其主要表现为钻井液悬浮岩屑能力（即流体的黏度和胶凝强度）的函数；在过渡区，约在 30°~60°倾角井段，岩屑很有可能沉降并在井眼中堆积（图 6.9），需要钻柱旋转以及高钻屑悬浮能力的钻井液共同作用进行井眼清洁。

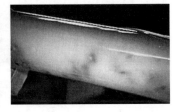

图 6.9　水平井中的岩屑运移

在钻柱居中的井眼中，井眼四周的钻井液流速是均匀的。然而，在大斜度井中，重力会导致钻柱向偏低一侧倾斜。在这种情况下，钻井液流速不均匀，井底的流速非常慢，因此会导致部分钻屑沉降并堆积在井底，而钻柱的机械旋转会将这些钻屑研磨得更细。

钻柱高速旋转加之高黏度流体通常可以最大限度地防止钻屑沉降，将钻屑从井底携带至井口。经钻柱研磨的岩屑有些会留在井眼中，有些以低重力固体颗粒的形式悬浮在钻井液中。小微粒、低重力固体颗粒很难从钻井液中去除，大多数情况下，需使用新的无固相钻井液，因此会增加钻井液量及总成本，使完井后再对使用过的钻井液进行适当处理的问题变得更复杂。

如果单靠钻柱旋转动力不足的话，可以在钻柱上安装机械液压辅助装置，辅助搅拌位于井眼偏低侧的钻屑。或者也可以采用短距离运移的方式，将岩屑从井底运移至更容易被携带至井口的位置，再在钻井液中加入低黏度和高黏度的颗粒以及纤维材料，将岩屑运移至井口。这种方法同样能够保持井眼清洁，同时可避免钻井液中混入大量岩屑影响当量循环密度。

6.2.2.3 岩屑堆积

需要密切关注岩屑的上返排量。当上返岩屑量小于所钻岩石体积时，部分岩屑滞留在井眼的某处。在这种情况下，可通过建模和测量井下循环压力确定岩屑最可能的堆积位置（Bilgesu 等，2007）。图 6.10 说明了水平井中岩屑载荷及其对当量循环密度的影响。

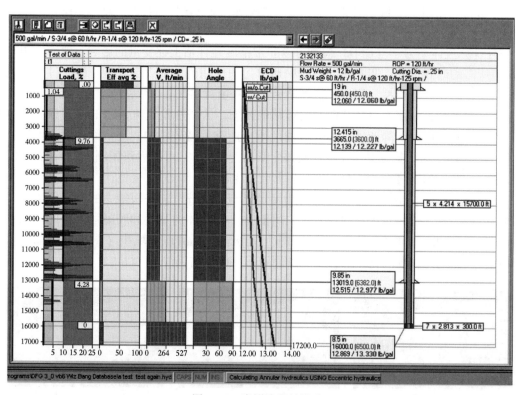

图 6.10　岩屑堆积的影响

井眼底部少量的岩屑堆积并不会影响钻完井作业，但大量岩屑堆积会对其造成较大影响，将导致使用钻柱和套管下钻杆或完井时出现问题。

起钻时，较大的钻柱组件（如稳定器、扩眼器和钻头）会将岩屑一起拖出井眼。如果拖拽的岩屑量过大，可能会堵住井眼，导致钻柱无法上提，极端情况下会发生卡钻。为以防万一，在下钻杆时，可以在钻柱上固定几个导向支架，并在泵入钻井液的同时旋转钻柱。该操作应持续直至振动筛上看不到岩屑，其目的是搅动井底的岩屑并将其运移至地面。需要注意的是，清除岩屑和取出钻柱时可能会损坏井眼。如果钻柱无法取出并被彻底卡住，将导致目标井无法投产，此时需要钻探新井。

同样，当使用组合钻具钻进时，套管或完井管柱的碎屑会像雪犁推雪一样被推到钻杆前面。当碎屑量过多时，钻杆就会被卡住，此时，需要及时采取补救措施。

6.2.2.4　当量循环密度控制

建议保持钻井液中相对稳定的岩屑载荷，以便测量和控制当量循环密度。若出现突发情况，应及时采取补救措施以确保井眼清洁，从而控制钻井液中的岩屑含量。此外，还应避免大量钻屑一次性涌入钻井液中，如果实在无法避免，则应尽量将其控制在最小范围内。

建议测量井下压力来监控钻井液中岩屑载荷的影响，及时对流量、钻柱旋转或地表压力的变化做出反应，以确保当量循环密度不高于地层压力，同时避免突发性的压力峰值（图 6.11）。

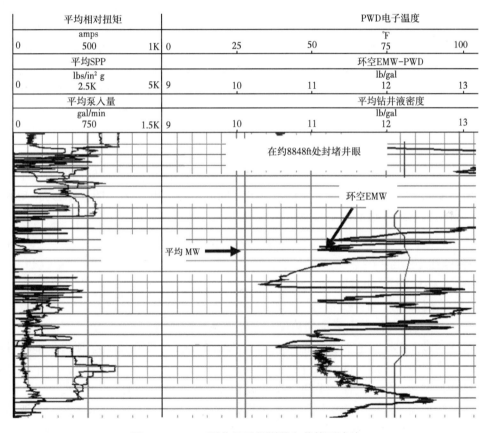

图 6.11　PWD 测井显示封隔器和井筒不清洁

6.2.3　扭矩和摩阻

与直井不同的是，在水平井或斜井钻井过程中，用于钻井、固井和完井的钻杆在进出井筒时会与井筒发生摩擦。如果未预先进行正确的评估及建立合理的模型，钻井工具或某些钻杆很可能由于摩阻过大而无法进入或脱离井筒，或由于扭矩不够大而难以旋转（Cunha，2002）。

对于直井而言，钻杆在进入或脱离井眼或旋转时，大多不会与井眼产生摩擦。在这种情况下，移动钻柱所需的负载可分为两部分，一部分为钻杆在钻井液中承受的轴向载荷，一部分载荷则为重量和扭矩所需的角加速度的函数，并对钻井液和钻杆之间的摩擦进行细微修正。

在钻探水平井时，在大部分井段上，钻杆会与部分井壁接触。在这种情况下，在计算表面和沿钻杆截面载荷时，必须考虑钻杆与井筒之间的摩擦力，对钻杆进行调整，确保钻柱能正常旋转。

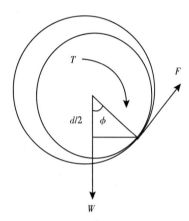

图 6.12　偏心钻柱所受扭矩和摩阻示意图

在这两种情况下，如果未能正确理解和建立合理模型，钻机可能无法负载实际载荷和扭矩。此外，钻杆强度也很可能达不到要求，导致钻杆受到拉伸破坏或结构性弯曲（Hill 等，1996）。在某些极端情况下，由于摩擦力过大，套管无法到达设计深度。此时，钻柱仅能够依靠旋转钻进。向钻井液中加入润滑剂可能是一种解决方案。

目前，已有商业软件可以根据井身结构、钻杆尺寸、钻井液、速度和摩擦系数来计算和估算预期的载荷和压力，建立可用于设计井眼轨迹和完井方式以及选择相应的钻柱、连接器、钻机、套管的二维或三维模型。但是，在某些情况下，可能需要重新调整井眼轨迹，以降低钻机或钻杆所受的载荷和压力。

扭矩是钻柱旋转所需的力。地面施加的力等于钻头切割岩石所需要的力，以及钻柱与井筒接触部分之间的摩擦力的总和。图 6.12 为扭矩和受力示意图，再结合下式可确定扭矩和摩阻。

$$T = W(d/2)\sin\phi \tag{6.6}$$

式中　T——扭矩，lb·ft；

W——钻杆重力，lbf；

d——钻杆外径，ft；

ϕ——钻柱沿井筒向上运动的角度，是摩擦系数的函数。

该系统的最大扭矩由地面上的钻机和顶驱总成输出。钻机和顶驱必须提供能够使钻柱在整个钻井过程中正常旋转的最大扭矩。最大扭矩可能并不在井内最深点。为了保证需要能得到充分理解和量化，应仔细分析整个井筒和各井段的扭矩需求。

沿钻杆施加到各部件上的扭矩值处于地面最大扭矩和井底钻头扭矩之间。需要认真选择钻柱，特别是钻杆之间的旋转连接结构，使其在该点的扭矩下不屈曲。在超长/超深井中，可能需要选择特殊钻杆，此类钻杆由高强度钢杆和特殊的高扭矩连接结构组成，极端情况下可选用双肩接头。图 6.13 为水平井扭矩图。

一般情况下，计算作用于钻柱结构上的轴向载荷力时，需要对下述三个因素进行评估。

（1）钻柱在井眼中可处于稳定状态，旋转时可施加或不施加载荷；

（2）在旋转或不旋转的情况下，钻杆均可下入井眼中；

（3）在旋转或不旋转的情况下，均可从井眼中起出钻杆。

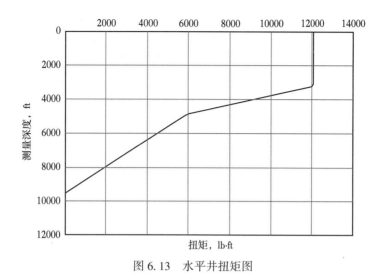

图 6.13　水平井扭矩图

图 6.14 描述了一个无摩擦环境，作用在钻杆上的力分别为钻铤减浮重力（W）、轴向拉力（T）以及垂直于井筒的反作用力（N）。

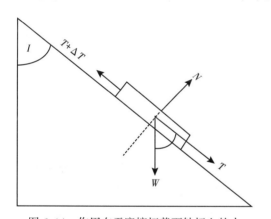

图 6.14　作用在无摩擦切截面钻杆上的力

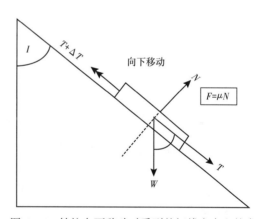

图 6.15　钻柱向下移动时受到的切线方向上的力

转动钻柱所需的额外轴向张力为 $W\cos(I)$，反作用力为 $W\sin(I)$。

$$\Delta T = W\cos(I) \text{ 和 } W\sin(I) \text{（井水平截面 } I=1, N=W\text{）}$$

旋转时，通常假设钻柱轴向摩擦力约等于零，因此可以使用上述公式来估算旋转时的轴向载荷。在上述三种情况（即稳定状态处于井眼中或在井眼中上下移动）下，载荷将相等。当底部旋转并施加载荷时，钻柱向下传递的力将越来越小，最终作用于钻头。钻柱在井眼中上下移动时（图 6.15 和图 6.16），还会受到额外的摩擦力（μN）。

$F = \mu N$，其中 μ 是摩擦系数，取值在 $0 \sim 1$。井筒模拟时，根据钻井液类型和井筒的尺寸，μ 值通常在 $0.12 \sim 0.40$。

因此，下钻时，地面载荷等于底部旋转载荷与摩擦力的差值 $[F = \mu W\sin(I)]$，而起钻时，地面载荷等于底部旋转载荷加摩擦力。在定向井或水平井中，由于井眼不完全垂直，情况更为复杂。通过部分井段时，需要将井眼由垂直方向转向一定角度。此外，受钻柱力学和/或钻头与地层之间相互作用的影响，井眼轨迹还会沿向上、向下、向左或向右漂移。如果井眼轨迹严重偏离设计路径，可能需要转向至目标方向。在设计和实际钻井过程中，需要考虑所有此类扭曲和转弯及其对产生的扭矩和阻力的影响。一般情况下，假设井眼轨迹方向的变化曲线平滑，如图 6.17 所示。

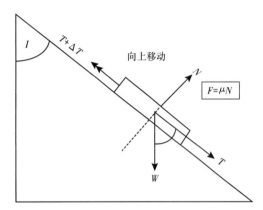

图 6.16　钻柱向上移动时受到的切线方向上的力

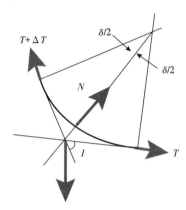

图 6.17　井轨迹方向的变化和调整

$$\Delta T = W \cos(I) + \mu [W \sin(I) - 2T \sin(\delta/2)] \text{（拉出时）} \tag{6.7}$$

$$\Delta T = W \cos(I) - \mu [W \sin(I) - 2T \sin(\delta/2)] \text{（钻井时）} \tag{6.8}$$

$$T = \mu(d/z) [W \sin(I) + 2T \sin(\delta/2)] \tag{6.9}$$

其中，I 为曲线部分的平均角度。

在水平段（其中 $N=W$），沿井眼移动钻杆所需的力为 μW。水平段钻杆的选择标准之一是不能在作用力 μW 下遇卡。此外，还应向井眼的非水平段施加足够压力，以确保水平段钻杆的自由移动。

在直井中，钻柱通常由底部较重、较硬的管形部件（钻铤）和顶部较轻、较软的部件（钻杆）组成。因此，大部分钻柱都处于拉伸状态，即使在加压钻进时，也只有一部分较重、较硬的部件处于压紧状态。由于在低压力载荷下钻杆会发生弯曲，因此其总是处于拉伸状态。钻柱在压紧和拉伸之间的过渡点称为中性点。

然而，在水平井中，钻柱下部相对较轻，因此，移动钻柱所需的轴向力应尽可能低（图 6.18）。较重的钻柱部件位于井眼的上部垂直部分和不太倾斜的非水平部分，用于施加将钻柱沿井眼移动所需的力以及钻头所需的轴向力。在这种结构中，整个钻柱在钻进和随钻时大多处于压紧状态。

随着井眼变深和水平段的延伸，一些较重、较硬的钻柱部件将进入井眼角度较大和水平的部分。在较长的水平井中，需要不时从井眼中起出部分钻柱，并将较轻的部件放到钻柱底部，将较重的部件移至井眼的垂直部分和不太倾斜的部分。

钻头数据				
外径，in	型号	喷嘴，(1/32in)	TFA，in²	磨损情况
8.5	FXG74R	6×12	0.663	

钻具钻头数据		
外径，in	型号	弯曲度，(°)
6.750		0

		井底钻具总成数据					
编号	描述	外径 in	内径 in	钻头规格 in	抗扭系数 lb/ft	钻杆接头 配置	长度 m
1	安全组件 FXG74R	8.500	3.000	8.500	169.30	B4½in（常规接头）	0.40
2	Flex DM 电源 GP 7600 旋转导向系统	6.750	1.675	8.250	114.44	B4½in（内平接头）	9.86
3	RLL（6¾in）DGR/EWR/PWD 传感器	6.750	1.920	8.250	112.09	B4½in（内平接头）	9.00
4	中子/密度声波钻铤（6¾in）	6.750	1.920	12.250	112.09	B4½in（内平接头）	9.19
5	钻铤（6¾in）	6.750	1.920		112.09	B4½in（内平接头）	2.18
6	脉冲发生器（6¾in）	6.750	1.920		112.09	B4½in（内平接头）	3，45
7	三点式扩眼器（8½in）	6.750	2.750	8.500	101.71	B4½in（内平接头）	1.58
8	Rhino 扩眼器（9in）	7.000	2.000	9.000	120.45	B4½in（内平接头）	3.70
9	浮阀接头（6¾in）	6.750	2.813		100.77	B4½in（内平接头）	0.67
10	短钻铤（6¾in）	6.750	2.813		101.00	B4½in（内平接头）	2.70
11	三点式扩眼器（8½in）	6.750	2.750	8.500	101.71	B4½in（内平接头）	1.79
12	短钻铤（6¾in）	6.750	2.813		101.00	B4½in（内平接头）	2.91
13	三点式扩眼器（8½in）	6.750	2.750	8.500	101.71	B4½in（内平接头）	1.38
14	Flex DC 电源非 Mag 钻铤（6¾in）	5.000	2.815	6.750	45.71	B4½in（内平接头）	9.32
15	X/O 接头	6.750	2.800		100.97	B VX57	1.20
16	23×加重钻杆	5.875	4.250		44.04	B VX57	215.56
17	Jar	7.000	2.750		110.91	B VX57	9.81
18	7×加重钻杆	5.875	4.250		44.04	B VX57	65.52
19	手电钻	7.000	2.750		110.91	B VX57	10.02
20	2×加重钻杆	5.875	4.250		44.01	B VX57	18.67
21	随钻测斜仪						

图 6.18　水平井钻柱结构

6.2.4　合适的钻具

水平井钻井另一个关键成功因素是选择合适的钻井设备和技术。在过去的 35 年里，高效、准确地钻探定向井（包括水平井）的技术已得到了极大的发展。20 世纪 70 年代末之前，大多数油井都尽可能设计为直井。人们采用创造性和集约的方法来实现一定的方向性控制，或有意或无意地使油井在偏离垂线时恢复垂直。当时的主要工具是底部钻具组合（BHA）技术，该技术能够实现对钻压、转数、造斜器和弯钻杆的严格控制，并进一步结合了钻削和喷射技术。钻井过程中，必须遵循该技术的使用原则，这是非常重要的，因为过去 35 年来几乎所有的技术改进都是基于同一使用原则实现的。

6.2.4.1　旋转组件

底部钻具组合中的增斜、稳斜和降斜组合可在不使用井下驱动的情况下，实现定向钻井（增斜、稳斜和降斜）。

各种旋转组件的设计都是以下述原则为基础的：两个接触点之间的旋转弯头具有支点

效应（有助于增斜）；而且，如果接触点位置下移，则钻铤的长度和重量能够引起钟摆效应（辅助向下钻进）。紧密连接三个接触点将有助于控制井眼轨迹。通过调整钻压可对增斜和降斜速度进行控制，也可通过改变钻柱的旋转速度或每分钟转数（RPM）对角度进行微调。提高RPM能够增强系统稳定性，还可使接触点升高或下降，从而改变支点臂和变化率。此外，RPM还能够用来控制钻头的钻进速度。

通过将稳定器放在不同的位置，可设计出具有不同功能的底部钻具组合以实现想要的结果（Lubinski和Woods，1955）。底部钻具组合的效果将随岩石强度、互层数量和频率以及地层倾角和方向（统称为"地层效应"）的变化而变化。因此，在某一区域有效的底部钻具组合在其他区域不一定能取得同样的效果，需要进行调整。

定向钻机将保留钻头、组合钻具以及与钻井参数相关的大量记录，这些参数可用于在特定环境下对钻具的组合和性能进行微调。图6.19显示了一些较常用的旋转组件。

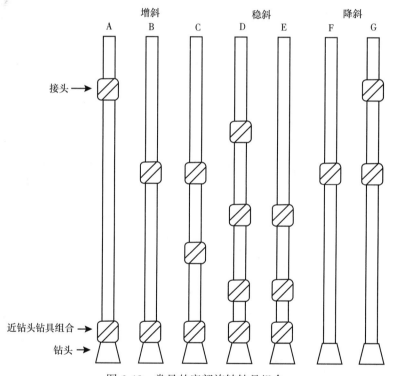

图 6.19 常见的底部旋转钻具组合

增斜底部钻具组合采用近钻头稳定器（NBS）作为钻杆枢轴或支点。位于近钻头稳定器与第一个井筒接触点之间的钻铤部分是杠杆（图6.20）。

一旦倾角达到设计角度，就可以使用稳斜钻具使井眼轨道沿当前井底切线方向，保持原先井斜角和方位角继续钻进。底部钻具组合的原理是两个稳定器两点接触并形成一条锐曲线，而三点接触将使钻柱沿一条直线运动，如图6.21所示。

降斜底部钻具组合的作用是实现钟摆效应。此类底部钻具组合不包含近钻头稳定器，钻铤柱的重心要低于全部钻铤长度，重力作用下，钻柱会被拉向较低的一侧，因此会在钻头下部施加切向载荷，进而使井身角度下降。角度越接近于垂直，作用在钻头下部的力就越小，因此井眼角度越小，降斜钻具的效率就越低。图6.19为典型的降斜组件（F和G），该等组件在大倾角井中更有效。

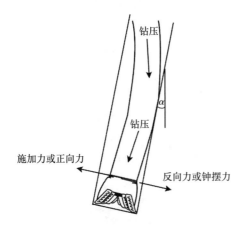

图6.20   作用于钻头的反向力和正向力

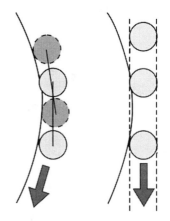

图6.21   底部钻具组合结构
（2点和3点接触）

6.2.4.2   造斜器、弯钻杆和喷嘴

上一节所述的钻具组合适用于已呈一定角度且总体上已朝目标方向钻进的情况。下述几种方法可用于让井眼偏离垂直方向并向所期望方向延伸。

（1）利用自然条件和地层构造。某些情况下，地层岩石会导致井眼轨迹偏离垂直方向，这种情况通常出现在地层倾角明显的地区，如山麓丘陵和盐丘周围。然而，地层构造与油井期望方向一致的情况非常罕见，往往是完全相反的。

（2）使用造斜器使井眼朝目标方向钻进（图6.22）。造斜器的斜面朝向预期方向，迫使钻具组合沿斜面方向前进，该方法通常非常有效。然而，由于钻具组合的旋转力作用，造斜器很难一直处于正确方向。而且，在固定造斜器的地方，钻头和钻具组合可能会从造斜器的左边或右边"滑落"，具体取决于钻头/底部钻具组合与造斜面之间的地层强度和摩擦力大小。

（3）沿正确的方向喷射造斜，是指使用水力喷射在一定方向上创建一个导向孔，通常采用弯钻杆和底部喷射装置完成，当弯钻杆被引导至目标方向后，开始喷射造斜。若井筒按预期方向钻进，则无须继续喷射造斜，可直接使用前文所述的增斜组件。另一种选择是，调整钻头内偏心射流，定向冲蚀井壁的一侧，冲出一个斜窝，随后可开动转盘，沿斜窝钻进，并修整井壁，达到造斜目的。该方法的优点是，钻进过程中无须从井筒中取出增斜组件。在较软（但非完全松散）的地层中，喷射技术造斜最为有效。

上述所有情况下，经常需要停钻（单点）测量井筒的角度和方向。测量工具被安装在钢丝底端下入井眼，测量完毕后再用钢丝将仪器收回至地面。典型的测量工具为照相式测量仪器，利用照相机胶片进行记录，并且需要在钻井过程重新开始前洗出胶片以观测结果。通过单次测斜仪定位造斜器和喷嘴也可以实现井下测试，但每次施工仅能测量一次数据，因此，单点测量非常耗时，且其技术准确性和可靠性远远不足。

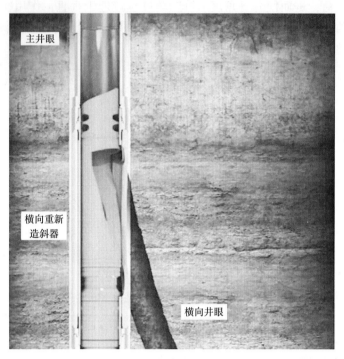

图 6.22　裸眼造斜器

6.2.4.3　螺杆钻具和弯头—钻铤转向工具（20 世纪 70 年代后期）

下面讨论螺杆钻具、弯头和各种转向工具（图 6.23）技术的相关问题。弯头位于螺杆钻具的正上方，只要弯头的定向正确，螺杆钻具就会朝预期方向钻进，从而无须使用造斜器和喷嘴。钻井过程中钻柱不会旋转，而是沿井壁轴向滑动，并通过滑动导向工具改变井筒的井斜角和方位角，从而控制井眼轨迹——这通常称为"滑动钻进"。

图 6.23　弯头和螺杆钻具

螺杆钻具有涡轮式和容积式（PDM）两种类型。与容积式相比，涡轮式的转速较大而扭矩较小。涡轮式螺杆钻具适合搭配高转速和低扭矩的金刚石钻头，而容积式适用于转速较低和扭矩较大的 PDC 钻头。在通常情况下，定向钻井应在滑动钻井和旋转钻井之间交替进行。在滑动钻进阶段，调整井筒角度和方向到预期值。之后，整个钻柱旋转并在相对垂直的方向钻进，直到需要进一步的方向修正。滑动钻井的效率通常比旋转钻井低（得多）。

当钻头朝一个方向钻进时，无法从地面旋转钻杆。此时，钻柱必须克服更多的摩擦才能将力（在这种情况下只有轴向力）从地面传递至钻头。在某些情况下，摩阻过大会造成无法继续钻进。滑动钻井的另一个缺点是由于钻柱不旋转而导致洗井效果不佳，如果处理不当，会造成扭矩和摩阻过大、卡钻等问题。

转向工具是在电子测量工具而不是薄膜的基础上开发的。测量仪器通过数据线接地，使得仪器可以始终在钻具上，同时在滑动钻进时，实时定位螺杆钻具/弯头。装在钻柱上的转向工具能够连续更新弯头方向、井斜角及方向。

数据电缆通常通过旁通接头进入钻柱。在地面旋转系统工作时，应从钻柱中取出转向工具、电缆和旁通接头。与使用非定向螺杆钻具和单点仪器相比，该技术大幅提高了定向钻井的效率，但仍然存在一些问题。

弯头与钻头的距离为螺杆钻具的长度（20~30ft），这意味着该钻具组合可实现的钻井速度非常低（1~2°/100ft），因此，在某类地层中，该方案可能无法实现预期的结果。为了达到更高的钻井速率，必须缩短钻头与弯头之间的距离。

当钻柱旋转时，转向工具所需的测井电缆无法保留在钻柱中。因此，在钻井的不同阶段，安装和拆卸转向工具、测井电缆和旁通接头时，需要频繁停钻。

6.2.4.4 随钻测量工具和弯外壳螺杆钻具（20世纪80年代早期）

为克服螺杆钻具和弯头的低效问题，研制了弯壳可操纵螺杆钻具。弯壳体螺杆钻具的外壳上有一个或多个弯壳或折叠，当需要改变井眼方向或倾角时，作业人员可直接调整钻头指向目标方向。在钻具上安装弯外壳（而不是弯头）可大大缩短弯头与钻头之间的距离，达到更高的钻井速度（30°/100ft）。根据钻井目标曲率速率选择钻具弯外壳的弯曲程度。曲率越短，钻具弯曲程度越大。

20世纪80年代早期引入了随钻测量工具。随钻测量工具能够测量钻具弯曲方向、井斜角及方向。与之前的测量工具不同，随钻测量工具使用压力脉冲连续不断地将数据传输到地面，而不需要测井电缆。因此在滑动钻进和旋转整个钻柱时它可以保持在钻柱中，而不需要在此期间停止钻进。

在接下来的30多年里，随钻测量工具日益精细，加入了各种传感器和测量仪器以获得振动、井下扭矩和拉力、井径等信息，还能够测量自然伽马射线、电阻率、孔隙度等地层属性，辅助钻进过程。

弯外壳可操纵螺杆钻具和随钻测量技术的引入使复杂的定向井（包括几乎所有环境中的水平井）的钻井效率得到大幅提高。然而，该工具的使用仍然需要滑动钻井来达到和维持所需的井斜角和方向。如前文所述，滑动钻井效率通常低于旋转钻进，当钻柱无法将力传递到钻头时，摩擦将导致钻井过程在钻进一段距离后停止。

6.2.4.5 旋转导向系统（20世纪90年代）

旋转导向系统（RSS）工具是一种用于控制地面和井筒底部之间的钻柱的技术，同时可利用钻头引导钻柱朝目标方向钻进（图6.24）。

与非旋转钻柱相比，旋转钻柱与井筒之间的摩擦要小得多。通过地面钻井设备，旋转钻柱能够将更多的旋转力（转速和扭矩）和轴向力传递到钻头。与无法连续旋转的系统相比，摩擦力较小也意味着可以钻更长的水平井眼。此外，旋转还有助于确保钻头不会被钻屑卡住，从而减少了井眼清洁所需的时间。旋转导向系统工具的结构远比螺杆钻具复杂，因此技术成本也相应增加。

6.2.4.6 选择合适的钻具

主要根据目标地层的地质属性、地质力学和地球化学性质，以及钻井的经济效益和技

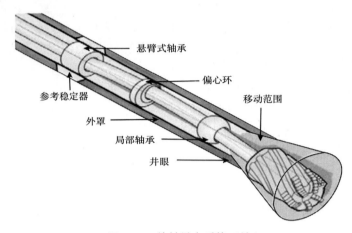

图 6.24　旋转导向系统工具

术成本等因素选择钻具。

　　选择合适的钻头并搭配钻井设备对钻井至关重要。钻头和钻井设备构成了一个系统。选用容积式螺杆钻具、涡轮式螺杆钻具或旋转导向系统工具，需要使用不同的钻头。钻具组合是否正确取决于钻井轨迹以及相对于油井价值的系统总成本。此外，钻井设备的选择也可能受随钻测井设备（LWD）类型的影响。图 6.25 说明了钻井作业中使用的各种钻头和钻具。

图 6.25　钻头和专用钻具

　　在大多数情况下，旋转导向工具是首选。然而，此类工具成本很高，经济效益较低的油井无法承受。在几乎所有其他情况下，弯外壳可操纵螺杆钻具都是首选工具，对于某些油井而言，甚至是唯一的解决方案，例如当油井从垂向转为水平向或确保井眼位于产层时需要急转弯。

　　若需要在非常坚硬或温度较高的岩石上钻探，可导向的涡轮式螺杆钻具是首选的解决方案。涡轮式螺杆钻具可以提供比容积式螺杆钻具更高的转速，同时选择金刚石钻头或潜铸式钻头使其能够在硬地层中钻进。与容积式螺杆钻具相比，涡轮式螺杆钻具提供的扭矩相对较小，这是它的一个劣势。

6.3 如何知道选择是否正确

下一步是选择适合的监测技术和测量管理方案。钻井时必须准确测量井眼的绝对位置，这不仅有助于确保井眼处于正确的位置，还可以记录整个井眼轨迹，为将来的邻井方案设计以及钻类似井提供参考。

测量时，必须测量沿井眼轨迹相对于北面（方位角）的倾角和方向，测量井段间隔通常为90ft或30m。利用曲率模型（通常采用最小曲率）计算井眼位置，获取距离井口正北和正东方向的实际垂直深度（TVD）。图 6.26 描述了某斜井的勘测计算示例。

MD ft	Inc （°）	Azi （°）	TVD ft	N/S ft	E/W ft	工具
679.0	2.89	299.16	678.9		2.7	SR-Gyro-SS（1）
725.0	4.49	297.38	724.8		0.1	SR Gyro-SS（1）
775.0	5.09	297.86	774.6		−3.6	SR Gyro-SS（1）
821.0	6.25	296.86	820.4		−7.6	SR Gyro-SS（1）
870.0	6.52	296.43	869.1		−12.5	SR Gyro-SS（1）
916.0	6.47	297.18	914.8		−17.1	SR Gyro-SS（1）
964.0	6.72	300.83	962.5		−21.9	SR Gyro-SS（1）
1010.0	7.59	303.62	1008.1		−26.8	SR Gyro-SS（1）
1059.0	8.87	304.73	156.6		−32.6	SR Gyro-SS（1）
1105.0	10.33	306.26	1102.0		−38.8	SR Gyro-SS（1）
1154.9	10.97	306.14	1151.0		−45.2	MWD+FR2+M5 sag（2）
1249.7	12.79	310.01	1243.8		−61.6	MWD+FR2+M5 sag（2）
1345.4	14.25	306.47	1336.8		−79.1	MWD+FR2+M5 sag（2）
1441.5	16.46	305.59	1429.5		−99.7	MWD+FR2+M5 sag（2）
1535.5	17.50	301.22	1519.4		−122.7	MWD+FR2+M5 sag（2）
1630.4	18.59	302.17	1609.7		−147.7	MWD+FR2+M5 sag（2）
1696.7	18.80	298.73	1672.4		−166.0	MWD+FR2+M5 sag（2）
1757.0	18.77	298.18	1729.5		−183.1	MWD+FR2+M5 sag（2）
1852.5	20.92	295.54	1819.3		−212.0	MWD+FR2+M5 sag（2）
1947.6	25.06	292.03	1906.8		−246.0	MWD+FR2+M5 sag（2）
2042.1	27.21	292.05	1991.7		−286.4	MWD+FR2+M5 sag（2）
2137.0	30.84	291.63	2074.7		−327.3	MWD+FR2+M5 sag（2）
2232.3	31.42	292.38	2156.3		−373.0	MWD+FR2+M5 sag（2）
2327.4	35.63	292.98	2235.5		−421.4	MWD+FR2+M5 sag（2）
2422.5	38.40	290.54	2311.4		−474.6	MWD+FR2+M5 sag（2）
2517.3	42.48	288.77	2383.6		−532.5	MWD+FR2+M5 sag（2）
2613.4	46.37	284.64	2452.2		−596.9	MWD+FR2+M5 sag（2）
2708.4	48.97	279.31	2516.2		−665.6	MWD+FR2+M5 sag（2）
2803.3	51.29	273.38	2577.0		−737.9	MWD+FR2+M5 sag（2）
2899.4	54.08	268.08	2635.4		−814.3	MWD+FR2+M5 sag（2）
2994.4	56.77	265.45	2689.3		−892.4	MWD+FR2+M5 sag（2）
3090.2	59.62	263.56	2739.7		−973.4	MWD+FR2+M5 sag（2）
3185.3	63.02	262.45	2785.4		−1056.2	MWD+FR2+M5 sag（2）
3279.1	65.81	261.15	2825.9		−1139.9	MWD+FR2+M5 sag（2）
3374.8	70.37	260.38	2861.6		−1227.5	MWD+FR2+M5 sag（2）

图 6.26 勘测计算

井筒勘测中常使用两种主要的测量技术：陀螺测量和磁力测量。两种技术都使用相同的三轴加速度计来测量井筒倾斜度。陀螺测量使用陀螺仪来确定井筒方位（通常参考正北方位），而磁力测量则使用磁力仪来测量井筒相对于地磁北极的方位。然而，由于地磁北极旋转的速度很慢，因此方位角会被修正为当地规定或客户政策所规定的参考正北方位。正北和参考正北方位都是正确的，还可使用网格北方位作为参照。在实际应用中，既可使用陀螺测量工具，又可使用磁力测量工具进行井测量，综合测量结果确定井筒位置。

所有的定向测量都存在一定程度的不精确或误差，包括由于机械和电子测量仪器本身造成的误差、测量仪器与井筒未完全对准引起的误差，以及井眼计算模型本身所造成的误差。每一个误差本身都很小，但在数英里长的油井中，所有这些误差累积起来，就会导致井眼的理论位置和实际位置之间产生很大的差异，该差异被称为"测量不确定性"（图 6.27）。

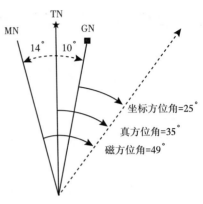

一口油井的井眼位置的不确定性取决于所采用的测量方法和处理方法。考虑到这种不确定性，业界研究人员开发出了不同测量工具的误差模型供操作人员使用，该模型能够估算出钻井不确定性，并在钻井允

图 6.27　井眼理论位置与实际位置差异

许的不确定性范围内选择合适的测量仪器组合进行油井测量（图 6.28）。

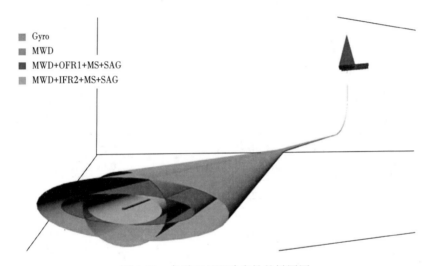

图 6.28　各种工具不确定性的椭圆图

如本章前文所述，仅依靠定向测量可能会导致井眼轨迹偏离设计轨迹。在几乎任何情况下，钻探前都必须测量地层属性，只有深入了解了地层属性，才有可能确定最佳的井位。此类测量方法的使用以及确定油井最佳位置的过程通常被称为"地质导向"。

对于水平井而言，最关键的是"着陆点"，即油井达到 90° 倾角的点。必须确保着陆点深度和方向绝对正确。虽然随着井的钻进可以修正方向，但难度很大，因为在错误的位置进行的任何方向修正都会导致井眼与产层接触长度的缩短。为了能够完美着陆，需要测量相关地层属性，以便在着陆前确定好油井方位。在此基础上，地质模型和井眼轨迹设计可由垂向转为水平向。

根据当地的地质概况，对于地层属性的测量结果可用于修正井眼轨迹。地层属性测量值包括自然伽马射线、地层电阻率、密度、孔隙度或声波阻抗。在极端环境中，可能还需要分析地层岩石元素以及钻井图像。图 6.29 描述了伽马射线测井的示例。

一旦油井在地层中水平着陆，就需要确保其位于该地质条件下的最佳位置。虽然地层通常呈水平层状，但许多因素都可能导致地层在断层或裂缝处发生起伏或上下移动。其中有些特征可以通过地震图或其他地质信息来确定，但仍有很多特征无法确定。

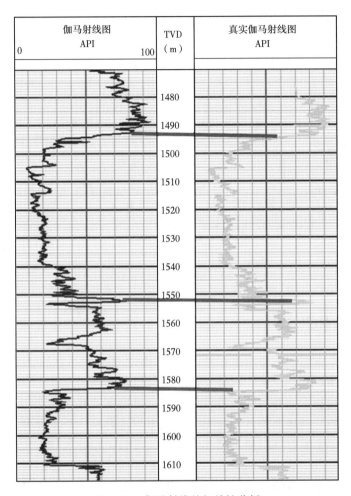

图 6.29　伽马射线的相关性分析

为了使油井处于地层中的最佳位置，可以使用地质导向技术。与修正着陆技术类似，可以在钻井时进行实时测量，并将其与在正确位置的测量响应模型进行比较。如果测量数据开始偏离模型，则需要修正井眼轨迹使其回到正确位置。因此，需要结合使用正确的测量方法与本领域的专业技术人员共同确定修正措施。图 6.30 展示了地质导向技术的示例。

水平井地层测量的复杂之处在于其测量响应与直井明显不同。测量地层特征的工具（如电阻率和声波工具）容易受附近地层或各向异性或同时影响。虽然有些模型能够解决这一问题，但缺少能够准确反映该问题的足够信息。

以下事实反映出测量技术和信号处理的最新进展：深层读数传感器（主要是电阻率）的信号受附近地层或邻井影响，而不受正在钻探的油井的影响。基于这一事实可计算近井地带地层界面或井眼边界的距离和方向。随着此类技术的进步，有望在未来几年在行业中得到应用。

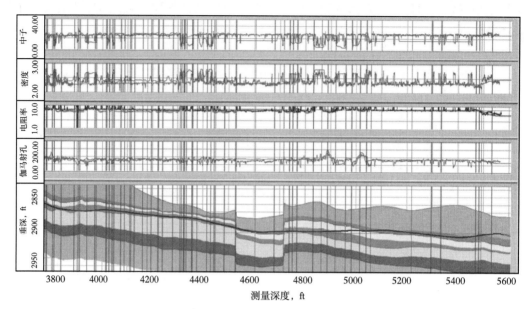

图 6.30   实时地质导向技术示例

6.4   获取更多的收益

在规划水平井作业时,值得考虑在同一口井中钻探多个水平井段,采用分支井 (MLT) 完井钻井技术可以实现这一想法。

分支井水平段增加了油井与油藏的接触面积,可提高油井在整个生命期间的产量以及整个项目的经济效益。当地面条件限制无法钻探多口油井时,分支井技术可以发挥其独特的优势,只需钻取单个垂直井眼便可增加与油藏的接触面积。该技术大幅降低了钻井总体成本、环境影响和风险。

然而,该技术也有一些缺点和附加风险。如果需要进行完井、修井和清理工作,可能无法进入每个侧向分支。某个侧向分支连接处或井段的失效可能会影响其他侧向井段的注入或产出。此外,该技术的完井和生产更加复杂,每个分支井段都需要付出额外成本。但是,额外成本通常比钻一口新井完井的成本要少 (得多)。

在这种情况下,需要进行详细的风险回报分析,以确定最经济有效的方法。

6.5   水平井钻井规划——方案设计及施工考虑

任何油井 (包括水平井) 的钻井设计都是先从下往上,再从上往下进行的。通常,需要多次迭代以确保避免所有冲突并满足所有需求。

首先,要在合适的深度和正确的方向上规划井眼轨迹,以达到最佳的生产效果。该轨迹必须从地面井口位置开始并远离其他油井,还应根据需要穿过产层。井眼轨迹模拟有助于规划并计算井眼轨迹的机械稳定性,并且远离已存在的或设计的其他井眼轨迹,从而确保钻井过程中不会接触或穿过其他井。图 6.31 显示了现场井轨迹设计示例。

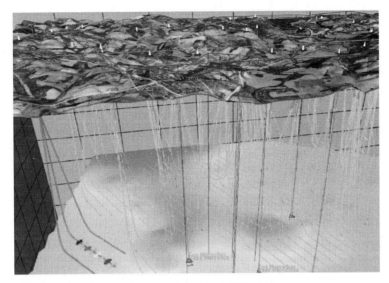

图 6.31　油田井轨迹设计示例

　　其次，也是最主要的，需考虑完井和生产要求。大多数油井最终都是用来生产油气的，这意味着在方案设计时，需考虑的主要因素包括用于生产和运输烃类的设备类型和大小。采油钻杆和防砂设备的尺寸，以及增产措施和修井工艺决定了钻取油藏段井眼的大小。此外，还需考虑是否需要人工举升和/或智能完井设备。

　　确定了井眼大小之后，结合从地面到油藏的地质力学（孔隙压力和裂缝梯度）分析，便可制订从上到下的套管方案（图6.32）。考虑套管尺寸、分级和固井，依次确定从下往上需钻取的每个井段的尺寸。如果需水平安装套管或衬管并进行固井，则必须对固井作业进行设计和模拟，以确保方案的顺利实施。其中，必须考虑套管居中、钻井液和滤饼清除、隔板和水泥交替以及套管完全密封等因素。必须考虑使用水泥添加剂及膨胀封隔器等其他装置进行区段隔离。

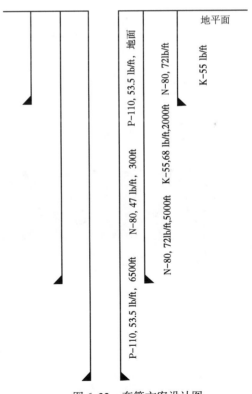

图 6.32　套管方案设计图

　　钻井模拟能够确保完井设备和套管准确安装至特定深度和固井的井中。此外，还可对井眼压力进行模拟，确保套管和完井设备能够承受整个使用期限内的压力。设备所受压力与钻井、固井和生产阶段温度的循环和变化有关。此外，每个阶段的钻井液、钻头和钻柱底部钻具组合设计都是通过从上到下迭代确定的。

6.5.1　钻井液设计

钻井液的主要作用是维持井眼稳定性（机械和化学稳定性）、对井眼进行有效清洁，以及对整个钻井过程（如冷却钻头和润滑，最大限度减小流体与钻柱以及井眼与钻柱之间的摩擦等）提供支持。对于有可能发生钻井液漏泄的井段，所选的漏泄循环流体需要与所选的流体相容。

其次，应考虑钻井液流变学方面的问题，主要涉及钻井液黏度和压缩性，以帮助进行有效的当量循环密度控制。这项工作要考虑基础设施、后勤和环境方面的限制。

6.5.2　钻头切削表面设计

考虑到岩层的岩石强度、耐磨性、水平井预期有效长度以及所使用的钻具和钻井液的情况，可在钻头和任何扩眼器或开孔器上设计所需的切削结构，其应确保有效的岩石破坏与可用的机械和液压动力以及钻头寿命之间的平衡，以实现最佳经济效益。

使用预测的渗透率、钻井时间和钻井成本来模拟钻井的经济钻速。模拟过程中，通过改变一个或多个井段的钻速来实现经济目标，而不是在全井段都使用相对较高的相同钻速。图 6.33 描述了钻井使用成本的分析示例。

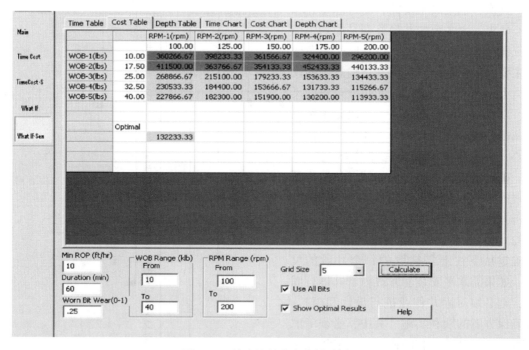

图 6.33　钻头运行成本分析示例

钻井过程中还应确保井眼的有效清洁。并且，在设计钻速下，可以对当量循环密度进行调整（不超过任意临界值）。可分井段进行模拟，但钻井液和钻头的设计可能需要迭代优化。

6.5.3　钻柱和底部钻具组合的尺寸设计、扭矩和阻力以及 BHA 建模

钻柱和底部钻具组合的设计必须保证机械和液压动力能够传递到钻头上。此外，底部

钻具组合还能满足钻井的定向控制需求。

钻柱必须足够坚固才能将扭矩从地面传递到钻头，而不会发生自身损坏。在大多数情况下，钻柱的弱点在于钻杆之间的连接，连接的可靠性依赖于管径和材料。此外，钻柱还必须有足够的强度和硬度来传递轴向力（即最大张力和压力下不会发生损坏）。图 6.34 分析了水平井所受的扭矩和摩阻。

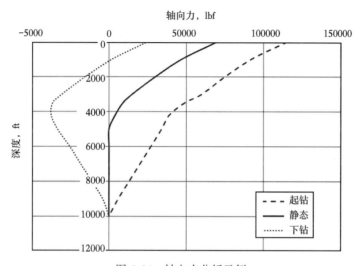

图 6.34　轴向力分析示例

最后，选择钻柱内径和外径，以确保钻井液能够以设计流速循环，保证井眼的有效清洁和循环压力。可通过钻机循环系统和井筒调节循环压力。

在井眼形状设计、井眼轨迹设计、钻井液流变学和钻柱设计中，可能需要迭代以优化相关需求。底部钻具组合的主要目的是实现定向钻井。部分井段要求底部钻具组合必须具有增斜和转向能力，而直井段中的底部钻具组合则无须具有很强的增斜或降斜能力。受力模拟分析可确保底部钻具组合达到设定目标。图 6.35 展示了某水平底部钻具组合的示例。

6.5.4　水力参数

钻柱设计阶段同时进行水力分析。根据油井的形状、钻柱和钻井液数据进行模拟，以估算循环压力、流体速度和井眼清洁效率（图 6.36）。

如前文所述，可能需要对整个水力系统进行迭代优化，以满足所有要求。

6.5.5　其他注意事项

在钻井过程中，对实际数据和模拟数据进行比较至关重要。模型可以不断微调和校准，但任何偏离设计参数的偏差都很可能反映出潜在问题。

扭矩、摩阻和水力模型都可以进行微调和校准，因为模拟使用了预期摩擦系数和钻井液流变变量的最佳估值。钻井过程中可以得到实际摩擦系数值，并将其用于进行新的模拟。此外，也可采用实际的钻井液流变性进行新的水力模拟。经过更新的地层倾角数值则可用于井下钻具组合精细模拟。基于丰富的现场作业经验，任何井控相关数据都可以用来更新孔隙压力和岩石应力假设值，以校准地质力学模型。

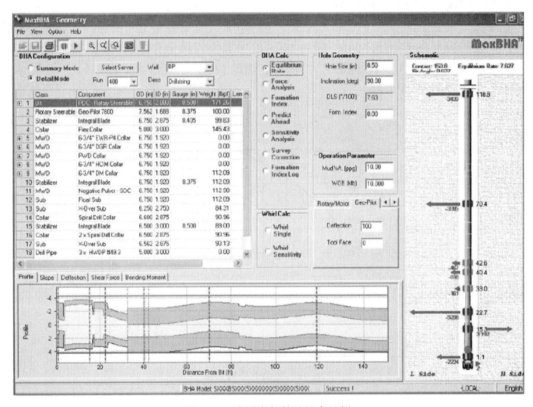

图 6.35 水平底部钻具组合示例

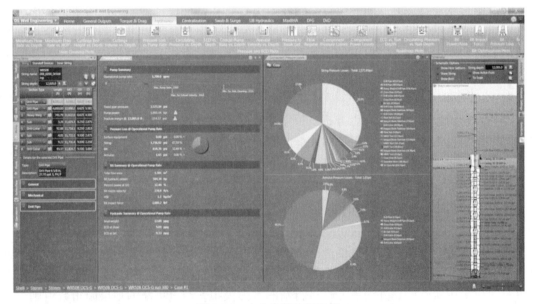

图 6.36 水力参数分析示例

任何偏离设计参数的情况，例如高于预期的扭矩、阻力或循环压力，都可能预示着即将出现问题，如井筒清理不良、井筒塌陷、井筒限制或设备故障等。因此，必须密切关注此类参数，并及时分析偏差出现的可能原因，争取在问题变得严重而无法应对之前采取补救措施。

参 考 文 献

［1］ Aadnoy, B., Cooper I., Miska, S., Mitchell, R. F., and Payne, M. L. 2009. Advanced Drilling & Well Technology, Richardson, TX: Society of Petroleum Engineers.

［2］ Bai, M., Guo, Q., and Jin, Z. H. 2008. Study of Wellbore Stability due to Drilling Fluid/Shale Interactions. ARMA 08-325 presented at 42th USRMS, San Francisco, Jun. 29 to Jul. 2.

［3］ Bilgesu, H. I., Mishra, N., and Ameri, S. 2007. Understanding the Effect of Drilling Parameters on Hole Cleaning in Horizontal and Deviated Wellbores Using Computational Fluid Dynamics. SPE paper 111208 presented at Eastern Regional Meeting, Oct. 17-19.

［4］ Cunha, J. C. 2002. Drill-String and Casing Design for Horizontal and Extended Reach Wells — Part I. SPE paper 79001 Presented at International Thermal Operations and Heavy Oil Symposium and International Horizontal Well Technology Conference, Calgary, Alberta, Canada, Nov. 4-7.

［5］ Emadi, H., Soliman, M. Y., Samuel, R., Harville, D., Gamadi, T., and Moghaddam, R. 2014. Effect of Temperature on the Compressive Strength of Eagle Ford Oil Shale Rock: An Experimental Study. SPE paper 167928 presented at IADC/SPE Drilling Conference and Exhibition, Fort Worth, Texas, USA, Mar. 4-6.

［6］ Emadi, H., Soliman, M. Y., Samuel, R., Ziaja, M., Moghaddam, R., and Hutchison, S. 2013. Experimental Study of the Swelling Properties of Unconventional Shale Oil and the Effects of Invasion on Compressive Strength. SPE paper 166250 presented at the SPE ATCE, New Orleans, Louisiana, Sep. 30 to Oct. 2.

［7］ Hill, T. H., Guild, G. J., and Summers, M. A. 1996. Designing and Qualifying Drill Strings for Extended Reach Drilling. SPE paper 29349 presented at IADC/SPE Drilling Conference, Amsterdam, Netherland, Feb. 28 to Mar. 2.

［8］ Huang, H., Azar, J. J., and Hale, A. H. 1998. Numerical Simulation and Experimental Studies of Shale Interaction with Water-Base Drilling Fluid. SPE paper 47796 presented at IADC/SPE Asia Pacific Drilling Conference, Jakarta, Indonesia, Sep. 7-9.

［9］ Lubinski, A., and Woods, H. B. 1955. Use of Stabilizers in Controlling Hole Deviation. API Drilling and Production Practice, New York, Jan. 1.

［10］ Muniz, E. S., da Fontoura, S. A. B., Duarte, R. G., and Lomba, R. T. F. 2005. Evaluation of the Shale-Drilling Fluid Interaction for Studies of Wellbore Stability. ARMA/USRMS 05-816 presented at 40th USRMS, Alaska, USA, Jun. 25-29.

［11］ Nwagu, C., Awobadejo, T., and Gaskin, K. 2014. Application of Mechanical Cleaning Device: Hole Cleaning Tubulars, to Improve Hole Cleaning. SPE paper 172403 presented at the SPE Nigeria Annual International Conference and Exhibition, Lagos, Nigeria, Aug. 5-7.

［12］ Saad, S., Lovom, R., and Arne Knudsen, K. 2012. Automated Drilling Systems for MPD C-The Reality. SPE paper 151416-MS presented at IADC/SPE Drilling Conference and Exhibition, San Diego, California, USA, Mar. 6-8.

［13］ Zoback, M. D. 2007. Reservoir Geomechanics. New York, NY: Cambridge University Press.

7　支撑剂和支撑剂运移

为实现压裂液优化、支撑剂设计优选和经济开采，人们在裂缝形态设计方面投入了大量精力。尽管大量科研人员都在致力于研发水力压裂增产技术，但影响支撑裂缝导流寿命的因素也很重要。

通过温压测试可以确定支撑剂的抗压性和导流能力，通过对比不同温度和应力下的支撑剂的抗压性和导流能力，来确认其是否合格，此类技术已非常成熟。然而研究发现，通过油井动态和试验所获得的测量值通常不到预期值的 5%，因此其无法很好地反映实际裂缝的导流能力。Palish 等人（2007）和 Barree 等人（2003）详细描述了在生产条件下，由支撑剂充填裂缝引起导流能力发生弹性变化的影响因素。其中，支撑剂返吐、非达西和多相流动效应、支撑剂破碎、压力循环引起支撑剂破碎、支撑剂嵌入、地层剥落产生细屑、细屑运移、凝胶伤害、支撑剂结垢和强度退化都可能对裂缝的导流能力产生严重影响。目前已提出缓解此类伤害机制影响的特定方法和一系列针对性技术，以最大限度提高裂缝的长期导流能力并保持油井产能。本章将讨论维持裂缝导流能力的几种解决方案。

7.1　支撑剂返吐

在生产作业期间，可在水力裂缝中注入支撑剂（成本相当高），使压裂增产处理后的裂缝仍处于开放状态，从而为井筒提供油气导流能力。大多数常规压裂假设生成简单的双翼平面形态的裂缝，但随着行业转向水平钻井和特殊页岩储层的开发，生成的裂缝形态可能会因为交错的裂缝网络而变得更加复杂。由于支撑剂充填宽度与裂缝导流能力直接相关，因此如果支撑剂返吐到井筒中，裂缝导流能力就会降低。支撑剂返吐不仅会导致产能损失，还会增加作业成本、延长关井时间以清理井筒并更换因支撑剂返吐引起的侵蚀、堵塞、黏滞和磨损而损坏的机泵和设备。

采取增产措施后的压裂液返排过程中，常常会观察到支撑剂快速返吐，在利用无限制防喷诱导地层快速闭合的情况下，这一现象更为突出。在这一阶段，压裂液破胶不充分将加剧支撑剂返吐。如果采用这种技术，则应采用具有较强侵蚀性的压裂液破胶剂进行施工（Ely 等，1990）。为尽可能降低支撑剂返吐量，许多作业人员都会降低生产速度。进行水平井多级压裂完井时，经常采用过度裂缝延伸来减少支撑剂返吐，从而避免造成井内机械问题（VanGijtenbeek 等，2012）。在这种情况下，近井地带的支撑剂被驱向远处，可能导致近井地带裂缝的导流能力和产能显著降低。

在许多储层中经常发生第二类支撑剂返吐，即支撑剂缓慢但持续的回流（Vreeburg 等，1994）。这是一个非常棘手的问题，可能需要频繁清洗井筒并更换受到腐蚀的设备和机泵。

可采取预防措施对支撑剂进行处理，防止支撑剂返吐；但是，在某些储层中，可能只有少数井会出现此类问题，单独处理出问题的油井比在所有井中应用支撑剂返吐控制更为经济，如 Norman 等人（1992）的讨论所述。

7.2   补救型支撑剂返吐控制

控制支撑剂返吐的常用生产方法是在裂缝清理过程中控制压裂液返排速度，流速应小于支撑剂返吐速度。为了控制支撑剂的返吐，Villesca 等人（2010）和 Nguyen 等人（2009）提出了水基树脂乳液配方的新技术方案。该配方取代了 Nguyen 等人（2013）所讨论的基于树脂体系分散溶剂的溶液，后者更难被处理和注入裂缝中。水基树脂乳液体系的优点在于它与泡沫体系完全相容，也可能与井筒中的大多数水溶液相容，只需将树脂和固化剂混合在一起形成单一的均质流体，然后注入井下即可。该方法提供了良好的固结强度，还能实现无支撑剂压裂及较高的生产速度。该补救方案的优势之一在于采用初级增产措施时，仅需对出现支撑剂返吐的油井应用该方案，而无须应用于所有压裂井。该方案的首选配置为连续油管和氮气发泡来改善处理液的分布，以覆盖所有沿井筒的暴露射孔并有效处理较长的压裂层段。Nguyen 和 Rickman（2012）提出的由低浓度的水基树脂乳液和高质量的泡沫组成的配方液为支撑剂返吐控制提供了一种具有较强经济性的解决方案。图 7.1 和图 7.2 所示为单个支撑剂颗粒之间产生的树脂接触点，在接受泡沫水基树脂处理后，此类颗粒形成了强度非常高的连接键，能够有效阻止支撑剂返吐。

（a）50x

（b）100x

图 7.1   显微镜照片显示了水基分散树脂溶液与氮气泡沫处理后在 20/40 目砂粒之间形成强结合

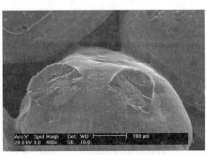

（a）20/40 目布雷迪砂

（b）20/40 目铝土矿支撑剂

图 7.2   SEM 照片显示了支撑剂颗粒之间接触点处水基树脂（WBR）结合的痕迹

7.3　基础型支撑剂返吐控制

控制支撑剂返吐的基本处理（与压裂处理同时进行的处理）方法包括：可固化树脂预涂层支撑剂（Graham 等，1975；Pope 等，1987；Normal 等，1992；Vreeburg 等，1994）、纤维混合支撑剂（Card 等，1995）、可变形粒子混合支撑剂（Stephenson 等，1999）、可固化树脂现场涂层支撑剂（Murphey 等，1989；Nguyen 等，2013；Trela 等，2008）、非硬化树脂支撑剂表面性质改性现场涂层支撑剂（Nguyen 等，2008；Nguyen 等，1998a）。

7.4　可固化树脂预涂层支撑剂

可固化树脂预涂层支撑剂包含砂粒和人造陶瓷材料等常规支撑剂材料，这些材料先预涂干燥的化学树脂，然后根据需要进行部分或完全固化。支撑剂返吐通常采用部分固化的树脂涂层，因为当接触到热量和封闭应力时，树脂会首先软化，然后固化，从而形成非常耐用的涂层。在足够大的应力下，颗粒发生直接接触并形成固结的支撑剂充填层。

通常在压裂最后阶段使用可固化树脂预涂层支撑剂，目的是在近井地带的裂缝空间内形成固结的支撑剂充填层，其能够充当前面未固结支撑剂的屏障。在部分固化的树脂上，涂覆具有一定范围的尺寸和强度的支撑剂，温度低于 120 ℉时，支撑剂表面透明，涂层砂可以自由流动。随着温度升高，表面开始变软至黏稠。当黏性颗粒遇到挤压时，树脂会在颗粒之间粘结，最终形成一个固结的充填层。硬化过程有热量、应力和时间要求。低温条件下，需要很长时间才能硬化，导致长时间关井后才能开井生产。在压裂液中加入适当的添加剂（加速剂）可加速树脂涂层的软化，促进颗粒间的粘附或粘结，并允许油井提前返排。然而，要达到良好的粒间固结，仍需要较长时间。在高温条件下，树脂涂层可能在地层闭合之前固化，生成固化树脂涂层支撑剂（RCP），导致几乎难以形成固结。为实现颗粒之间的充分接触，必须进行快速彻底的破胶，才能产生良好的固结。一些压裂液添加剂可以加速树脂预涂层支撑剂的固化，从而在实现颗粒与颗粒接触之前发生硬化。制造商提供了各种可固化树脂预涂层支撑剂，并采用不同的树脂。其中一些可能会对压裂液的稳定性产生很大影响，因此需要现场测试来确定最终的压裂液配方。可固化树脂预涂层支撑剂通常适用于低至中等返排速率（5~30BPD/射孔）的井，固结强度（5~50psi）通常较弱（Dewprashad 等，1998）。

7.5　液体树脂涂料

现场使用的液体树脂涂料（LRC）技术为支撑剂返排的初级处理提供了卓越的解决方案。行业内该类型产品包含多种树脂体系，可在 70~550 ℉以上的井底温度下发挥作用。这些树脂体系均可实现支撑剂高强度（>100psi）固结，但不同产品之间的固化速率和温度存在较大差异，因此需要选择合适的体系来适应不同温度和裂缝闭合时间的储层特性。选择合理的树脂体系，可确保在低温条件下实现良好的固结强度，还能够为高温条件下的固化提供了足够的时间。与预涂层可固化 RCP 不同，液体树脂涂料工艺不需要应力，仅需满足支撑剂颗粒接触条件就能确保固结。此外，100%的树脂都能有效粘结固结支撑剂颗粒，这与可固化RCP在部分固化过程中会消耗掉大约一半的树脂不同，但这是可固化RCP形成非黏性玻璃涂层的必要条件，可确保产品在未设定表面环境温度的情况下顺利装运。在气动输送过程中，可固化树脂预涂层支撑剂还会对涂层造成伤害，形成大量的树脂粉尘，从而带来潜在安全隐患，并可能对某些压裂液配方产生重大影响。为确保相容性，通常采用压裂液接触预涂层支撑剂或液体RCP进行压裂液质量控制流变学试验（Krismartop等，2005；Chang等，2007；Trela等，2008）。

下面总结了LRC系统的一些明显的优势：

（1）LRC系统黏稠，能够促进颗粒间接触；

（2）毛细管作用使树脂集中在颗粒间接触点，接触面积大，连接键强度高；

（3）该树脂由添加剂配制而成，能够促进去除压裂液膜，进而阻止颗粒间的接触；

（4）可根据需要将液体树脂涂敷成任何类型和尺寸的支撑剂；

（5）可根据特定井况调整树脂和活化剂，达到预期的性质。

7.6 支撑剂表面改性剂

对于预期低产井（<5BPD/射孔），可通过使用非硬化树脂系统［表面改性剂（SMA）］来实现低成本的支撑剂返排控制。支撑剂包裹在该系统内部，可用于增强其表面疏水性和黏性。砂粒上的疏水涂层具有VELCRO特性，即涂层颗粒在接触时会相互粘附，也可能被拉拽分离，但接触到相同或不同的涂层颗粒时会再次发生粘附现象（Nguyen等，1998a；Nguyen等，1998b；Weaver等，1999）。例如，在压裂砂上涂覆SMA，可以使支撑剂临界流速增加3~6倍。例如，图7.4所示的实验数据显示20/40目布雷迪砂粒的临界流速通过半英寸射孔时为0.6BPD。当涂敷1%的SMA时，流体通过射孔时流速需要达到3.2BPD才会发生支撑剂返排。一旦流体流速超过临界流速，未经处理的支撑剂就可自由流动。经过

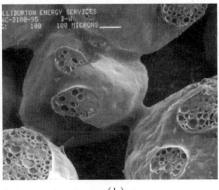

（a）　　　　　　　　　　　　　　（b）

图7.3 （a）RCP20/40目砂粒在低温和应力下固化后的固结扫描电子显微照片。它显示了颗粒间薄弱的结合区域，以及固结支撑剂断裂处留下的痕迹。(b) 表面覆盖有LRC的固结20/40目砂粒的扫描电子显微照片（SEM），显示了结合区域和明显痕迹，这是在相同温度和应力条件下形成的强固结的特征

SMA 处理的支撑剂返排非常缓慢，直至在稳定的支撑剂充填层中形成通道。支撑剂返排缓慢也是 SMA 无法作为返排控制剂的原因之一；然而，作业人员通常使用这种材料来快速清理裂缝，同时减少支撑剂返排。通常情况下，仅仅是清理时间方面的改进就可以抵消 SMA 处理成本。

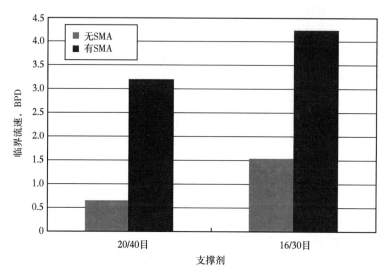

图 7.4　支撑剂采用 SMA 进行表面疏水性处理，显著提高了支撑剂
返排的临界速度。低于临界流速时无支撑剂返排现象

7.7　细屑的入侵与运移

　　根据 McDaniel 等人（1978）的论证，地层细屑会进入支撑裂缝中并与支撑剂进行混合，从而对裂缝导流能力产生重大影响。图 7.5 所示为缝内渗透率与地层细屑含量之间的关系，向 20/40 目支撑剂充填层添加 100 目细屑会造成支撑剂充填层导流能力的显著下降。在储层岩石中如果细屑粒径分布广泛，则会对导流能力产生更加严重的破坏作用。支撑剂在支撑裂缝过程中，很可能被细屑污染。在很多情况下，这都与压裂过程本身有关。

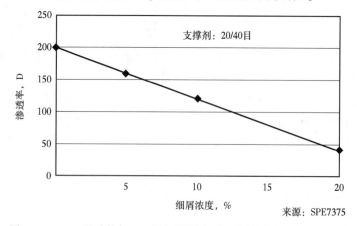

图 7.5　20/40 目砂粒与 100 目细屑混合时，充填层渗透率显著下降

7.8 机械降解

高级支撑剂的机械降解也会导致渗透率显著下降。在压裂过程中通常会发生此类破坏现象。压裂操作会产生地层细屑，严重降低支撑剂充填层的渗透率。某些细小的细屑可畅通无阻地流过支撑剂充填层；然而，在生产流体中所含化学物质的作用下，细小的细屑可能会絮凝成较大颗粒，从而横跨在支撑剂充填层中，造成渗透性显著下降。

7.9 支撑剂运移过程中产生的细屑

当支撑剂被运送到现场，通过气动和/或机械方式转移到支撑剂处理设备中，再输送到混合设备中时，都会产生细屑。薄层的压裂砂可承受很大的力，其结构坚固，但单个颗粒的强度很低，很容易受冲击而粉碎。当支撑剂混合进入高压泵时，在支撑剂上会施加更高的压力，通过高压泵阀门时还会发生更严重的挤压作用。高速流体将被迫发生 90° 的急转，以便提供足够大的冲击力，这也会对许多支撑剂颗粒造成额外损害。尤其是针对水力压裂作业中通常使用的稀流体，这种情况会更加严重。当使用交联液且低速泵入时，支撑剂损害会减少。通过射孔喷射也会造成支撑剂损害。

7.10 地层水力压裂产生的细屑

在裂缝形成过程中，由于地层矿物结构被破坏而产生地层细屑。当携带支撑剂的压裂液通过裂缝流向裂缝尖端时，支撑剂会侵蚀裂缝面，甚至支撑剂本身会受到侵蚀，这可能导致支撑剂和裂缝面产生细屑。此外，所侵入的压裂液会软化裂缝表面附近区域，进而通过裂缝面向地层渗漏。如图 7.6 所示，在许多地层，特别是软地层中，支撑剂容易嵌入地层。当发生这种情况时，一些地层材料受挤压生成细屑进入支撑剂层孔隙中。这通常被称为地层剥落。

图 7.6　页岩侵入支撑剂充填层并压碎支撑剂

这是产生细屑填充充填层孔隙的示例；支撑剂（100 目，6000psi）与硬页岩样本

7.11 由闭合应力产生的细屑

当水力压裂处理结束，进入泄压阶段时，地层会慢慢闭合支撑剂充填层。为适应此类闭合，需要重新排列裂缝中的支撑剂颗粒。圆球度更高的支撑剂比有棱角的支撑剂更容易"滚动"结成致密的充填层。如果支撑剂没有很好地重新排列，支撑剂负载就会不均衡，从而导致支撑剂颗粒破碎，直到足够数量的支撑剂颗粒与地层表面接触施加闭合载荷力。通过压碎测试确定支撑剂承受载荷的能力，从而确定支撑剂是否合格。

7.12 由循环应力产生的细屑

支撑剂充填层在裂缝闭合过程中重新排列，最终达到能够支撑地层闭合载荷的充填层密度。如果这个载荷发生变化，为适应该变化，充填层将会重新排列。在某些支撑裂缝中，由于生产压降变化会产生应力变化，导致导流能力显著下降。由于支撑剂压碎和/或裂缝面地层压碎产生细屑，处于自动关井状态的油井通常会出现导流能力下降的现象。

7.13 地球化学作用产生的细屑

当地层产生低速率的硅酸盐或富含矿物质的水，特别是使用铝基支撑剂时，支撑剂充填层中会缓慢产生细屑。大多数人造支撑剂都以氧化铝为基础，氧化铝可提高支撑剂的强度，在将低浓度的铝离子注入支撑剂周围的水层后，将形成完整的支撑裂缝。随着时间和温度的变化，铝离子可与硅离子发生反应，从而在地层水中形成硅酸铝晶体矿物。根据水中所存在的其他离子，此类晶体矿物将呈现出不同的形状和大小。有些非常坚硬，可能会将支撑剂颗粒固结在一起，而有些则很长、很细且易碎。显而易见的是，此类松散附着的矿物质将发生断裂并运移堵塞孔喉，特别在生产中断引起的应力循环期间更容易发生这种情况。这些晶体过度生长还会改变支撑剂的表面粗糙度，引起非达西效应的不利变化，从而降低产量。图 7.7 显示了 Nguyen 等人（2008）记录的矿物生长情况。

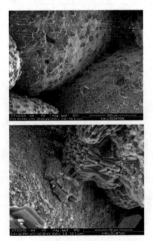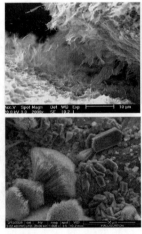

图 7.7 结晶铝硅酸盐在高强度铝基支撑剂上过度生长的示例

照片显示当暴露在水、应力和温度下时，支撑剂颗粒上会长出晶体矿床（在 350 ℉条件下迅速形成 3 个月）

7.14   支撑剂岩化作用

除了支撑剂表面存在松散附着矿物的过度生长，这些矿物可能会断裂并形成影响导流能力的细屑，支撑剂（特别是铝基支撑剂）、水和地层之间的地球化学反应还可能会导致支撑剂强度急剧下降。这可能导致支撑剂在较低的应力水平下被压碎并因此失去裂缝导流能力。支撑剂的此类强度下降过程将持续数月。然而，在大多数储层中，在支撑剂注入几个月后会出现支撑剂充填层的最大闭合应力，即压裂设计时需要达到的支撑剂强度。图 7.8 至图 7.10 为支撑剂岩化作用对支撑剂充填层性质产生重大影响的实验证据。

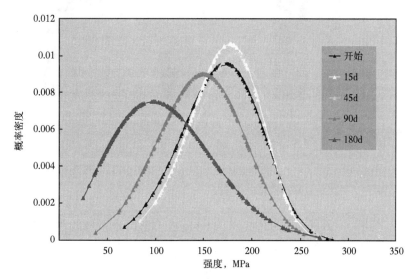

图 7.8   在 350 ℉下，铝基支撑剂与地层之间发生地球化学反应引起支撑剂岩化作用，导致机械强度和渗透率显著下降（Rayson 和 Weaver，2012）

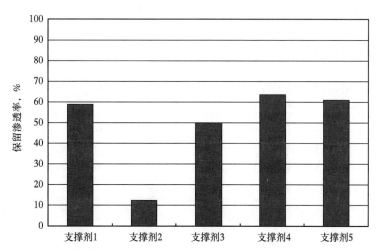

图 7.9   无闭合应力下，合成地层水在 550 ℉下冲刷 7 天后，支撑剂岩化作用对各种支撑剂充填层渗透率的影响（Weaver 等，2010）

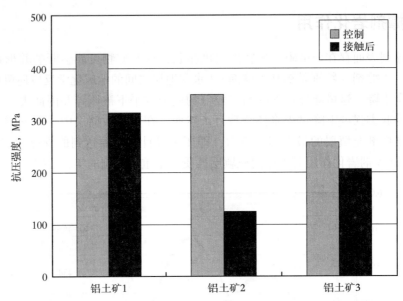

图 7.10 接触流动的合成地层水引起支撑剂发生岩化作用，导致抗压强度下降（Weaver 等，2010）

7.15 控制细屑产生和运移的方法

重大的方法改进可有效缓解细屑所导致的导流能力下降以及细屑的运移等问题。这些方法可分为初级处理方法和补救处理方法。

通过动态涂覆不可固化的树脂可对支撑剂进行疏水改性，经证明有多个优点。首先，可限制压裂过程中产生的细屑并防止其发生运移。一些细屑可能来自地层或地层剥落，而疏水涂层还可防止这些细屑侵入支撑剂充填层。在进行一定的扩展之后，该技术可设计应用于不同情况和条件下多种衍生的疏水性材料和不同载体溶剂。

7.16 细屑的基础控制

通常情况下，根据压裂施工注入速度确定支撑剂输送速度，支撑剂通过输送设备过程时，在支撑剂上涂敷非硬化树脂。可根据需要立即或延迟激活涂层，以便支撑剂粘结。此类薄层保持黏稠特性，可无限期地避免细屑移动对支撑剂充填层产生的影响，同时保持支撑剂充填层和充填层/地层界面的稳定。即使闭合应力增加，在充填层重新排列过程中，某些支撑剂会被压碎，黏性涂层也会粘附产生的碎片，从而保持充填层的导流能力。由于支撑剂有黏性，所以很难形成紧密的充填层，从而有助于提高导流能力。通常，当使用水进行导流能力测试时，观察到导流能力增加约 30%（Nguyen 等，1998a；Nguyen 等，1998b）。当闭合应力达到支撑剂开始破碎、充填层开始压缩的值时，这种效应就会消失，如图 7.11所示。

（a）

（b）

（c）

图 7.11　（a）图示为 API 导流能力测试后的 20/40 目 SMA 涂层 Ottawa 砂。与（b）中未涂层的样本不同，导流能力测试产生的所有细屑都附着在 SMA 涂层颗粒上（Dewpmshad 等，1998）

7.17　细屑/凝胶损害

然而，如果采用交联压裂液进行导流能力测试，疏水涂层将受到更为明显的影响。如图 7.12 所示，即使在应力下支撑剂发生机械失效，涂层也可显著提高导流能力。有人认为，疏水涂层可防止压裂凝胶粘附在支撑剂上，促进凝胶脱离和清除。在所有应力水平下，凝胶损害降低、充填层孔隙度增加，使裂缝导流能力大幅提高。图 7.13 所示为相关测试结果表明，在相同的凝胶流体系统中，如果存在 SMA 涂层，支撑剂形成的充填层渗透率将远高于无 SMA 涂层的情况。在这种情况下，进行基线测试时，凝胶流体中有 SMA 涂层的支撑剂几乎与非凝胶流体中无 SMA 涂层的支撑剂一样好。

请注意，在较高应力下，导流能力的改善空间相对更大。这表明压裂液对支撑剂充填层的最终导流能力有显著影响，而 SMA 可减少这种损害。

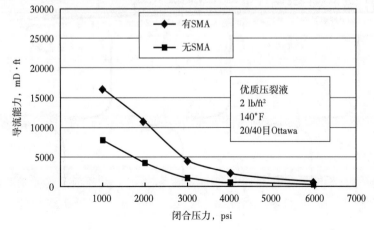

图 7.12　在 140 ℉ 条件下，优质低聚合物硼酸盐交联流体流速为 2lb/ft² 时，Ottawa 砂在 Ohio 砂岩上的 API 导流能力测试结果

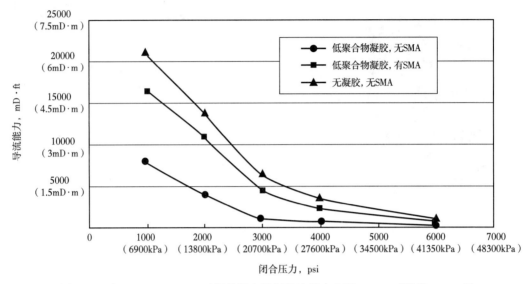

图 7.13　在 140 ℉（60℃）时测量的支撑剂导流能力表明，SMA 对携带 16/30 目
砂的硼酸盐压裂液的净化效果

7.18　细屑/应力循环

　　在油井的正常生产过程中，经常需要关井，这导致支撑剂充填层的闭合压力变化较大。研究表明，在每个应力循环过程中，在充填层重新排列期间支撑剂会发生破碎、有细屑产生并发生运移，上述条件会对充填层的导流能力造成额外的影响。在支撑剂上涂覆非硬化液体疏水涂层，可以提高充填层的稳定性，简化充填层的重新排列，降低细屑在侵入或破碎时的流动性。图 7.14 所示为从裂缝导流孔中取出的样本，其中采用未固结地层材料开展测试。此类测试的对象包括 SMA 涂层支撑剂和无 SMA 涂层支撑剂。图 7.15（a）显示了使

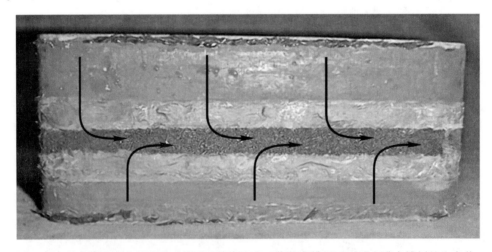

图 7.14　整个测试岩心经冷冻后从试验箱中取出。该装置模拟了裂缝充满支撑剂的生产井；
测试夹具的温度、流量和压力代表了真实的井下条件

用无 SMA 涂层支撑剂时，地层细屑深度侵入支撑剂充填层，它们聚集在狭窄的孔隙空间，最终破坏或完全堵塞渗透性或导流能力；而图 7.15（b）模拟了含细屑的地层。显示了使用 SMA 涂层支撑剂时，地层细屑仅侵入少量支撑剂颗粒。此类测试在高气体流速条件下进行多个应力循环，以检查地层细屑运动的潜在影响（Nguye 等，2005；Dusterhoft 等，2004）。当气体流动时，细屑在地层—支撑剂界面区域即停止运移，不再向左侵入。白点是在颗粒上形成的水珠，而不是细屑。

（a）　　　　　　　　　　　　　　（b）

图 7.15　（a）未经处理的陶瓷支撑剂充填层在整个充填层内包含地层微粒（由气流沉积的白色颗粒）。（b）已采用 SMA 处理的支撑剂充填层

　　图 7.16 所示为 SMA 涂层支撑剂与 RCP 的循环应力和流动对比测试结果。测试证明，SMA 远优于 RCP 和无涂层支撑剂。此外，SMA 材料在地层和支撑剂充填层之间形成了一个更加稳定的界面，有助于最大程度减少高应力和高流速带来的伤害。在 4000psi 闭合应力下

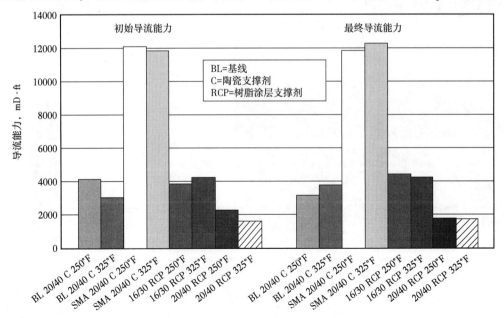

图 7.16　20/40 目 SMA 涂层陶瓷支撑剂和无 SMA 涂层陶瓷支撑剂
与常用的固化树脂预涂层支撑剂的对比

测定初始导流能力，最终闭合后压力在 4000~2000psi 波动，在 250 ℉ 条件下最终稳定为 4000psi。采用 Brazos River 砂 (<200 目) 作为岩心材料，每一次应力循环过程中岩石细屑都可能会侵入充填层 (Bajoie 等，2004；Nguyen 等，2005)。

在软地层中，地层和细屑倾向于向支撑剂充填层挤压，使有效裂缝宽度减小。此外，这些细屑会发生运移，造成充填层渗透性显著降低。

7.19 软地层产生的细屑

软地层压裂易受到应力或压裂液化学相容性的影响，这是一个重大挑战。通常需要对支撑剂进行分级，以防止地层细屑侵入支撑剂充填层。虽然这保留了支撑剂的天然导流能力，但如果油井产能直接受裂缝导流能力制约，细屑的存在同样会影响油井产量。人们发现，通过 SMA 可采用尺寸更大的支撑剂，并且仍可保持对于地层细屑的有效控制。图 7.17 显示了支撑剂疏水涂层性能的测试结果。当充填层处于稳定状态时，在应力循环过程中会减少重新排列，地层与支撑剂充填层紧密接触。由于该界面稳定性较高，所以细屑基本不会侵入充填层中。根据流体流出物和支撑剂充填层的显微照片，在未使用 SMA 涂层时，地

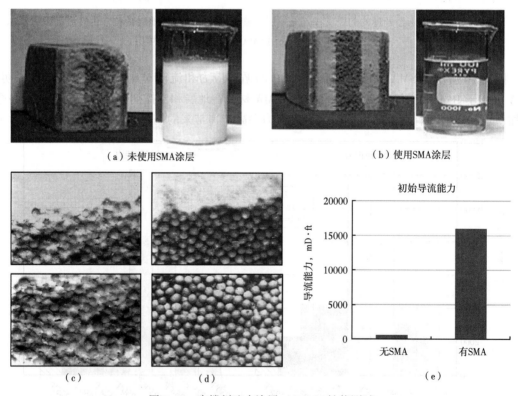

（a）未使用SMA涂层 （b）使用SMA涂层

（c） （d） （e）

图 7.17 支撑剂疏水涂层 (SMA) 性能测试

（a）显示了采用硅粉作为岩心材料在 20/40 目轻质陶瓷支撑剂上进行导流能力测试的结果。未涂层的支撑剂（左侧和烧杯中显示的流出物）立即失效。（c）两张照片显示了细屑自由流过充填层使其失效。（b）所示为产生任何细屑的测试流出物，没有任何细屑，SMA 涂层使支撑剂和硅粉岩心之间的界面干净而清晰。（d）是支撑剂充填层和岩心界面的特写

层细屑可自由流过支撑剂充填层。经过 SMA 处理的支撑剂则会形成更加稳定、独特的界面，在几个应力循环过程中没有细屑进入充填层，而流体可以从地层流过充填层进入充填层远端。该方法在墨西哥湾和煤层气项目中获得了成功应用，解决了长期（超过 15 年）困扰煤层气项目的煤粉问题。

7.20 水力压裂处理

图 7.18（a）为初始未经 SMA 处理的岩心照片，图 7.18（b）为经 SMA 处理的岩心照片，再将岩心浸入含 100 目砂粒的水泥浆中，如图 7.18（c）所示。支撑剂附着在地层表面，维持了裂缝的导流能力。在滑溜水压裂作业中，通过在支撑剂放置前或放置过程中引入 SMA 对地层表面进行预涂层处理，可以解决与支撑剂固化的问题。

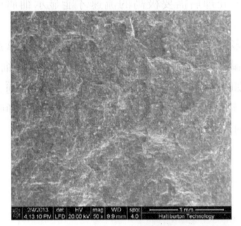

（a）未使用SMA处理岩心

（b）经过SMA处理岩心

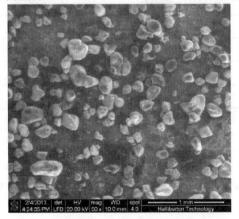

（c）SMA处理岩心浸入100目砂粒水泥浆中

图 7.18 将劈开的页岩岩心浸入含 100 目砂粒的水泥浆中并用水清洗。水基 SMA 分散处理可使支撑剂粘附在地层表面，而将劈开的岩心重新组装进行流动测试时其具有非常高的导流能力（Nguyen 等，2013）

7.21　细屑补救处理

通常，油井产量下降是由裂缝导流能力丧失造成的，而非储层压力不足。在这种情况下，采取酸处理措施通常会在短时间内恢复导流能力和产能。通过使用高度稀释的 SMA 来处理支撑剂填充裂缝，可固定细屑并涂覆支撑剂，从而降低随后的细屑侵入，明显增加酸处理的时间间隔（Nguyen 等，2005；Weaver 等，2013）。由于这种处理所需的溶剂具有可燃性，其使用受到限制。近年来，已经研制出一种新型疏水性树脂—水基 SMA 分散体，其能在水基流体中进行简单、安全的补救处理。图 7.19 显示了实验室测试结果。测试过程中，水（包含细屑）以越来越快的速度通过 20/40 目的支撑剂充填层，细屑在各流速下都会被携带出来。然后，将酸处理和水基 SMA 分散体通过支撑剂充填层注入地层充填层，再继续向生产方向流动。根据测试结果，补救措施处理后需要极高的流速才能显示细屑产生的迹象。

为了提高裂缝的导流能力，人们已开发出多种解决方案，包括支撑剂增强、支撑剂充填层重新排列、减缓支撑剂沉降以及最大程度减少细屑（产生的支撑剂细屑和地层细屑）的运移和堵塞等。这些技术已广泛投入应用，如果能够正确处理给定井筒的特定问题，将取得非常好的效果。重要的是，必须花时间了解可能导致裂缝导流能力降低的潜在问题，然后采取行动以尽量减少这种伤害并保持最大的产能。

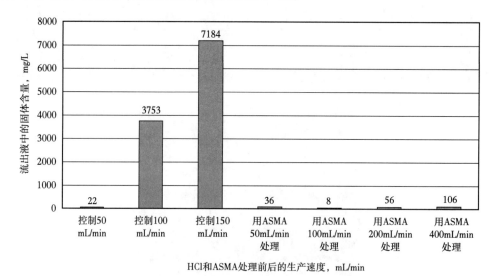

图 7.19　在 15%HCl 和水基 SMA 分散体处理前后，随流速增大流出液中携带的悬浮固体总量（Nguyen 和 Weaver，2011）

参 考 文 献

[1] Bajoie, B. J., Bartko, K. M., and Nguyen, P. D. 2004. Fines Control Increases Gas Production. Oil &Gas J, Feb. pp. 48−53.

[2] Barree, R. D., Cox, S. A., Barree, V. L., et al. 2003. Realistic Assessment of Proppant Pack Conductivity for Material Selection. Paper SPE 84306 presented at the SPE Annual Technical Conference and

Exhibition, Denver, Colorado, Oct. 5-8.

[3] Card, R. J., Howard, P. R., and Feraud, J-P. 1995. A Novel Technology to Control Proppant Backproduction. SPE Prod &Fac., Nov. pp. 271-276.

[4] Chang, X., Chen, R., Lubis, W., Deng, W., and Nguyen, P. D. 2007. Screenless Frac-Pack Completions-Case Studies from Jidong Fields, China. Paper SPE 108909 Presented at the 2007 SPE Asia Pacific Oil &Gas Conference and Exhibition, Jakarta, Indonesia, Oct. 30 to Nov. 1.

[5] Dewprashad, B. T., Weaver, J. D., Nguyen, P. D., et al. 1998. Modifying the Proppant Surface to Enhance Fracture Conductivity. Paper SPE 40017 Presented at the SPE International Symposium on Oilfield Chemistry held in Houston, Texas, Feb. 16-19.

[6] Dusterhoft, R., Nguyen, P., and Conway, M. 2004. Maximizing Effective Proppant Permeability under High-Stress, High Gas-Rate Conditions. Paper SPE 90398 Presented at the SPE Annual Technical Conference and Exhibition, Houston, Texas, US, Sep. 26-29.

[7] Ely, J. W., Arnold, W. T., and Holditch, S. A. 1990. New Techniques and Quality Control Find Success in Enhancing Productivity and Minimizing Proppant Flowback. Paper SPE 20708 Presented at SPE Annual Technical Conference and Exhibition, New Orleans, LA, Sep. 23-26.

[8] Graham, J. W., et al. 1975. Method for treating subterranean Formation, U. S. Patent No. 3, 929, 191, Dec. 30.

[9] Krismartopo, B. D., Notman, L., Kritzler, T., et al. 2005. A Fracture Treatment Design Optimization Process to Increase Production and Control Proppant Flow-Back for Low-Temperature, Low-Pressured Reservoirs. Paper SPE 93168 Presented at the 2005 Asia Pacific Oil &Gas Conference and Exhibition, Jakarta, Indonesia, Apr. 5-7.

[10] McDaniel, R. R., and Willingham, J. R. 1978. The Effect of Various Proppants and Proppant Mixtures on Fracture Permeability. Paper SPE 7573 Presented at the SPE Annual Fall Technical Conference and Exhibition, Dallas, Texas, Oct. 1-3.

[11] Murphey, J. R., Dalrymple, D., Creel, P., et al. 1989. Proppant Flowback Control. Paper SPE 19769 Presented at the SPE Annual Technical Conference and Exhibition, San Antonio, Texas, Oct. 8-11.

[12] Nguyen, P. D., Dewprashad, B. T., Weaver, J. D. 1998a. A New Approach for Enhancing Fracture Conductivity. Paper SPE 50002 Presented at the SPE Asia Pacific Oil &Gas Conference and Exhibition, Perth, Australia, Oct. 12-14.

[13] Nguyen, P. D., and Rickman, R. D. 2012. Foaming Aqueous-Based Curable Treatment Fluids Enhances Placement and Consolidation Performance. Paper SPE 151002, presented at the SPE International Symposium and Exhibition on Formation Damage Control. Lafayette, Louisiana, USA, Feb. 15-17.

[14] Nguyen, P. D., and Weaver, J. D. 2011 Water-Based, Frac Pack Remedial Treatment Extends Well Life. Paper SPE 144065, presented at the SPE European Formation Damage Conference, Noordwijk, The Netherlands, June 7-10.

[15] Nguyen, P. D., Weaver, J. D., Dewprashad, B. T., et al. 1998b. Enhancing Fracture Conductivity Through Surface Modification of Proppant. SPE 39428 Presented at the SPE Formation Damage Control Conference, Lafayette, LA, Feb. 18-19.

[16] Nguyen, P. D., Weaver, J. D., Rickman, R. D., et al. 2005. Controlling Formation Fines at Their Sources to Maintain Well Productivity. SPE Prod &Oper, May pp. 202-215.

[17] Nguyen, P., Weaver, J., and Rickman, R. 2008. Prevention of Geochemical Scaling in Hydraulically Created Fractures-Laboratory and Field Studies. Paper SPE 118175 Presented at the SPE Eastern Regional/

AAPG Eastern Section Joint Meeting, Pittsburgh, Pennsylvania, US, Oct. 11-15.

[18] Nguyen, P. D. , Weaver, J. D. , Rickman, R. D. , et al. 2009. Application of Diluted Consolidation Systems to Improve Effectiveness of Proppant Flowback Remediation-Laboratory and Field Results. SPE Prod &Oper, Feb. pp. 50-59.

[19] Norman, L. R. , Terracina, J. M. , McCabe, M. A. , et al. 1992. Application of Curable Resin-Coated Proppants. SPE Prod Engr. Nov. pp. 343-349.

[20] Palisch T, Duenckel, R. , Bazan, L. , et al. 2007. Determining Realistic Fracture Conductivity and Understanding Its Impact on Well Performance-Theory and Field Examples. Presented at the SPE Hydraulic Fracturing Technology Conference, College Station, Texas, Jan. 29-31.

[21] Pope, C. D. , Wiles, T. J. , and Pierce, B. R. 1987. Curable Resin-Coated Sand Controls Proppant Flowback. Paper SPE 16209 Presented at the SPE Production Operations Symposium, Oklahoma City, Oklahoma, Mar. 8-10.

[22] Rayson, N. , and Weaver, J. 2012. Improved Understanding of Proppant - Formation Interactions for Sustaining Fracture Conductivity. Paper SPE 160885 Presented at the SPE Saudi Arabia Section Technical Symposium and Exhibition, Al-Khobar, Saudi Arabia, Apr. 8-11.

[23] Stephenson, C. J. , Rickards, A. R. , and Brannon, H. D. 1999. Increased Resistance to Proppant Flowback by Adding Deformable Particles to Proppant Packs Tested in the Laboratory. Paper SPE 56593 Presented at the SPE Annual Technical Conference and Exhibition, Houston, Texas, Oct. 3-6.

[24] Trela, J. M. , Nguyen, P. D. , and Smith, B. R. 2008. Controlling Proppant Flow Back to Maintain Fracture Conductivity and Minimize Workovers: Lessons Learned from 1, 500 Fracturing Treatments. Paper SPE 112461, presented at SPE International Symposium and Exhibition on Formation Damage Control, Lafayette, Louisiana, Feb. 13-15.

[25] Van Gijtenbeek, K. , Shaoul, J. , and Pater, H. 2012. Overdisplacing Propped Fracture Treatments-Good Practice or Asking for Trouble? Paper SPE 154397 Presented at the EAGE Annual Conference and Exhibition incorporating SPE Europec, Copenhagen, Denmark, Jun. 4-7.

[26] Villesca, J. , Loboguerrero, S. , Gracia, J. , et al. 2010. Development and Field Applications of an Aqueous-Based Consolidation System for Proppant Remedial Treatments. Paper SPE 128025, presented the SPE International Symposium and Exhibition on Formation Damage Control, Lafayette, Louisiana, US, Feb. 10-12.

[27] Vreeburg, R. J. , Roodhart, L. P. , Davis, D. R. , and Penny, G. S. 1994. Proppant Backproduction during Hydraulic Fracturing—A New Failure Mechanism for Resin-Coated Proppants. JPT Oct. pp. 884-889, Paper SPE 27382.

[28] Weaver, J. D. , Baker, J. D. , Woolverton, S. , et al. 1999. Application of Surface Modification Agent in Wells with High Flow Rates. Paper SPE 53923 Presented at the Sixth Latin American and Caribbean Petroleum Engineering Conference, held in Caracas, Venezuela, Apr. 21-23.

[29] Weaver, J. , Rickman, R. , and Luo, H. 2010. Fracture - Conductivity Loss Caused by Geochemical Interactions between Man-Made Proppants and Formations. SPE J. Mar. pp. 116-124.

[30] Weaver, J. D. , Nguyen, P. D. , and Vo, L. K. 2013. Development and Applications of an Aqueous-Based Surface Modification Agent. Paper SPE 165172 Presented at the SPE European Formation Damage Conference and Exhibition, Noordwijk, The Netherlands, Jun. 5-7.

8　裂缝诊断测试

本章介绍了确定闭合压力和滤失系数的常规方法，以及计算储层压力和渗透率的方法。基于该方法，可对裂缝闭合前后的测试数据进行分析。

此外，在水力压裂之前、期间或之后，会进行几次专门的压裂测试，以确定地层或裂缝参数。开展这些专门测试的目的主要有：（1）掌握地层/裂缝的相互作用；（2）预测压裂过程中的地层响应；（3）优化压裂方案设计。

具体来说，通过这些测试，可确定压裂过程中的裂缝闭合压力、开启压力、瞬时停泵压力（ISIP）和裂缝滤失系数。有3种基本的压裂测试：（1）变流量测试，可增加或减小流量；（2）泵入/返排测试；（3）泵入/关井测试。通常，人们会对这三种测试做出改进，以适应特定类型的储层。

根据压裂地层的特征和所需要获得的信息，往往需要开展多种压裂测试。应专门设计压裂测试，以获取为设计压裂方案所需的必要参数。下面将简要介绍测试流程的基本类型，以及如何获取所需的目标井的信息。

8.1　变流量测试

变流量试井是一种很常见的测试手段，用于确定开启现有裂缝所需的压力，这一压力通常被称为裂缝开启压力。该压力非常准确地说明了现有裂缝扩展所需的压力。与之相匹配的注入速率也值得关注，其大小通常因黏度、滤失量和油井的生产历史的不同而差异较大。

一次理想的变流量试井是对刚压裂过的井进行测试。如果要成功地进行变流量试井，初始注入量以基质流速来确定，并阶梯式提升注入量，直到裂缝重新开启并开始延伸。在每个注入量增加期间，注入速率应保持不变，直到流动达到稳定状态，并在此后短时间内维持该状态。

图 8.1 是 Tan 等人（1988）提出的一个变流量测试的实例。图 8.2 为试井分析结果，从图中可以看到注入速率与该注入速率条件下的最大压力的关系。第一条直线为裂缝开启前压力随注入速率的变化情况。向基质系统中进行注入，直线斜率直接取决于地层渗透率。第二条直线为裂缝开启后的注入情况。由于裂缝开启并延伸，与储层接触的面积较大，注入速率比向基质注入要大得多。因此，这条直线比第一条直线要平直得多。这两条直线的交点所对应的压

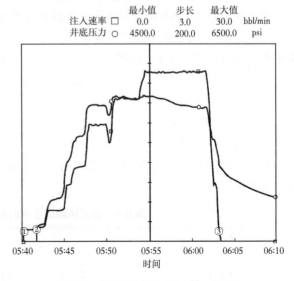

图 8.1　变流量测试（Tan 等，1988）

力即为裂缝重新开启时的压力。

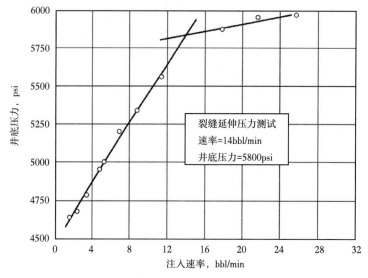

图 8.2   变流量试井分析（Tan 等，1988）

8.2   通过台阶式降流量测试确定 NWB 摩擦力

该测试为经验设计，无论从测试的流程还是测试的目的，其与上面讨论的变流量试井截然不同。该测试方法由 Cleary 等人（1993）提出，主要用于裂缝延伸阶段。在测试过程中，所有注入压力均高于裂缝的闭合压力。该测试用于确定压裂作业期间的 NWB 摩擦压力，该参数有时非常重要。特别是在某些情况下，由于射孔方案的不同，在直井或水平井压裂时会形成扭曲裂缝。除裂缝发生扭曲外，其他原因也可能导致压裂压力升高。

由于压降过大，NWB 会对压裂作业的进度产生不利影响，因此，确定摩擦压力是否过大是至关重要的。同样，确定导致压裂压力升高的主要因素也非常重要。为此，需要将获取的数据根据方程（8.1）作图。

$$\lg \Delta p_{net} = \lg A + B\lg q \tag{8.1}$$

式中 Δp_{net}——净压力；

q——注入速率；

A，B——常数。

直线的斜率 B 是引起 NWB 摩擦力的主要因素。表 8.1 汇总了得到的斜率以及相应的潜在问题和解决方案。

表 8.1   多流速测试图中的斜率及相应的问题

斜率，B	潜在问题	可能的解决方案
2.0	射孔不充分	补充射孔
0.5~1.0	存在多个裂缝或弯曲路径	在预压裂过程中使用砂段
0.25	没问题——存在单一裂缝	—

Hyden 和 Stegent（1996）列举了这种测试方法的现场实例。他们没有使用方程（8.1）的对数格式，而是根据方程（8.1）得到的数据绘制图8.3，图中的直线斜率为1.35，表明射孔压力高。图8.3还表明，在考虑摩擦压力的情况下，修正压降与时间的关系是一条更平直的直线，该直线的斜率为0.87。从第二条直线斜率可以看出，存在扭曲裂

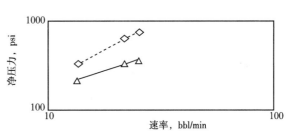

图8.3 压裂前后净压力与注入速率的关系
（Hyden 和 Stegent，1996）

缝，这可能是由于射孔数量不充分所致。建议在压裂作业之前注入高浓度砂段塞，以消除裂缝扭曲现象。

8.3 泵入/返排测试

该测试用于确定裂缝的闭合压力。一般来说，测试使用的清洁流体不超过4bbl。随着压裂液注入量的减少，压裂压力趋近于最小地应力。该测试通常在裸眼井或充分射孔的直井中进行，不考虑 NWB 摩擦压力。

测试时，以某一压裂流速向地层中泵送一定体积的流体。泵送结束后，以恒定速率返排。在压力与时间关系图上，流态从由裂缝主导转变为由井筒主导的拐点所对应的压力即为裂缝闭合压力。Nolte（1990）以及 Soliman 和 Daneshy（1991）对该图上的闭合压力做出了两种不同的解释。

为确定明确的拐点，必须选择正确的返排速率。其可能是一个反复试验的过程。如果返排速率过高或过低，曲线会分别向上凸或向下凹。出现上述任何一种情况，都可能无法得到明确的拐点。

图8.4是 Soliman 和 Daneshy（1991）讨论的泵入/返排测试实例。在该实例中，使用

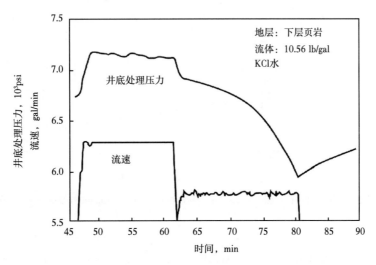

图8.4 泵入/返排测试中井底处理压力与时间的关系（Soliman 和 Daneshy，1991）

KCl 液体进行测试。注入速率约为 6.4gal/min，仅持续 15min；返排速率约为 5.7gal/min，持续时间约为 18min。

8.4　泵入/关井测试

该测试方法由 Nolte 于 1979 年引入，通常也被称为微型压裂、数据压裂、DFIT 或 FET 测试。一般地，可通过该测试方法计算压裂液滤失系数、压裂液效率、裂缝闭合压力、闭合时间、裂缝宽度和长度。在计算这些参数后，可更好地设计压裂作业方案，以防止过早出砂。目前，采用最新的分析技术，可通过泵入/关井测试确定地层渗透率，并表征地层和裂缝响应。

该测试仅包括两个阶段：首先是注入期，在该阶段对油气井实施压裂；然后是关井期，在此阶段观察并分析压降与时间的关系。在注入期，应采用相同类型的压裂液、相同速率等，这一点非常重要。换言之，除以下两方面外，该测试的注入期与设计的压裂作业方案保持一致：注入期明显较短（通常为初次处理量的 10%~20%）；不使用支撑剂。由于经济原因，缩短了持续注入时间，同时也有助于确保闭合压力无限接近地应力最小值。支撑剂可能会干扰闭合过程，因此不使用支撑剂。

8.4.1　图像法确定裂缝闭合压力

通常，可通过绘制压力或压降与时间平方根的关系图，以确定裂缝闭合压力。研究人员一般使用裂缝闭合前后所获得的数据分别绘制直线，这两条直线的交点所对应的压力即为裂缝闭合压力。图 8.5 是其中一个实例，从图中可以看出，此项分析的主观性较强，可能会存在一定的不确定性。因此需要研究人员具备实践经验，才可利用该技术进行可靠的分析。

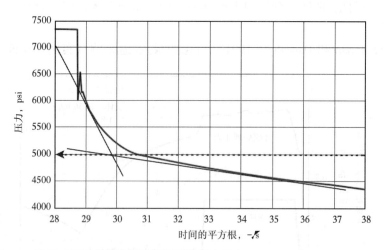

图 8.5　使用时间平方根曲线图估算裂缝闭合压力 (Soliman 和 Daneshy, 1991)

裂缝闭合可能不是通常假设的简单的单一过程，而是在闭合期间宽度逐渐变窄的连续过程。Nolte (1990) 以及 Soliman 和 Daneshy (1991) 在相关文章中曾讨论过这一理念。尤其在页岩地层压裂时，情况可能更为复杂。此时，水力裂缝可能为复杂的非平面裂缝，因此很难确定裂缝的闭合压力。一些实例能够反映特别极端的情况，而大多数实例介于简单与极端之间。然而，有些试井解释技术通常缺乏理论基础，例如 Horner 微型压裂分析技术。相反，本节后面将讲述一种专门的、应用广泛的试井技术，该技术大大简化了分析过程。

8.4.2　泵入/关井测试的常规分析

Nolte（1979）将裂缝扩展与滤失方程和物质平衡方程相结合后创建了一个新模型，其能够反映关井期无量纲压降随无量纲时间的变化情况。该原始分析被称为常规分析，其主要基于以下假设：

（1）注入速率保持不变；

（2）泵送时，注入流体性质保持不变；

（3）注入流体时不注入支撑剂；

（4）储层是均质的；

（5）裂缝闭合期间，裂缝面积保持不变；

（6）裂缝闭合期间，可渗透面积保持不变；

（7）裂缝闭合期间，岩石可塑性保持不变。

当然，实际情况与假设往往有显著偏差，会对分析结果的置信度产生影响。

微型压裂分析中的无量纲压力函数通常称为 G-函数。无量纲时间和压力的定义如下。

无量纲时间 δ：

$$\delta = \frac{t - t_{\mathrm{p}}}{t_{\mathrm{p}}} \tag{8.2}$$

无量纲压力 $G(\delta, \delta_0)$：

$$G(\delta, \delta_{\mathrm{o}}) = \frac{H^2 \beta_{\mathrm{s}} \Delta p(\delta, \delta_{\mathrm{o}})}{C_{\mathrm{eff}} H_{\mathrm{p}} E' \sqrt{t_{\mathrm{p}}}} \tag{8.3}$$

无量纲参考时间 δ_0：

$$\delta_{\mathrm{o}} = \frac{t - t_{\mathrm{p}}}{t_{\mathrm{p}}} \tag{8.4}$$

其中

$$\beta_{\mathrm{s}} = \frac{2n + 2}{2n + 3 + a} \tag{8.5}$$

$$\beta_{\mathrm{p}} = \frac{2n + 2}{3n + 3 + a} \tag{8.6}$$

$\alpha = 0$ 为恒定黏度流体；

$\alpha = 1$ 为中等降解流体；

$\alpha = 2$ 为强降解流体。

无量纲压力 $G(\delta, \delta_0)$ 是无量纲时间 δ 和无量纲参考时间 δ_0 的函数：

$$G(\delta, \delta_{\mathrm{o}}) = 4/\pi [g(\delta) - g(\delta_{\mathrm{o}})] \tag{8.7}$$

其中,

对于高滤失 $\qquad 4/3\left[(1+\delta)^{3/2}-\delta^{3/2}\right]$ (8.8)

对于低滤失 $\qquad (1+\delta)\sin^{-1}(1+\delta)^{-1/2}+\delta^{1/2}$ (8.9)

可通过式 (8.8) 和式 (8.9) 计算滤失上限和下限, 通常利用式 (8.8) 计算安全因子进而求得裂缝效率。

采用常规微型压裂分析技术时, 需要针对不同无量纲参考时间 (通常为 0.25、0.5、0.75 和 1.0) 绘制无量纲压力与无量纲时间的典型曲线。当然, 也可绘制并引用其他参考时间值的典型曲线, 由 Nolte 绘制的典型曲线如图 8.6 所示。可根据式 (8.7) 和式 (8.8) 很容易绘制这些典型曲线。通过对数据进行拟合, 再利用式 (8.3) 计算这些拟合点, 即可很容易求出滤失系数。

滤失系数、裂缝长度、效率、平均宽度、泵送端最大宽度 (裂缝口处) 和闭合时间的计算公式如下:

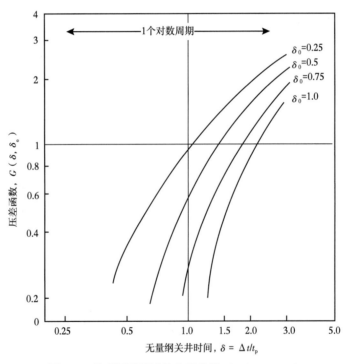

图 8.6　微型压裂测试的典型曲线 (Nolte, 1978)

$$C_{\mathrm{eff}}=\frac{H^2\beta_s p^*}{H_p E'\sqrt{t_p}}$$ (8.10)

其中, p^* 是 $G(\delta, \delta_o)=1$ 时的压力值

$$\rho=\frac{\beta_p p_{\mathrm{ISIP}}}{2\beta_s}\frac{G(\delta, \delta_o)}{\Delta p(\delta, \delta_o)}$$ (8.11)

$\Delta p((\delta, \delta_o)$ 和 $G((\delta, \delta_o)$ 为压降及相应的无量纲压力函数。

$$L_f = \frac{5.615qt_p}{2\pi\left(C_{eff}H_p\sqrt{t_p} + \dfrac{H^2\beta_p}{2E'}p_{ISIP}\right)} \tag{8.12a}$$

$$L_f = \frac{5.615qt_p}{2\pi C_{eff}H_p\sqrt{t_p}(1+\rho)} \tag{8.12b}$$

$$效率 = \frac{\rho}{1+\rho} \tag{8.13}$$

$$\overline{W} = \frac{C_{eff}H_p\sqrt{t_p}\rho}{H} \tag{8.14}$$

$$W = \frac{4\overline{W}}{\pi\beta_p} \tag{8.15}$$

$$\Delta t = t_p g^{-1}\left(\frac{\pi\rho}{2}\right) \tag{8.16}$$

虽然根据式（8.12a）或式（8.12b）都可以计算裂缝长度，但通常最好使用式（8.12b）进行计算。根据滤失系数和压裂液效率的计算值来设计主要压裂处理方案。如果证明压裂液效率值不符合设计需求，可调整压裂液的组成成分。

8.4.3 通用 G 函数

从图 8.6 可以看出，裂缝面积随时间的变化关系。从图 8.7 可以看出，二者大致符合幂律函数关系。

$$\frac{A}{A_e} = \left(\frac{t}{t_e}\right)^\alpha \tag{8.17}$$

$$g(\delta, 1) = 4/3\left[(1+\delta)^{3/2} - \delta^{3/2}\right] \tag{8.18}$$

早期，滤失速率较高，指数 α 等于 1。后期，指数则接近 0.5。α 取任意值时，G 函数的一般表达式如下所示。

$$g(\delta, \alpha) = \frac{4\alpha\sqrt{\delta} + 2\sqrt{1+\delta} \times F[0.5, \alpha; 1+\alpha; (1+\alpha)^{-1}]}{1+2\alpha} \tag{8.19}$$

指数取 1 和 0.5 时，可得到以下方程：

$$\begin{aligned} g(\delta, 1) &= 4/3\left[(1+\delta)^{3/2} - \delta^{3/2}\right] \\ g(\delta, 0.5) &= (1+\delta)\sin^{-1}(1+\delta)^{-1/2} + \delta^{1/2} \end{aligned} \tag{8.20}$$

无量纲时间为 0 时，G 函数表达式为

$$g(0, 1) = \frac{4}{3} \cong 1.33$$

$$g(0, 0.5) = \frac{\pi}{2} \cong 1.57 \tag{8.21}$$

　　这两个极值之间的差异非常小，说明 G 函数对指数不敏感。但是，建议指数取下列值：4/5（适用于 PKN），2/3（适用于 KGD），8/9（适用于径向几何形状）。

8.4.4　实例分析

　　Nolte（1978）通过三个实例说明其开发的新技术。本文简单说明其中的第一个实例。表 8.2 列出了基本的流体和储层参数以及测试数据，而图 8.7 为关井数据。测试作业是在 Denver 盆地 MuddyJ 砂岩储层上开展的。根据压裂前后的测井资料，估算得到总裂缝高度为 60ft，预计只会从 32ft 处发生压裂液滤失。

表 8.2　储层和流体性质

体积，bbl	500
速率 q，bbl/min	5
流体类型	聚合物乳状液
储层深度，ft	7900
温度，℉	265
渗透率，mD	0.01
裂缝高度 H，ft	60
滤失量高度 Hp，ft	32
地层模量 E，psi	5E6
闭合时间，min	150
压裂液流态指数 n'	0.75
压裂液降解指数 α	1
ISIP，psi	800

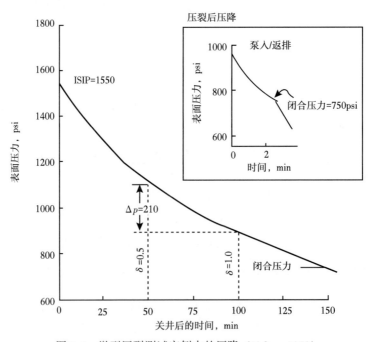

图 8.7　微型压裂测试实例中的压降（Nolte，1978）

图 8.8 为数据图及利用典型曲线对这些数据进行的拟合。$G=1$ 时，拟合点压力为 350psi。表 8.3 中列出了根据式（8.10）至式（8.16）计算得到的各裂缝参数。

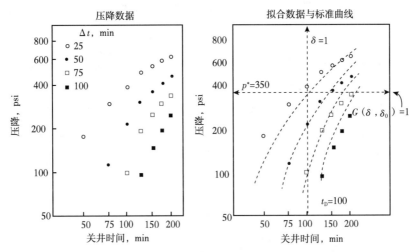

图 8.8　微型压裂测试实例中的试井数据及匹配性（Nolte，1978）

表 8.3　参数计算值

β_s	0.636
β_p	0.56
G（1，0.5）	0.59
$\Delta p\, G\,(\delta,\delta_0)$，psi	210
C_{eff}，ft/min$\frac{1}{2}$	0.000
r	0.989
效率	0.497
L_f，ft	1393
平均宽度，in	0.1
最大宽度，in	0.23
关井时间，min	160

8.5　对常规分析的改进

Nolte 根据 PK 裂缝几何形状（Perkins 和 Kern，1961）开发了初级分析技术。该分析技术后来被拓展应用到 KGD/CZ（Christianovich 和 Zheltov，1955）和扁平形裂缝领域。

之后，又有多位研究人员对该分析技术进行了拓展，考虑了温度和天然裂缝的影响。下面将讨论相关的改进。

在地面关井情况下，井筒容积对压力响应具有显著影响。另外，有关等温条件的假设可能也不会始终成立。如果在等温条件下进行试井,且未受到井筒容积的影响,则可使用式(8.22)来计算所观察到的压力响应(Soliman,1986)。

$$\Delta p_{\mathrm{eff}} = (1 + c_{\mathrm{p}} p_{\mathrm{avg}}) \Delta p + \frac{c_{\mathrm{T}}}{\beta_{\mathrm{s}}} \int p(t)(\mathrm{d}T/\mathrm{d}t)\,\mathrm{d}t \tag{8.22}$$

其中,$p(t)$ 是指随时间变化的压力,$(\mathrm{d}T/\mathrm{d}t)$ 是指随时间变化的温度变化速率。

可采用常规技术对压力响应计算值进行分析。Soliman(1986)和 Tan 等人(1988)报告了几个实例,证明忽略井筒容积和温度的影响会导致严重低估滤失系数、压裂液效率及其他参数。误差甚至可能高达 50%~100%。图 8.9 所示为低渗透高温储层中裂缝原始压力曲线和修正曲线。低估滤失系数可能导致压裂处理方案设计不当,进而导致意外早期出砂。

最近 Nojabei 和 Kabir(2012)证实了温度也会影响数据分析。

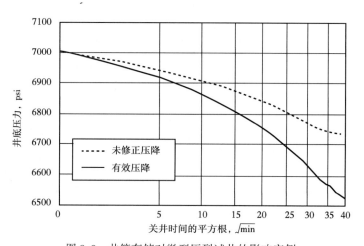

图 8.9　井筒存储对微型压裂试井的影响实例

8.6　使用 G 函数进行泵入/关井试井分析

式(8.3)表明,裂缝闭合前,压降与 G 函数呈直线关系。裂缝闭合时,测试数据偏离直线。直线的斜率 p^* 是滤失系数的函数。此方法无须进行典型曲线拟合,因此结果相对更为准确。

但是,目前上述分析技术还无法解释测试数据与理想的动态特征之间存在的偏差现象。Mukherjee 等人(1991)及 Barree 和 Mukherjee(1996)在 G 函数的基础上开发出一种新技术,来解释这一偏差。

为了更好地理解分析依据,重新定义了无量纲压力及其导数。

$$G(\delta, \delta_{\mathrm{o}}) = \frac{H^2 \beta_{\mathrm{s}} \Delta p(\delta, \delta_{\mathrm{o}})}{C_{\mathrm{eff}} H_{\mathrm{p}} E' \sqrt{t_{\mathrm{o}}}} \tag{8.23a}$$

$$\Delta p(\delta, \delta_{\mathrm{o}}) = \frac{C_{\mathrm{eff}} H_{\mathrm{p}} E' \sqrt{t_{\mathrm{o}}}}{H^2 \beta_{\mathrm{s}}} G(\delta, \delta_{\mathrm{o}}) \tag{8.23b}$$

$$\frac{\mathrm{d}p}{\mathrm{d}G} = \frac{C_{\mathrm{eff}}H_{\mathrm{p}}E'\sqrt{t_{\mathrm{o}}}}{H^2\beta_{\mathrm{s}}} \tag{8.24}$$

$$G\frac{\mathrm{d}p}{\mathrm{d}G} = \frac{C_{\mathrm{eff}}H_{\mathrm{p}}E'\sqrt{t_{\mathrm{o}}}}{H^2\beta_{\mathrm{s}}}G \tag{8.25}$$

根据方程（8.25），G（$\mathrm{d}p/\mathrm{d}G$）与 G 的关系图呈一条可延长至原点的直线。该直线斜率如下：

$$m = \frac{C_{\mathrm{eff}}H_{\mathrm{p}}E'\sqrt{t_{\mathrm{o}}}}{H^2\beta_{\mathrm{s}}} \tag{8.26}$$

在关井期内，试井数据与理想的动态特征之间的偏差会导致关系图偏离标准形态。停泵后，天然裂缝的存在、高度减小或尖端延伸均可能导致偏离理想的动态特征。下面将讨论各种偏离情形。

图 8.10 为某一现场实例，说明了压力或导数与 G 函数之间的关系。Craig 等（2000）总结了使用导数图作为诊断工具的方法，并列举了另外三个实例（图 8.11 至图 8.13），展示了裂缝性地层（与压力有关的）、裂缝闭合时高度减小和闭合后裂缝尖端延伸等情况。

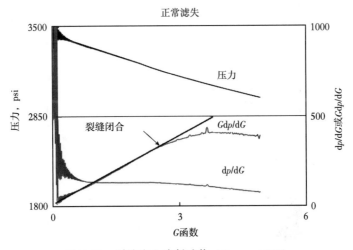

图 8.10   裂缝注入诊断试井（Baree，1998）

图 8.11 展示了裂缝性地层的预期压力动态。扩张裂缝/天然裂缝随压力的降低而闭合。体积和滤失面积的变化将导致压力偏离均质情形。通常情况下，裂缝系统的特征在于（$G\mathrm{d}p/\mathrm{d}G$）图会出现峰值，最终形成一条可延长至原点的直线。直线的起点即为裂缝闭合压力。

图 8.12 展示了裂缝高度随压力下降而减小的情形。这导致滤失面积减小，从而偏离理想的动态特征。高度减小的情形并不罕见，可能是由于扩展裂缝穿过多个具有不同最小应力的地层所致。

图 8.13 展示了停止泵送压裂液后裂缝尖端继续延伸的情形。在这种情况下，滤失率

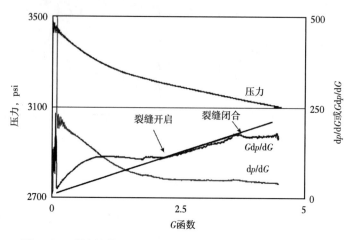

图 8.11 裂缝性储层的裂缝注入诊断试井（Craig 等，2000）

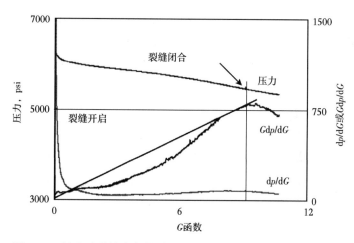

图 8.12 闭合时裂缝减小的裂缝注入诊断试井（Craig 等，2000）

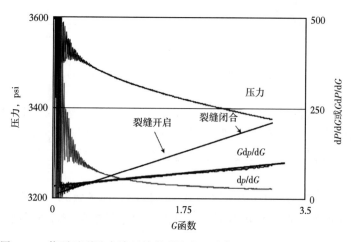

图 8.13 停泵后裂缝尖端延伸的裂缝注入诊断试井（Craig 等，2000）

极低，导致在泵送结束且裂缝内部压力平衡时，其较高的压力仍足以导致裂缝扩展。这种现象相当罕见，只有在特低渗透储层中才可能（如页岩或具有非常厚的滤饼）发生。这种情况一般出现于未开发的油气藏中。此时，数据图呈一条延长线交于原点上方的基本直线。

8.7 通过分析裂缝闭合前的瞬时压力确定地层渗透率

Mayerhofer 等人（1995）将泵入/关井试井拓展应用到计算地层渗透率的领域。他们没有采用传统模型中的滤失系数，而是假设滤失取决于裂缝面阻力和地层渗透率。他们发现裂缝面阻力是时间平方根的函数。该分析方法运用迭代算法，根据地层渗透率和裂缝面阻力的初始估计值计算得到最终的裂缝面阻力和地层渗透率。除非初始估计值非常接近正确值，否则这项迭代技术会非常稳定。

Valkó 和 Economides（1999）注意到，Mayerhofer 等人（1995）的方法"对假设偏差很敏感"，他们对该方法进行了改进，根据固定裂缝几何形状进行分析。他们的一项重要成果是偏离线性滤失模型，在该模型中将裂缝进行等距分段。根据滤失段的位置，可能产生线性或径向裂缝段滤失。通过与 Cinco 等人（1978）提出的半解析方法非常相似的传统油藏工程方法，计算得到地层中的流体滤失。

Valkó 和 Economides（1999）使用叠加方法来解释滤失的变化。他们还假设在泵送和裂缝闭合过程中裂缝面积保持不变，并且平均裂缝面积也保持不变。假设在泵送和闭合过程中裂缝面积保持不变，由 Mayerhofer 等人（1995）建立的方法得以简化，避免了迭代计算，并最终得到下面体现裂缝闭合前压降随时间变化的方程。

Mayerhofer、Economides 和 Ehligi-Economides 所提出的方法的应用情况如下：

根据观察到的变量（时间和压力）来确定两个无量纲量 $X_n = X_{1,n} + X_{2,n}$ 和 y_n。考虑以下时间点：t_{ne}，t_{ne+1}，t_{ne+2}，…，t_n，其中下标 ne 表示泵送结束，即 $t_{ne} = t_e$（Valkó 和 Economides，1999）。

$$y_n = b_m + m_m(x_{1,n} + x_{2,n}) \quad (n \geqslant n_e + 3) \tag{8.27}$$

$$y_n = \frac{p_n - p_r}{d_n t_e^{0.5} t_n^{0.5}} \tag{8.28}$$

$$d_n = \frac{(p_{n-1} - p)}{\Delta t_n} \tag{8.29}$$

$$x_{1,n} = c_1 \frac{d_{n+2}}{d_n}\left(\frac{t_n - t_{ne+2}}{t_n t_e}\right)^{0.5} + c_1 \sum_{j=ne+3}^{n} \frac{d_j - d_{j-1}}{d_n}\left(\frac{t_n - t_{j-1}}{t_n t_e}\right)^{1/2} \tag{8.30}$$

$$x_{2,n} = c_2 \frac{1 - \left(1 - \dfrac{t_{ne+1}}{t_n}\right)^{0.5}}{d_n t_e^{1.5}} \tag{8.31}$$

Valkó 和 Economides 在表 8.4 中列出了各参数与裂缝和储层性质之间的关系。

表 8.4 参数关系

	PKN	KGD	径向
c_1	$\left(\dfrac{\pi\mu h}{4(E')^2 c_t\phi}\right)^{0.5}$	$\left(\dfrac{\pi\mu L_f}{(E')^2 c_t\phi}\right)^{0.5}$	$\left(\dfrac{256\mu R_f}{9\pi^3(E')^2 c_t\phi}\right)^{0.5}$
c_2	$\left(\dfrac{w^2\mu}{\pi c_t\phi h}\right)^{0.5}$	$\left(\dfrac{w^2\mu}{\pi c_t\phi L_f}\right)^{0.5}$	$\left(\dfrac{w^2\mu}{\pi c_t\phi R_f}\right)^{0.5}$
K	$\left(\dfrac{h}{m_m}\right)^2$	$\left(\dfrac{L_f}{m_m}\right)^2$	$\left(\dfrac{R_f}{m_m}\right)^2$
R_0	$\dfrac{4E't_e}{\pi h}b_m$	$\dfrac{4E't_e}{\pi L_f}b_m$	$\dfrac{4E't_e}{\pi R_f}b_m$

Craig 等人(1996,2000)在多个实例中将 Valkó 和 Economides 提出的改进分析意见与 G 函数分析和导数的对数参数相结合。该方法已拓展应用到低渗透储层,并已取得令人满意的结果,但它能否成功应用到高渗透储层尚未得到证实。

在弱岩储层中,由于复合储层、尖端脱砂等因素的综合作用,难以进行解释。在许多情况下,针对弱岩储层采用此方法时,会得到有关高度减小的错误结果。因此,对于在高渗透储层中形成的裂缝,许多分析人员不愿意使用此方法,相反他们通常会进行常规分析。但是,由于滤失速率较高,裂缝往往会很快闭合。研究发现,如果使用压力与 G 函数的关系代替典型曲线拟合技术,则分析结果会更可靠。

Valkó 和 Economides(1999)所建立的方法的主要假设如下:

(1)使用叠加方法来解释滤失的变化;

(2)泵送和裂缝闭合时,裂缝面积保持不变;

(3)裂缝闭合时,可渗透面积保持不变;

(4)裂缝闭合时,岩石可塑性保持不变;

(5)使用根据 Schlyapobersky-Nolte 分析获得的裂缝面积(1998)。

这些主要假设有偏差可能会导致数据明显分散。但是,可通过 G 函数导数分析来确定这一偏差。使用这两种数据图不仅可以确定储层/裂缝类型,还可以确定分析所使用的正确数据。

一些研究报告称,改进的 Mayerhofer 模型存在不一致的情况。Valkó 和 Economides 认为是由于方程的敏感性所致,因为模型采用二阶压力导数,对此假设偏差非常敏感。

如果通过利用 Y_n 与 X_n 数据点的关系拟合曲线得出负截距,则建议将截距变为零,并将渗透率计算值视为地层渗透率的上限。在这种情况下,由于无法确定有关压裂液滤失的控制参数,且所有压降均由地层所致。量纲分析结果表明,将表 8.4 中的常数代入式(8.27)至式(8.31)后,各计算参数都不会得到正确的量纲。

8.8 更新的 Valkó 和 Economides

8.8.1 Ispas 模型(1998)

1998 年 Ispas 等人发表了一篇论文,文中对表 8.4 中的参数进行了正确的定义,见表 8.5。

表 8.5　改进的 Mayerhofer 模型中的 C_1 和 C_2（Ispas 等，1998）

	PKN	KGD	径向
C_1	$\left(\dfrac{\pi\mu_r}{4(E')c_t\phi}\right)^{1/2}$	$\left(\dfrac{\pi\mu_r}{(E')^2c_t\phi}\right)^{1/2}$	$\left(\dfrac{16^2\pi\mu_r}{9\pi^3(E')^2c_t\phi}\right)^{1/2}$
C_2	$\left(\dfrac{w_1^2\mu_r}{\pi c_t\phi h^2}\right)^{1/2}$	$\left(\dfrac{w_1^2\mu_r}{\pi c_t\phi x_f^2}\right)^{1/2}$	$\left(\dfrac{w_1^2\mu_r}{\pi c_t\phi R_f^2}\right)^{1/2}$
K	$\left(\dfrac{h}{m_M}\right)^2$	$\left(\dfrac{x_f}{m_M}\right)^2$	$\left(\dfrac{R_f}{m_M}\right)^2$
R_0	$\dfrac{4E't_e}{\pi h}b_M$	$\dfrac{4E't_e}{\pi x_f}b_M$	$\dfrac{E't_e}{R_f}b_M$

8.8.2　Lamie 等人的模型

Lamie 等人（2013）以另一种稍有不同的形式表述了这个问题。下面的方程为式（8.32）的改进形式，其中方程右端第一项用 d_{ne} 代替 d_n。

$$x_{1,n} = c_1 \frac{d_{n+2}}{d_{ne}}\left(\frac{t_n - t_{ne+2}}{t_n t_e}\right)^{0.5} + c_1 \sum_{j=ne+3}^{n} \frac{d_j - d_{j-1}}{d_n}\left(\frac{t_n - t_{j-1}}{t_n t_e}\right)^{1/2} \qquad (8.32)$$

8.9　现场实例：裂缝闭合前瞬时压力分析

本节通过讨论相关实例，显示了说明裂缝闭合前瞬时压力分析的不同情况。图 8.14 是在 Valkó 和 Economides 所做工作的基础上开展的分析结果。该测试是在天然气藏中开展的。由于滤失模式并不严格符合初始开发方案设计的模式，因此通常会观察到分散的数据。在图 8.14 中，早期数据沿一条直线下降，相应的渗透率为 0.23mD，而关井后的数据沿另一条直线下降，相应的渗透率为 0.38mD。然而，图 8.14 的结果已经非常接近于理想的裂缝

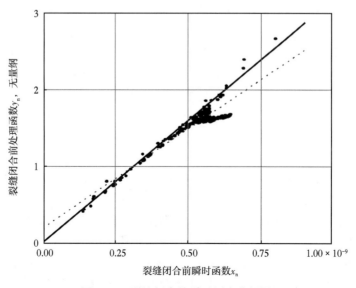

图 8.14　裂缝闭合前瞬时压力分析图

动态特征。

相反，图 8.15 中的数据呈明显的分散形态，用于裂缝闭合前瞬时压力分析。可以使用图 8.16 中所示的 G 函数导数图来解释造成这种分散性的原因。

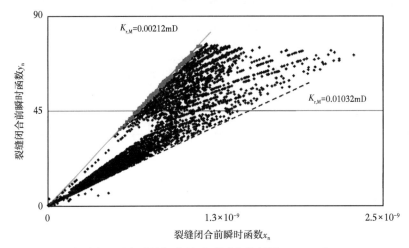

图 8.15　天然裂缝地层中裂缝闭合前瞬时压力分析图（Craig 和 Brown，1996）

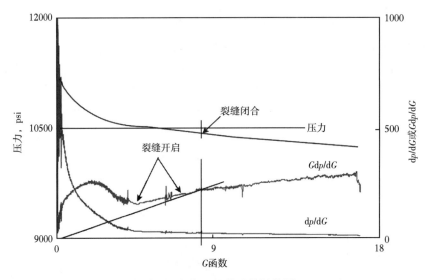

图 8.16　天然裂缝地层中裂缝闭合前 G 函数及其导数图（Craig 和 Brown，1996）

从图 8.16 可以看到，存在一个较大的"峰值"，说明与压力相关的滤失系数在测试早期占据主导作用。这是由于通过注入测试，天然裂缝或裂隙张开，从而导致发生与压力相关的滤失现象。在压力降落期间，随着压力得降低，天然裂缝开始闭合。当天然裂缝完全闭合时，峰值消失，之后数据点沿一条延长后与原点相交的直线分布。绘制直线时，早期数据所对应的渗透率为 0.01mD，后期数据所对应的渗透率为 0.002mD。低值更适合估算地层渗透率和油气井产能，但高值则表明存在张开的天然裂缝，适用于裂缝的注入期。换句话说，在压裂过程中，压裂液滤失受高渗透率值控制。

8.10　通过裂缝闭合后的分析确定储层渗透率和压力

8.10.1　背景

如果将微型压裂试井（或为此进行的压裂处理）视为泵入/关井试井（类似于标准注入—压降试井），则可使用常规试井技术来分析压降数据。开展诊断试井时，会在泵送期形成一条小裂缝。停泵后，压裂液滤失进入地层，裂缝缓慢闭合。由于裂缝在泵送期内不断扩展，从理论上讲，微型压裂试井并非是真正意义上的试井，所以在分析时，不应采用试井技术。然而，微型压裂试井的泵送期通常很短，通常在压降期采用专门的试井技术，具有相当高的精度。换句话说，在泵送期内，裂缝扩展的影响可能很小，即使忽略也不会导致重大计算误差。在经过足够长的压降时间后，流态的构成取决于储层和流体的性质以及裂缝闭合后残余的导流能力。

考虑到泵送时间通常远小于压降时间，微型压裂试井与生产时间较短的常规试井非常相似。相关文献已针对这种短期流动试井介绍了专门的方法和分析技术。下面将对这些技术进行评述。

8.10.2　双对数导数方法：短期公式

8.10.2.1　径向流

短期试井技术最初是为了分析生产期较短的压力恢复试井而开发的。该技术未基于叠加原理来对压力恢复试井方程进行求解（Soliman，1986），而是将关井条件纳入内边界条件。通过该技术求得的方程的解相对严谨，但更适用于关井期明显长于流动期的试井。从新公式中能够看出解的特征，而这些特征是从其他方程中无法观察到的。Soliman 等人（2004，2005）将该技术拓展应用到微型压裂/DFIT 试井分析中，建议采用该技术进行 DFIT 分析、详细讨论和现场实例分析，并简要讨论了其他技术。

如果裂缝闭合后残余的导流能力非常低或其作用已不显著，则闭合后储层中的流态可能是径向流，或者更准确地说，是拟径向流。在这种情况下，可用下面的方程来描述这个阶段：

$$p_{\mathrm{D}} = \frac{1}{2}\frac{t_{\mathrm{D,inj}}}{t_{\mathrm{D}}} \tag{8.33}$$

$$p_{\mathrm{fo}} - p_{\mathrm{i}} = \frac{1694.4V\mu}{Kh}\frac{1}{t_{\mathrm{inj}} + \Delta t} \tag{8.34}$$

对方程（8.34）两边取对数，得

$$\lg(p_{\mathrm{fo}} - p_{\mathrm{i}}) = \lg\left(\frac{1694.4V\mu}{Kh}\right) - \lg(t_{\mathrm{inj}} + \Delta t) \tag{8.35}$$

根据总时间（$t_{\mathrm{inj}} + \Delta t$）对方程（8.34）进行微分，得

$$\lg\left[(t_{\mathrm{inj}} + \Delta t)\frac{\partial p_{\mathrm{w}}}{\partial t}\right] = \lg\left(\frac{1694.4V\mu}{Kh}\right) - \lg(t_{\mathrm{inj}} + \Delta t) \tag{8.36}$$

在式（8.34）至（8.36）中，t_{inj} 为注入时间，Δt 为关井时间。虽然式（8.35）和

式（8.36）均可用于诊断流态，但主要使用式（8.35）来解释短期试井。值得注意的是，导数图上直线的斜率仅随观察到的压力、试井时间和流态变化，而与初始储层压力等其他性质无关。因此式（8.35）非常适合用于确定当前的流态。

一旦流态确定，根据式（8.35），压力与时间的倒数之间的关系图呈一条直线。该直线截距为初始储层压力，斜率为地层渗透率。另外，也可根据式（8.35）或式（8.36）计算得到地层渗透率。虽然该分析技术要求输入总注入体积，但为谨慎起见，仍需保持注入速率不变。

需要注意的是，拟径向流的存在表明裂缝可能是完全闭合的。

可观察到其他三种流态，如线性流、双线性流和球形流。式（8.37）至（8.39）分别为式（8.34）的对应形式。

$$p_i - p_w = 31.05 \frac{V_{ch}}{h} \left(\frac{\mu}{\phi c_t K x_f^2}\right)^{0.5} \left(\frac{1}{t_{inj} + \Delta t}\right)^{0.5} \tag{8.37}$$

$$p_i - p_w = 264.6 \frac{V_{ch}}{h} (\mu)^{0.75} \frac{1}{\sqrt{K_f w_f}} \left(\frac{1}{t_{inj} + \Delta t}\right)^{0.75} \tag{8.38}$$

$$p_i - p_w = 2.94 \times 10^4 V_{ch} (\phi c_t)^{0.5} \left(\frac{\mu}{K}\right)^{1.5} \left(\frac{1}{t_{inj} + \Delta t}\right)^{1.5} \tag{8.39}$$

8.10.2.2　双线性流

如果所产生的裂缝很长或者没有完全闭合，从而保留了一定的残余导流能力，则可能发生双线性流。

式（8.40）至式（8.43）是与拟径向流式（8.33）至（8.36）相对应的双线性流方程。此外，利用方程（8.42）的导数图绘制的诊断图版与储层原始压力无关。但是，根据方程（8.40）绘制图版时，能够得到一条斜率为-0.75的直线。根据方程（8.43）绘制等效图版时，能够得到一条斜率为25的直线。另外，可根据方程（8.40）来确定储层原始压力，并根据方程（8.41）来计算储层渗透率。

$$p_{fo} - p_i = 264.6 \frac{V}{h} (\mu)^{0.75} \left(\frac{1}{\phi c_t K}\right)^{0.25} \frac{1}{\sqrt{K_f w_f}} \left(\frac{1}{t_{inj} + \Delta t}\right)^{0.75} \tag{8.40}$$

$$\lg(p_{fo} - p_i) = \lg\left[264.6 \frac{V}{h} (\mu)^{0.75} \left(\frac{1}{\phi c_t K}\right)^{0.25} \frac{1}{\sqrt{K_f w_f}}\right] - 0.75\lg(t_{inj} + \Delta t) \tag{8.41}$$

$$\lg\left(t \frac{\partial p_{fo}}{\partial t}\right) = \lg\left[198.45 \frac{V}{h} (\mu)^{0.75} \left(\frac{1}{\phi c_t K}\right)^{0.25} \frac{1}{\sqrt{K_f w_f}}\right] - 0.75\lg(t_{inj} + \Delta t) \tag{8.42}$$

$$\lg\left(t^2 \frac{\partial p_{fo}}{\partial t}\right) = \lg\left[198.45 \frac{V}{h} (\mu)^{0.75} \left(\frac{1}{\phi c_t K}\right)^{0.25} \frac{1}{\sqrt{K_f w_f}}\right] + 0.25\lg(t_{inj} + \Delta t) \tag{8.43}$$

8.10.2.3　线性流

如果裂缝保持开启状态，具有较高的无量纲导流能力，则可观察到线性流流态。这种情况相当罕见，然而，如果地层渗透率超低（如在页岩地层中），或使用含有支撑剂的流体进行微型压裂试井，则可能会发生这种情况。本章的另一节将专门讨论页岩地层试井。

　　式（8.44）至式（8.47）是与拟径向流方程和双线性流方程相对应的线性流方程。其用法与径向流部分中讨论的用法类似。

$$p_{fo} - p_i = 31.05 \frac{V}{4h}\left(\frac{\mu}{\phi c_t K L_f^2}\right)^{0.5}\left(\frac{1}{t_{inj} + \Delta t}\right)^{0.5} \tag{8.44}$$

$$\lg(p_{fo} - p_i) = \lg\left[31.05 \frac{V}{4h}\left(\frac{\mu}{\phi c_t K L_f^2}\right)^{0.5}\right] - 0.5\lg(t_{inj} + \Delta t) \tag{8.45}$$

$$\lg\left(t\frac{\partial p_{fo}}{\partial t}\right) = \lg\left[15.525 \frac{V}{4h}\left(\frac{\mu}{\phi c_t K L_f^2}\right)^{0.5}\right] - 0.5\lg(t_{inj} + \Delta t) \tag{8.46}$$

$$\lg\left(t^2\frac{\partial p_{fo}}{\partial t}\right) = \lg\left[15.525 \frac{V}{4h}\left(\frac{\mu}{\phi c_t K L_f^2}\right)^{0.5}\right] + 0.5\lg(t_{inj} + \Delta t) \tag{8.47}$$

　　需要注意的是，在与式（8.48）中给出的时间相对应的无量纲时间为 0.016 时，线性流结束［对于式（8.46）至式（8.47），分别在直线的 $-\frac{1}{2}$ 或 $+\frac{1}{2}$ 处终止］，相应的时间计算公式为

$$t = \frac{60.675\phi\mu c_t C_f^2}{K}h \tag{8.48}$$

8.10.2.4　球形流

　　这种流态可能发生在某些特殊情况下，如当裂缝完全闭合，不具有残余导流能力，并且射孔间隔非常短时，测试与水平裂缝相交的横向裂缝。本章后面将通过现场实例说明这种情况。以下方程是对球形流的描述，表明该流态对应的直线斜率为 -1.5。

$$p_{fo} - p_i = 29434 V_{inj}(\phi c_t)^{0.5}\left(\frac{\mu}{K}\right)^{1.5}\frac{1}{t^{1.5}} \tag{8.49}$$

$$\lg\left(-t\frac{\partial p_{fo}}{\partial t}\right) = \lg\left[4414.5 V_{inj}(\phi c_t)^{0.5}\left(\frac{\mu}{K}\right)^{1.5}\right] - 1.5\lg(t) \tag{8.50}$$

8.10.2.5　在双线性流情况下采用简单公式方法进行裂缝闭合后分析时，建议采用的分析方法

　　裂缝闭合后分析的目的在于确定储层压力和渗透率。以下步骤说明了如何使用裂缝闭合后的数据来实现该目标：

　　（1）绘制 $\lg(t\partial p_{fo}/\partial t)$ 与 $\lg(t_{inj}/\Delta t)$ 的导数图。

　　（2）最终，数据应沿一条直线分布。该直线的斜率表示对应的流态。

　　（3）在笛卡尔坐标系中绘制 $p_{fo} - p_i$ 与 $\lg(t_{inj}/\Delta t)^n$ 的关系图，其中 n 是导数图的斜率。图中的截距是储层压力。

　　（4）绘制 $(p_{fo} - p_i)$ 与 $(t_{inj}/\Delta t)$ 的对数图。

　　（5）如果流态为双线性流，则截距为渗透率和裂缝导流能力的函数，如下式所示：

$$b_r = \left[264.6 \frac{V}{h}(\mu)^{0.75}\left(\frac{1}{\phi c_t K}\right)^{0.25}\frac{1}{\sqrt{K_f w_f}}\right] \tag{8.51}$$

双线性流结束的时间点是裂缝导流能力和渗透率的函数,如下式所示。该公式假设无量纲裂缝导流能力很低。

$$t_{Debf} \approx \left(\frac{4.55}{\sqrt{C_{fD}}} - 2.5 \right)^{-4} \qquad (8.52)$$

$$C_{fD} = \frac{K_f w}{K L_f} \qquad (8.53)$$

假设在试井过程中,裂缝长度未发生变化,可根据双线性流结束时的方程(8.53)计算求得残余的裂缝导流能力和地层渗透率。如果双线性流动期没有结束,则无法计算出地层渗透率。但是,可利用直线上的最后一个点,推算出地层渗透率的上限。可通过裂缝闭合前分析,计算得到裂缝的长度。

因为裂缝导流能力通常很低,可简化并组合式(8.51)至式(8.53),得到计算地层渗透率公式:

$$K = 264.6 \frac{V}{h} \frac{\mu}{b_r} \frac{1}{(2.637 t_{ef})^{0.25}} \qquad (8.54)$$

由于大部分压降均发生在裂缝外部,因此可利用地层流体性质来计算地层渗透率。这一发现已通过现场数据分析得到了证实。

(6)如果关井时间足够长,则可能会观察到拟径向流态。为了实现拟径向流动,无量纲时间应大于1。可根据下面的公式计算该时间:

$$t \geq \frac{3.792 \times 10^3 \phi \mu c_t L_f^2}{K} h \qquad (8.55)$$

(7)当线性流为主要流态对压力响应起主导作用时,可制订类似的方法。

8.10.3 双对数导数法:常规公式

Mohamed 等人(2011)和 Marongiu-Porcu 等人(2011)建议根据随叠加时间函数"Horner 时间"($t_p + \Delta t / \Delta t$)变化的压力导数来分析裂缝闭合前后的数据,并且将该方法作为"全局技术"。

在这项技术中,作者将裂缝闭合前后的模型组合成一个分段函数。闭合前模型很大程度上依赖于由 Fan 和 Economides(1995)提出并经过 Valkó 和 Economides(1999)改进的模型。通过采用完全弹性模型模拟裂缝闭合前的情况。但是,假设"岩石具有完全弹性行为"具有较大的限制性,在页岩地层中,可能会出现违背该假设的情况,而对于高渗透坚硬砂岩地层,就完全可采用该假设。

通过将裂缝闭合模型与地层中的线性流模型进行结合,采用随叠加时间变化的压力导数时,会得到斜率为¾的直线。Marongiu-Porcu 等人(2011)根据由 Valkó 和 Economides(1999)提出的以下无量纲井底压力方程建立了裂缝闭合前模型:

$$\bar{p}_{WD} = \left[1 - e^{-(t_{eD}+t_{cD})} \right] \frac{\bar{q}_D}{s} K_0 \left[\frac{1}{2} \sqrt{s} \right] \qquad (8.56)$$

利用增大的等效井筒半径来表征等效的裂缝动态,进而建立裂缝闭合后的模型。以下

方程反映了储层中流体的流动情况:

$$\bar{p}_{WD} = \frac{K_0\left[r_{wd}\sqrt{s}\right]}{s^{3/2}K_1\left(r_{wD}\sqrt{s}\right)} \tag{8.57}$$

该方法完全依赖径向流方程,这表明它只有在地层渗透率较高、裂缝长度较短的情况下才有效,而不适用于低渗透或超低渗透储层。

8.10.4 恒压注入方法

Nolte 等人(1997)最初提出了这种裂缝闭合后的分析方法。该方法假设在恒压注入后关井,建立了裂缝闭合后的分析模型。假设流态为拟径向流或拟线性流。

如果后期压降以拟径向流态为主,则采用以下方程:

$$p(t) - p_r = m_R F_R(t, t_c) \tag{8.58}$$

$$F_R(t, t_c) = \frac{1}{4}\ln\left(1 + \frac{\chi t_c}{t - t_c}\right), \ \chi = \frac{16}{\pi^2} \cong 1.6 \tag{8.59}$$

其中

$$\frac{Kh}{\mu} = 251000\left(\frac{V_i}{m_R t_c}\right) \tag{8.60}$$

方程(8.58)表明,通过笛卡尔坐标系下压力与径向流时间的关系曲线,可根据与 y 轴的截距求得储层压力,根据斜率 m_R 求得储层渗透率。

如果后期压降以线性流态为主,则使用以下方程:

$$p(t) - p_r = m_L F_L(t, t_c) \tag{8.61}$$

其中

$$F_L(t, t_c) = \frac{2}{\pi}\sin^{-1}\sqrt{\frac{t_c}{t}} \tag{8.62}$$

$$m_L = C_T\sqrt{\frac{\pi\mu}{K\phi c_t}} \tag{8.63}$$

此外,根据笛卡尔坐标系下压力与线性流函数 F_L 的关系图,可以计算出原始地层压力和储层渗透率。需要注意的是,将两个函数关联起来,可以发现 $F_R \approx (F_L)^2$, $t/t_c \geqslant 2$。$t/t_c = 2$ 时,误差为 3.8%;$t/t_c = 10$ 时,误差降低至 1.3%。

获得准确的地层压力是该技术成功应用的关键。如果假设存在径向流动,并根据方程(8.58)计算得到原始地层层压力,则在双对数图上将显示径向流态。但是,根据实际经验,该方法可能是循环论证。如果确实存在径向流态,便可通过分析获得可靠的结果。换句话说,如果流态不是径向流,分析和结论就都是错误的。此项技术可能仅适用于预计会出现径向流态的高渗透性储层,对于低渗透储层,特别是页岩地层,它的解释结果并不可靠。

8.11 现场实例

下面通过多个 DFIT 或微型压裂现场实例介绍拟径向流动、线性流动和双线性流动。裂缝闭合前分析将包括 G 函数和瞬时压力分析。

裂缝闭合前瞬时压力分析将基于 Valkó 和 Economides（1999）提出的方法，而裂缝闭合后分析将基于在短期公式部分中提出的方法。

8.11.1 实例1：A 井

A 井位于 Jauf 组地层，该地层是浅海环境沉积的砂岩储层，主要以石英为主，具有不同含量的伊利石，孔壁附着黏土。鉴于砂体总量和潜在的裂缝隔层，分两个阶段对该井进行压裂。然而，压裂方案设计更关注较低的射孔部位。A 井具有 40ft 的定向射孔，压裂段的 kh 值估计为 204mD·ft，BHT 预计为 312 °F。

图 8.17 是对 A 井进行首次注入时井底压力和注入速率与时间的关系图。在微型压裂/注入测试期间，对 12,120gal 的线性凝胶液进行了分析，平均注入速率为 18.8bbl/min；但是注入速率在 5~25bbl/min 范围内变化。关井瞬时压力（ISIP）为 13,760psi，相应的裂缝压力梯度为 0.97psi/ft。

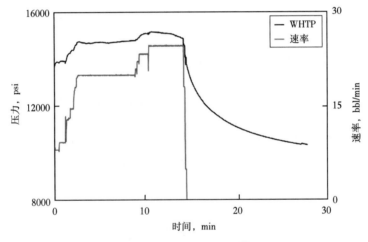

图 8.17　A 井测试图（Soliman 等，2005）

8.11.1.1 裂缝闭合前分析

图 8.18 为对 A 井进行首次注入时的 G 函数导数图。分析表明，在关井期间发生了与压力相关的滤失，同时水力裂缝在 12578psi 压力下闭合。裂缝闭合前的叠加导数曲线上出现了典型的"峰值"，表明存在压力相关型滤失。虽然裂缝闭合前数据点数量有限，难以进行准确测定，但能够大概推算出应力各向异性大约出现在 260psi 处，即裂缝开启压力大约比裂缝扩展压力高 260psi。

图 8.19 为假设 GdK 裂缝高度有限且孔隙压力为 9000psi 时的裂缝闭合前瞬时压力分析图。然而，在裂缝闭合前，仅记录了 12 个数据点。基于对 GdK 裂缝几何形状的假设，数据似乎沿一条直线下降。该直线所对应的天然气藏地层系数为 51.0mD·ft，渗透率为 2.55mD，且裂缝面阻力为 25400cP/ft。如果假设裂缝具有拟径向流动特征，则地层渗透率的计算值为 1.54mD。

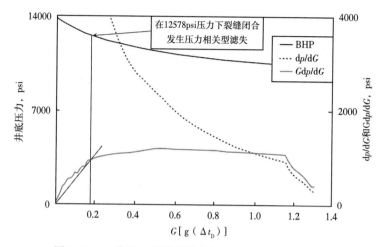

图 8.18　A 井的 G 函数导数分析（Soliman 等，2005）

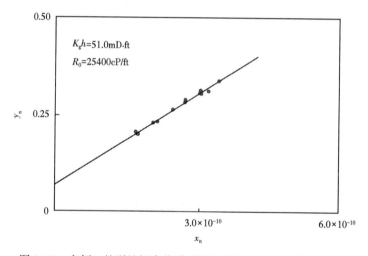

图 8.19　实例 1 的裂缝闭合前瞬时压力分析（Soliman 等，2005）

8.11.1.2　裂缝闭合后分析

据估计，地层的渗透率约为 2mD。由于渗透率相对较高，导致裂缝迅速闭合。高渗透率所导致的裂缝闭合数据点，所反映出的储层面积比通常观察到的面积要大。

随时间变化的压力导数与时间之间的关系如图 8.20 所示。从图中可以看出，数据沿单位斜率直线分布，表明裂缝在闭合后以拟径向流态为主。

由于压力导数图证实了拟径向流态的存在，图 8.21 基于 1 的 n 次幂绘制而成。时间的倒数为 0（无限关井时间）时直线的截距即为储层压力。从图中可以看出，储层压力为9000psi。图 8.22 是根据此储层压力值绘制的压力随时间变化的双对数图。

可根据图 8.22 中的截距来计算地层渗透率。

$$K = \left(\frac{1694.4 V \mu}{b_r h} \right)$$

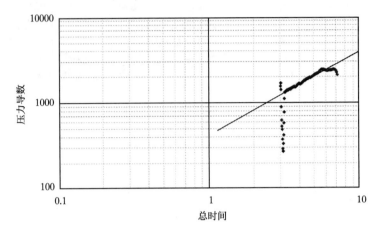

图 8.20 实例 1 裂缝闭合后的压力导数图 (Soliman 等，2005)

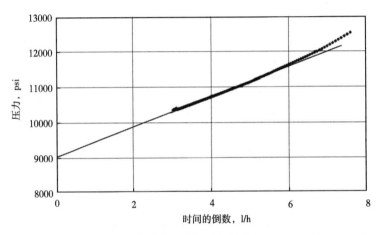

图 8.21 实例 1 裂缝闭合后的压力与时间关系图 (Soliman 等，2005)

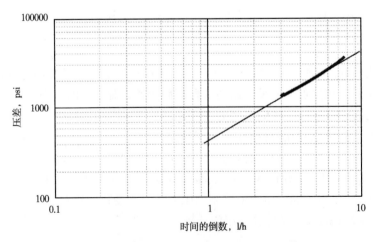

图 8.22 实例 1 裂缝闭合后的双对数图 (Soliman 等，2005)

$$K = \frac{1694.4 \times (12120 \div 42) \times 0.0037}{420 \times 20}$$

$$K = 2017mD$$

根据假设的几何形状，通过对在此次微型压裂试井期间收集到的数据，进行裂缝闭合前瞬时压力分析，可以求得地层渗透率为 1.54~2.55mD。裂缝闭合前后的分析结果具有很好的一致性。

8.11.2　实例 2：B 井

B 井位于 Khuff 组地层，该地层主要由白云岩和石灰岩构成，并具有硬石膏条纹隔层，渗透率和孔隙度变化较大。Khuff 组通常采用酸压增产措施，但其低渗透性和有限的孔隙发育特征，使其成为泵送水力压裂处理液的理想选择。在 Khuff 组 C 区域内，B 井穿过主要产层的 Kh 估计值约为 85mD·ft，预计 BHT 为 240℉。选用 25ft 的定向射孔进行压裂。

图 8.23 是对 B 井进行首次注入时井底压力和注入速率与时间之间的关系图。在微型压裂/注入测试期间，对 7966gal 的流体进行了分析。注入速率为 10.5bbl/min，并保持不变。ISIP 为 13，508psi，相应的裂缝压力梯度为 1.14psi/ft。通过分析数据，去除了压力低于裂缝压力时的早期注入时的部分数据点。

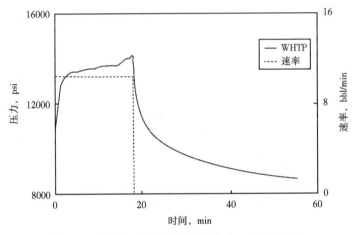

图 8.23　实例 2 的测试分析图（Soliman 等，2005）

8.11.2.1　裂缝闭合前分析

图 8.24 为 B 井的 G 函数导数分析图。从图中可以看到，在关井期间发生了压力相关型滤失现象，同时在 11505psi 压力时，水力裂缝闭合。裂缝闭合前的导数曲线上产生了典型的"峰值"，表明存在压力相关型滤失。并且天然裂缝的开启压力比水力裂缝的闭合压力高 240psi。

根据裂缝闭合前的压降数据，通过瞬时压力分析，计算储层渗透率。

图 8.25 为假设 GdK 裂缝高度有限且孔隙压力为 7750psi 时的裂缝闭合前瞬时压力分析图，可用于估算裂缝面阻力（裂缝面表皮）和储层渗透率。

虽然在裂缝闭合前，仅记录了 13 个数据点，但基于对 GdK 裂缝几何形状的假设，数据似乎沿一条直线下降。该直线所对应的天然气藏得地层系数为 15.9mD·ft，气测渗透率为

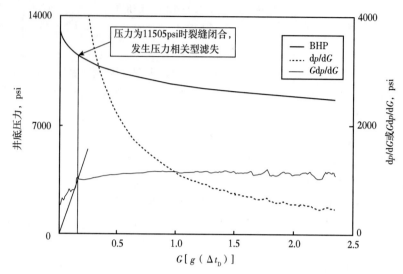

图 8.24　实例 2 的 G 函数导数分析（Soliman 等，2005）

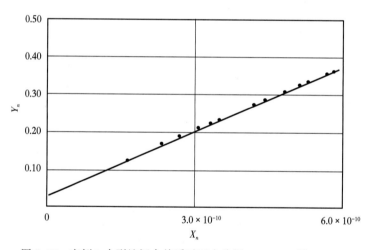

图 8.25　实例 2 中裂缝闭合前瞬时压力分析（Soliman 等，2005）

0.59mD，裂缝面阻力为 21300cP/ft。

如果假设径向裂缝地质体的形地层系数为 12.4mD·ft，则气测渗透率为 0.46mD，裂缝面阻力为 24200cP/ft。因此，裂缝闭合前瞬时压力的分析结果表明，储层渗透率为 0.46 ~ 0.59mD。

8.11.2.2　裂缝闭合后分析

在本例中，导数图（图 8.26 中较低的曲线）的直线斜率为 0.75，表明储层中流体的流动形态以双线性流为主。因此，在绘制压力与时间的倒数关系图时，幂将增加至 0.75，如图 8.27 所示。图 8.27 中的截距即为储层压力，本例中，储层压力为 7550psi。使用该值生成双对数图（图 8.26 中较高的曲线），两条直线平行，并且偏移了 0.75 倍，符合预期。

图 8.33 中双对数直线的截距为 933psi。将该截距和直线上的终点代入方程（8.50），

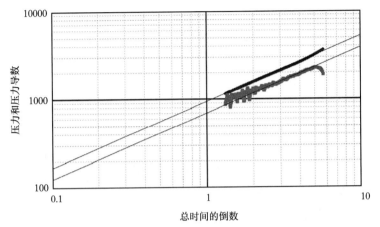

图 8.26　实例 2 中裂缝闭合后的压力和压力导数图（Soliman 等，2005）

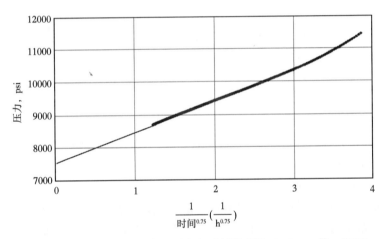

图 8.27　实例 2 中裂缝闭合后压力与时间关系图（Soliman 等，2005）

得到下列表达式：

$$K = 264.6\frac{(7966/42)}{27}\frac{0.344}{933}\frac{1}{(2.637\times0.75722)^{0.25}}$$

$$K = 0.5763\text{mD}$$

虽然该值为渗透率的上限，但从图 8.27 可看出，在直线的终点处，数据似乎偏离了直线，因此渗透率值应当是相当准确的。由此可见，裂缝闭合前后的分析结果具有很好的一致性。

8.11.3　实例 3：C 井

C 井位于 Jauf 组地层，具有 40ft 的定向射孔。根据裸眼井的测井结果，压裂段的 Kh 估计值为 86mD·ft。预测储层温度为 300 ℉。

图 8.28 为对 C 井进行首次注入时井底压力和注入速率与时间之间的关系图，从图中可以看出，在微型压裂/注入测试期间，对 7375gal 的 WF120 线性凝胶液进行了分析，平均注

入速率为 16.2bbl/min，但是注入速率在 4～44bbl/min 的范围内变化。ISIP 为 11894psi，相应的裂缝压力梯度为 0.85psi/ft。

在关井后的压降过程中，会出现明显的"水锤"压力振荡现象，水锤效应说明地层的渗透性较低。

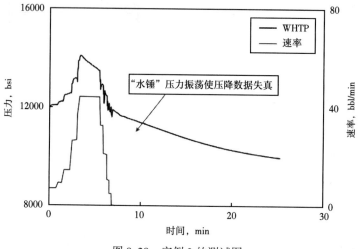

图 8.28　实例 3 的测试图

8.11.3.1　裂缝闭合前分析

图 8.29 为对 C 井进行首次注入时的 G 函数导数分析图。从图中可以看出，裂缝高度在关井期间减小，水力裂缝在 10699psi 压力时闭合。通过分析数据去除"水锤"效应，尽管其解释十分复杂，但总体上说明了裂缝高度减小的现象。

如果压力曲线下凹，导数增大，且叠加导数"暂时下降"，则表明裂缝高度在关井期间减小。当裂缝开始在高应力非渗透性地层中闭合时，裂缝高度将会降低，且总裂缝面积接

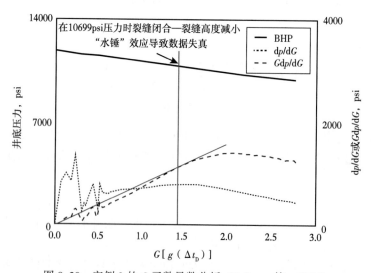

图 8.29　实例 3 的 G 函数导数分析（Soliman 等，2005）

近渗透性裂缝面积。当总裂缝面积接近渗透性裂缝面积时，压力导数保持不变，叠加导数曲线为一条从原点延伸出来的直线，表明将在一段时间内可以观察到"正常"的滤失动态。由于在关井期间高应力非渗透性地层逐渐闭合，因此所观察到的压降即代表"连续闭合"的过程。

图 8.30 为假设 *GdK* 裂缝高度有限时的裂缝闭合前瞬时压力分析图。如 Craig 和 Brown（1996）所述，裂缝高度减小导致数据在图中呈扇形分布。此外，裂缝高度在关井期间减小，表明在关井期间，裂缝面积发生变化，从技术角度来讲，这违背了裂缝闭合前瞬时压力分析的假设，但如果知道渗透率的估算值可能是错误的，则该分析仍然有用。

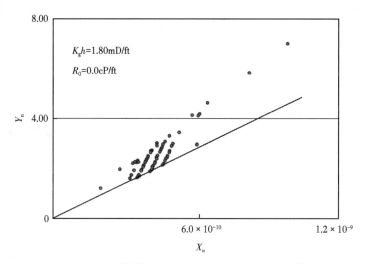

图 8.30 实例 3 中裂缝闭合前瞬时压力分析（Soliman 等，2005）

从图 8.29 可以看出，斜率最小（渗透率最高）的直线所对应的气藏地层系数为 1.80mD·ft（渗透率为 0.06mD），可忽略裂缝面阻力。如果假设裂缝呈径向几何形状，则渗透率的计算值为 0.09mD。

8.11.3.2 裂缝闭合后分析

在本例中，图 8.31 中的导数图为负单位斜率的直线，表明存在拟径向流动行为。如前所述，当存在拟径向流动时，表明裂缝处于闭合状态。在微型压裂测试中，地层的渗透率相当高，并且由于发生滤失，裂缝长度较短。

通过图 8.32 可以计算得到储层压力为 8765psi。该压力值与通过预压裂分析得到的结果相一致。使用该压力值绘制双对数压力和压力导数图，如图 8.31 所示。两条直线重叠，斜率为 1，表明存在拟径向流态。可根据双对数图中的截距来计算地层渗透率。

$$K = \frac{1694.4V\mu}{b_r h}$$

$$Kh = \left[\frac{1694.4 \times (7375/42) 0.02}{500} \right]$$

$$Kh = 11.25 \text{mD} \cdot \text{ft}$$

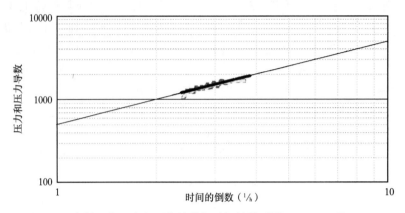

图 8.31　实例 3 中压力和压力导数与时间的关系图（Soliman 等，2005）

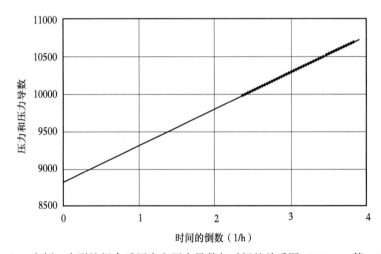

图 8.32　实例 3 中裂缝闭合后压力和压力导数与时间的关系图（Soliman 等，2005）

　　用于试井的射孔段为 30ft。将该值作为地层厚度，可计算出地层渗透率为 0.375mD。裂缝很可能进一步延伸，超出该高度值，达到渗透性区域的极限值。因此，比较稳妥的说法是，渗透率计算值表示渗透率的上限。

　　此渗透率计算值显著高于通过裂缝闭合前瞬时压力分析得到的结果。通过裂缝闭合后分析得到的储层压力计算值也比闭合前的分析结果高 425psi。由于其与裂缝闭合前瞬时压力分析的假设不一致，因此期望裂缝闭合后的分析更加准确。此外，下一节所述的瞬时压力试井，证实了本文所提出的裂缝闭合后试井的准确性。

8.12　压裂水平井的应用

实例 4：压裂水平井

　　进行 FET 试井时，以 35bbl/min 的速率泵送 11700gal 的凝胶液，作业图如图 8.33 所示。压力诊断导数图（图 8.34）中的直线斜率为 1.5，表明储层的主要流态为球形流。球形流态的存在意味着裂缝闭合后的残余导流能力可能已经非常微弱。为了在水平井中压裂形成横向裂缝，射孔套管长度应约为 3ft，流体流动可能受到有限射孔段的影响。此外，图 8.33 表明，裂缝极有可能很快闭合。为便于数据分析，使用了球形流公式。

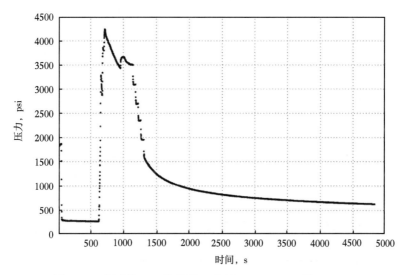

图 8.33　水平井 FET 作业图（实例 4）（Soliman 等，2011）

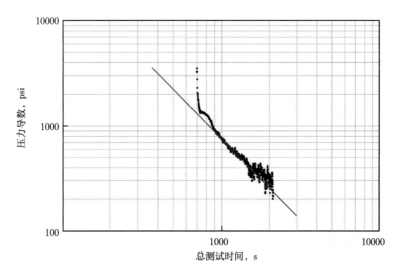

图 8.34　水平井压力导数诊断图（实例 4）（Soliman 等，2011）

根据 Soliman 等人（2005）开发的程序，将测试数据绘图，如图 8.35 和图 8.36 所示。井口条件下的原始地层压力为图 8.35 中的截距。需在该值的基础上考虑静水压力，方可计算得出井底条件下的原始地层压力。

根据球形流公式中的流体和储层参数，可求得储层渗透率。此地层渗透率的计算值与通过对补偿直井进行 DST 试井所获得的地层渗透率计算值相差不到 8%。

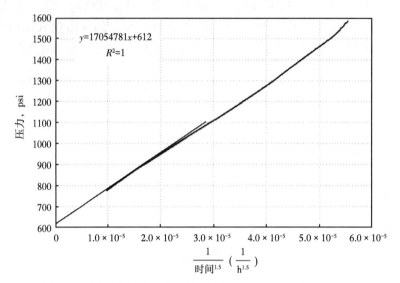

图 8.35　压裂水平井试井曲线（实例 4）（Soliman 等，2011）

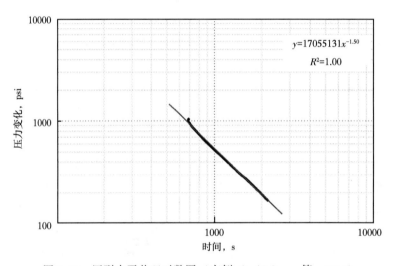

图 8.36　压裂水平井双对数图（实例 4）（Soliman 等，2011）

8.13　非常规储层应用

本节将讨论常规试井作为诊断测试方法的应用。

8.13.1　模拟实例 5

利用商用油藏数值模拟器进行试井分析，地层渗透率为纳达西级别，水平井压裂 10 条横向裂缝，模型参数见表 8.6。

试井包括 3 天的生产期和之后 30 天的关井期两个阶段。图 8.37 为试井期间的压力变化，图 8.38 为压力恢复期的常规双对数诊断图。利用单位斜率线，可以确定井筒存储效应，但不能识别流态。因为根据 Agarwal（1980）提出的有效时间原理，生产时间较短时，不能反映流态的变化。但是，通过采用前面所讨论的短期生产试井公式，图 8.39 表明本井测试数据呈双线性流态。通过该分析，可以求得正确的地层压力和储层渗透率。

表 8.6 模型参数

参数	值
天然气相对密度	0.6
双重渗透率 K	1.0
双重孔隙度 λ	1.0×10^{-6}
双重孔隙度 ω	0.1
原始地层压力，psi	2235
地层厚度，ft	53
平均孔隙度，%	5.9
平均裂缝渗透率，mD	1.5×10^{-3}
裂缝长度，ft	350
裂缝导流能力，mD·ft	16.66
裂缝高度，ft	53
吸附时间，d	100

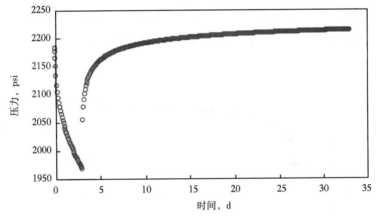

图 8.37 模拟流动和压力恢复数据（实例 5）（Soliman 和 Kabir，2012）

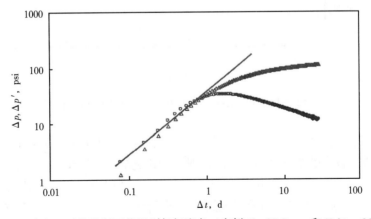

图 8.38 常规双对数诊断不能识别任何流态（实例 5）（Soliman 和 Kabir，2012）

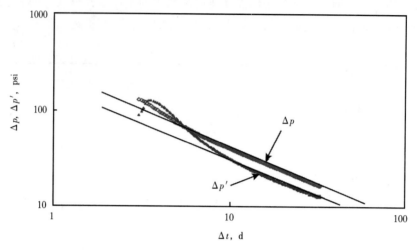

图 8.39 通过短期生产试井公式确定双线性流态（实例 5）（Soliman 和 Kabir，2012）

8.13.2 现场实例 6：常规试井分析

本实例为页岩地层，压裂水平井压裂多条横向裂缝，试井程序与模拟案例 5 非常相似。该井的生产时间为 181 小时，由于缺乏地面设施，该井处于关井状态，压力记录如图 8.40 所示。

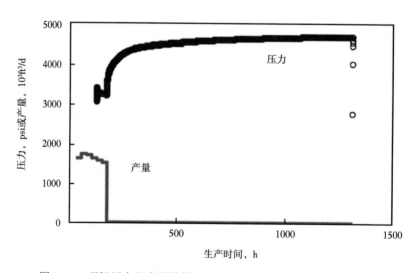

图 8.40 现场压力和产量数据（实例 6）（Soliman 和 Kabir，2012）

图 8.41 为压力测试数据的常规双对数图。该图表明，裂缝的存在可能决定了整个压力测试响应曲线的形态。虽然拟合结果看似合理，但缺乏唯一性判定。

根据短期生产试井公式重新分析数据时发现，试井过程中双线性流是主要的流动形态，如图 8.42 所示。根据图 8.43，可求得原始地层压力和裂缝导流能力。由于未见到其他任何流态，无法确定唯一解，但可计算求得渗透率的上限值和裂缝长度的下限值。

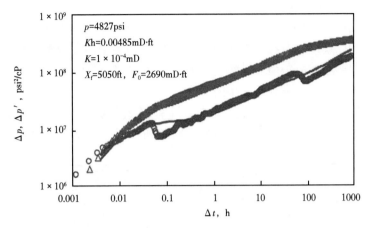

图 8.41　现场数据的常规双对数分析（实例 6）（Soliman 和 Kabir，2012）

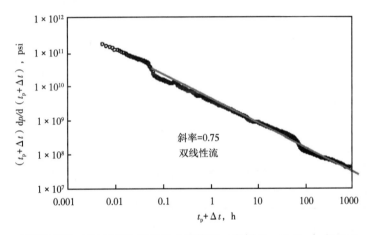

图 8.42　使用短期生产时间解绘制的压力导数图（实例 6）（Soliman 和 Kabir，2012）

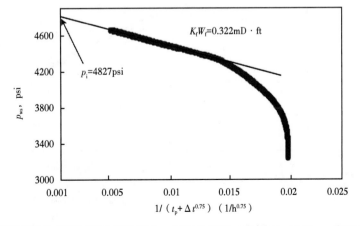

图 8.43　使用短期生产时间解绘制的压力—时间关系图（实例 6）（Soliman 和 Kabir，2012）

8.13.3 实例 7: 在页岩地层中进行 DFIT 分析

实例 7 为在致密地层中进行的 DFIT 试井。根据图 8.44 中的 G 函数图，试井时或多或少地出现了理想的储层动态特征，并观察到一些压力相关型滤失现象。可将裂缝闭合压力解释为与直线的偏差或对应于最大导数的偏差。图 8.45 为短期生产压力导数图，从图中可以看到裂缝闭合压力从正斜率到负斜率的变化，裂缝闭合压力为 8983psi，与 G 函数图中的峰值相对应。另外，压力数据从上方靠近 1/2 斜率直线。利用图 8.46，可以确定原始地层压力（本例中约为 7600psi）和截距，并可结合直线的斜率确定地层渗透率。

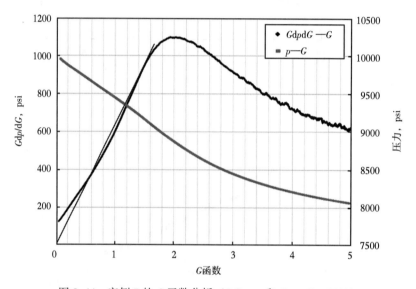

图 8.44　实例 7 的 G 函数分析（Soliman 和 Gamadi，2012）

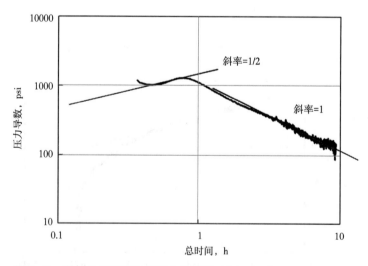

图 8.45　实例 7 的短期生产压力导数图（Soliman 和 Gamadi，2012）

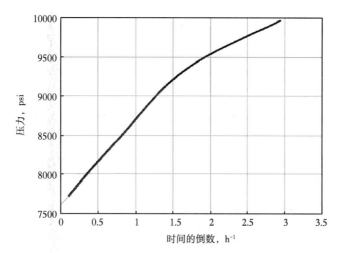

图 8.46　实例 7 的短期生产压力图（Soliman 和 Gamadi，2012）

8.14　DFIT 在非常规储层中的试井应用总结

能够确定，在页岩地层中，短期公式倾向于显示两条斜率为½的直线，代表线性流动。第一条直线对应低滤失和相应的低破裂率。裂缝闭合后的第二条直线对应裂缝闭合后的流动特征，其残余裂缝导流能力相对地层渗透率非常高。预计随着地层渗透率的降低，两条直线都会变长。在未开发储层中，裂缝闭合需要很长的时间，以至于无法获取足够的数据点，这一情况也并不罕见。

吸附气的存在是页岩气藏的重要特征之一。吸附气的影响似乎非常缓慢，测试曲线难以反映这一特征。这也使得对吸附的识别变得极为困难。吸附气可能对累积产气量有显著影响，从而影响页岩开采的经济性。

8.15　煤层气（CBM）中的试井应用

Soliman 等人（2010）讨论了诊断试井在煤层气中的应用，并推论应在系统脱水前进行诊断试井。Soliman 等人（2010）介绍了两个现场案例。在第一个案例中，在割理系统脱水后进行诊断试井。无法对所获得的数据进行简单分析。这些数据既反映了割理系统内部的达西流量，也反映了甲烷从有机质变为煤，再变为割理的解吸和扩散过程。尚无分析模型可演示该组合过程。但是，可对此类数据进行数值匹配，并可对系统脱水前开展的诊断试井进行分析。在这种情况下，试井可说明水在割理系统中的流体流动情况。渗透率计算值就是割理系统的渗透率。

Soliman 等人（2010）讨论了诊断测试在煤层气中的应用，并得出结论，诊断测试应该在系统脱水之前进行。Soliman 等人（2010）提出了两个现场案例。第一个案例中，诊断测试是在夹层系统脱水后进行的。这些数据无法用于分析，因为它们既反映了裂缝系统内部的达西流动，也反映了甲烷从有机质经煤层进入裂缝的解吸和扩散过程。没有模型可以描述这个组合过程。但是,仍可对其进行数值拟合。因此,诊断测试最好在系统脱水之前进行。这种情况下,测试能够反映水在系统中的流动情况。计算出的渗透率为裂缝系统的渗透率。

8.16 非均质储层中的试井应用

Soliman 等人(2011)得出结论,如果残余裂缝导流能力可以忽略不计,则可对压力响应进行分析。这种情况下,系统表现为双重孔隙系统的径向流动。计算出的渗透率为裂缝体系的渗透率。相反,如果残余裂缝导流能力相当大,则测试将反映一个更复杂的系统。数值模拟结果表明,试验数据最终将沿 2/3 斜率的直线分布,目前还没有相应的解析模型。油气测试领域还需要更多的研究。

8.17 符号说明

B	地层体积系数
C_{eff}	滤失系数,$ft/min^{0.5}$
C_{fD}	无量纲裂缝导流能力
C_{P}	流体压缩系数,psi^{-1}
C_{t}	储层和流体的总压缩系数,psi^{-1}
C_{T}	热膨胀系数,$℉^{-1}$
E	杨氏模量,psi
E'	$E/(1-v)$,psi
G	无量纲压力函数(微型压裂测试)
h	地层厚度,ft
h_{f}	裂缝高度,ft
H_{p}	滤失高度,ft
K	地层渗透率,mD
K_{f}	裂缝渗透率,mD
$K_{f}W_{f}$	裂缝导流能力,mD·ft
L_{f}	裂缝半长,ft
p	压力,psi
p^{*}	G 函数 $=1$ 时对应的压力,psi
p_{i}	原始地层压力,psi
p_{ISIP}	瞬时关井压力,psi
p_{r}	孔隙压力,psi
p_{fo}	井底压降,psia
q	产量,$10^{6}ft^{3}/d$ 或 bbl/d
q_{D}	无量纲产量
r_{w}	井筒半径,ft

r'_w	有效井筒半径，ft
s	拉普拉斯参数
T	储层温度，°R
t	时间，h
t_{Debf}	双线性流结束时的无量纲时间（裂缝性系统）
t_{Dlf}	无量纲时间（裂缝性系统）
t_P	泵送时间，h
t_{inj}	注入时间，h
V	注入体积，bbl
W	宽度，in
w_f	裂缝宽度，ft
$\overline{w}$	平均裂缝宽度
Δp	压力变化，psi
μ	黏度，cP
Δp_{net}	保持裂缝开启所需的净压力，psi
Δp_f	裂缝内部的摩擦力，psi
Δp_{tip}	地层抗压强度，psi
α	毕奥常数
β_p	方程（8.6）中定义的常数
β_s	方程（8.5）中定义的常数
σ	无量纲时间（微型压裂试井）
σ_o	无量纲参考时间
ϕ	孔隙度
ϕ_f	裂缝孔隙度
u	泊松比
μ	流体黏度，cP
μ_o	原油黏度，cP
p	方程（8.11）中定义的微型压裂测试变量

参 考 文 献

［1］ Agarwal, R. G. (1980, January 1). A New Method to Account For Producing Time Effects When Drawdown Type Curves are Used to Analyze Pressure Buildup and Other Test Data Society Petroleum Engineers, doi: 10. 2118/9289-MS.

［2］ Baree, R. D. 1998. Applications of Pre-Frac Injection/Falloff Tests in Fissured Reservoirs—Field Examples. SPE 39932 presented at the Rocky Mountain Regional Meeting, Denver, Colorado, Apr. 5-8.

［3］ Barree, R. D., and Mukherjee, H. 1996. Determination of Pressure Dependent Leakoff and Its Effects on Fracture Geometry. SPE 36424, presented at the 1996 Annual Technical Conference and Exhibition, Denver, Oct. 6-9.

［4］ Christianovich, S. A., and Zheltov, Y. P. 1955. Formation of Vertical Fractures by Means of Highly Viscous

Liquid. Proc. Fourth World Pet. Cong. Rome.

[5] Cinco, L. H., Sameniego, V. F., and Dominiguez, A. N. (1978, August). Transient Pressure Behavior for a Well with a Finite Conductivity Vertical Fracture. Vol. 18, issue 4. Society of Petroleum Engineers, doi: 10. 2118/6014-PA.

[6] Cleary, M. P., Johnson, D. E., Kogsboll, H. H., Owens, K. A., Perry, K. F., DePater, C. J., Stachel, A., et al. 1993. Field Implementation of Proppant Slugs to Avoid Premature Screen-Out of Hydraulic Fractures with Adequate Proppant Concentrations. SPE 25892, presented at the Joint Rocky Mountain Regional Meeting and Low Permeability Reservoirs Symposium, Denver, Colorado, Apr. 26-28.

[7] Craig, D., and Brown, T. 1996. Estimating Pore Pressure and Permeability in Massively Stacked Lenticular Reservoirs Using Diagnostic Fracture Injection Tests. SPE 56600 presented at the Annual Meeting.

[8] Craig, D., Eberhard, M., and Baree, R. 2000. Adapting High Permeability Leakoff Analysis to Low Permeability Sands for Estimating Reservoir Engineering Parameters. SPE 60291 presented the SPE Rocky Mountain / Low Permeability Symposium, Denver Colorado, Mar. 12-15.

[9] Fan, Y., and Economides, M. J. (1995, January 1). Fracturing Fluid Leakoff and Net Pressure Behaviour in Frac & Pack Stimulation. Society of Petroleum Engineers, doi: 10. 2118/29988-MS.

[10] Hyden, R. E., and Stegent, N. A. (1996, Jan. 1). Pump-in/Shutdown Tests Key to Finding Near-Wellbore Restrictions. Society of Petroleum Engineers, doi: 10. 2118/35194-MS.

[11] Ispas, I. N., Britt, L. K., Tiab, D., Valkó, P., and Economides, M. J. 1998. Methodology of Fluid Leakoff Analysis in High Permeability Fracturing. SPE 39476.

[12] Lamei, H., Soliman, M. Y., and Shahri, M. 2013. Revisiting the before Closure Analysis Formulations in Diagnostic Fracturing Injection Test. SPE 163869 presented at the SPE Hydraulic Fracturing Technology Conference held in The Woodlands, Texas, US, Feb. 4-6.

[13] Marongiu-Porcu, M., Ehlig-Economides, C. A., and Economides, M. J. 2011. Global Model for Fracture Falloff Analysis. Paper SPE 144028 presented at the North American unconventional gas conference and exhibition, The Woodlands, Texas, US, Jun. 14-16.

[14] Mayerhofer, M. J., Ehlig-Economides, C. A., and Economides, M. J. 1995. Pressure-Transient Analysis of Fracture—Calibration Tests. JPT (March), pp. 229-234.

[15] Mohamed, I. M., Nasralla, R. A., Sayed, M. A., Marongiu - Porcu, M., and Ehlig - Economides, C. A. 2011. Evaluation of After-Closure Analysis Techniques for Tight and Shale Gas Formations. Paper SPE 140136 presented at the hydraulic fracturing technology conference and exhibition, The Woodlands, Texas, US, Jan. 24-26.

[16] Mukherjee, H., Larkin, S., and Kordziel, W. 1991. Extension of Fractured Declinre Curve Analysis to Fissured Formations. SPE 21872, presented at the Rocky Mountain Regional Meeting, Denver, Colorado.

[17] Nojabei, B., and. Kabir, C. S. 2012. Establishing Key Reservoir Parameters with Diagnostic Fracture Injection Testing. SPE 153979 at the Americas Unconventional Resources Conference held in Pittsburgh, Pennsylvania, US, Jun. 5-7.

[18] Nolte, K. G. 1979. Determination of Fracture Parameters from Fracturing Pressure Decline. Paper SPE 8341 presented at SPE Annual Meeting held in Las Vegas, Nevada, Sep. 23-26.

[19] Nolte, K. G. 1986. A General Analysis of Fracturing Pressure Decline with Application to Three Models. SPE Formation Evaluation, Dec., pp. 572-583.

[20] Nolte, K. G. 1999. Fracturing Pressure Analysis : Deviations from Ideal Assumptions. SPE 20704 Annual Technical Conference, New Orleans, Sep. 23-29.

[21] Nolte, K. G. , Maniere, J. L. , and Owens, K. A. 1997. After - Closure Analysis of Fracture Calibration Tests. SPE 38676, presented at SPE Annual Technical Conference and Exhibition held in San Antonio, Texas, Oct. 5-8.

[22] Perkins, T. K. , and Kern, L. R. 1961. Widths of Hydraulic Fractures. JPT, Sep. , pp. 937-949.

[23] Soliman, M. Y. 1986. Technique for Considering Fluid Compressibility and Temperature Changes in Mini-Frac Analysis. Paper SPE 15370 presented at the SPE Annual Technical Conference and Exhibition, New Orleans, Louisiana, USA, Oct. 5-8.

[24] Soliman, M. Y. , Azari, M. , Ansah, J. , and Kabir, C. S. 2004. Design, Interpretation, and Assessment of Short-Term, Pressure-Transient Tests. SPE 90837, presented at the SPE Annual Technical Conference and Exhibition held in Houston, Texas, US, Sep. 26-29.

[25] Soliman, M. Y. , Craig, D. , Bartko, K. , and Rahim, Z. , Ansah, J. , and Adams, D. 2005. New Method For Determination of Formation Permeability, Reservoir Pressure, and Fracture Properties from a MiniFrac Test. Proc. , 40 th U. S. Rock Mechanics Symposium (Alaska Rocks 2005) : Rock Mechanics for Energy, Mineral and Infrastructure Development in the Northern Regions, Anchorage, ARMA/USRMS 05-658.

[26] Soliman, M. Y. , and Daneshy, A. A. 1991. Determination of Fracture Volume and Closure Pressure from Pump-In/Flowback Tests. SPE 21400, presented at the Middle East Oil Show, Mar. 16-19.

[27] Soliman, M. Y. , and Gamadi, T. , 2012. Testing Tight Gas and Unconventional Formations and Determination of Closure Pressure. SPE 150948 presented at the SPE/EAGE European Unconventional Resources Conference and Exhibition held in Vienna, Austria, Mar. 20-22.

[28] Soliman, M. Y. , and Kabir, C. S. 2012. Testing Unconventional Formations. J. Petroleum Sci Engi Invitational Paper, 92-93: 102-109.

[29] Soliman, M. Y. , Miranda, C. , and Wang, H. M. 2010. "Application of After-Closure Analysis to a Dual-Porosity Formation, to CBM, and to a Fractured Horizontal Well." SPEPO, 25 (4) : 472-483.

[30] Soliman, M. Y. , Miranda, C. , Wang, H. M. , and Thornton, K. 2011. "Application of After-Closure Analysis to a Dual-Porosity Formation, to CBM, and to a Fractured Horizontal Well." SPEPO, 26 (2) : 185- 194.

[31] Tan, H. C. , McGowen, J. M. , Lee, W. S. , and Soliman, M. Y. 1988 "Field Application of MiniFrac Analysis to Improve Fracturing Treatment Design. " SPE 17463 presented SPE California Regional Meeting, held in Long Beach, California, Mar. 23-25.

[32] Valkó, P. P. , and Economides, M. J. "Fluid-Leakoff Delineation in High Permeability Fracturing. " SPE Production & Facilities, May, pp. 117-130.

9 层间封隔技术

封隔势流区层段是油气井工程最为重要的环节，旨在避免地层流体漏失，保护淡水含水层，并预防健康、安全和环境（HSE）问题的发生。此外，持续保持势流区油气层段在开采期和报废后相互隔离是实现成功商业开采的关键因素。否则，油气开采项目的经济效益可能会因各种因素而大打折扣，例如产量低于预期、用于治理流体漏失和污染需要花费的高昂成本等。其他可能含有淡水和盐水等流体及 CO_2 和 H_2S 等非烃类气体的渗透性孔隙性岩石层段也须采用合适的封隔材料进行封隔，以保持油气井完整性，保护油管或套管免受腐蚀，防止大气污染、并依法保护地层［如地下饮用水（USDW）层和天然气储层］。

当用水泥或封隔器对井眼与套管或尾管的环空间隙进行封隔时，需进行机械封隔设计，将管柱锚定在岩石或外层管柱上以增强油井的负载能力。基础固井是一种常用固井方法，旨在从地面到生产井段为管柱提供环形区域隔离和机械支撑。

但是，若只需要封隔井下生产层段，通常使用机械封隔器（例如扩张式和压缩式式封隔器）进行封隔。机械封隔器也可应用于水平井的压裂增产改造。此类封隔器通常称为管外封隔器（ECP）或"裸眼"封隔器。在某些情况下，可同时使用水泥和封隔器，以提高生产层段的封隔质量，如固井难度较大的大斜度井段。若裸眼封隔器难以承受压裂压力，可先用水泥对水平井段进行固井以提供支撑，然后再使用封隔器。

酸溶性水泥可用于在水力压裂作业中提供足够的压力隔离，起到暂时支撑 ECP 的作用。随后通过酸化处理溶解水泥，从而增大裸露井眼的表面积，提高导流能力。对于初次固井作业和封隔器造成的密封不良等情况，后续需要进行补救固井。而油井增产改造通常使用其他封隔方法提高产量。

完整详细的封隔方案有助于实现层间封隔，并确保井的完整性及井壁稳定性。本章将介绍几种常用封隔技术。

9.1 常用封隔技术

9.1.1 基础固井

基础固井是使用水泥或其他封隔材料对水平井或大位移井进行压力封隔，方法是将封隔材料放置在预定位置，然后向井内泵入水泥浆。水泥慢慢由液状浆"凝固"或"固化"成具有一定密封性和结构强度的坚硬固体（图9.1）。基础固井又称"套管固井"，即将水泥或其他具有粘结性能的材料填充井底至设计固井顶部（TOC）之间的环空区域。当弱粘结岩地层需要增加强度或提高内部密封性以辅助钻井作业时，可使用化学封堵剂来代替水泥。化学封堵剂可将岩石颗粒"粘合"在一起，增加弱岩层压力强度。用密封剂填满岩石内部的孔隙或裂缝，使其固化，可最大限度地减少岩石不稳定引起的井眼垮塌，减少钻井液循环损失，隔离高压层段，增加套管阀座深度，避免安装尾管等。

9.1.2 封隔器

封隔器是安装在套管或尾管与井眼之间或管柱与套管之间环空间隙的机械隔离系统。

膨胀式封隔器利用橡胶密封元件对环空区域进行密封，橡胶密封元件与流体（如碳氢化合物和盐水）接触后会发生膨胀。膨胀式封隔器也可用于粘结环空以加强区域隔离。其他类型的裸眼封隔器通常被称为管外封隔器（ECP），其自身不会膨胀，而是通过向元件内充填流体（钻井液、水泥浆等）或压紧弹性密封元件，使密封元件向外扩张。

9.1.3　需要进行区域隔离的增产改造措施

（1）防砂。

防砂是指在生产层段安装封隔材料或设备，防止产生地层砂、细粉等地层固体物进入生产通道，以维持油气高产，并保持近井区域地层完整性。在安装过程中及投产后，防砂系统起到机械隔离油气藏与井筒的作用。

（2）水力压裂。

水力压裂是一种油井增产措施，目的是提高低渗透油气藏或近井区域渗透率减损严重的油气藏的产量。流体在高压下被高速泵入含有油气的层段，形成裂缝，然后将支撑剂（如砂粒）注入裂缝来保持裂缝张开，从而提高油气流入井筒的速度。在压裂和生产过程中，压裂系统起到机械隔离油气藏与井筒的作用。

（3）酸化。

酸化是一种增产措施，指利用活性酸溶解地层基质中的可溶性物质，扩大岩石孔隙，提高油气层渗透率，从而增加产量。基质酸化处理的泵排量可大可小，但处理压力需小于地层破裂压力。而酸压的施工压力应大于岩石破裂压力，迫使酸液深入储层，与裂缝表面发生反应，并形成新的油气通道。两种酸化工艺均采用完井系统对油藏与井筒进行机械隔离。

9.2　水平井和斜井的基础固井

高质量基础固井是油气井完整性和有效性的重要保障。基础固井的主要目的是在套管和地层之间形成稳定粘结，以增加强度，支撑套管重量，实现区域隔离，并保护套管免受腐蚀（Sweatman，2015）。对于基础固井不良引起的问题，修复工作难度大、成本高，因此，实现高质量基础固井作业非常重要。图9.2为套管基础固井过程。

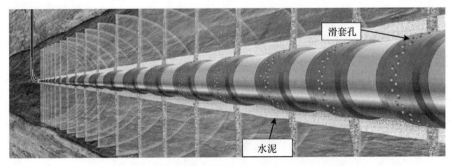

图9.1　水泥环沿水平井眼隔离滑套工具（已通过滑套孔进行水力压裂完井）

（图片来源：哈里伯顿公司）

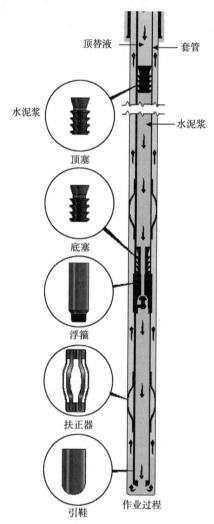

图9.2　套管基础固井工艺（图片来源：哈里伯顿公司）

9.2.1　关键问题

实现高质量固井作业的前提是井眼质量高，例如井眼清洁（无粘结钻井液或岩屑）；井筒表面光滑、无螺旋井眼、无破损段；套管与井眼间有足够环空间隙；井筒稳定性良好，无环空流体漏失或油藏流体流入（图9.3）。高质量固井作业需要套管和地层间适当粘结，不得形成损害密封完整性的连续通道。考虑到普通钻井液的黏度、延迟性和高胶凝强度，在水平井、斜井和大位移井的较长井段进行高质量固井作业是个挑战。

水平井和斜井井段套管固井的主要挑战和风险（Sweatman，2015）如下：

（1）钻高质量井眼：表面光滑、无螺旋、无严重冲蚀段，井眼尺寸最佳；

（2）低破裂梯度和高倾角导致钻井液和水泥浆漏失风险增加；

（3）清除井底沉积的固体和岩屑；

（4）清除套管和裸露井眼之间的滤饼和稠化钻井液；

（5）套管居中，至少保持70%的偏离间隙，以避免套管与裸露井眼之间出现水泥浆窜槽；

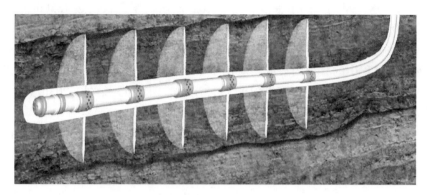

图 9.3　井眼质量、井筒稳定性、钻井液顶替和防止气体运移是水平井和大位移井封隔固井
（浅灰色区域）的关键影响因素（图片来源：哈里伯顿公司）

（6）最佳环空间隙为 1.5in，井眼尺寸比套管大 3in；

（7）若未使用底塞，隔离液和尾管内侧水泥浆易窜槽；

（8）环空间隙钻井液顶替不良，隔离液与水泥浆相互窜流；

（9）使用油基钻井液或合成油基钻井液（OBM）进行钻井，油湿井眼很难用水泥进行有效密封；

（10）在小环空间隙或长水平井筒中，扭矩和阻力都较大，因此在固井过程中移动套管较为困难；

（11）在大斜度井段或水平井段的水泥环高侧形成水泥浆游离水通道；

（12）水泥浆液柱静水压力损失导致下方井段凝结先于上方井段等问题；

（13）气体运移和其他流体从未知地层流入，导致地层压力不平衡；

（14）泵送时间较长导致水泥输送系统和搅拌/泵送设备操作风险增加；

（15）页岩和其他地层发生化学和物理效应；

（16）隔离液和冲洗液配方不充分、量不足；

（17）缺乏预先模拟的固井设计和优化；

（18）固井候凝期（WOC）和固井后续操作可能会破坏水泥完整性；

（19）水泥评估不充分；

（20）井寿命期间应力条件改变可能破坏固井完整性。

9.2.2　固井和油气井设计考量因素和最佳实践

20 多年前，水平井和大位移（ERD）井开始涌现，人们对相关项目进行了大量研究以汲取经验并总结成功实践（Reiss 等，1984；Zurdo 等，1986；Kossack 等，1987；Wilson 和 Sabins，1988）。由于这些项目大多是在海上，平台上的井槽有限，无须再花高代价新建直井平台即可开采附近油藏。这也证明了，在环境敏感地区及其他直井钻井成本过高或无法采取直井钻井地区的陆上钻井项目，采取丛式钻井是合理的。另一种大位移井项目，如 Wytch Farm 油田，井是从陆地海岸线钻进近海油藏（Mason 等，1997）。

早些时候，英国石油公司（BP）在 Wytch Farm 油田使用 5½in 尾管钻探 8½in 井眼的大位移井。最初认为，若不进行地层压裂，即使在合理泵排量下，7in 尾管仍不易固井

(Gai 等，1996)。这些早期井的水平段长达 5500m 左右，尾管长度达 1330m 左右。后来证明，7in 尾管实际上可以成功固结在 8½in 井眼内。后文将介绍"套管/井眼尺寸"，我们会发现该井并不符合水平井钻井标准，但随后便开始逐渐实施这一标准（McPherson，2000）。BP 通过完善固井过程中的其他因素成功应用了小尺寸井眼。M-16 井是最近钻探的最长的井之一，其测量深度（MD）约达 37001ft（11278m），水平段长约 35203ft（10730m），使用 7in 尾管，长度超过 9514ft（2900m）。

以下章节中介绍的其他固井设计考量因素和成功实践均源于水平井和大位移井相关经验，例如 Sakhalin Island 油田（Walker，2012）和 Wytch Farm 油田（Mason 等，1997；Gai 等，1996；McPherson，2000）的油气井设计经验，以及在世界其他地区应用的一般经验和研究。

9.2.3　隔离液和冲洗液

如前所述，确保井筒干净是实现高质量固井作业的前提。由于水平井、斜井和大位移井套管的移动相对困难，因此采用合理设计的隔离液和冲洗液对于实现有效水泥浆顶替和井眼清洗尤为重要。隔离液和前置液主要有以下四种作用：

（1）帮助水泥浆更有效地顶替钻井液；

（2）防止水泥浆与钻井液直接接触和混合；

（3）清洁套管和裸露井眼，增强附着力；

（4）用作润滑剂，使套管和裸露井眼亲水。

隔离液必须满足特定的密度和相容性参数要求，密度应比钻井液大，但比水泥浆小。隔离液与钻井液和水泥浆的最佳密度差均为 1.0～1.5lb/gal。特别是在水敏性页岩地层中，用密度足够的隔离液和黏土抑制剂保持井眼的机械和化学稳定性是非常重要的。隔离液黏度也应介于钻井液和水泥浆之间，其屈服点应等于或大于泥浆的屈服点。可根据需要向隔离液中添加增重剂和堵漏剂以达到更高的屈服点，可增强隔离液将钻井岩屑带出井筒的特性。

冲洗液与地层的最小紊流接触时间为 10min。Wytch Farm 油田的所有尾管固井作业均使用了大量的隔离液和不同密度、黏度、流动状态的冲洗液。该油田（McPherson，2000）的隔离液/冲洗液使用情况如下：

（1）100bbl 基础油，与油基钻井液配伍。黏度为 1～2cP。紊流流动。用于稀释并清除前方的流动钻井液，分解钻井液滤饼和黏稠钻井液包。

（2）75bbl 海水，紊流流动，有助于清除环空低侧的黏稠钻井液。

（3）75bbl 添加了表面活性剂的水基加重隔离液。用重晶石加重，使隔离液密度介于钻井液和水泥浆之间。表面活性剂有助于分解和清除黏稠泥浆，防止在隔离液/钻井液界面形成不相容物质。

（4）75bbl 添加了表面活性剂的海水，紊流流动，有助于清除环空低侧的黏稠钻井液；

（5）75bbl 添加了表面活性剂和溶剂的水基加重隔离液。向上述（3）中提到的隔离液添加与表面活性剂浓度相同的溶剂，制得新的隔离液。添加溶剂有助于改善裸露井眼表面的水润湿性，从而提高水泥浆粘结质量。加重隔离液则有助于防止水泥窜槽。

Wytch Farm 油田使用的隔离液/冲洗液适合该油田的特定井况，利于现场人员操作。而对于井况不同的其他水平井、斜井和大位移井，可能需要调整隔离液设计。室内实验和三维（3D）位移计算模型有助于最大程度缩短优化设计的学习曲线。例如，利用 FANN 90 滤饼去除效率测量程序可计算实际井况下应用不同隔离液和冲洗液的滤饼去除效率，进而帮助预测产能，并可在固井前和固井期间使用流径测定仪（FC）进行预测验证，以确认设计性能。实验、计算机模拟、FC 以及 CEL 手段均有助于我们了解是否需要考虑隔离液设计以外的其他因素。

9.2.4　水泥浆设计

水泥浆设计主要考虑以下因素：

（1）流变特性。流变特性可使当量循环密度（ECD）降至最小，且能够确保有效顶替并维持颗粒悬浮；

（2）黏度。若紊流隔离液用量充足，则水泥浆无须处于紊流状态，只需达到一定黏度即可防止沉淀和出现游离水；

（3）密度。水泥浆的密度应大于钻井液和隔离液的密度，从而既可平衡地层压力，又不高于地层破裂压力。有些情况下可使用轻质浆料并采用多级固井，以避免地层在固井作业中发生断裂或破裂进而造成水泥浆部分或完全漏失；

（4）避免水平套管或倾斜套管内外流体密度差过大。如果套管内的流体密度较大，向下的力就会增加，从而影响套管平衡或"居中"，产生更大的转矩和阻力妨碍套管移动。水泥浆密度对砂浆充填前后套管移动和居中的影响可通过三维位移计算模型进行预测。该软件能够模拟水平井和斜井的情况。

（5）抗压强度必须超过避免套管、水泥和地层在各种油井负荷下受损所需的阻力。抗压强度与水泥密度和水泥粘结强度成正比。粘合接触面积的设计应考虑套管负载并满足安全系数要求。此外，抗压强度须能支撑套管重量载荷和地层蠕变等其他来源的重量载荷；

（6）油井负载，即诱发应力或自然应力，要求水泥的机械性能能够抵抗油气井、水泥和地层损害。可使用有限元分析（FEA）软件对其进行详细计算。水泥属于脆性材料，抗拉强度较小。一般情况下，水泥的弹性模量越高，水泥环失效的可能性就越大，从而导致天然气运移以及套管持续环空压力（SCP）等问题。高延性水泥可对抗水力压裂施工压力，解决相关问题；

（7）API 标准要求水泥漏失量不超过 100mL/30min。若需考虑天然气运移或滤饼渗透性造成滤液漏失，则应不超过 50mL/30min；

（8）环空中，按 API 标准判断没有游离液（即滤液）和颗粒沉降，就不会在水泥充填后形成高侧通道；

（9）稠化时间是实现高效顶替和良好固井作业的关键。稠化时间至少应为预估的水泥顶替时间的 1.5 倍左右。Wytch Farm 油田的稠化时间是计划泵送时间的两倍。前导水泥浆可能需要比尾部更长的固化时间，以维持过平衡压力，防止地层流体流入；

（10）应采用适当的温度模型和位移计算模型。温度会影响水泥稠化时间和凝固时间，因此进行合理的模型和设计十分重要。新的 3D 位移模拟软件可以通过各种参数快速预测水泥顶替效率，帮助工程师迅速找到最佳作业程序，实现良好的水泥顶替效果。

9.2.5 诱导应力

基础固井作业可能会被水泥凝固后施加在井筒上的应力所破坏，这些应力包括机械冲击、压力变化、温度周期变化和地层移位等。作业压力和油井持续生产可导致普通水泥随着时间的推移逐渐失效，并在井眼和套管之间的环空间隙形成流动通道，导致环空压力增大，降低井筒完整性（图9.4）。而发泡水泥和含特殊添加剂的非发泡水泥是延展性好、可压缩的介质，可以伸缩，并能承受破坏普通（非泡沫）水泥的压力。此类柔性水泥环的固有延展性可保持套管/井筒粘结完好，避免微环空的产生，并提高抗应力开裂性能。

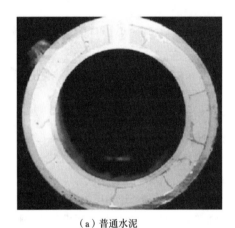

（a）普通水泥	（b）发泡水泥
常规水泥存在脆性，在加载应力作用下水泥环开裂，使流体在环空中通过。	泡沫水泥具有延展性，抗应力开裂强度高，可延长油井的寿命。

图9.4 普通水泥与发泡水泥承压对比

发泡水泥具有以下优势：

（1）比普通水泥抗压强度和抗拉强度高；

（2）具有可压缩性，可防止天然气运移和水体流动；

（3）发泡水泥密度可变；

（4）发泡水泥可提高钻井液顶替效率；

（5）简化材料系统，实现延展性；

（6）延性水泥的设计与整体系统可提高大位移井的可靠寿命；

（7）防止套管持续环空压力（SCP）。

即使是理想的基础固井作业，也可能会因水泥凝固后的操作而发生损坏（Sweatman 等，2015）。例如，机械冲击（套管脱落）可削弱水泥和套管的粘结强度。完井期间的压力测试会扩张套管，并压缩水泥环，从而破坏粘结，形成微环隙。此外，在生产过程中，套管会在温度和压力周期作用下膨胀和收缩。所有这些应力均可导致普通水泥随时间的推移而失效，并在环空间隙形成流动通道。

普通水泥凝固后的失效会导致流体或天然气运移，从而导致环空压力积聚。井在生产时，持续返回套管环空间隙的压力会破坏井的完整性，在极端情况下，会有失控风险，威胁工人安全和破坏环境。而且，水泥受损形成流动通道，可使钻井液、天然气或水流进入地表，迫使生产井在充分发挥经济潜力之前提前报废。

发泡水泥和特殊非发泡水泥具有延展性、可压缩，有弹性，能够吸收水泥损坏部分的应力。具有弹性有助于保持粘结完整，避免形成微环隙，提高耐应力开裂性能，从而阻止环空压力集聚。

水平井和大位移井项目应考虑水泥环的长期完整性。可以采用专业化工程设施，通过计算机模拟和分析及实验室测试，进行井筒负荷分析和固井设计，优化固井作业程序和水泥配方，以保证井的长期完整性。这种设计方法采用了 FEA 模型来检验水泥环在其整个寿命周期中所承受的应力。这些应力可能由钻井、完井、压力测试、增产改造（压裂和酸化）和生产作业等事件引起。所有这些事件均会通过不同的井活动导致的热膨胀和压力变化，对套管、环形封堵剂（通常为水泥）和周围地层施加压力。

根据主要要素（水泥、套管和地层）的力学性质，这些应力可导致水泥环失效。这种失效可表现为水泥脱粘或出现应力裂缝，如出现环空压力或区域间连通、产生不必要的水或气顶气。最严重的井筒完整性失效归因于地层沉降等事件。所有这些问题都会影响油气开采成本。

使用基于 PC 的软件设计工具和延性水泥配方大数据库，能够预测应力状态并基于此进行水泥环设计，使水泥环具有最优技术性能，实现经济效益最大化。对于单井或多井项目，可对不同地层的敏感性进行分析，使资产管理人员能够更好地确定不同固井和完井系统的相关风险。

9.2.6 套管和井眼尺寸

井眼和套管尺寸决定环空间隙，而对任何井筒结构而言，环空间隙都是顶替效率的重大影响因素。对于直井，建议最佳环空间隙为 0.75in（19mm）（以 8½in 井眼使用 7in 尾管为例）。然而，在水平井中，由于受到重力影响，可能需要扩大间隙，以最大限度地增加窄侧清洗范围。试井研究结果表明，1.5in（38mm）环空间隙可提供足够的空间，以便将套管下入到所需深度，而不会遇卡。在顶替期间（假设有"足够的"偏离间隙）适当充填水泥，同时保持最小摩擦压力和较低的 ECD。从论文 SPE 12903（Rike，1986）中的图 9.5 可以看出环空间隙约为 1.5in 时，固井作业成功率最高。

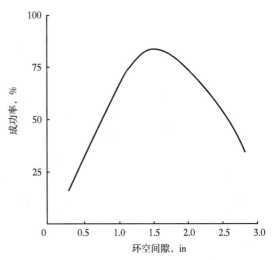

图 9.5　固井成功率与套管/井眼环空间隙的关系

该曲线图是根据海湾石油公司（现在的雪佛龙公司）在直井和斜井中进行的几千次固井作业数据绘制的。图中的成功率表示，根据每次基础固井作业评估结果不需要进行补救性挤注作业的百分比。基于该结果及其他研究，通常建议采用的最小居中度为 1in（25mm），以确保通过固井实现最佳区域隔离效果。但是，在采用或强化其他固井措施时，水平井段和大斜度井段适合更小的环空间隙，以实现良好的水泥充填。例如，英国石油公司 Wytch Farm 油田的大位移井通过采用管柱旋转结合螺旋形扶正器和特殊隔离液/冲洗液的方法，使在 8½ in 水平井眼中固定 7in 尾管时水泥粘结良好。

9.2.7　流体速率和速度

Wytch Farm 油田的平均顶替速率为 6~8bbl/min，但由于大位移井数量迅速增长，有些深井（10000m MD+或 32808ft MD+）的平均顶替速率已降至约 4bbl/min。流动越快，流体对稠化水泥浆的剪切力越大，井眼的清洗效果就越好。剪切力越大，水泥浆和岩屑沉淀越有可能被携带出井。

试验和实践经验表明，在包括斜井段在内的一些井况下，通常需要至少 300ft/min 的环空流速才能达到 90%以上的替挤率。利用大型模型和典型套管尺寸试井控制测试确定了上述环空流速标准。水泥替挤率（CDE）表示某一横截面积上水泥占环空的百分比，100%的 CDE 表示该截面内全部都是水泥。需要注意的是，仅基于 TOC 或 FC 测量的 CDE 是根据整个环空长度或高度计算的平均值，不能反映环空各部分可能存在的高、低 CDE 值。TOC 和 FC 测量确定了水泥位置在环空上的最高点，其可能等于、高于或低于设计的 TOC。该环空长度可以表示为一个水泥通道，其中只有部分环空横截面积填充了水泥，而沿实际 TOC 到套管鞋长度的其余环空部分则能通过水泥浆。CEL 数据可以表明环空中可能存在的高、低 CDE 位置。当 CEL 数据不可用时，可利用水泥填充的平均横截面积，根据论文 SPE/IADC 18617（Smith，1989）和其他研究中阐述的 TOC 或流径测定仪数据进行计算来估计：

$$\%CDE（平均值）=（A_c/A）\times 100 \qquad (9.1)$$

$$A=（\pi r_w^2）-\pi r_c^2 \qquad (9.2)$$

式中　A_c——根据 CEL、TOC 温度测量数据估计或根据流体数据计算而得到的水泥填充横截面面积，（in^2）；

　　　A——根据上述计算得到的环空横截面积（in^2）；

　　　r_w——井眼半径（in）；

　　　r_c——套管半径（in）。

低环空速度结合其他多个影响因素，如油管移动（使用三维水泥充填计算机模拟手段建立模型），可产生更好的结果。例如，论文 SPE/IADC 18617（Smith，1989）中介绍的一个多油井现场研究表明，最佳环空速度为 262 ft/min（80 m）。

9.2.8　管柱居中

套管和尾管适当居中可最大限度地减少卡钻概率，提高 CDE。管柱在井筒内居中可形成更加均匀的环形流动区域，有助于平衡管柱周围的流体分布。如图 9.6 所示，管柱居中不充分可导致隔离液和水泥浆绕过钻井液，形成充满钻井液的长距离通道，特别是在水平井和斜井中。

如图 9.7 所示，水平井和斜井的管柱不居中，会导致套管或尾管弯曲及相隔较远的两个扶正器中间部分的套管失衡。除了通过增加扶正器数量来减少管柱弯曲并降低水泥浆绕过低侧钻井液的可能性外，在固井过程中旋转或往复移动管柱配合使用低密度顶替流体也有助于解决套管弯曲问题。

作业人员可根据井况、扶正器可用性、环空间隙大小、偏离间隙要求等选择不同的扶正器。图9.8和图9.9为用于直井、水平井和斜井井段的几种不同样式和类型的扶正器。

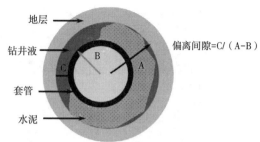

图9.6　套管偏离间隙、旁路钻井液和水泥浆替挤率公式（图片来源：哈里伯顿公司）

许多大型CDE模型试验均表明，套管或尾管在井筒内的平衡（居中）率越高，钻井液顶替率也就越高（Moran和Savery，2007）。在一项试验（表9.1）中，密度为16.7lb/gal的水泥浆以7bbl/min的速度泵送，平衡率为17%时，CDE为45%。而随

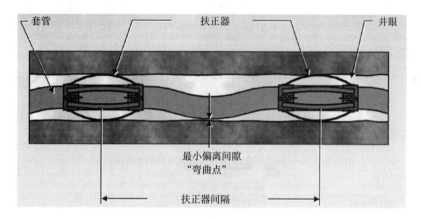

图9.7　管柱不居中导致两个扶正器中间部分的套管失衡

（a）两种类型的弓形扶正器

（b）垂直刚性扶正器

（c）螺旋刚性扶正器

图9.8　扶正器的类型和样式

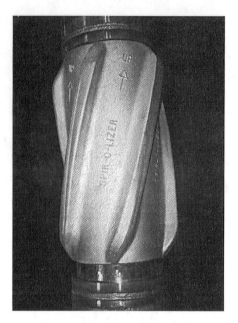

图 9.9　大型 CDE 测试模型

着平衡率增高至 72%，CDE 也相应提高到 97%。

表 9.1　套管平衡程度与水泥浆顶替效率的关系

以 7bbl/min 的速度泵送密度为 16.7lb/gal 的水泥浆	
平衡率，%	CDE，%
17	45
35	77
60	88
72	97

图 9.10　锌合金"螺旋体"扶正器

在水平井段和斜井段的低侧，建议管柱平衡率至少为 70%，以尽可能降低水泥浆绕过钻井液的可能性。在给定的管道尺寸、偏移角度等条件下，为了达到理想的平衡率，需要的扶正器数量可以通过计算程序来确定。Wytch Farm 油田作业采用坚固式螺旋叶片扶正器，管柱平衡率高达 90%。与其他类似扶正器一样，这些锌合金"螺旋体"（图 9.10）的叶片设计也可以促进紊流，改善滤饼去除效果。套管粘结测井表明，使用图9.10所示的螺旋叶片扶正器可以形成水泥粘结良好的短层段（1~2m），防止沿环空形成连续通道。然而，其他研究表明，当螺旋叶片的外部边缘"几乎没有接触"井眼表面时，螺旋流动效应可能无法阻止水泥浆绕过钻井液。这意味着螺旋扶正器必须放置在质量良好的井眼位置，直径接近标准尺寸，形状规则。图9.11是新型螺旋叶片复合材料扶正器"Protech"，其可以通过与管柱表面粘结，适用于任何尺寸的管柱。

图9.11　复合材料扶正器

　　通常，对于具有较长水平段的水平井，按照推荐的扶正器数量，套管摩阻过大，因此扶正器只安装在急需良好层间隔离的区域。图9.12（左图）所示的低转矩滚筒扶正器也常用于减少阻力。扶正器的内外两侧均安装有滚轮，以减少阻力，并允许在固井作业期间旋转尾管。当对环空间隙较小的井段下套管和固井时，可选用安装在接头（或"短节"联

常规弓形
弹簧扶正器

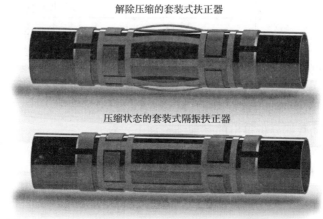

解除压缩的套装式扶正器

压缩状态的套装式隔振扶正器

套装式扶正器压缩—解除压缩模型，该类扶正器采用复合树脂混合桨叶，可直接通过窗口粘附在套管上

图9.12　扶正器类型

合）上的新型"整体式"扶正器。该扶正器可在套管下到井眼"狭窄"区域时通过"压缩"弓形弹簧来减少套管移动阻力，而当套管下到设计深度的宽阔区域（图9.12，右上图）时，弓形弹簧"解除压缩"。而与常规的只能放置在套管接头之间的"整体式"扶正器不同，图9.12（右下图）所示的"套装式"扶正器可以放置在套管柱任意位置，无须在钻台进行套管连接，同时保留了"压缩—解除压缩"功能以确保套管在井眼"狭窄"区域和扩孔不足井段（需要恢复力强的高性能扶正器）均能移动。

研究发现，与铝或钢材料相比，锌合金和复合材料具有更好的耐磨性和更低的摩擦系数，更适合用于制造坚固式扶正器。

9.2.9　管柱移动

在水平井段和斜井段，若管柱不居中，可通过旋转管柱的方式打碎在偏心环空窄侧（通常是低侧）的稠化钻井液，而往复移动管柱则可加快流体流速并加大压力波动，有助于分解井眼冲蚀处的稠化钻井液。

在 Wytch Farm 油田，由于破裂压力较小，往复移动管柱引起的压力波动会破坏地层，导致裂纹扩展，因此建议只进行管柱旋转。另外，在固井前，利用吊架装卸管柱会更加安全，因此只能旋转而不能往复移动管柱。在循环和固井过程中，尽可能使管柱以 30r/min 的速度旋转，这是在较小的环空间隙成功固井的另一重要因素。

往复移动管柱需考虑高松弛阻力，该阻力可阻止套管返回底部并引起潜在的较大的压力波动。

论文 SPE109563(Moran 和 Savery，2007)介绍了一项针对 9 个具有不同环形结构（表 9.2）的大型偏心环空流动模型（图 9.13）进行的固井顶替研究。9 个模型的宽侧和窄侧流量测量结果均表明，管柱旋转可通过对钻井液或通道施加剪切力来平衡两侧之间的环形流动，否则钻井液或通道不会移动。该研究利用环空顶部内侧的装置（图 9.13，右图）进行流体分离后，对两侧的环形流动进行了测量。

表 9.2　平衡率与模型几何体

平衡率,%	模型几何体		
	大	中	小
高	81.8	82.9	82.3
适中	66.7	67.3	66.9
低	55.0	54.6	55.3

根据流动数据分析得出的其他结论如下：

（1）在所有固井作业中，都存在可平衡任何几何形状和平衡率井眼内环形流动的最佳黏度和泵排量组合。

（2）流速比（VR）可帮助确定泵排量和屈服点的组合，从而达到平衡流态。

$$VR = V_W / V_N \tag{9.3}$$

式中　V_W——宽侧的稳态面积加权平均速度；

　　　V_N——窄侧上的稳态面积加权平均速度。

图 9.13　偏心环形流动模型

例如，V_R 为 1.0 表示整个环空处于平衡流态。

（3）固井作业人员通常不能修改井眼的几何形状，但可根据井况调整黏度、泵排量、套管居中程度和泵送钻井液体积等参数。例如，即使 *VR* 值明显偏离 1.0，作业人员仍可通过泵入多余水泥达到期望的 TOC 值。

（4）在难以实现套管居中的区域，泵入高黏度流体可能有负面影响。研究表明，流体越黏稠，在偏心环空周围遇到不平衡流态（和通道）的概率越大。然而，在有必要达到一定的黏度水平的情况下，如果存在约束条件，数据显示，一般情况下，只要 *VR* 值仍然有利，就最好以最高流速泵送。

在某些情况下，很难在固井前实现套管高度居中，这时可使用低黏度流体（如非加重冲洗液或轻质水泥）来提高水泥的环空覆盖率。

"尽可能以最高流速泵送"并不适用于所有情况，有时可能不宜泵送过快。例如，以高速率泵送水或低密度流体可导致流体集中在窄侧。

未来的研究工作包括，使用这些数据创建数学模型，开发算法，用来预测作为泵排量、黏度、偏离间隙、井径和套管直径函数的 *VR* 值，同时还能捕获"水泥窜槽现象"。

9.2.10　浮动设备

在套管柱和尾管柱的浮鞋套管串（或底部接头）部分使用浮鞋和浮箍（图 9.14）的原因如下：

（1）减轻在井筒中下套管时井架所受的拉力；

（2）当套管柱/尾管柱通过造斜段时，帮助引导套管通过台阶和沟槽；

（3）防止在固井作业结束后水泥浆从环空回流到管柱；

（4）为泵入水泥浆前后的固井用中空胶塞提供承座。

弹簧提升阀是应用最广泛的浮阀类型，与图 9.14（最左图）所示的浮箍所用的类似。图中标示的其他类型的球阀浮动设备未被广泛使用。采用双瓣阀系统（最右图），以降低有

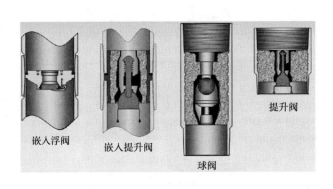

嵌入浮阀　　嵌入提升阀　　　　　提升阀

球阀

图 9.14　浮阀类型

漏失风险井段的井涌压力。两个瓣阀靠一根管子保持打开状态,球落下后瓣阀关闭。供应商不建议将双瓣阀系统用于倾斜度大于 30°的井眼。

9.2.11　克服低质量井况

使用可定点密封剂 (SSF) 进行"通道密封"作业的工艺已用于在固井过程中加强低质量井眼 (尤其是水平井段和斜井段的诸如冲洗造成的不平整表面、台阶、沟槽、裂口等)的层间封隔。SSF 工艺有助于降低井眼中钻井液未完全顶替的风险,其造成的不规则几何形状的井眼和套管经常因无法进行层段封隔而导致固井失败。SSF 工艺还有助于实现可膨胀套管和井眼粘结时的层间封隔,获得正常漏失测试 (LOT) 结果,从而省去因套管鞋处存在窜槽段或水泥受到污染而需要采取的挤水泥措施。

SSF 具有流变特性,可达到最佳的水泥浆充填效果。此外,具有压力固化特性的 SSF 流体能够在特定时间段固化。如果在顶替过程中 SSF 被绕过,就会形成流体和滤饼,从而提供压缩力和整体密封,同时在环空中实现基础固井。由于钻井液缺少胶凝性能,因此,可在固井前先泵入 SSF,然后再泵入钻井液,避免水泥浆绕过钻井液导致无法封隔层段。

（1）基于油井钻井液系统设计 SSF 工艺

SSF 工艺适用于温度在 110~300℉之间的油气井,在水基配方和合成油基配方中均可应用。配方设计取决于钻井作业环境,包括井况和钻井液情况。使用水基钻井液通常会面临井眼不稳定的问题,如水基钻井液、地层流体和岩石表面不配伍,将导致固井失败。当存在这种情况时,应使用油基 SSF,以消除井眼不稳定和地层不配伍的问题。SSF 浆料可改善钻井液配伍性、地层流体/岩石配伍性,并实现 CDE 最大化。在下套管过程中应保持井筒稳定,以尽可能减少待固结层段上的水泥窜槽和污染。

（2）流体与地层的配伍性。

用于固井水泥浆的通道密封化学物质与裸眼井段所用的基液相同。水基钻井液可以使用海水或淡水,具体取决于钻井液系统。合成基系统采用与钻井液系统相同的油基和乳化剂进行混合。这有助于减少主要由页岩膨胀或滑塌引起的井眼不稳定问题。通道密封化学处理的另一个优势是,不再需要用隔离液分离水泥浆和钻井液之间的流体界面。

（3）CDE 最大化。

为确保钻井液替挤率最大化，SSF 浆料的设计须满足 3 天内凝胶强度变化低于 25lbm/100ft² 的要求。由于钻井液仍然具有流动性，有助于下套管时的井筒静水压力传输和保持井压力控制。其应用时，通常会在特定层段（如生产层）放置一个 250~500ft 的平衡钻井液液柱。

（4）尽量减少窜槽和水泥污染。

由于 SSF 浆料是在下套管前泵入的，因此当套管达到总深度（TD）时，只有 SSF 浆料位于环空内。一旦套管下至井底，固井结束，大部分 SSF 浆料会被挤出井。通道中剩余的 SSF 浆料则会变硬，并达到足够的抗压强度，形成层间封隔，如图 9.15 所示。SSF 浆料的设计允许与水泥配伍，并可尽量减少基础固井抗压强度降低的幅度。在固化过程中，水泥通过释放热量和游离石灰来激活 SSF 浆料。任何残留在水泥浆系统中的 SSF 浆料都会被泥浆吸收。该技术还可用于低密度可钻性地层的钻井液处理。

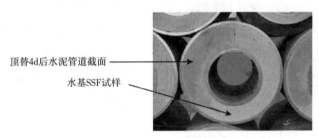

顶替4d后水泥管道截面
水基SSF试样

图 9.15   环空测试中的 SSF 试样

9.2.12 改进的尾管固井和机械隔离

当基础固井无法实现尾管顶部密封时，常使用尾管顶部封隔器（LTP）进行基础密封。当设计固井顶部（TOC）位于重叠段上方、悬挂器下方时，LTP 还充当重叠段的备用密封件。大多数 LTP 系统是整体下入尾管悬挂器以上，并靠下入管柱或钻杆（DP）的重量（压力）来实现安装。在最大额定压力下密封 LTP 时，需要 DP 施加足够的下压力。经验表明，浅层尾管顶部安装可能没有足够的 DP 重量对 LTP 施加足够的坐封力。

二级回接封隔器可以替代整体 LTP 系统。回接封隔器的安装需要额外的井下作业，同时还需要增加大而重的钻铤以提供必要的坐封力。

由于基础固井无法获得良好的尾管顶部密封，因此，采用常规 LTP 系统通常会失败。此外，井况较差时，通过以一定速度旋转并安装尾管来避免井堵和悬挂器提前坐封，既存在难度又有风险。

对于常规的尾管悬挂器，如果诸如遇到凸台、坍塌和页岩层膨胀或薄弱地层等井眼问题，可能需要拔出整个尾管。如果工具没有预设旋转模式，钻机作业人员必须取出钻具总成，清理井眼，然后再重新下入尾管。这些操作有可能损害油井完整性，增加安装钻机时间和成本。因此，研究人员开发出了一种扩张式尾管悬挂（ELH）系统，称为 "VersaFlex® 扩张式尾管悬挂器"，以解决常规尾管悬挂相关的常见问题。ELH 系统不包含移动部件，可与 DP 共同作用。ELH 系统允许在悬挂器局部施加液压坐封力进行外扩，其坐封力可测量且保持不变。ELH

系统没有可移动的机械部件，保证了工作可靠性。作业人员可以更专注于使尾管以全循环速率下至底部，而不会出出现在悬挂器区域遇阻或旋转提前坐封的风险。

ELH 系统由三个主要部件组成：上部回接筒（TBR）、整体式封隔器/膨胀体，和坐封套总成。下到预定位置后，膨胀体就会通过其弹性元件加压而径向扩张，从而形成气密密封。在固井作业期间或井眼下尾管时，可以根据需要旋转或往复移动尾管；然而，一旦弹性体完全膨胀，将无法继续操作。水泥充填过程中，管柱移动有助于提高固井作业成功率。这种设计允许在水泥硬化前，尾管管顶部快速进行压力完整性测试。如图 9.16 至图 9.18 所示，与常规尾管悬挂器相比，扩张式尾管悬挂器增大了通流面积，降低了 ECD，有助于防止以高泵排量循环时发生循环液漏失，从而能够在固井前对井眼进行清洁，并在基础固井过程中提高 CDE。关于 ELH 的更多信息，可以查阅论文 SPE 116261（Jackson 等，2008）。

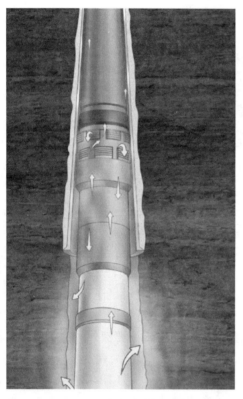

图 9.16 流体流过常规尾管悬挂器。常规尾管悬挂器的公称外径在油井循环和水泥充填过程中会对流动通道造成限制，从而对易碎地层造成破坏

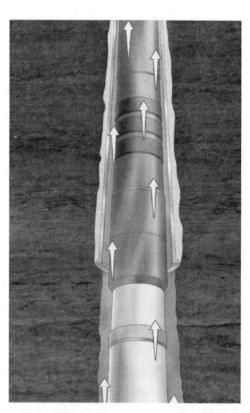

图 9.17 流体流过 ELH。VersaFlex® 扩张式尾管悬挂器的低 ECD 系统提供了大约两倍的环空通流面积，从而提高了流速

　　自 ELH 开发以来，许多实际案例已经证明，与常规的尾管悬挂系统和 LTP 相比，ELH 存在技术优势。例如，拉丁美洲的一个油井运营商起初使用常规的尾管悬挂，以期完成高质量尾管固井作业。但是，由于水泥被泵出并在尾管顶部重叠，因此其本身并不能形成足够的密封。对尾管顶部进行密封时，无论使用整体 LTP 还是回接封隔器，都不足以施加所

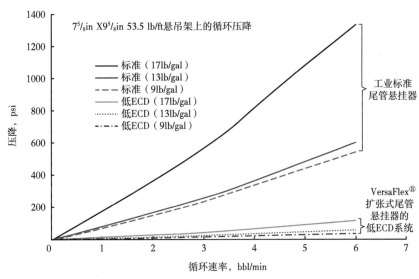

图 9.18　压降与循环速率关系图

需的坐封力，因为 DP 在下放管柱中的长度较短。此外，回接需要二次作业，以清理回接筒并回收重型钻铤。事实证明，ELH 系统是坐封尾管悬挂器的最佳选择。使用液压压力，即可在浅层尾管顶部形成气密封堵。因此，这家拉丁美洲运营商可以节省回接式封隔器，从而节省额外组装和生产所产生的成本。关于 ELH 和拉丁美洲案例的更多信息，参见论文 SPE 106757（Williford 和 Smith，2007）。

表 9.3　ELH 系统的优势

ELH 系统为上述拉丁美洲运营商提供了以下优势	
（1）	免去对常规 LTP 的需求，简化了操作并减少了复杂性
（2）	不包含移动部件，从而提高了可靠性和流体流量
（3）	与 DP 总成同工作
（4）	在固井作业中允许尾管往复移动和旋转
（5）	由于尾管顶部可利用液压使弹性元件膨胀，因此可在 DP 长度较短的情况下实现足够的密封完整性
（6）	帮助运营商避免多余的钻探步骤，节省钻探开支，提高钻机效率，从而降低钻井成本
（7）	通过避免尾管悬挂器损坏或提前坐封，帮助运营商管理资本支出

9.2.13　顶部和底部尾管中空胶塞系统

Dreikhausen（1991）曾发表了尾管固井作业中水泥受泥浆污染的研究结果，该研究对 64 个只使用顶部中空胶塞而不使用底部中空胶塞的尾管和 26 个同时使用顶部中空胶塞和底部中空胶塞的尾管进行了对比。研究人员称，在研究的 90 个尾管的固井作业中，其他影响固井质量的风险因素基本相同。根据每项尾管固井作业设计，向尾管顶部注入 100 m（328ft）水泥，从顶塞处开始测量。水泥候凝期（WOC）结束后，从每个井的尾管顶部（TOL）和尾管浮鞋套管串取样，检测水泥受钻井液污染情况。研究发现，钻井液污染程度高会导致水泥质量差，层间封隔不足。研究结果（表 9.4）表明，尾管同时使用顶部中空胶塞和底部中空胶塞以及 DP 浮球（图 9.19）时，钻井液污染明显减少。

表 9.4　尾管同时使用顶部中空胶塞和底部中空胶塞时钻井液对水泥浆的污染

尾管固井作业次数	橡胶中空胶塞系统	尾管顶部水泥中的钻井液，%	鞋管中的钻井液，%
64	仅有顶部中空胶塞的系统	平均 57~68	平均 41~48
26	顶部和底部中空胶塞系统	<10	<10

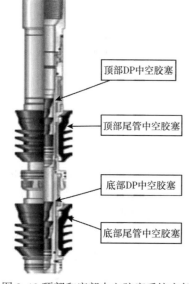

图 9.19 顶部和底部中空胶塞系统实例
（图片来源：贝克休斯公司）

9.2.14　增加干粉材料的体积流量，改善作业性能

与直井相比，长水平井和斜井出现水泥输送系统和搅拌/泵送设备问题的风险更大，因为，与直井相比，水平井和斜井需要的水泥浆体积更大，导致泵送时间更长。因此，针对干水泥、膨润土和重晶石，开发了一种体积流量增强（BFE）工艺，以将上述风险最小化，进而实现胶结和水泥混合以及其他边送料送边混合应用，例如，通过添加重晶石来增加隔离液、降滤失剂和钻井液的密度。BFE 工艺还可以减少从储存系统运输至混合装置过程中的干水泥损失，从而提高水泥混合装置的水泥输送率、保证水泥流量、避免停工，并以更高的速率混合水泥浆（图 9.20）。干水泥漏失减少也意味着减少了水泥废料处理成本。关于 BFE 工艺的更多信息，可查阅论文 AADE-07-NTCE-15（Sweatman 等 2007）。

图 9.20　BFE 工艺提高了水泥从水泥储罐（左）到搅拌/泵送装置（右中）和分批混合装置（右下）的流量

（1）BFE 适用范围。

水泥可能需要长途运输才能到达钻井现场。储罐会出现水泥漏失，漏失在钻井平台及通往钻井平台的运输卡车和海洋工程船上的水泥称为"罐底垢物"。目前面临的挑战是，如何最大限度地减少散装水泥在各个输送过程中的漏失，这也是成功供应固井物料和流体的关键。经过大量研究，对供应过程的设备设计进行了改进。然而，虽然有些水泥容易运输，但是颗粒大小不均匀且平均粒径较小的水泥容易结块。此外，温度、湿度等环境因素，以及系统压力、水分、罐体设计等传送条件，都会影响运输效率。BFE 工艺大幅提高了常规气动设备为散装粉料提供类似流体流动的能力。还可使用"EZ-Flo™水泥添加剂"BFE 材料对水泥进行处理，处理后的水泥颗粒更容易分散，不易结块，从而可减少整体流量波动，使水泥流动更顺畅，更好地控制密度。

（2）BFE 的性能。

BFE 处理提高了混合水泥和纯水泥的整体流动性。实践证明，BFE 处理还大大减少了从陆上运输卡车和供应船到海上钻井平台的运输过程中的水泥损失，并减少了运送水泥和其他粉末状材料所需的时间。通常可减少 10% 的损失，从平均 15% 降至不足 5%。造成水泥损失的原因可能是通风，而不是由于物料遗留在转运罐和储罐内。将储罐卸到钻机上所花费的时间也大幅缩短，将水泥输送至混合装置的效率也有所提升。在水泥厂使用 EZ-Flo 添加剂对水泥进行处理后，未检测到任何变化，且对水泥浆液性质也没有明显影响。以下案例历史装载数据（表 9.5）表明，与未经 BFE 处理的水泥（装载案例 1）相比，经 BFE 处理的水泥（装载案例 2）从同一艘船上的散装舱运送到同一钻井平台的传送效率。BFE 处理节省了 1h 的钻井时间（分别为 3h 和 4h），用于转移水泥，减少了 180 袋水泥损失（或浪费）（水泥输送率提高 9%），同时降低了水泥浆的混合速率，节省了更多的钻机时间（装载案例 2）。

表 9.5 案例历史数据表明 BFE 工艺缩短了水泥输送时间并减少了水泥损失

装载案例 1:2000 袋未经 BFE 处理的纯水泥		
转移到钻井平台所花费的时间	4h	
最终转移到钻井平台 1750 袋	2000 袋的 87.5%	
装载案例 2:2000 袋纯水泥，经 0.07%BFE 处理		
转移到钻井平台所花费的时间	3h	减少 25%
最终转移到钻井平台 1930 袋	2000 袋的 96.5%	增加 9%
提高了 RCM 输送效率		

9.2.15 零排放泡沫固井作业

在基础固井过程中，面临着如何处理返回地面的发泡水泥的废物控制和处置问题。发泡水泥是一种含有水泥、泡沫表面活性剂、氮和水的高能量流体。氮气使在井下温度和压力下产生的充填用稳定泡沫在表面活性剂作用下不断膨胀。坚持零排放原则，无法保证总能获得回报。

钻除尾管顶部的多余水泥很费时间，需要额外起钻，才能将尾管悬挂器下入工具更换为钻头。为了避免带来此类不便，研究人员开发、测试并实施了一种在表面循环排出多余发泡水泥并消泡的方法。以下是来自挪威的一个案例研究（图9.21）。

案例研究对象为5in的生产尾管，在6½in、±4000ft裸眼井水平井段使用发泡水泥进行基础固井作业。作业效果良好。尾管顶部封隔器设置好后，隔离液和多余的发泡水泥通过消泡管汇经逆循环排出井眼。

图9.21　发泡水泥循环到表面，有效消泡，达到零排放的目的

当反循环速率一定时，将上油嘴初始压力设定为100 psi。如果钻柱内存在发泡水泥，由于氮气膨胀，油嘴压力升高，流速也随之增加。在设计阶段，通过计算来预测钻柱中发泡水泥的体积和高度对压力增加的影响。当压力达到180psi后，注入OBM作为消泡剂，同时将上油嘴和下油嘴压力分别设定为750psi和250psi。

循环出的井下钻井液量为35bbl，质量百分比为28%~30%，并进行了有效消泡。氮气在脱气装置中排出，水泥直接排入振动筛。

作业人员对作业结果非常满意。在这些类型的作业中，与使用泡沫水泥的完全零排放相比，固井期间的严重漏失和有限回报是正常情况。消泡工艺已成为该领域粘结生产尾管的标准技术，且遵循零排放理念。

9.2.16　通用水泥系统

在国内❶，常使用API规范规定的A级水泥和G级水泥，以节省进口水泥的成本。在某些情况下，常规建筑水泥与API规范中的A级水泥具有同等质量和性能。然而，如果国产水泥出现质量问题，可根据通用水泥系统（UCS）局部使用A级水泥。UCS允许使用满足油田低温应用性能要求的国产水泥，以大幅降低水泥成本（图9.22）。

根据水泥的化学和物理性质，这种新型添加剂分为UCS（粉体）和UCSL（液体），可

---

❶ 指美国。

图 9.22　UCS 有粉末和液体两种形式。两种类型的性能略有不同，粉末 UCS 添加了不溶性材料

通过以下方式促进水泥浆的固化：

（1）改善流变性；

（2）降低滤失；

（3）延长稠化时间；

（4）减少缓速剂、降滤失剂和分散剂的用量；

（5）缩短过渡时间；

（6）改进固井质量检验；

（7）提高耐硫酸盐侵蚀和耐钻井液和流体伤害的能力。

9.2.17　固井作业模拟软件

（1）软件设计。

新一代固井作业模拟软件提供了许多功能，这些功能以前只能在单独的软件中实现，或者根本不具备这些功能。传统的模拟软件包含流体和水泥的配置等功能，能够帮助指导主要的固井步骤。新一代软件的部分模拟功能如图 9.23 至图 9.25 所示。

实时模拟器（RTS）利用专业知识对数据进行更新，帮助作业人员根据实际井况

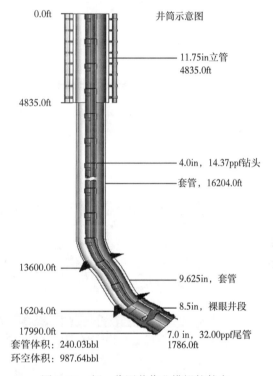

图 9.23　新一代固井作业模拟软件中的计算机屏幕显示

和需要调整固井（图 9.24）。RTS 能够实时显示作业任务与方案设计。此外，还能输入井径测井结果，进一步提高预测能力。

新一代软件除了具备传统软件的功能外，新软件还装备了具有完整的泡沫流体性能和图形平台等新功能的 3D 井筒模拟器（图 9.25）。该模拟器能够更好地预测水泥浆顶替及其他环节的情况，从而优化固井作业。新一代软件的模拟和计算功能如图 9.25 所示，其新增功能够实现：

①减少钻井液漏失并降低相关成本；

②改善钻井液和滤饼在固井前的去除效果；

③提供完全的层间封隔；

④精确计算液压、摩擦压力和流体的膨胀/压缩；

⑤显示偏心井内的顶替动态；

⑥显示井眼不稳定性。

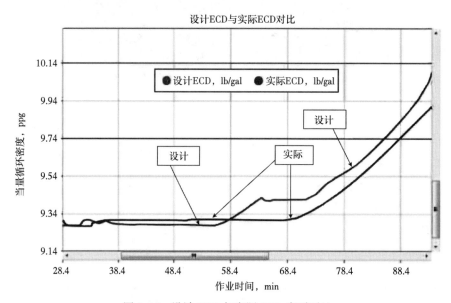

图 9.24　设计 ECD 与实际 ECD 实时对比

模拟工具	
2D水力模拟	二维ECD水力模拟
3D顶替模拟	三维隔离液和水泥充填模拟
应力分析	利用有限元模型进行水泥环应力分析，以预测固井失败风险
抽吸波动压力	根据套管鞋测量深度，跟踪冲击压力对破裂梯度的影响，以及抽汲压力对孔隙压力的影响

计算器	
流变性能	根据连续流体的压降和流动速率评估流体绕流的可能性，从而优化流体流变性能
居中程度	居中优化器包括绘制每个扶正器和中间点的详细间距
摩阻扭矩	旋转转矩、下放时钻具重量、静重量和起钻时的钻具重量与套管呈函数关系，可显示测量深度

图 9.25　新一代固井作业模拟软件的特点

(2) 自修复水泥。

正如上文"诱导应力"部分所讨论的那样，井和地层负载，包括测井、增产措施、注水、热效应、产量变化以及随井寿命变化的应力场，会诱发巨大的应力改变。套管和尾管管柱会随着应力变化而发生膨胀或收缩，并可能在管柱、水泥环和邻近岩层中引发较大的应力变化。如果这些应力超过水泥环的抗压能力，水泥环密封性就会遭到破坏，从而影响层间封隔效果，并对油田效益造成负面影响，包括油气泄漏、产量下降、产生诸如水等不必要的流体，或产生高昂的油井完整性修复成本。膨胀性自修复（ESH）水泥有助于避免由于废弃油井而产生的高昂补救成本甚至更大的经济损失。

ESH 水泥在发生流体运移时起作用，比如天然气与水泥发生反应，水泥会自动封堵漏失通道，有助于防止流体进一步运移。有一种新型 ESH 水泥甚至不需要与流体接触，使用特殊聚合物即可封堵漏失通道，比如固井水泥中的裂缝（Reddy 等，2010）。应根据井况选择适合的 ESH 水泥配方。ESH 水泥系统的活性组分在环空水泥环内保持休眠状态，直到暴露于漏失的油气时才会自动膨胀，重新密封环空水泥环。以下列出了三种等级的 ESH 水泥：

①具有膨胀性的普通水泥，能够形成膨胀的水泥环；

②设计用于油井和地层载荷的普通水泥，此类水泥具有伸缩性和弹性，能够通过膨胀来封闭有害液流从而应对水泥环失效。在油井寿命周期内，水泥与流过水泥微环隙或裂缝的油气接触，发生膨胀；

③发泡水泥，适用于需要更大的伸缩性、弹性和水泥环失效反应能力的井况，在油井寿命周期内，水泥通过膨胀来封闭流过水泥环上任一微环隙或裂缝的有害油气。

9.2.18　井底循环温度

准确的井底循环温度（BHCT）对于确定水泥浆的稠化时间非常重要。对于大斜度的大位移井或水平井，几种常规方法提供的 BHCT 估算通常不够准确。API 方法在直井 API 技术报告 10TR3 中有明确的定义，但该方法并没有阐述流体水平运移的影响。为了更好地估算 BHCT，应该考虑热效应。建议模拟多种情况，考虑钻井流体和固井流体的热学性质、不同流速和流体记录仪数据（如入口/出口流动温度）。BHCT 应与同样井下流速下的实际温度测量值一致，以确认模拟输出的准确性。

热力学仿真还可计算由 BHCT 到 BHST 的温度变化曲线，从而为水泥抗压强度实验室测试提供数据。在对现场样品（水泥混合物、液体添加剂、混合水等）进行固井作业的最后阶段实验室测试时，还需重复进行热力学仿真，以根据流体记录仪的实际测井数据及测井或其他作业期间的任何温度测量值更新热力学计算结果。对于最终的水泥浆设计，应在预测的 BHCT 范围内测试增稠时间，以确保温度在合理范围内变化，而不会对浆料性能产生不利影响。

另一种用于确定安全稠化时间的方法是改良版 API 方法，该方法可用于计算"虚拟BHCT"，并可在该值中加入水平井段的修正因子。这种方法得到的稠化时间不如热力学仿真结果准确，只能提供保守估计。由于可能导致 BHCT 计算结果偏高，不推荐用于高温高压井或其他特殊油井。下列公式用于计算水平井段末端的 BHCT：

英制单位方程：

$$T_m = T_v + [(T_f - T_c) \times (L/6000\text{ft})] \tag{9.4}$$

实例：

$$T_m = T_c + [(T_f - T_c) \times (L/6000\text{ft})]$$
$$= 144\,°\text{F} + [(181\,°\text{F} - 144\,°\text{F}) \times (1444/6000)]$$
$$= 153\text{T} \tag{9.5}$$

公制单位方程：

$$T_m = T_c + [(T_f - T_c) \times (L/1828.8\text{m})] \tag{9.6}$$

实例：

$$T_m = T_c + [(T_f - T_c) \times (L/1828.8\text{m})]$$
$$= 62\,℃ + [(83\,℃ - 62\,℃) \times (440/1828.8)]$$
$$= 67\,℃ \tag{9.7}$$

式中　　T_m——BHCT，℉ 或℃；

T_c——计算或测量的 BHCT，不包括任何水平井段；

T_f——实际垂直深度（TVD）水平井段地层的 BHST；

L——长度少于 6000ft（1828.8m）的水平井段长度，m。

注意：

（1）如果 L 大于 1828.8m（6000 ft），则假设 $T_m = T_f$；

（2）方程式的英制单位为 ft 和℉；

（3）方程式的公制单位为 m 和℃。

水平井的情况更为复杂，在测井和下套管或尾管管柱之前的井眼清洁过程中，建议在 DP 或 LWD 工具上安装 BHCT 测量仪，以确定 DP 中不同流体速度下的循环温度范围。然后结合模拟器和 BHCT 工具读数的输出，进一步确定热力学模型的准确性。

9.2.19　环空压力上升和持续套管压力

环空流体膨胀，通常被称为环空压力积聚（APB），指压力在密闭环空不断集聚，使油井受损。这种现象通常可通过调整水泥顶面的位置来避免，但在周期性压力环境下，调整水泥顶面位置无法完全避免圈闭环空。当存在密闭环空时，由于油井生产导致环空流体温度升高，进而发生 APB。压力上升足以造成套管严重损坏，在某些情况下甚至造成油井损失。热力学仿真模型能够预测 APB 的发生，从而可改善流体配方以减轻 APB 的影响，例如，在进行水泥充填之前使用泡沫进行隔离。

例如，某油井作业人员遇到了由环空流体膨胀引起的严重套管损坏，问题发生在生产开始后 48h 内。钻井成本为 4000 万美元，报废成本为 1500 万美元。生产推迟了 18 个月，并重新钻探了新的替用井，造成严重收益损失。为解决密闭环空压力问题，钻探替代井采用了泡沫隔离技术，并进行了软件模拟。替代井目前仍正常生产。

在油井寿命周期中，当任意一个环空封隔系统出现轻微泄漏时，在井口处可能出现 SCP（图 9.26）。应定期使用压力表或传感器对每个环空进行监测。前述新型自修复水泥就是一种自动修复渗漏的方式。适当的水泥填充可有效减少或防止出现泄漏。另一项预防措施是，避免水泥在固化过程中受到损坏，比如进行钻机作业以去除 BOP、安装套管悬挂器等。当水泥从液体状态转变为能够密封环空形成压力屏障的坚硬固体时，便能够有效防止旁路泄漏（Sweatman 等，2015）。

关于 APB 和 SCP 的其他信息，包括最佳探测和管理实践，可查阅《API 推荐做法 90》第 1 部分：海上油井（APIRP90-1，2015）和《API 推荐做法 90》第 2 部分：陆上油井（APIRP90-2，2015）。

9.2.20　水平井和大位移井固井经验

从 20 世纪 80 年代到 21 世纪初，位于北海和其他近海地区的水平井和大位移井的悠久固井史，积累了许多宝贵实践经验，为美国和其他地区的陆上页岩气井固井作业提供了参考。例如，1997 年 6 月 24 日，菲利普石油公司宣布其在中国南海钻探的西江 24-3-A14 井创下最深水平井世界纪录。该井距离西江 24-3 海上平台 26446ft，也创下了中国最长测量井深 30308ft 的纪录。

早期的水平井和大位移井固井作业积累了许多成功经验，也培养出许多固井专家。这

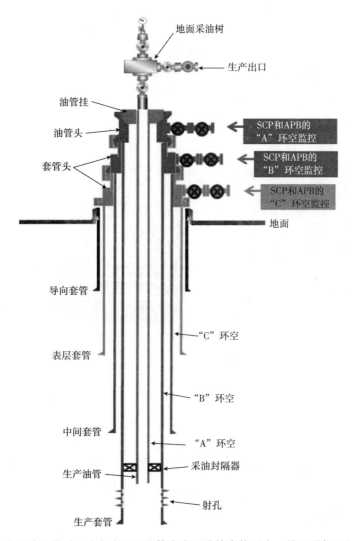

图 9.26　在设计油井时，应考虑环空流体膨胀和维持套管压力，并监测各环空异常压力

些经验经整理发表，用于培训和最技术推广。现在可通过实时操作中心、内网和公共网络、培训学校、现场培训和交叉培训等方式获取相关知识，本章节也有所介绍。

　　这种专业知识是作业人员成功完成水平井和大位移井层间封隔所需的能力与技能。若参与油井设计、钻井、完井、层间封隔等工作的人员仅具备直井固井经验，则无法期望获得良好结果。

　　现在，全球范围内有许多成功的水平井和大平移井项目，相关固井技术的开发也已得到验证。这为当今方法、设备和材料的可靠性及经验证的追踪记录奠定了基础，确保其安全、高效地应用于水平井和大斜度大位移井。上述知识和经验也是选择固井公司其考察固井公司层段封隔作业人员相关资质的重要考量因素。

9.2.21　Sakhalin Island 水平大位移井创下世界井深纪录

　　2011 年 1 月，埃克森美孚宣布其子公司，埃克森石油天然气有限公司，在俄罗斯远东

Sakhalin Island 近海的 Odoptu 油田成功钻探了全球最长的 OP-11 号大平移油井。埃克森石油天然气有限公司是 Sakhalin-1 项目的运营商，其代表的国际财团包括俄罗斯国有企业 Rosneft RN-Astra 的子公司和 Sakhal inmomeftegas-Shelf、日本公司 SODECO 以及印度国有石油公司 ONGCVidesh。截至 2011 年 1 月，世界上最长的 20 口井中，有 15 口属于 Sakhalin-1 项目中钻探，Odoptu 油田的 OP-11 井超过了卡塔尔 2008 年钻探的 MaerskBD-04A 井（Sonowal 等，2009）。Sakhalin-1 项目井应用 ERD 技术，从陆地开始垂直下钻，然后在海床下弯曲至近海油藏，如图 9.27 所示。

图 9.27　俄罗斯 Sakhalin Island 近海大位移井的 Yastreb 钻井平台（左图）和地下油井
示意图（右图）（Sweatman 等，2009）

　　Sakhalin Island 的 OdoptuOP-11 井的总测深达到 40502ft（12345m 或 7.67mile），创造了 ERD 井的世界纪录（Walker，2012）。OP-11 井的水平段长度为 37648ft（11475m 或 7.13mile），同样创造了世界纪录。这一创纪录油井仅在 60 天内就完成了 5853ft（1784 m）的垂深（TVD），且非生产时间（NPT）不到 1%。最重要的是，OP-11 井在不旋转且没有使用完井设备的情况下创下了世界钻井深度纪录，并在 35295ft（10758m）测深处成功放置了 9⅝in "浮动" 尾管。其套管尺寸小于 13⅝in，井眼尺寸为 12¼in，最终倾斜度为 90°，在进入目标油气层之前达到完钻井深。在直径 12¼in 的大斜度水平井段下入 9⅝in 尾管，然后在产油层钻探 8½in 的井眼，并以 5½in 筛管和尾管进行裸眼完井。

　　在距离 Sakhalin Island 近 7mile（11km）处有一口记录井 Z-12，一直延伸至 Sakhalin-1 项目 Chayvo 油田的海上油藏。9⅝in 尾管采用充气浮动方式下管；同时，作为意外事故防范措施，将 6⅝in 钻柱接地钻杆用水泥固结于井中以增加大钩载荷从而推进或旋转套管。定位成功并顺利完成尾管固井，然后下入了尾管顶部封隔器。Z-12 井在鄂霍次克海下的总垂直深度为 8350ft，从钻井平台到油藏的距离为 38322ft，相当于 125 个美国足球场大小。OP-11 井和 Z-12 井从岛上陆地开钻，延伸到海底下的近海油气田。其位于世界上最具挑战性的亚北极环境之一，这种钻完井模式相对安全，且对环境友好。

9.2.22　下入和固定 "浮动" 套管

　　论文 SPE 50680（Rogers 等，1998）介绍过一种无须在管柱内移动钻柱即可使套管柱以浮动方式下入大位移井和水平井井眼的系统（图 9.28 和图 9.29）。浮力辅助下套管设备（BACE）总成用于增加套管柱的浮力，并具有以下操作优势：

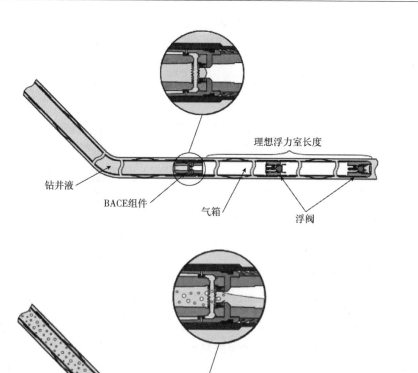

钻井液

BACE组件

气箱

浮阀

理想浮力室长度

图 9.28　BACE 固井（Rogers 等，1998）

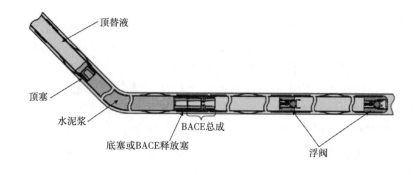

顶替液

顶塞

水泥浆

底塞或BACE释放塞

BACE总成

浮阀

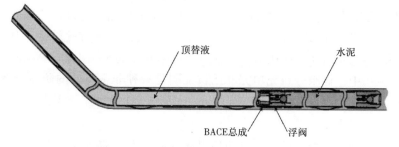

顶替液

水泥

BACE总成

浮阀

图 9.29　BACE 固井（Rogers 等，1998）

（1）在套管安装过程中，能够降低管柱阻力，改善管柱移动能力，以达到预定深度；

（2）在固井前循环低密度流体，有助于清洁环空低侧；

（3）释放后达到套管全通径；

（4）BACE 内部组件之间的环空间隙较大；

（5）组件位于外径和套管内径之间；

（6）具有螺纹式锚固系统（套管上无剪切销、孔等）。

BACE 系统的优势与钻柱浮动系统类似，通过在套管末端的浮鞋和套管内的可钻孔 BACE 总成之间设置密闭空气腔来产生浮力，可钻孔 BACE 总成与浮鞋之间存在一定距离。图 9.28 和图 9.29 为 BACE 系统的原理。

更多大位移井和水平井固井信息，可以查阅 IADC 最近出版的同行评议书籍《固井作业》（Sweatman，2015）第 15 章。

9.3 其他增产封隔技术

水平井和大斜度大位移井的完井方案通常要考虑如何才能提高产量，即进行增产改造。增产措施能够提高油气初始产量，降低产量递减曲线，维持产能，最终提高油气藏油气采收率。对于非常规油气藏，则需要思考如何提高产层动用程度。如第 9 章所述（下文也反复提及），最常用的三种增产工艺包括防砂、水力压裂和酸化。三种措施均是利用不同的封隔系统，针对性地进行层间封隔以控制增产改造位置，并对从油气藏流入采油管柱或套管柱并最终到达井口的油气进行分离。本节主要围绕环空封隔系统进行了讨论。环空封隔系统通常被称为"隔离封隔器系统"，安装于油气生产层段的生产套管。

9.3.1 防砂

防砂是在生产层段安装材料和设备的工艺，可防止产生地层固体颗粒，如出砂、细屑等。该工艺有助于提高井筒完整性，尽量减少地层出砂或细屑造成的地面和井下设备腐蚀和堵塞问题。防砂还有助于维持油气产量。若在井下完井工具系统的安装过程中进行防砂处理，则生产开始后即可安装隔离封隔器系统，对目标增产层段进行机械隔离，分离特定井筒段，使油气直接从油气藏流入油井的生产套管或油管柱。防砂解决方案包括采用不同的增产措施以提高产量并以机械方式防止地层出砂，例如，充填作业前的酸化处理，即在向射孔和环空注入砾石以机械支撑射孔近井筒区域之前，进行基质酸化增产处理。很多防砂完井作业还采用压裂充填完井工艺，其注入速度和压力均高于地层破裂压力，使在油气藏岩石内部形成延裂缝。然后采用端部脱砂压裂技术来增加净处理压力以扩大裂缝宽度，然后在裂缝内注入更高浓度的支撑剂，以最大限度地提高裂缝导流能力，从而提高产能。该完井受地层细砂以及由压实作用引起的基质渗透率变化的影响不大（Norman 等，2005）。在很多水平井应用中，裸眼砾石充填完井已被证明是一种非常有效的防砂方案，因为从地层到井筒的流入面积实现最大化，最大程度减小了近井筒区域的汇流限制。

9.3.2 水力压裂

水力压裂是一种油井增产措施，目的是提高低渗透油气藏或油井周围地层渗透率受到实质性损害的油气藏的产量。水力压裂是将特殊工程流体、水、砂或人造支撑剂等，在高压下高速泵入油气层，使地层内部形成裂缝。然后，向裂缝中注入砂子或人造支撑剂，使裂缝保持张开状态，从而提高油气进入油井的速度。在压裂和生产过程中，通常使用封隔器系统对沿井筒分布的各个目标层段进行机械封隔，使水力压裂处理分流并沿目标层段进入各隔层，使各层段相互隔离，从而对地层进行充分增产改造，并使得从油气藏流出的油气直接进入油井的生产油管柱或套管柱。在水力压裂作业中，有效的环空封隔已被证明是提高水力压裂处理水平的关键因素，可提高油井产量。

9.3.3 酸化

酸化是一种通过提高油气藏渗透率来提高产量的增产工艺，是利用活性酸溶解地层基质中的可溶性物质，从而增大岩石孔隙空间。基质酸化处理是在高泵排量下进行的，处理压力低于地层破裂压力，酸压的泵送压力高于岩石破裂压力，迫使酸进入更深储层，溶解新的油气流道，使油气返回井中。与其他增产措施相同，两种酸化工艺均采用不同的封隔器系统对油井的油气生产层段进行机械隔离，从而提高增产措施的有效性。

Clarkson 等（2008）提出了一种完井工具系，即单趟多级完井系统，如图 9.30 所示。

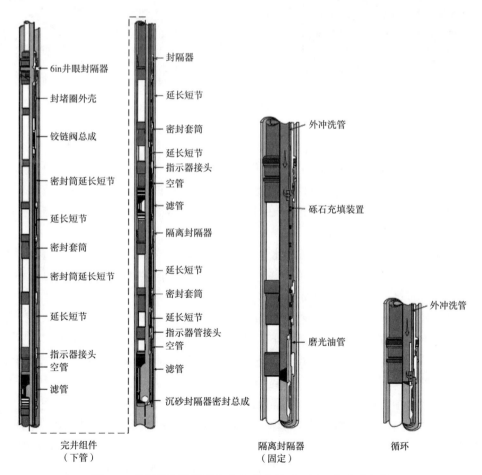

图 9.30 单行程多段压裂和充填井底总成，用于在防砂完井
安装过程中快速、高效地完成多段完井

该系统包括多个组件，主要用于封隔油井流体和流体压力。单趟多级完井系统安装在水泥固井的套管或尾管内，目的是将增产处理液沿生产层段注入不同射孔组，并从每一个射孔组分别采出油气流。封隔器可将不同的射孔组分隔开，并将流入和流出每个射孔组的流体分隔开。

Schnell 等（2009）描述了应用于 Montney 页岩水力压裂的不同类型的封隔器系统。图 9.30 中的第一个封隔器为自膨胀式封隔器（SP）完井系统。该系统采用安装在裸眼内的可膨胀封隔器（图 9.30 中的黑色装置），沿生产层段将增产处理液分流到裸眼井不同层位，分别采出油气流。SP 已系统成功应用于 Montney 页岩气田开发时钻探的 5 口井（Schnell 等，2009），图 9.31 所示为井 1 到井 5 的油井成本。

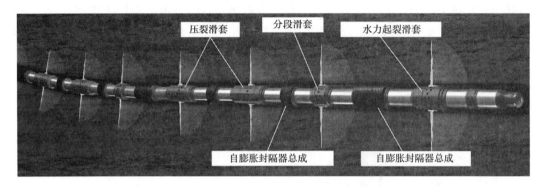

图 9.31　标准自膨胀封隔器完井示意图（包含投球滑套）

此外，在水力压裂处理过程中，水力坐封、机械裸眼封隔器也可用于压裂滑套或射孔簇的层间封隔。这种隔离封隔器的功能与 SP 基本相同，但其是使用液体接触而不是流体打压进行封隔的。与 SP 相比，这种封隔器可使水力压裂过程提前，但是其长度通常较短。该方法应用于存在天然裂缝的油气藏或存在冲刷和复杂井眼几何形状等较差井况的油藏时，可能无法实现环空封隔效果。

在水平井水力压裂作业中，通常从水平段趾端开始逐级投球，逐级打开滑套进行压裂。而通过最小化各级压裂之间的停机时间并进行连续泵送，能够提高压裂作业的效率。不仅如此，还可通过轻微改变落球直径完成更多压裂级数。

压裂滑套技术中存在的一个问题是，如果井筒未完全处于目标层段，则很难定制或优化滑套在井筒中的位置。在大多数情况下，首选方案均是滑套沿井筒进行几何布置，以最大限度地缩短组装套管和压裂滑套并将其下入井眼所需的时间。但是可以通过不断完善随钻测井数据来解决该问题。压裂滑套和封隔器的外径通常大于套管本身，这意味着良好的井筒条件和套管居中有助于确保套管、隔离封隔器和压裂滑套总成有效放置于井筒。

第二种完井方法为"桥塞—射孔联作"（PP）完井系统，如图 9.32 所示，由 Thompson 等（2009）提出，与 Schnell 等（2009）提出的 PP 系统类似。该 PP 系统安装在已用水泥固井的生产套管内，套管穿过整个生产层段，若是水平井眼，则从"趾部"延伸到"跟部"，如图 9.32 所示。从井筒趾部开始，在套管内使用复合桥塞或其他类型的压裂桥塞，对各级压裂进行封隔。射孔工具按生产层段确定数量，通常于"跟部"终止工作。此外，套管/井眼环空也需要使用水泥来隔离流入各射孔组的压裂液。射孔组沿生产层段与地层中的独立裂缝网格连通。同时，固井还能分隔从各射孔组采出的油气流。

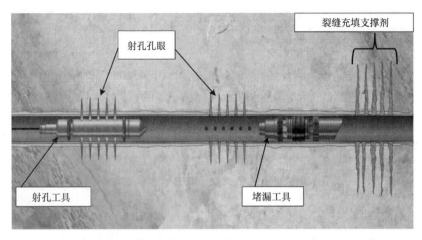

图 9.32　在完井过程中使用复合桥塞进行区域隔离的桥塞—射孔联作完井

　　桥塞—射孔联作（PP）完井的优势在于，其可根据最新的测井解释以及岩屑分析确定的当地油藏和井筒周围的应力条件而合理确定射孔位置，有助于筛选不易增产的储层和应力条件，避免无效的射孔完井和增产措施。此外还可识别出应力条件相似的岩层段并进行统一压裂，从而确保尽可能多的射孔段获得有效压裂。但是，结果表明，对以一定间隔几何排列的多个射孔组统一压裂时，通常只有部分射孔段具有油气产能。许多射孔段往往不受增产措施的影响，对井筒整体产量没有贡献。

　　第三种完井方法为注水泥滑套（CSS）完井系统（图 9.33）。水泥用于隔离从压裂滑套开口窗（滑套开口窗沿生产层段与地层中的独立裂缝网络连通）流出的压裂液，并分隔从各射孔组采出的油气流。图 9.33 所示的 CSS 系统已成功应用于 Montney 页岩气田开发，大大降低了钻井成本。

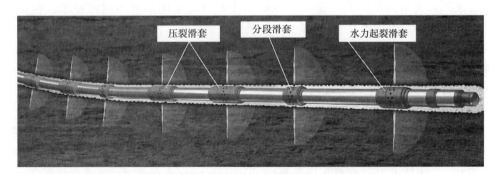

图 9.33　注水泥压裂滑套完井采用液动起裂滑套，每个滑套显示阀座和球的尺寸

9.4 固井质量评价

固井质量评价和固井后效果评估需考虑多个方面。固井质量评价有助于确保和反映水泥充填和粘结情况，进而确保油井结构完整性、层间封隔效果和淡水及生产区保护。进行固井质量评价需要用到 CEL 分析、主要作业操作记录、区域经验和井温测井数据分析等数据，以识别 TOC。法规还要求确保胶结质量和胶结参数满足进一步作业的相关要求。相关规定可能要求进行其他测试，以验证是否已达到最低标准。世界各地的法规可能存在较大差异，因此必须在开始作业前对相关规定进行评估。

第二版 API 标准 65 第 2 部分第 7 节 (API65-2，2010) 简要总结了固井效果分析和评价，并提供了一般性指导意见。该文件并未具体建议将任何类型的电缆或油管传输测井数据用于固井评价。例如，API 标准 65 第 2 部分，并未推荐特定测井技术，只提及"可使用多种技术，包括温度、噪声、声波和超声波水泥测井"。这意味着，用户可自行决定是否使用测井工具（如噪声和温度测井）或其他手段进行固井评估。但是，随着固井环境的变化，所需的信息和测试也会相应变化。例如，本节中推荐的破裂压力测试（LOT）或地层完整性测试（FIT）（通常也称为"套管鞋试验"）并不适用于评价生产井段的基础固井作业，而仅适用于生产井段以上的已水泥固井的套管和尾管柱，因为只有在已固结套管和尾管柱上才能钻出套管鞋并进行压力试验，从而保证下一井段的安全钻进。API 标准 65 第 2 部分"固井质量评价"的全部内容（第 7.3 节）如下：

"需要在钻探下一井段前评估地层完整性、水泥充填和强度等重要参数。如果套管鞋压力测试未达到正值，可能是由于环空中水泥密封不良，或套管鞋附近软地层失效造成的。当 LOT 或 FIT 结果不理想时，作业人员可以通过挤水泥或其他处理来增强地层的压力密闭完整性，或密封出现渗漏的环空水泥环。然后重复进行 LOT 或 FIT 以确认挤水泥或其他处理措施是否增加了相应层段的井筒压力密闭完整性。"

"为了有效评价固井作业，应确定是否已达到固井目的。不同的固井作业有不同的目的。有效固井作业的现场证据包括：符合固井设计的隔离液密度和流变性、浆料密度控制、泵排量、泵压和观察到的返浆等记录。可根据作业目的采用多种不同的技术，包括温度、噪声、声波和超声波水泥测井等。"

"在决定将水泥评价测井（CEL）作为确定水泥封隔材料抗液压能力的主要手段时，应格外谨慎，因为 CEL 结论是基于对井下测量结果的推断，具有很强的主观性。参阅 API 技术报告 10TR1，可了解各种类型 CEL 的物理衰减机制、特征和限制。"

固井后作业和固井效果评价的建议做法将在下文进行介绍。关于固井后作业的更多信息，可查阅书籍（如 Sweatman，2015）和技术论文（如 Sweatman 等，2015）。本节重点介绍了测井方法。CEL 包括水泥胶结测井（CBL）、径向 CEL、周向脉冲回波超声测井和垫型段粘结测井。API 技术报告 10TR1 详细介绍了 CEL 方法。

9.4.1 固井后作业

井内注入水泥后，可采取以下步骤以确保层间封隔。

9.4.1.1 保持井眼完整性

在候凝（WOC）期间，流体应充满水泥柱上方的整个环空，以维持环空对地层的超平衡压力。而且，维持环空压力，能在井喷前时发出预警，并在液位低于满标线时提示流体漏失。

9.4.1.2 顶部固井作业

当水泥没有达到设计固井顶部（TOC）所要求的深度时，可以进行顶部固井作业来填充环空。顶部固井作业可在撞击中空胶塞后立即进行，也可以在水泥凝固后进行。当水泥柱上方流体的密度与水泥浆相同时，建议待水泥凝固后再进行顶部固井作业，以维持井筒内最大静水压力，防止势流带区流体流入，确保安全。此外，应检查是否存在可能降低超平衡压力或使超平衡压力转变为欠平衡压力从而导致地层流体侵入的温度变化（Sweatman等，2015）。

9.4.1.3 候凝（WOC）时间

固井作业完成后，候凝完成前不得进行油井作业。也就是说，在 WOC 期间，不允许在井内进行任何可干扰水泥固化过程、损坏水泥密封或导致水泥凝结不当的作业。例如，若使井眼内的环空液面下降，可能会使井筒内静水压力下降，从而导致地层流体侵入，进而破坏水泥封密封。此外，作业人员在 WOC 期间拆除分流器或防喷器（BOP）组，应先了解WOC 时间，确保不会影响水泥固化过程。以下指南有助于确定使用各种常规水泥作业的安全 WOC 时间，但是并不适用于所有水泥类型。

（1）在拆除 BOP 或其他油井封隔材料之前，水泥抗压强度需达到 50psi；

（2）在钻出套管或衬管鞋前，水泥抗压强度需达到 500psi；

（3）根据 API 技术报告 10TR1，在进行 CEL 前或至少 48h 前，水泥抗压强度需达到 2000psi；

确定"安全"WOC 时间应考虑几个因素，包括井筒中是否存在油气或其他势流区，或者其存在的可能性（若不确定是否存在）。例如，可延迟拆除防喷器组并采取保守措施，以避免井控失效，或危及作业人员或油井设备。需要适当延长 WOC 时间的因素如下：

（1）在固井作业中，井筒漏失严重；

（2）停工导致钻井液清除效果差，水泥浆稠度不足；

（3）在作业过程中，泵送压力异常；

（4）在作业过程中，水泥搅拌不良（密度偏差、缺少添加剂等）；

（5）水泥返回地面过早或过晚；

（6）在固井前或固井过程中，钻井液中瓦斯含量较高。

以上情况为固井作业带来了挑战，在拆除防喷器或其他井压隔离材料前，应适当延长候凝时间。确定 WOC 时间，还需考虑以下因素：

（1）在使用发泡水泥前，应进行全面的风险评估，并将评估结果传达给固井作业的所有相关方；

（2）在固井作业和候凝结束前，不要在套管和分流器或防喷器之间的环空内下油管，避免潜在的液体流动。

在冲洗到水泥浆管线悬挂器之前，作业人员应对计算结果进行验证，以确保油井具有足够的静水压力。应在水泥胶凝强度显著提高之前完成旨在悬挂套管和激活密封的管柱移动。在固定密封件时应打开旁路，有助于确保在密封件下方的环空中保持最大的静水压力。

在水泥胶凝强度显著提高后移动管柱，可能会导致水泥与管柱之间形成微环隙或小间隙。如果管柱移动导致抽汲诱喷，还会有引发流动的危险。如果要在水泥强度提高后悬挂套管，在增加或减少套管中的落地拉张力时，应考虑施加在水泥上的力和水泥强度。

最好是在胶凝强度显著提高之前进行套管压力测试。但是，这种压力测试将受到水泥塞、浮子、水泥头和其他设备压力额定值的限制。可在水泥凝固后进行压力测试，但这样有可能导致出现微环隙或水泥环损坏。在完成测试所需的最短时间内，应保持套管上的压力。压力测试的效果取决于水泥的力学性能，如弹性模量、套管测试时的压力（套管的膨胀量）及水泥周围地层的特性。机械应力建模可帮助确定进行压力测试的最佳时机。

除了过去几年的研究和现场研究发现的有害的作业后机制之外，最近发表的一篇论文（Sweatman 等，2015）还介绍了关于危险机制和预防措施的新研究和案例历史信息，以防止固井完整性差、套管压力持续及井控事故。例如，该论文解释称，可能是由于井温和压力的潜在变化造成地层流体侵入，从而引起上述问题。侵入的流体可以冲走水泥，形成流体运移的通道，严重时还会出现交叉流、地下井喷和井喷到地面的现象。

9.4.2　固井后作业评价

作业后分析的一个重要方面是固井作业完成后的物料库存，应将最终的物料库存量与作业前的库存进行比较。物料质量平衡有助于确保在作业过程中使用适量的水泥和添加剂。如果发现任何差异，作业人员应要求进行详细调查，这就可能需要进行额外的水泥密封评价测井（采用温度、超声、噪声、脉冲中子等测井方法），以检查相关区域之间是否有层间封隔，以及具有不同孔隙压力的区域之间的任何潜在交叉流。

为了进一步评价固井作业，实时数据记录能够根据初始设计确认泵送压力、流体体积、密度和泵排量。然后利用计算机辅助设计软件，将实际作业设计数据与预测作业设计数据进行对比，得到压力匹配和当量循环密度数据，并确认层间封隔和油井安全性。这些信息有助于进一步研究固井作业出现的相关问题并确定原因。如果进一步的分析没有定论，应进行 CEL，检查区域隔离情况。

在钻探下一井段前需评价地层完整性、水泥充填和强度等重要参数。如果套管鞋压力测试未达到正值，可能是由于环空中水泥密封不良，或套管鞋附近软地层失效造成的。在这种情况下，应考虑对失效区域（水泥或地层）进行补注水泥，并重复进行套管鞋压力测试，以确认下一井段能够安全钻探。

9.4.3　测井技术有助于确保层间封隔

对于水平井眼或大斜度井眼，可使用连续油管（CT）或井下泵送测井工具进行测井。

9.4.3.1　水泥胶结测井

水泥胶结测井（CBL）由发射器和接收器组成，利用声波信号测量环空水泥充填体、水泥抗压强度和水泥胶结完整性（Broding，1986）。CBL 可测量声波在到达接收器之前通过钻井液—套管—水泥相间传播后返回的振幅。振幅与未固结的管柱数量有关，但并不是衡量液压完整性的指标。探测深度取决于地层；因此，CBL 会测量水泥与管柱的粘结性，并提供水泥与地层粘结信息。

声能在所有传播介质中都会衰减。当相邻介质之间粘结不良时，套管与水泥和水泥与地层粘结界面处的衰减更为严重。测井曲线可显示哪些区域有未固结的管柱，哪些区域与管柱粘结良好但与地层粘结不良，以及哪些区域与管柱和地层均粘结良好。当水泥性能已知时，测井曲线还能显示仅部分粘结或存在窜槽的层段。

当水泥浆已完全顶替钻井液时，以下因素可能会导致胶结测井结果错误。后续将针对其中一些因素做进一步讨论。

(1) 微环隙；

(2) 地层效应；

(3) 低抗压强度水泥；

(4) 薄水泥环；

(5) 软地层；

(6) 偏心套管；

(7) 套管厚度；

(8) 声波传播速度快的地层。

工具居中是获得良好测量结果的关键。偏心会使信号振幅减小，导致被错误地解释为水泥粘结性良好。¼in 的工具偏心率可使振幅减小 50%。一般来说，高振幅表示管柱粘结较差，低振幅表示水泥与管柱粘结良好。

根据在 3ft 处放置的接收器所记录的数据生成管柱振幅曲线。该曲线可显示仅穿过井内流体和套管的声信号的振幅。信号振幅与信号衰减有关。高振幅表示低衰减；低振幅表示高衰减。对于给定的井筒条件，测井衰减率可能设置不当，从而导致错误输出。因此，根据测井时的预期水泥抗压强度设置衰减率至关重要。随着水泥抗压强度的增大，衰减也会增加。粘结指数（定义为目标区域的衰减率除以粘结良好区域的衰减率）受水泥环空充填和抗压强度的影响。如果水泥抗压强度未知，则粘结指数的测定存在两个未知数，就无法确定水泥环空充填量。建议在进行 CBL 前月 72h 或水泥抗压强度达到 2000psi 前，先使水泥固化。为了获得更准确的测井数据和解释，应对固井作业中采集的样品进行抗压强度测量。

由于输出是基于平均周向数据，而且有一些假设输入测井日志中会影响输出，因此，CBL 的评价有些主观，可能会被误解。标准的 CBL 工具不提供任何方位数据，因此如果存在通道，很难确定其是否连续。而补偿式和极板型工具不易受井内流体和偏心率的影响，有助于更准确地评价。

9.4.3.2　径向 CEL

为了更准确地评价套管外的水泥分布，研制了径向水泥评价测井仪。此类测井仪有几个（通常为 6~8 个）方位角敏感接收器，用来测量套管信号振幅，评价套管周围的水泥质量，并生成水泥胶结质量的环向水泥图。分段振幅读数以 mV 表示，也可以用百分比表示。还需要进行常规的 5ft VDL 波形测量，以显示水泥与地层的胶结情况。

9.4.3.3　脉冲回波超声测井

脉冲回波测井仪可以测量管外部材料的声阻抗（密度×速度）。研究深度仅针对水泥，但数据是周向的，因此可以测量和绘制水泥胶结方向。此类测井仪可用于估计水泥覆盖范围和水泥抗压强度的直接测量，并可区分管外的气体和液体。还可以利用此类测井仪测量壁厚和椭圆度，从而进行套管探伤。单个换能器旋转工具通过同一个换能器来发射和接收声波信号。必须居中放置测井仪（偏心度小于 0.2in）才能提供准确的测量结果。与其他胶结测井仪相比，此类测井仪对微环隙不太敏感，如果存在较大微环隙，可能需要加压。

9.4.3.4　极板型分区水泥胶结测井

极板型分区水泥胶结测井仪由极板及延伸到套管内壁的发射器和接收器组成。发射器产生声能，然后由邻近极板上的接收器测量声能。通过测量接收器之间的声波信号衰减，可以得到井筒周围各扇区的水泥与管胶结信息。单独的扇形曲线与指示充填情况和胶结质量的水泥胶结图一同显示。为了显示水泥与地层的胶结质量，还需要使用5ftVDL。

9.4.3.5　生产测井

生产测井有助于发现各井段的漏失情况，描述生产或注入流体的性质，还可用于规划补救固井作业。典型的测井包括流量计读数、温度、压力、流体密度、中子密度和电阻率探头。这些测井数据有助于确定流体或气体来源。噪声测井也有助于发现管外的漏失。采用温度测井的泵入测量，可以帮助确定漏失通道的存在和方向。泵入测量还可以定义温度变化速率。在注入、循环或泵送停止后，温度缓慢地恢复到地温梯度。初始冷却温度应达到至少 $5 \sim 10$ ℉，才能获得足够的温度变化，然后进行通道确认。温度曲线图也可以作为水泥浆增稠时间设计的重要参考。

9.4.3.6　有效 CEL 的一般程序

为了正确解释胶结测井，应遵循的一般指南包括：

（1）测井前，应先用钻头和刮板清理套管。套管内杂质的堆积会加速套管衰减、减小振幅；

（2）向测井公司提供采用超声波水泥分析仪（UCA）测得的水泥浆输送时间，排除测井软件中输入水泥阻抗值的假设；

（3）通常不建议在大于 $9\frac{5}{8}$ in 的套管中采用 CBL，因为较厚的套管会使套管波振幅增大，从而降低井筒流体的振幅，因此会增加信号传输时间，导致无法通过测井仪发现地层响应；

（4）获取 8 线阻抗图，并以水泥浆阻抗作为基线，这样有助于消除脉冲回波超声测井仪对原始数据的误算和误判；

（5）CBL 与脉冲回波超声测井仪的结合使用能够提供更多评价数据；

（6）对尾管进行压力试验的最佳时间为，在水泥尚未凝固时，撞击水泥塞后立即进行试验。水泥凝固后再对套管进行压力试验则会导致出现微环隙；

（7）确保 WOC 时间不少于达到 2000 psi 抗压强度或 90% 的 72h 强度（取较大值）所需的时间；

（8）在有压力和无压力的情况下，运行 CEL，确定是否存在微环隙。压力应至少取水泥正在固化时的压力值。

9.4.4　配套技术

9.4.4.1　CBL 测井服务

CBL 测井仪揭示了固井作业的有效性：

（1）评价水泥与管和地层的胶结；

（2）表示仅部分胶结的通道或井段；

（3）定位未固结部分管柱和 TOC。

不同的 CBL 测井仪可以在各种温度和压力条件下以及任何套管尺寸下，生成精确的胶结测井图（Shook 等，2008）。实际作业需求测井仪能够适应更高的温度和压力。实时结果可以多种形式显示，以适应特定的井场作业需求。

图 9.34 所示的 CBL 利用声波数据确定水泥与套管、水泥与地层的胶结程度。主要测井数据显示内容包括轨道 2 中的振幅曲线和轨道 4 中的微震（MSG）波形。利用振幅曲线计算套管胶结率，而 MSG 则揭示了管和地层胶结的定性信息。

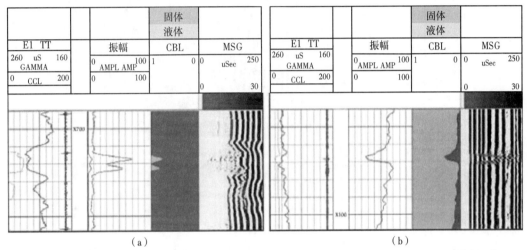

（a）

完全胶结剖面。注意轨道 2 中的低振幅信号（约 1mV）和 MSG 轨道 4 中的管信号缺失。轨道 3 中的体积图显示了除中间一小部分以外的 100% 固体物料，其中大约 70% 到 75% 井段是胶结的。MSG 波形中的地层信号表示水泥与地层胶结。

（b）

一段未固结卡部分管柱。该测井图显示了直线的经典 MSG 信号，测井图中心附近为套管接箍模式。体积图显示了约 97% 的液体，而振幅曲线读数在 60~70mV 之间，表明该井段内几乎不存在水泥。

图 9.34　水泥胶结测井实例

9.4.4.2　径向胶结测井仪（RBT）

图 9.35 显示了 RBT 的典型测井图实例，振幅读数以自由百分比显示。通常情况下，使用 6 或 8 振幅读数创建所示曲线图，色带范围从黑色（100% 胶结）到深蓝色（100% 自由），每种颜色表示一个 10% 的胶结范围。同时还标出振幅读数的最小值、最大值和平均值，有助于显示水泥环的一致性程度及通道的存在。由于作业频率较高，CBL 波形与这些测井仪略有不同。

井周向声波扫描仪（CAST）同时具有超声波管道检测和水泥评价功能（Graham 等，1997；Shook 等，2008）。CAST 水泥评价测井仪可以多种 2D 和 3D 格式呈现井眼的 360° 完整剖面图。强大的成像分析系统可以处理高级测井设备的图像、直方图和曲线型数据。主要应用包括：

（1）超声水泥评价（成像）；

（2）套管检测（厚度和直径）裸眼成像（多导体 CAST 平台）。

该系统的特征包括：

（1）每单位深度帧测量 100 射孔，在套管井水泥评价和管道检查中，提供完整的周向覆盖；

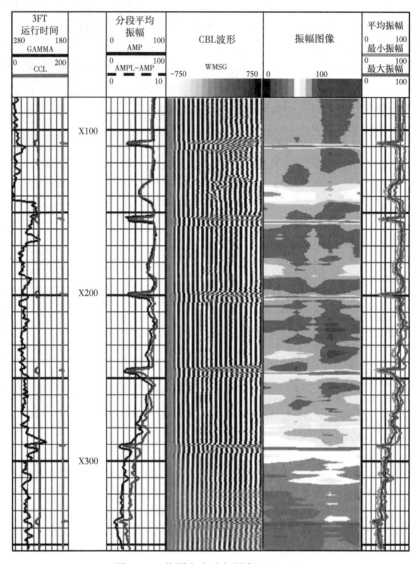

图 9.35   井周向声波扫描仪（CAST）

（2）同时进行水泥评价和套管探伤；

（3）可与数字全波声波胶结测井测井仪相结合，以减少钻井时间；

（4）通过统计变化曲线图，实时评价复合轻量水泥的胶结情况；

（5）实时流体单元测量井眼流体的传输时间和流体阻抗，以校正测量数据；

（6）实时阻抗图、抗压强度图和方差图。

图 9.36 显示了套管井测井的实时曲线图：井筒偏心度、椭圆度和相对方位见轨道 1，套管厚度见轨道 2，正常振幅和放大振幅见轨道 3，MSG 见轨道 4，水泥胶结指数和平均阻抗见轨道 5，阻抗图见轨道 6。从阻抗图中可以看出，X125～X145ft 之间存在一个水泥通道（空隙）。

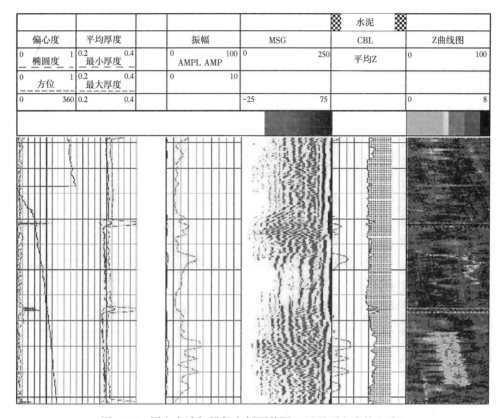

偏心度	平均厚度		振幅	MSG	水泥	Z曲线图
0 椭圆度 1	0.2 最小厚度 0.4		0 100 AMPL AMP	0 250	CBL 平均Z	0 100
0 方位 1	0.2 最大厚度 0.4		0 10			
0 360	0.2 0.4			−25 75		0 8

图 9.36　周向声波扫描仪实例测井图（显示环空内的空隙）

9.4.4.3　高级水泥评价工艺

高级水泥评价（ACE™）工艺能够快速、准确地提供水泥（甚至是泡沫水泥）胶结信息，并且利用标准测井工具和工艺也能起到类似作用（Frisch，1999；Frisch，2005；Kessler，2011）。

传统的水泥评价采用标准 CBL 或任何其他水泥评价工具，但在评价泡沫水泥时存在很大局限性。轻质水泥或泡沫水泥会影响传统的层间封隔测定方法，可能造成水泥胶结不足的误判，并可能导致昂贵而且完全不必要的补救固井措施。

ACE™过程是一种解释 CBL 测井和其他水泥评价工具数据的新方法。尽管 ACE 工艺最初仅针对轻质水泥、泡沫水泥或复合水泥而设计，但经验和实验均表明，它在评价任何类型的水泥时都不失为一种优选方法。最重要的是，它清楚地解释了层间封隔的优势，以及是否需要挤压作业。

当 CBL 测井和超声测井仪结合使用时，ACE™过程能够产生最大效益。无论是常规数据还是超声数字数据，ACE™工艺都能提供极佳效果。CBL 测井波形处理利用 ACE™工艺来突出胶结、部分胶结和未卡部分管柱之间的差异。ACE™工艺有助于确定两个套管柱之间是否存在水泥，这在以前的测井和/或解释过程中是非常难以量化指示的。

ACE™工艺适用于每一种水泥评价工具，即可以对所有服务性公司工具的数据进行有效评价。这种方法不仅适用于标准 CBL 数据、旋转和静态超声数据，还可提供分段胶结测井的详细信息。

经证明，ACE™工艺对目前全球使用的各种固井作业均有效。通过免去不必要的挤压作业和相关费用，节省了时间和成本；通过减少不必要的补救固井作业，降低作业费用，帮助公司盈利。

ACE™工艺具有以下特征：

（1）提供可靠的水泥胶结指数；

（2）与现有测井程序结合使用；

（3）详细记录当前测井数据，以便更好地理解层间封隔；

（4）适用于各种水泥——常规水泥、复合水泥、轻量水泥或泡沫水泥；

ACE™工艺具有以下优势：

（1）帮助改善多套管柱的水泥评价；

（2）实时评价——基于现场实时测井数据在短时间内进行评价；

（3）提供准确可靠的水泥胶结解释；

（4）节省时间和成本，省去不必要的挤压作业和相关开支。

在图 9.37 所示的实例 ACE™工艺中，测井仪位置、质量控制及校正数据见轨道 1。振

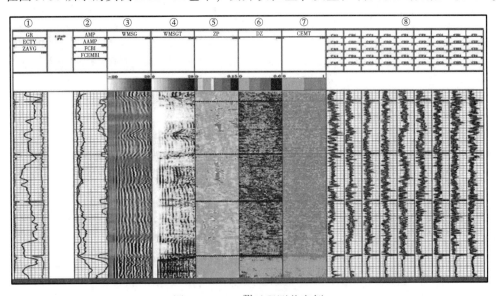

图 9.37　ACE™过程测井实例

轨道 1：正数据（GR）、质量控制（ECTY）和平均阻抗（ZAVG），提供了水泥驱替的快速解释。

轨道 2：振幅（AMP）、放大振幅（AAMP）、过滤水泥胶结指数（FCB1）以及计算水泥胶结指数（FCEMB1）。

轨道 3：标准 CBL 波形显示（WMSG）。

轨道 4：总 CBL 波形（WMSGT），该处理强调浮箍响应。

轨道 5：超声阻抗图（ZP），显示了管道外材料的阻抗。

轨道 6：（DZ）阻抗图的方差，突出强调了固体（水泥）和液体之间的差异。

轨道 7：（CEMT）固体和流体测定中阻抗和方差的结果见。流体以蓝色表示，水泥以棕色表示。

图像 8：条分段曲线见轨道 8~16，并在井筒四周分成 9 段。高活性表示固体，低活性表示流体。

幅、放大振幅、水泥胶结指数和平均阻抗见轨道 2，表示水泥充填的质量。标准 CBL 波形见轨道 3。包含方差处理的 CBL 总波形见轨道 4，突出了浮箍响应。ZP 图见轨道 5，表示管背面材料的阻抗。固液相对阻抗和方差结果见轨道 6。流体以蓝色表示，水泥以棕色表示。ZP 图像每个扇区的最小值和平均值见轨道 7 ~ 15。当平均阻抗大于 2.7 时，阴影为棕色，指示为水泥。

9.4.4.4　ACE™工艺应用于径向胶结测井仪

与其他水泥工具一样，其他工艺和测量数据可以与 RBT 数据结合用于评估。图 9.38 显示了关于 TOC、未固结部分管柱、从水泥到未固结部分管柱段的过渡区信息。研究人员认为，该区段可能满足实施封隔的条件。

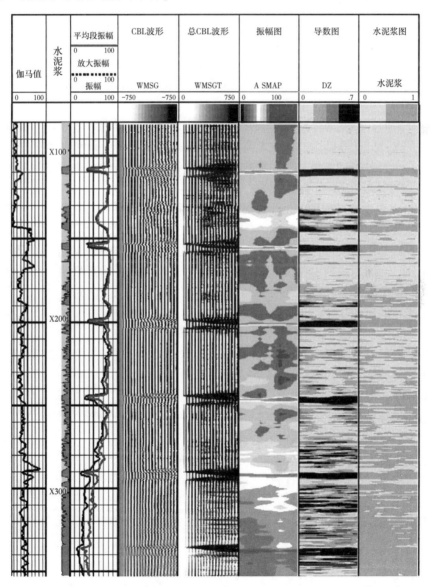

图 9.38　径向胶结工具应用 ACE™过程的实例

操作需求正在推动新的水泥胶结测井技术创新，以便能够在更高的温度、压力和水泥浆密度条件下进行作业。这些作业需要将作业限制扩大到 30000psi 以上，水泥浆密度超过15lb/gal。法规要求也在推动技术进入油井完整性监测的新领域。二者都在不断变化，需要定期审查正在研发的新技术，以满足需求。

9.5　补救固井

如果基础固井作业的区域隔离存在故障或有丢失落物，导致需要侧钻井眼，则可能需要进行补救固井；补救固井通常难度大、且成本高。当钻井或修井装置在油井上作业时，大多数挤水泥装置和密封塞被放置在油井中，挤水泥装置可以通过钻杆或螺纹油管泵送水泥浆。根据应用目的和待密封的漏失通道特性，可以选择不同材质的挤水泥装置和密封塞，包括水泥材质和化学材质（凝胶、树脂等）。当水泥不能进入较小的漏失通道时，使用化学密封剂穿透并将其密封。水泥是制造密封塞和挤水泥装置的常用材料，通常仅占挤注作业总成本的 7%～10%（Halliburton，2001）。其他成本来源于钻井时间、井准备工作、工具、候凝时间和钻除多余的水泥。

在进行补救固井作业前，建议对问题进行充分论证，合理设计补救固井措施。在井的施工过程中，大部分的基础固井作业不需要补救固井，即可成功密封 90%（平均）以上井的所有环空。在宾夕法尼亚州马塞勒斯进行的一项针对密封井和漏失井的研究显示，2010年 1609 口新井中 6.9% 出现了漏失现象，而 2012 年 1346 口新井中 8.9% 出现漏失现象（Ingraffea，2013）。在生产过程中，由于油井暴露在各种类型和数量的载荷下，可能会产生漏失，但可通过补救固井进行密封处理。

出于以下目的需要进行补救固井时，第一次补救固井作业失败的最常见原因是诊断和/或计划不充分。当问题得到妥善诊断并对补救固井作业做出正确规划时，固井作业的实施便顺利得多。以下列举了补救固井的一些典型原因（Sweatman，2015）。

挤水泥固井的目的：

（1）密封环空，修复有缺陷的基础固井作业：

①修补薄弱的套管鞋或存在漏失的尾管搭接；

②阻止气体或汇流侵入胶结环；

③将实际 TOC 提升到设计 TOC；

④对钻井液顶替不当、套管未居中等原因产生的水泥浆通道进行密封；

⑤对套管/水泥或地层/水泥界面之间的微环隙进行密封。

（2）通过封堵或改良岩石渗透性、裂缝、断层等，改变生产（注入）井段的流量：

①通过封堵水层，降低水油比；

②通过封堵气层，改变气油比；

③减少水和/或气体的产生。

（3）修复套管问题：

①修复开裂的套管或存在漏失的接头；

②修补套管磨损；

③对发生侵蚀或腐蚀的套管进行密封，修复漏失。

水泥塞固井的原因：

①定向钻井"造斜器"偏离井眼轨迹；

②钻井过程中，对漏失带进行密封；

③在下套管和基础固井之前的井眼准备工作中，对冲蚀处进行填充；

④层间封隔：

a. 在修井过程中，保护低压带；

b. 封隔枯竭层；

c. 封隔水层或不需要的气层；

⑤为裸眼测试工具提供锚点；

⑥回堵，二次完井或报废裸眼井段；

⑦井报废。

9.6　挤水泥固井

挤水泥固井是指通过低压或高压挤压水泥浆形成屏障，阻止不必要的流体运动。不管是在高压还是低压情况下，都需要经过水泥过滤（或滤液渗漏）这一过程。但在过滤过程中，挤压材料系统的水泥浆滤失很低或者几乎没有。当水泥浆受到渗透性岩体过滤器施加的压差时，其脱水量有限。当混合水从浆料中挤出时，形成水泥颗粒滤饼。水泥浆的脱水量不应超过水化量，这是水泥化学反应过程中产生抗压强度的必要条件。在许多情况下，滤液主要停留在水泥中，逐渐向管道（或渗漏通道）或未填充的环空进行渗透。这样可以将裸露井眼表面上形成的水泥滤饼数量限制在最低。

通常情况下，采用滤液损失较少的水泥浆进行低压挤水泥。低压挤水泥固井是指在低于地层破裂压力的条件下，将全部水泥浆压入管柱与井眼表面之间的环空空隙，随后用少量水泥滤饼进行硬化处理，水泥滤饼也需要硬化。如果水泥浆的滤液损失量较大，则浆液可能过早形成大量滤饼，并在堵塞管道，使浆液在达到所需的渗透深度之前停止流动。低压挤压涉及注入通道、套管裂缝、射孔等，并且只有在环空或地层中有通道时方可进行。在射孔之间用于填充环形空间的循环水泥浆也需要在低压下操作。环空空隙内不得有钻井液或其他污染物或碎屑。如果压浆力超过地层破裂压力，将挤压水泥泵入充满钻井液的密闭空间时，就会产生裂缝。

在低压挤水泥作业中，挤压深度处的压力应低于地层破裂压力，除非存在天然裂缝系统，否则通常挤注区域保持在井筒附近。通过增加或减少添加剂（如纤维素或合成聚合物）可以控制浆液的滤失，从而可以改变滤饼厚度。通过提高浆料脱水程度，可提高抗压强度，从而使滤饼的密度更高，可表示为压差与时间的函数。在获得足够的抗压强度之前，保持压力很重要。挤压作业的影响因素包括地层渗透率、孔隙压力、压裂梯度和浆液滤失控制。在大斜度井筒和水平井筒中，建议采用低压挤注方式，可以更好地充填环空；若在高压下挤水泥，在进入裂缝之前，水泥在环空中的移动距离不会很远。

高压挤水泥是指在高于地层压裂梯度的压力下泵入水泥浆，从而形成以水泥充填的水力裂缝。根据断裂力学理论，裂缝方向和裂缝面取决于地应力，但通常位于浅层以下的垂直面。当试图在射孔，或通道之间形成连通性，或试图封闭天然裂缝时，可以使用这种方法。与低压挤水泥相比，进行高压挤水泥的频率较低。高压挤水泥通常具有较高的滤液损失，能够形成更致密的滤饼，有助于限制渗入环空内部的空隙或通道。

挤水泥作业可以配合关井（或井口）挤水泥进行，无须在 DP 或油管末端或附近使用封隔器或其他封隔工具，通过整个套管和井口控制压浆力。通过 DP 或油管将水泥泵入环空或地层。有时，在将 DP 或油管上提至 TOC 上方至水泥泵入口之前，会在该层段发现水泥。在套管井中，通常采用机械工具（如封隔器）将水泥泵入并穿过 DP 或油管，在 DP 或油管末端或附近，封住套管或 DP 环空。这会将水泥导入待压套管的射孔或其他开口，防止水泥沿套管或 DP 环空向上移动。两种技术均已成功应用于水平井和大斜度井井段。

总体设计和操作规程如下：

（1）确定问题并分析井况；

（2）选择适当的技术；

（3）选择工具；

（4）确定要使用的流体（完井液、隔离液、酸等）；

（5）设计水泥浆配方；

（6）制定作业流程；

（7）井筒准备工作（清洗、再射孔等）；

（8）将 DP/油管末端置于挤压位置上方；

（9）在套管孔内，放置挤压工具（封隔器、定位器等）；

（10）对所有高压管路进行压力测试；

（11）执行注入测试；

（12）泵入水泥并施加挤注压力；

（13）施加压力，使水泥保持原位，直到达到足够的强度；

（14）清除多余的水泥浆；

（15）在压力测试或测井之前，留出足够的 WOC 时间；

（16）进行 CEL 或压力测试。

9.7　水泥浆

补救固井的注意事项与基础固井作业基本相同。设计和控制的关键特性包括密度、黏度、稠化时间和滤失。恰当的温度建模至关重要。

在高渗透率地层进行低压挤水泥作业时，水泥浆滤失是一个非常重要的指标。理想的水泥浆应能控制滤饼的增长速度，这样就可以在透水表面形成均匀滤饼，而不会过早地堵塞流道。设计合理的水泥浆应能完全充填所有射孔，套管内有少量残留水泥浆。如果稠化水泥浆滤失过低，则水泥浆渗透时间将会过长，渗透深度也会过深；如果水泥浆滤失过高，则会发生过早砂堵。最佳用量取决于地层的渗透率和所需的水泥浆渗透时长。随着水泥浆滤失（单位 cm^3）的增加，套管内射孔上所形成滤饼"节点"的厚度如图 9.39 所示。

当在超过地层破裂压力的情况下进行高压挤注作业，并将水泥浆泵入地层时，可以在先导阶段采用某种水泥浆滤失控制措施进行裂纹起裂和扩展。最后一部分不采取滤失控制措施。不采取滤失控制措施以后，水泥将更容易堵塞通道，并且表面压力迹象表明，已经达到设计挤水泥位置。

事实证明，在挤压水泥浆中使用膨胀剂的做法是明智的。水泥充填和凝固后，膨胀剂使水泥浆或凝固的水泥膨胀，改善了水泥与管道和地层的胶结。膨胀有助于提高挤水泥的密封性能。同时，应控制水泥浆流变性，使其能够流入射孔和裂缝。

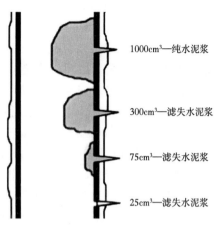

针对以下所列应用问题提出的水泥浆设计相关建议见表 9.6（Sweatman，2015）。

图 9.39　控制泥浆滤失对射孔上滤饼节点尺寸的影响

表 9.6　针对各种问题提出的水泥浆设计相关建议

问题	水泥浆性能
套管鞋挤水泥	标准密度、高滤失、快速脱水砂浆，或中等滤失水泥浆，以及高滤失水泥浆。特殊材料可以修复套管鞋的完整性，或使其增加到压裂梯度以上
尾管顶部挤水泥	低滤失水泥浆防止密闭环空内出现砂堵现象。可能需要使用特殊材料，如微细水泥和聚合物凝胶
水层或冲洗液漏失段	触变水泥，无须控制水泥浆滤失，堵漏材料（LCM）添加剂。可能需要挤压屏障（即氯化钙盐水和硅酸钠冲洗枪头）。还可能需要利用聚合物凝胶系统进行水层封闭。在漏失严重的情况下，也可能需要特殊的漏失反应性挤水泥系统
关闭高速水流	挤注混油水泥浆或泥状物质，或采用硅酸盐冲洗枪头和 LCM 的大水量封堵固井设计。高速水流通常需要使用特殊的水反应系统
高渗透率井段	低滤失水泥浆
裂缝性地层	触变水泥，配以中等滤失水泥浆。对于大孔洞和大型天然裂缝，通常需要泡沫水泥
低渗透率井段	在高压挤压条件下采用低至中等滤失水泥浆实现更大的渗透力
低射孔挤水泥	低滤失水泥浆，防止套管脱水和侵入地层。不要使用 LCM
套管破裂	短段无需进行水泥浆滤失控制，长段使用触变性水泥浆
溶蚀套管上的孔洞	低滤失水泥浆；或触变性水泥浆之后采用低滤失水泥浆
封隔长射孔段	低滤失水泥浆；或低滤失水泥浆后采用高滤失水泥浆
套管连通不合格	超低滤失水泥浆或特殊材料，如环氧树脂，或极小粒度水泥，如微细水泥

9.8　充填方法

如前所述，可以采用关井或机械工具进行挤水泥作业，以封隔需要挤压的区域。但在挤入孔眼之前，需要冲洗射孔孔眼，确保孔眼内没有可能阻止水泥浆注入的物质。

只有当套管和井口能够完整地承受所施加的压力时，才能使用关井挤水泥固井。将可扩充 DP 或油管下入该区域的底部，对水泥浆进行定位。然后将 DP 或油管接到水泥顶部上方，施加压力将水泥浆挤入射孔或空隙中。或者在条件允许时，如水泥浆量较大、有卡管危险、与钻井液不相容等，可以直接挤入水泥，无须定位。

在不需要向套管和井口施加压浆力时，或者需要选择性地封隔某些井段时，可采用封隔器挤压。通常，桥塞（BP）设置在待挤压区域下方，上方采用水泥定位器或封隔器。BP 可回收，也可钻磨。可回收封隔器通常有一个旁通阀，可返排过量的水泥浆，并防止在下入（拉拔）DP 或油管时产生抽吸（波动）。作业结束后需要防止返排时，可使用水泥定位器。定位器有一个双向阀，通过作业管柱上的油管托架进行操纵。当接入油管托架时，流体可以通过定位器泵送，当拔出油管托架时，阀门闭合。

可以采用连续泵送的挤水泥方法，也可以采用间歇泵送的方式。当每桶水泥浆离开井筒，进入管外或地层内部区域时，压浆力通常会升高。当 DP 或油管中水泥浆液柱的静水压力随着水泥离开 DP 或油管而降低时，提升压力有助于使射孔处的注入压力保持恒定。

CT 也可以用来充填水泥，而不必上提生产油管。它可以降低钻井的时间成本，并显著减少井准备工作和挤水泥后的清理成本。采用 CT 能精确充填小体积水泥，比常规方法污染小。在无法使用钻井平台或钻井成本高的偏远地区，CT 在井的调整清理作业中得到成功应用，并在钻井液充填、挤水泥控制和降低挤水泥成本方面效果显著。CT 挤压技术已成功应用于普拉德霍湾油田，节约了大量成本（Halliburton，2001）。

9.8.1 水泥塞固井

水泥塞固井是指将水泥浆充填于井筒内进行密封。水泥塞固井通常用于封隔地层、弃井或开启定向钻具。通常通过放置平衡塞、使用双塞注水泥法或使用倾卸筒进行此项操作（仅限直井）。

水泥塞固井的成功实施需要进行详细的工程设计和操作。失败原因通常包括：

（1）水泥浆设计中采用的井底温度不准确；

（2）水泥浆的抗压强度不够；

（3）水泥浆污染；

（4）水泥浆量不足；

（5）水泥浆的密度比钻井液密度大，导致水泥浆下沉；

（6）WOC 时间不足；

（7）水泥充填过程中钻井液清除不彻底；

（8）水泥充填前，未清除滤饼。

为了能够最大限度地获得成功，需要考虑以下关键因素，包括：

（1）井的调整清理；

（2）水泥浆体积；

（3）水泥浆的流变性；

（4）水泥浆的密度和抗压强度；

（5）水泥浆的稠化和 WOC 时间；

（6）充填技术。

必须进行适当的调整清理，确保井眼清洁，没有钻井液滤饼或稠化水泥浆。建议和注意事项与基础固井基本相同。

水泥塞的体积将取决于应用环境，但建议最小长度为500ft，以降低水泥塞的污染风险。如果可能，最好避免将水泥塞插入冲洗过的孔段。孔径越大，计算所需水泥浆体积的误差就越小，所需的额外量也就越少。体积和定位孔最小化后，有助于水泥浆充填。此外，还可以通过冲洗水泥浆或优化隔离液来避免水泥塞污染。

在斜井应用中，还需考虑水泥塞的稳定性。由于水泥塌陷，在井斜角为40°~75°条件下，一般很难安装水泥塞。较重的水泥从钻井液下面的井筒下侧滑落。水泥向下流动与钻井液向上流动的对比情况如图9.40所示。可以通过保持钻井液和水泥密度接近，或通过在下方定位投放高黏度小段塞或可牺牲水泥塞来解决这一问题。在DP或油管末端安装分流器接头也有助于水泥浆"拐弯"，并沿环空流向进行设计。

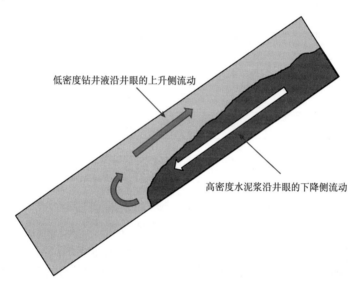

低密度钻井液沿井眼的上升侧流动

高密度水泥浆沿井眼的下降侧流动

图9.40　水泥浆和钻井液对流

在水平井段中更容易放置水泥塞。水平井眼中的水泥塞失效通常是由水泥塞顶部塌陷和窜槽造成的。在水平井眼位置，获得合适的水泥浆、隔离液和水泥屈服点是防止塌陷和窜槽的关键点之一。一般来说，高黏度、高凝胶强度的浆料具有抗塌陷性能。在井筒流体与水泥密度相差较小的情况下，可以使用低屈服点的浆料。稳定界面的建议最低要求（Calvert等，1995）见表9.7。

表9.7　持续稳定放置水泥塞所需的水泥浆和水泥性能

角度	4½in 井眼	6in 井眼	8½in 井眼	12in 井眼	16in 井眼
水平	N/L/L	N/L/L	N/M/M	N/L/M	N/M/M
76°	N/M/M	M/L/L	M/L/L	M/L/L	M/L/L
60°	N/M/M	M/L/L	L/N/N	VL/M/M	vL/M/M

角度	4½in 井眼	6in 井眼	8½in 井眼	12in 井眼	16in 井眼
45°	L/L/L	L/L/L	L/M/M	VL/M/M	VL/M/M
30°	L/L/L	L/M/M	VL/M/M	VL/M/M	VL/M/M
垂直	L/N/N	L/N/N	L/N/N	L/N/N	L/N/N

注:(1)第1个字母为密度差(相关数值见表9.8或更小);
　　(2)第2个字母为水泥浆屈服点(相关数值见表9.8或更大);
　　(3)第3个字母为 APE 在 10min 内的凝胶强度(相关数值见表9.8或更大)

表 9.8　持续稳定放置水泥塞所需的水泥浆和水泥性能

—	密度差 lb/gal	水泥浆屈服点 lbf/100ft^2	10 分钟内的胶凝强度 lbf/100ft^2
VL	1	—	—
L	1.8~2.6	15~60	5~15
M	3.7~4.7	60~150	20~65
H	6.1~1.9	150 以上	105~150

为了避免与地层发生化学反应,浆体采用合适的抑制剂和混合水,但应酌情加入水泥浆滤失抑制剂。

平衡法注水泥塞是最常用的注水泥塞方法。将 DP、油管或 CT 下入到水泥塞底座的深度,然后泵入水泥浆,直至达到流体静力平衡(或稍微顶替不足,有助于水泥脱离管,防止返排到钻台)。然后慢慢将管柱从水泥浆中取出,多余的水泥浆反向排出。连续油管有助于定位无污染水泥塞。但是,如果地层注入度高,需要大量水泥浆,或者上向钻孔存在限制,可能无法进行 CT 定位。此外,由于 CT 的抗拉强度低于常规螺纹管,因此必须注意避免井底压力低的高渗透层两端产生压差卡钻。

可采用多种不同工具进行双塞注水泥。该技术基本上采用安装在作业管柱下端的接头。在两个中空胶塞之间泵送水泥浆,防止水泥浆污染。将底部中空胶塞从作业管柱中抽出,水泥浆则沿作业管柱环空进行泵送,直至顶部塞落入浮箍。然后提起作业管柱,排出多余的水泥浆。

插入管(或尾管)是作业管柱(即 DP 或油管)的一部分,在放置水泥塞过程中,泵送水泥浆。调整作业管柱的内径(ID)和外径(OD),以达到足够的泵送速率和环空速度,做好井眼清洁工作。此外,如果插入管的内径过小,水泥浆可能不易流出。建议使用外径不小于 2⅞in 的插入管,其长度应该比水泥塞长 200ft 左右。放置水泥塞后,缓慢拔出作业管柱管,如果过快拔出,会导致水泥塞不稳定。

井底造斜工具组合(BHKA)是一种用来放置水泥塞的工具。有关 BHKA 工具的更多信息,将在下文中的"配套技术"部分进行介绍。

9.8.2 配套技术

钻枪/可钻射孔系统

"钻枪"是一种主要用于修复作业的工具，可以安装在钢丝绳、连续油管或 DP 上，或者可以进行液压安装。可钻射孔系统可将钻杆输送至合适位置，然后通过油管施加的压力便会驱动点火装置（图 9.41）。射孔后，可采用常规的钻井方法钻掉"钻枪"（图 9.42）。

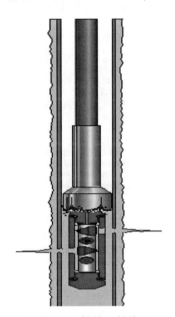

图 9.42 钻掉"钻枪"

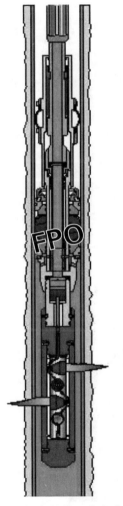

图 9.41 "钻枪"点火弹

优点：

（1）提供一次性射孔、封隔器放置和油管固井；

（2）在欠平衡条件下，进行封闭挤水泥；

（3）为了进行修井作业，井产流体必须保持原位；

（4）配备居中射孔枪；

（5）消除小孔增压现象；

（6）如有必要，与电缆连接；

（7）允许小体积钻杆测试；

（8）省去了挤水泥过程中电缆使用相关的高昂费用；

（9）无须切换到修井液循环系统。

特点：

（1）所有材料均可钻，包括铝；

（2）射孔枪；

（3）高性能射孔弹；

（4）经现场验证的水泥定位器（例如 EZSVB 封隔器）；

（5）设计独特的点火装置；

（6）可调节的工作压力；

（7）欠平衡射孔达到 5000psi。

9.9　井底造斜钻具组合

BHKA 的组成如图 9.43 所示，该组合在大斜度井和水平井中坐封水泥塞时非常有效。

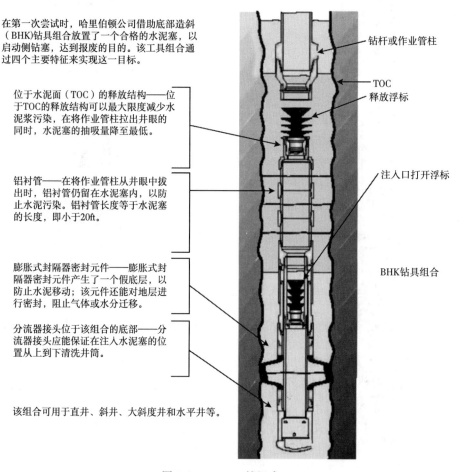

在第一次尝试时，哈里伯顿公司借助底部造斜（BHK）钻具组合放置了一个合格的水泥塞，以启动侧钻塞，达到报废的目的。该工具组合通过四个主要特征来实现这一目标。

位于水泥面（TOC）的释放结构——位于 TOC 的释放结构可以最大限度减少水泥浆污染，在将作业管柱拉出井眼的同时，水泥塞的抽吸量降至最低。

铝衬管——在将作业管柱从井眼中拔出时，铝衬管仍留在水泥塞内，以防止水泥污染。铝衬管长度等于水泥塞的长度，即小于 20ft。

膨胀式封隔器密封元件——膨胀式封隔器密封元件产生了一个假底层，以防止水泥移动；该元件还能对地层进行密封，阻止气体或水分迁移。

分流器接头位于该组合的底部——分流器接头应能保证在注入水泥塞的位置从上到下清洗井筒。

该组合可用于直井、斜井、大斜度井和水平井等。

钻杆或作业管柱

TOC
释放浮标

注入口打开浮标

BHK 钻具组合

图 9.43　BHKA 的组成

操作顺序：

在 TOC 上，通过工具将水泥浆经分流器接头泵出，以去除附着在井眼表面的滤饼，并分解已经开始胶化的水泥浆。当工具下降到井筒中时，继续泵送，直至到达水泥塞底部的位置。

为打开封隔器密封元件的膨胀式液体注入口，需要释放注入口打开浮标。通过作业管柱、释放结构和衬管，泵送该打开浮标，然后落在注入口打开滑套上。浮标封闭工具内径，使足够的压力施加到套管上，以剪切固定销钉（将套管保持在原位）。释放结构上的夹头可防止 BHKA 过早释放。

注入口打开后，继续向封隔器密封元件充气。可采用水泥浆、水泥或加速水泥使封隔器密封元件膨胀。

为了打开循环孔，应向封隔器密封元件继续泵液，直至施加足够的压力，使循环口破裂盘破裂。然后泵入所需体积的水泥塞。为了释放 BHKA，将浮标落在卷筒上，并施加压力，以剪切固定销钉。在释放之前，BHKA 由夹头套筒固定在适当位置。夹头套筒的中心有一个以剪切销固定的释放套筒，防止弹性爪指上的外部凸起向内弯曲。当释放浮标向下泵送到释放结构时，释放浮标的前端与释放套筒啮合。额外的压力会剪切支撑着释放套筒的销，使其远离夹头。夹头上的弹性爪指将弯曲，并穿过夹头固定器上的凸出部分。

一旦释放结构被激活，将停止泵送，并将作业管柱从井眼中拉出。倒出多余的水泥浆。

更多有关 BHKA 的资料，参见论文 SPE109649（Araiza 等，2007）。

9.10　桥塞

图 9.44 所示为桥塞（BP），通过电缆、油管或 CT 安装，然后经油管取回，在减少钻井费用的同时，可以进行多区域完井。

特征和优势。

（1）桥塞装有棘轮释放系统，减少了解封工具所需要的力，使其易于回收。

（2）大面积旁路可以最大限度地减少堵塞，平衡工具上下压差。经油管取回工具时，旁路可以关闭。

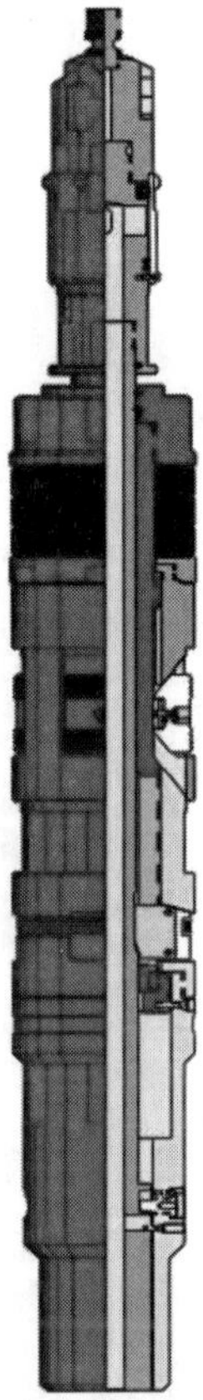

图 9.44　桥塞

（3）桥塞密封橡胶环下方的卡瓦和棘轮可以防止砂和碎屑在可移动部件周围形成砂堵。

（4）桥塞的硬质合金锯齿可提供锚定。

9.11　水平井或斜井完井的应用

BP 是适用于水平井或斜井完井的理想可取回工具。可以通过 CT 或油管，配合液压坐封工具进行坐封，因此，在操作具有 J 形槽式坐封功能的工具时，无须进行管柱旋转。

9.12　在油管/连续油管中运行

图 9.45 所示为一个与液压坐封工具连接的 BP，该工具在水平井中下到所需深度，利用作业管柱施加压力来坐封桥塞。施加压力时，缓慢提起作业管柱，使坐封活塞达到完全行程。桥塞坐封后，将作业管柱放低，标记桥塞位置，并确认桥塞已经坐封。取回坐封工具时，将作业管柱提升几英尺，施加在作业管柱上的压力将打开坐封工具底部，使流体排出。为了防止岩屑堆积在桥塞周围，在压力测试前或作业继续进行之前，至少要在桥塞顶

部放置 5ft 厚的砂层。

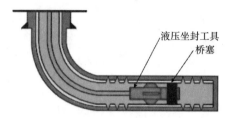

图 9.45 在水平井中，通过连续油管和液压坐封工具下入桥塞

9.12.1 易钻桥塞和压缩式封隔器

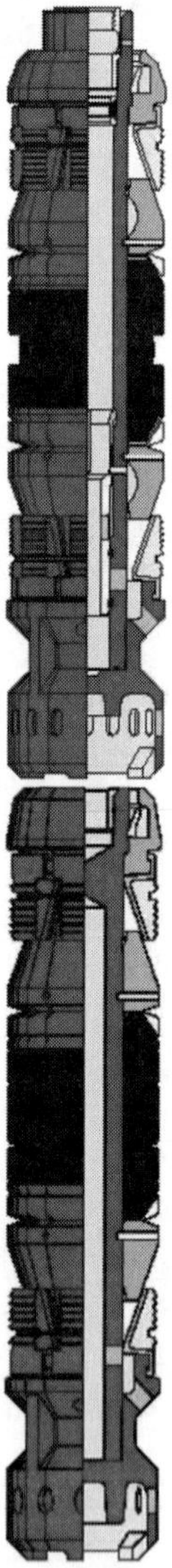

易钻（ED）桥塞和压缩式封隔器由铸铁、黄铜、铝和橡胶制成，在一般油田服务作业中，它们表现出卓越的可钻能力。可以采用机械或水力坐封工具将其坐封在电力线、平直管线、连续油管或连接管柱上。

即使在高压和高温下，图 9.46 中的 ED 挤压封隔器也能实现有效坐封和封隔。尽管 ED 挤压封隔器主要用于挤压固井，但也可以作为桥塞或作业管柱压力测试的一种手段。不管用于何种目的，这种工具都能快速钻磨或取出。

无论压力方向如何，ED 压缩式封隔器都能实现有效坐封和封隔，这是因为封隔器密封元件、卡瓦等部件经过特殊设计，可以实现高压条件下的坐封和封堵，但是钻出阻力较小。由于封隔器直径较小，因此适用于更大范围的套管尺寸和重量。直径较小时，套管内径可以有更大的间隙，减少了提前坐封的危险。

ED 压缩式封隔器有一个滑套阀，使工具在挤压作业前可以像桥塞一样工作。压力平衡的滑套阀在闭合时能够保持射孔处的压浆力。通过管柱往复运动，阀门密封封隔器，防止流体在任一方向上移动。向下滑动阀门至开启状态，流体便能通过工具上的侧孔流动。

ED 桥塞和挤压封隔器通常采用常规的三锥钻头或研磨钻头向上钻取。

9.12.2 快钻（FD）桥塞和压缩式封隔器

快钻桥塞与常规的永久性桥塞使用方法相似。FD 桥塞有标准和高压/高温（HPHT）两种型号。这两种坐封设备和操作基本相同，但标准桥塞的操作温度和压力限值分别为 250℉和 5000psi，而 HPHT 型桥塞的操作温度和压力限值分别为 350℉和 8000psi 或 10000psi。

图 9.47 所示的 FD 挤压封隔器具有一个带单向提升阀的固井保持器，用于在补救固井作业后检查封隔器下方的回流和压力。提升阀不限制流体从上方通过封隔器。封隔器内的滑阀由插入管控制，能够承受来自两个方向的压力。通过操纵作业管柱实现滑阀的开合。当向已坐封的封隔器施加重量时，滑动阀将打开。当管柱重量从封隔器上移开时，插入管从封隔器孔上

图 9.46 易钻桥塞
压缩式封隔器

移开，滑阀关闭，将封隔器下方的水泥与封隔器上方的压力和流体进行封隔。

FD 桥塞和 FD 挤压封隔器可以坐封在油管、钻杆上，也可以使用电力线等常规工具进行坐封。坐封工具需要配有成套附件。

特征和优势：

（1）由复合材料和封隔器组成，黑色金属含量达最低。

（2）在地面或海上钻井平台、直井或斜井的挤水泥固井作业中，封隔浅地层。

（3）在多层增产措施中，起到桥塞的作用。

（4）节省钻井时间，减少钻井时间过长导致的套管损坏。

（5）采用常规三锥钻头或研磨钻头钻出。

9.12.3　随钻井筒加固和一致性

钻井过程中"井筒加固"（WSWD）和"一致性"（CWD）是指通过增加井筒压力控制（WPC）和恢复井筒稳定性或防止失稳（即防止井漏和地层流体流入，或保持各类岩层结构的完整性，包括砂岩、页岩和碳酸盐岩地层），实现钻井、完井和井段封隔的各种流体处理类型。WSWD 可以解决潜在或实际存在的因天然或诱导裂缝、裂隙、断层和高渗透率的流动通道引起的地层"漏失"问题。当同一口井中同时流入和流出流体时，这种情况称为交叉流，严重情况下，称为地下井喷。前一种情况通常不会对更深的钻井或完井作业产生重大影响，而后一种情况则需要重视，需要立即采取措施，阻止流体流动，以便继续进行作业。

CWD 与 WSWD 类似（Sweatman 等，1999），WSWD 常用于生产井段，以减少或防止产生不必要的流体，如油气生产层中的水和油生产层中的天然气。CWD 处理在 WSWD/CWD 工艺基础上增加了一些步骤，将通过产层处理来评价潜在的地层伤害，并确定处理措施，防止产层渗透率受到影响，或在完井作业中消除伤害。

9.12.3.1　WSWD 和 CWD 工艺

（1）尽可能详细地查明井眼完整性问题，例如：

①针对引起问题的地层，分析泥浆测井数据；

②检查井斜数据，确认是否存在相同的问题和解决方案。

（2）诊断目标地层存在的问题和特征：

①分析漏失率和其他钻井或完井作业数据；

②有关目标地层流入和/或漏失事件的详情；

③LWD 或 MWD 数据分析，转换成建模输入数据；

④循环漏失和地层建模，计算裂缝几何形状、应力等；

⑤WCWD 或 CWD 的充填建模；

⑥分析产层或附近潜在的生产损害。

图 9.47　快钻挤压封隔器

（3）选择处理系统的类型。

（4）设计处理充填程序。

（5）钻进前，对处理结果进行评价：

①进行地层完整性试验（FIT）和漏失试验（LOT）；

②分析泥浆测井数据（流入和流出），以检查漏失和汇入情况。

需要采用挤水泥或水泥塞充填法的 WSWD 和 CWD 工艺通常只能由固井服务公司提供。这是因为许多类型的 WSWD 和 CWD 处理需要类似于补救固井应用的能力，例如清洁、无泥搅拌和泵送设备、水泥实验室试验设备、专业工程软件，以及在设计和实施专业处理系统方面拥有丰富经验的人员。钻井液公司通常不具备挤压和打水泥塞处理系统的工程和设备的能力，只能提供 WSWD 处理，即向钻井液中添加堵漏材料（LCM）。LCM 是具有不同尺寸和化学/物理性质的颗粒状材料。在钻井液中采用 LCM 进行 WSWD 处理存在一定局限性，例如只能封堵不大于 LCM 颗粒直径的小宽度裂缝，以及降低钻杆在井底钻具组合（BHA）中堵塞 LWD 和 MWD 工具的风险。挤压式和水泥塞式 WSWD 系统则没有这些限制。下文讨论了 LCM 和挤压式/水泥塞式 WSWD 处理系统和 SSF，它们是 CWD 处理系统的一种。出于与挤压/水泥塞式 WSWD 系统相似的原因，并且因为 CWD 系统不用于钻井液业务，所以钻井液公司不提供 CWD 处理服务。

9.12.3.2　处理类型

（1）添加 LCM 的水泥浆和"降滤失剂"。

添加 LCM 的水泥浆沿 DP 向下循环，进入漏失层段环空，DP 末端与漏失层段上方保持安全距离。然后，LCM 颗粒进入漏失层段的漏失流动通道，并在通道内可能对颗粒进行密封的窄点处架桥。根据漏失率、钻井液或完井液类型、漏失通道大小等条件的不同，可以提供许多不同类型的 LCM。有些 LCM 可溶于酸，以便在产层完井时清除。添加 LCM 的水泥浆通常能够减少钻井液和完井液的漏失，并根据漏失的严重程度，提高井筒完整性和WPC（即保持钻井或完井压力）。

（2）循环钻井液中的 LCM。

向油井的循环液（钻井液和完井液、隔离液和水泥浆）中加入 LCM，可以堵塞高度较小的裂缝，每个裂缝两侧之间流动通道的狭窄（1in 的小缝）部分，如图 9.48 所示。

在钻井过程中，通用术语"应力笼"（SC）通常用于识别下图所示工艺。需要注意的是，钻井过程成功的关键在于 SC 系统（钻井液+LCM）能够在井筒或非常靠近井筒的地方堵塞裂缝，避免裂缝延伸或扩展。在某些情况下，WPC 增加了几百 psi，通常这足以在不造成钻井液过多漏失的情况下进行更深层钻进。当邻井钻过相同区域到达相同深度的目标层位时，第一口井未使用 SC 系统，漏失总量超过 16000bbl，第二口井使用了 SC 系统，漏失量仅为几百 bbl。

关于 SC 系统的更多信息，可查阅论文 SPE/IADC87130（Aston 等，2004）和 SPE90493（Alberty 等，2004）。

无法在井筒或非常靠近井筒的地方封堵裂缝时，通过在钻井液和/或降滤失剂中添加选定的 LCM 封堵裂缝端部，也可大幅度提高 WPC。研究人员（Fuh 等，1992）在 SPE24599中报道称，在油井中测试了端部堵漏，结果发现"裂缝扩展压力"（FPP）增加了 3.0～

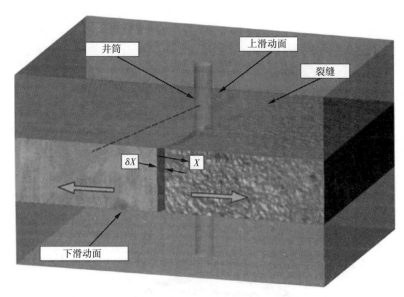

图 9.48 两个垂直压裂平面之间的裂缝，用指向相反的大箭头表示（Surjaatmadja，2007）

6. 0lb/gal，与本节后面使用 DVC 系统的研究人员发现的 WPC 增加情况类似。但是，除非将裂缝从井筒处的裂缝面一直密封到顶部的堵塞物，否则在继续钻井作业时，由于井筒压力的波动，顶部的堵塞物可能会发生移位。DVC 系统设计的目的是，在裂缝内充填足够距离的封堵材料，以尽量减少或消除堵漏材料移位。

9. 12. 3. 3 可定点密封剂（SSF）

SSF 是将胶结材料（水泥、树脂等）添加至钻井液或特殊的基液中，并通过类似于漏失层段的降滤失剂进行定位。但是，SSF 进入漏失层段的漏失流动通道之后，SSF 会凝固成软质或硬质固体物，密封漏失通道。软凝固型 SSF 通常添加胶凝和/或交联聚合物和可形成凝胶的水化黏土，而硬凝固型 SSF 系统则使用可硬凝固的胶凝材料。

当漏失流动通道与具有"高渗透夹层"或"地下河"的其他地层（图9.49）的较大尺寸流动通道相交时，漏失层段的漏失流动通道可能需要大量的 SSF。一些 SSF 配方可能包含 LCM，以便在无须泵入大量 SSF 的情况下，桥接并密封漏失流动通道。

一些易碎和未固结的砂体是具有"可固化滤液"的 SSF 系统的备选添加剂，可以提高地层的结构完整性。这可能有助于防止钻井过程中可能出现的井喷、塌陷和漏失。具有"可胶凝滤液"的 SSF 系统可能更适合具有足够机械强度的砂土，可在密封渗透的同时抵抗钻进力。这两种类型的"滤液密封剂"均可配置成一定尺寸的固体来限制滤液的孔喉渗流能力，使射孔达到产层中的非封堵渗透性。SPE79861（vanOort 等，2003）和 SPE53312（Sweatman 等，1999）介绍了关于这些 SSF 和其他系统的更多信息。图 9.50 所示为实验室试验中用树脂型 SSF 处理的岩心样品剖面图，以提高钻井作业中渗透性岩体的结构强度。岩心的深灰色区域表示"可固化滤液"树脂处理后的渗透区。

当 SSF 系统设计所需数据不足时，可能需要在地层上部进行小批量的试错测试来确定 SSF 系统，然后才能进一步对整个井段进行处理。多层砂岩、页岩或碳酸盐岩层通常更容

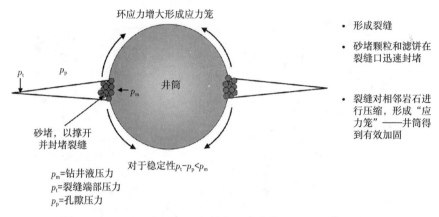

环应力增大形成应力笼

井筒

- 形成裂缝
- 砂堵颗粒和滤饼在裂缝口迅速封堵
- 裂缝对相邻岩石进行压缩,形成"应力笼"——井筒得到有效加固

p_t p_p p_m

砂堵,以撑开并封堵裂缝

对于稳定性$p_t-p_p<p_m$

p_m=钻井液压力
p_t=裂缝端部压力
p_p=孔隙压力

图 9.49 SPE/IADC 87130 中所述"应力笼"(Aston 等,2004)

图 9.50 树脂(深灰色)处理后的岩心渗透区(Sweatman 等,1999)

易出现问题,需要使用定制配方进行必要的处理才能有效密封。此外,利用分流系统能够有效处理层状地层长层段内的多个薄弱点,以提高钻井压力的密封度,防止钻井液漏失。

9.12.3.4 活性降滤失剂

活性降滤失剂是一种混合流体,与井内其他流体(如钻井液、完井液、固井液和地层流体)接触后发生化学反应,形成被挤压在渗透地层或空隙(裂缝、溶洞等)内(或两者皆有)的密封材料。针对各种不同的钻井和完井应用,研制出了许多不同类型的反应降滤失剂,有助于实现井段封隔。下面介绍一些最常用的方法:

(1)硅酸钠隔离液或挤压系统(同时用于 WSWD 和 CWD)。

(2)DiasealM 高滤失挤压系统。

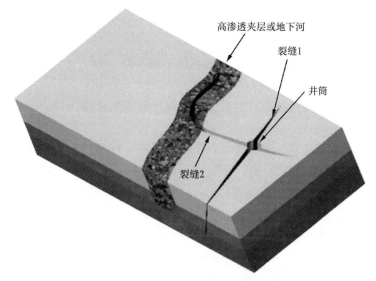

图 9.51　多条裂缝与井筒相交，一条裂缝进入高渗透层（Surjaatmadja，2007）

（3）挤油泥系统，如下列成分构成的浆料：

①柴油及膨润土（DBO）；

②柴油、膨润土及 2 份水泥（DOB2C）；

③柴油及水泥（DOC）。

（4）"超级黏稠"挤压系统，其中添加了其他材料，如聚合物。

（5）乳胶和乳胶—树脂挤压系统（同时用于 WSWD 和 CWD）。

（6）剪切激活挤压系统。

（7）热激活挤压系统。

（8）DVC（可变形、黏性和内聚）系统。

9.12.3.5　DVC 系统

DVC（可变形、黏性和内聚）系统是指反应性挤压系统，具有已记录的 LOT 和 FIT 数据，可以对成功实施的 WSWD 工艺进行量化。以下就 WSWD 应用的两种常见 DVC 系统浆料进行整体介绍。

（1）改良型 SOBM、OBM 钻井用 DVC-SOBM，新型替代产品：

改良型系统可以与几乎所有非水流体（柴油、矿物油和合成油）基钻井液和完井液在井下发生反应，以阻止严重的井漏或增加 LOT/FIT 压力。它还与天然气和二氧化碳发生反应。其化学配方由悬浮在淡水中的不同浓度的不同组分组成，包括活性矿物、一种乳胶（BS 共聚物）、乳胶稳定剂和 PH 稳定剂。以下改良对下一代（未命名）WSWD 密封剂进行了说明。已经对其中一些改良措施（"改良 DVC-OBM"）成功进行了现场测试，并在已发表文献中进行了命名，证明其井下性能得到提升，例如 LOT/FIT 压力进一步增加：

①可与松散粉末"动态混合"进入 RCM，也可与液化粉末"动态混合"进入固井装置；

②新型井下现场混合添加剂，提高了钻井液的流变性和内聚性，减少了流体滤失；

③较高浓度的表面混合成分，增加了"钻头下方"的流变性和内聚性，减少了流体滤失；

④可以致密化，以增强多地层层段内的充填效果，防止在上部漏失流动通道内部过早地形成节点和封隔；

⑤初始乳胶可以更换成性能更好的液体乳胶和干粉末状乳胶。

（2）改良型 DVC-WBM，预期替代产品。

能够与几乎所有水基钻井液和完井液发生井下反应，以修复严重的漏失，并提高 LOT/FIT 压力。其也会与地层水发生反应。该配方包括在柴油、矿物油或合成油基液中混合成浆料的活性矿物、聚合物和催化剂的混合物。以下改良对下一代（未命名）WSWD 密封剂进行了说明。

已经对其中一些改良措施（"改良 DVC WBM"）成功进行了现场测试，并在已发表文献中进行了命名，证明其井下性能得到提升，例如 LOT/FIT 压力进一步增加：

①可与松散粉末"动态混合"进入 RCM，也可与液化粉末"动态混合"进入固井装置；

②新型井下现场混合添加剂，提高了钻井液的流变性和内聚性，减少了流体滤失；

③较高浓度的表面混合成分，增加了"钻头下方"的流变性和内聚性，减少了流体滤失；

④可以致密化，以增强多地层层段内的充填效果，防止在上部漏失流动通道内部过早地形成节点和封隔；

⑤部分成分可以更换成性能更好的成分。

（3）两种 DVC 系统钻井液的井下反应材料特性和充填。

在裸眼地层中进行挤压时，DVC 系统钻井液与"钻头下方"和漏失流动通道上方的井液混后进入地层。混后井液中常见的或添加的离子会引起化学反应，使钻井液和钻井液混合物从易泵送黏度迅速变为极高黏度，穿过井液，然后进入地层。指部聚集成一串半固态凝集物。凝集物的尺寸通常比地层开口大，如裂缝、断层和孔隙。凝集物不容易流进地层开口，需要在压力下挤压才能延伸数英尺，同时凝集形成柔性密封。该密封可以承受几百到几千 psi 的压差。FIT 后测得的现场测试正压差最高为 3647psi。高孔隙压力地层与低孔隙压力地层之间的压差最高为 10410psi。

利用凝集物的自导流特性，这些密封剂可以从阻力最小的初始流动路径开始延伸到下一流动路径，并从下一流动路径开始，在长裸眼井段上，依次封堵几个裸露地层中的多个裂缝或狭小开口。在设计压差、控制的抽吸冲击载荷和高温高压条件下，可模塑性和高内聚性使凝集物形成适合于开口的形状，并保持密封状态。在 11000psi、300 ℉ 和 14239TVD 条件下，密封耐久性可保持 7 个月。在钻井过程中，由于凝集物的滤失几乎为零，且达西渗透率岩心试验的穿透度小于⅛in，因此在安装完套管后，裸眼内的产层已被密封，对生产没有影响。图 9.52 所示为 DVC 系统处理的成功实例，生产并未像 SPE71390（Webb，2001）报告的那样受到影响。

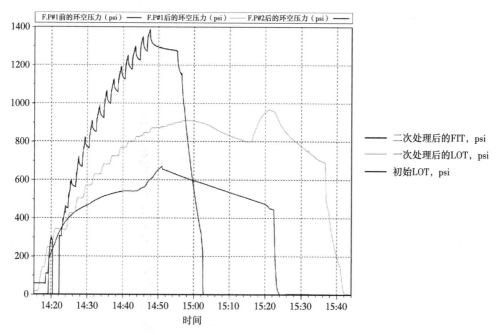

图 9.52　两种处理后的 LOT 数据显示，DVC 系统提高了井筒完整性

表 9.9 为自 20 世纪 90 年代中期引进 DVC 以来所进行的数几千项重要 DVC 处理的汇总表。包括井况、DVC 作业结果、经验教训等信息。

表 9.9　DVC 处理汇总表

案例编号	漏失层深度 ft	作业是否成功?	有哪些经验教训?
1	3 项作业：第一项作业的处理层位于 4000~5500ft 处，另外两项作业的处理层位于 8750~9800ft 处	是的，3 项作业都增加了 WPC。第一项作业将 WPC 从 13.5（鞋部 LOT）提高到 >18.6g/cm³（~7000 裸眼内 FIT）。未获得另外两项作业关于 WPC 增加的数据。	首次应用 DVC-WBM，对发生井漏和流体漏失的薄弱地层进行了封堵。然而，直到 2001 年发表了 2 篇技术论文、了解了增加后 WPC 的大小，才对处理数据进行了分析。详见 SPE 37671（Sweatman，1997）。
2	17242~17401ft	是的，第一项作业将 WPC 从 16.5g/cm³（LOT）提高到 16.93g/cm³（LOT）。第二项作业将 WPC 从 16.93g/cm³（LOT）提高到 >17.6g/cm³（FIT）。	首次获得足够的处理、引鞋和裸眼 LOT/FIT 的详细数据，用于进行作业后分析和报告，由此得到的结论不容易引起争议。由于缺乏处理量和足够的 DVC 性能，第一项作业只取得了部分成功。第二项作业优化了处理设计，FIT 达到了所需的 17.5g/cm³。详见 SPE71390（Webb，2001）
3	13490~14400ft	是的，在 4 项作业中将 WPC 从 17.6g/cm³（LOT）提高到 22.8g/cm³（LOT）。	所有作业均在得克萨斯州南部进行，与其他井相比，其井况、地层类型、钻井液类型和密度等各不相同。4 项作业均增加了 WPC，因此在同一个裸眼井中，WPC 比 FG 共增加了 5.2g/cm³。详见 SPE 68946（Sweatman，2001）中另外 7 口井的 DVC 系统成功案例。

续表

案例编号	漏失层深度 ft	作业是否成功？	有哪些经验教训？
4	QueenCity 层 2800 ~ 4000ft	是的，将 WPC 从 8.8g/cm³ 提高到了 10.0g/cm³。	DVC 作业成功后，井深共 1242 ft，下入下一个套管并固井，无任何损耗。运营商称，从油井报废中节省了价值数百万美元的油井和储量。详见文献 SPE 37671（Sweatman 等，1997）
5	6122 ~ 7248ft，Wilcox 砂岩漏失层	最初将 WPC 从 10.5g/cm³ 提高到 13.5g/cm³。但是，钻机的压力超过了新的 WPC，导致密封破裂。	下一个井段的钻井液漏失量为 11.0g/cm³（20bbl/h），大量添加了 LCM 的降滤失剂未能密封住漏失地层（Wilcox 砂岩）。当钻井液密度降至 10.5g/cm³ 时，漏失停止。但是，需要>11.0g/cm³ 的钻井液才能钻进孔隙压力较高的地层。在达到预期的 WPPC 增幅后，钻机未能按照计划程序清除 DP 内多余的密封剂，而是将其泵入环空，形成环封。然后，钻机施加高于 13.5g/cm³ WPC 的压力，重构循环，导致密封失效。针对下一步工作，为防止钻机出现类似错误，研发了一种新的程序。更多信息见 SPE37671（Sweatman 等，1997）
6	16200 ~ 16294ft	是的，根据钻井液漏失和 DVC 作业挤压数据，将 WPC 从小于 13.8g/cm³ 提高到大于 15.2g/cm³。在 15650ft 的钻头/BHA 深度下，计算出的作业后 FIT 为 14.6g/cm³。	油井将充满 13.8g/cm³ 钻井液，但泵速高于 100gal/min 时会开始漏失。9⅝in 部分已经凝固处理 600ft，这在大斜度井段中属于过高值。为了在过压砂岩中进行井段完井，并下入钻井尾管，需要密度 14.5g/cm³ LOT。DVC 作业的挤压量达到 15.2g/cm³，FIT 达到 14.5g/cm³（15min 内，零压损直线）。用 14.2g/cm³ 的钻井液完成井段，并用 16.2g/cm³ 常规水泥浆对钻井尾管进行固井。运营商的油井损失高达 1500 万美元，或者最多 500 万 ~ 700 万美元的侧钻损失。在采用 DVC 系统之前，为了解决井漏问题，共尝试了 30 种添加 LCM 的降滤失剂。失败总成本为 45 万美元。此前该钻井平台也遭受了长达 20d 的损失，总计 3500bbl，每桶损失 93.00 美元。在运行 DVC 系统之前，每天的钻井成本估计为 4.5 万美元，总共花费了 172 万美元。运行 DVC 系统后，在 3 天内完成了 8⅜in 的井段，无任何漏失。
7	12632 ~ 12677ft	是的，将 WPC 从<10.4g/cm³ 提高到 11.5g/cm³	在进行 DVC 系统作业之前，该钻井平台尝试进行了 4 次挤油泥作业，但未能解决井漏问题。其他添加 LCM 的降滤失剂的失败尝试总成本达 6 万美元（包括降滤失剂和泵送费用），导致泵送 DVC 系统前损失了 5d 的钻井时间。在运行 DVC 系统之前，每天的钻井成本约为 2.5 万美元，总共花费了 18.5 万美元。在此期间，估计损失 3000bbl，额外损失达 4.5 万美元。该井处于井喷状态。作业人员能够以 10.4g/cm³ 的密度进行控制，但仅以低于 100gal/min 的流量维持循环。为了完成该井段，需要达到 10.5 ~ 11.0g/cm³，为了以 350 ~ 400gal/min 的泵速达到 ECD，还需要 11.5g/cm³。DVC 系统实现了这一目标，并且完成了该井段，即 DVC 实现了 700 psi 的挤压压力，并且在没有进一步损失或井控问题的情况下进行了钻机完钻

案例编号	漏失层深度 ft	作业是否成功?	有哪些经验教训?
8	一个或多个煤层,深度 2705~2785m(MD)	是的,第一项作业成功阻止了全部漏失,恢复了完整循环。测得的 WPC 从 1.64SG(13.7g/cm³)增加到 1.70~1.72SG(14.1~14.3g/cm³)	该地区尝试了多种类型的 LCM 系统,均未能封堵裂隙煤层。据我们所知,DVC 是第一种也是唯一一种成功密封煤炭的密封剂。第一项作业允许:(1)重新确定无漏失地上返;(2)从 3010m 深钻至 4758m(MD),主要目标层位无任何漏失;(3)下入尾管并固井,无任何钻井液或水泥漏失;(4)在 22 天的连续钻井完井作业(包括 6 次 DP 往返)中实施有效的 DVC 密封。随后,作业人员将 DVC 作业编制成 SOP(标准操作规程),并在每个钻机上清点 DVC 密封剂和隔离材料,以备应急作业之用。随后作业人员又在 6 口井中成功地应用了该技术。
9	在 14022ft(4274m)MD、13445ft(4098m)TVD 和裸眼深度 15741ft(4798m)MD、14852ft(4527m)之间的几个漏失层	是的,DVC-OBM 作业将 WPC 从 16.4g/cm³ FIT 提高到 17.0g/cm³ FIT,足以继续进行计划的完井作业。超过 17.0 FIT 以后,下入 7in 尾管并进行固井,无钻井液或水泥浆漏失。作业后建模表明,FIT 与最低远场 FG 相比,WPC 提高了 2.0g/cm³。	关键经验教训: (1)在地下井喷状态下,DVC 可在单次处理过程中有效控制井漏和横流。在井况 11000 psi、井底温度 285~300 ℉的高温高压气井中,经 DVC 扩宽的 MW 窗口至少持续了 7 个月; (2)FDA 建模软件可帮助预测和评价井漏情况、DVC 处理结果及其他类型井漏处理(如交联聚合物系统)的有效性; 潜在井漏和 WPC 增加的模型化有助于油井设计,可大幅降低油井建设成本; 有关更多信息,请参见论文 SPE87094(Sanad 等,2004)。
10	14500ft 漏失层,其位于 14300ft 处下入的尾管下方约 200ft 处	是的,这项作业将 WPC 从 17.6g/cm³ 提高到 18.4g/cm³。	井深 4900ft,在目标深度 19400ft 处成功下入套管固井。DVC 密封剂在高温高压条件下持续增加 WPC,在 35 天内达到 TD,无任何钻井液或水泥浆漏失。
11	套管鞋下方的漏失层,坐封深度 12614ft,钻井深度达到 13659ft,此处进行盐水砂岩切削,井内开始出现流体流动。	是的,WPC 需要从~16.1g/cm³ ECD 增加到 >17.8g/cm³ ECD,以形成 17.8g/cm³ 钻井液在井内的全循环。这项作业通过 DVC 挤压完成,阻止了钻井液漏失,并起到临时塞的作用,这样钻井液就可以在套管中循环并进行修复。临时塞节省了坐封水泥塞、候凝和钻出水泥塞所需的时间。一旦 DVC 冲洗干净,就可以恢复大部分裸眼井,可以将 7¾in 的尾管下入 13292ft 的深度。	作业人员证明:"进行此项作业,无须坐封和钻取水泥塞便能够解决井下问题,节省了大量时间和成本。如果过去遇到类似情况的时候能够进行此项作业,那该有多好。" 井况:当盐水层开始流动时,钻井液密度提高到 17.8g/cm³,用节流嘴进行井循环,气侵钻井液低至 16.1g/cm³;在接下来的 52h 内,后部反复注水,漏失超过 400 bbl。作业人员想要先固定管鞋,在漏失层上方找到能暂时封堵井筒的某些东西,使套管里的钻井液达到所需密度。然后,底部的盐水流可以通过定位重质降滤失剂来处理。 价值:第一次使用水泥塞,其成本将比 DVC 作业高 21 万美元。地下水流从 13659 ft 一直到 12614 ft 处的套管鞋附近,由于水泥浆可能被盐水流稀释,导致无法正常凝固,所以水泥塞可能不起作用。

案例编号	漏失层深度 ft	作业是否成功?	有哪些经验教训?
12	10496ft 处的沥青漏失层,漏失量>100bbl/h。其他几种类型的井漏处理未能减少漏失。	是的,将 WPC 从<13.9g/cm³ 提高到 17.3g/cm³。	DVC-OBM 处理成功,作业人员可以继续进行作业。为作业人员节省了 19.5 万美元。更多信息参见 SPE 59059(Rueda 和 Bonifacio,2000)。
13	~9631ft 处的沥青漏失层,漏失量>100bbl/h。水泥塞未能防止漏失。	是的,将 WPC 从 14.7g/cm³ 提高到 16.7g/cm³。	DVC-OBM 处理成功,作业人员可以继续进行作业。为作业人员节省了 54.5 万美元。更多信息参见 SPE 59059(Rueda 和 Bonifacio,2000)。
14	16500ft 处的漏失层,在 17.6g/cm³ 下漏失量为 60bbl/h。	是的,将 WPC 从<17.6g/cm³ 提高到 18.7g/cm³。	其他几个 LCM 系统未减少漏失,但 DVC 作业止住了所有漏失,并使尾管能够下入到 18000 ft 的目标深度进行钻井。DVC 作业为运营商节省了 100 万美元。在进行 DVC 作业之前,已经损失了超过 2100 bbl 的油基钻井液和 18d 的钻井时间。
15	17628ft 处,衬管鞋下方 852ft 裸眼中的几个漏失层	是的,两项处理将 WPC 从 18.2g/cm³ 提高到 19.1g/cm³。	通过进行 DVC 作业,发现了一处多产气藏,为运营商节省了几百万美元。更多信息见 SPE 96420 和 2007 年 6 月出版的《石油工程师协会钻井与完井》(Traugott 等,2007)。
16	28368ft 处的 TVD	是的,第一项作业完成后,WPC 增加了 0.35g/cm³。在第二项作业中,调整了钻井液的充填工艺,对钻井液进行了额外的氯化钙处理,提高了井下的反应能力。第二项作业后,WPC 提高了 0.7g/cm³(经 PWD 验证),作业人员能够减轻钻井液密度,并提前钻进。	未来需要在进行作业之前启动实验室测试,以免把时间浪费在钻井平台上的钻井液实验室,从而设法获得高质量的反应。地面的环空压力表并不总是能够反映井下的实际情况。而钻杆压力表则更准确,PWD 传感器精度最高。但 PWD 数据只有在作业完成后方可使用。在地表反应时间为 2~3min 时,提高共混速率不一定会加快井下反应时间。当无法循环时,将钻井液放在钻杆后面的最佳方法是将钻井液泵入钻头下方,然后将钻杆下放至钻井液中。

(4)DVC 系统与其他井漏材料系统比较。

表 9.10　循环钻井液或降滤失剂中的颗粒—纤维—薄片 (PFF)

	DVC	PFF
正常漏失率范围	中度至全部	渗透至中度
通过钻头泵入	是	仅限低 PPF 百分比
塞底部钻具组合	否	取决于载荷
每桶成品成本	高	低
耐用年限	长	短
泵送能力	很容易	取决于载荷

表 9.11　聚合物降滤失剂（DiacelM 挤压、交联聚合物降滤失剂等）

	DVC	PFF
正常漏失率范围	中度至全部	渗透至重度
通过钻头泵入	是	有时
塞底部钻具组合	否	有时
每桶成品成本	高	中到高
地层损害	很浅	浅表至非常深处
充填后等候时间	否	是
适用于所有钻井液系统	是	否
耐用年限	长	短到中等
阻止总漏失	是	否
地下井喷	是	否
自导流	是	部分
用作稠钻井液	否	是

表 9.12　挤油泥（DBO、DOB2C、Bengum、DOC）

	DVC	泥状物质
正常漏失率范围	中度至全部	中度至全部
通过钻头泵入	是	是
塞底部钻具组合	否	取决于载荷
地层损害	很浅	浅到非常深
充填后等候时间	否	是
适用于所有钻井液系统	是	否
每桶成品成本	高	中到高
耐用年限	长	短到长
阻止总漏失	是	有时
地下井喷	是	有时
自导流	是	很少
需要多个层段	有时	经常

参 考 文 献

［1］ Alberty, M. W. , andM. R. McLean, 2004. "APhysical Modelfor StressCages," PaperSPE 90493 present-edatthe SPE Annual Technical Conferenceand Exhibition, Houston, Texas, 26−29 Sep.

［2］ Andersen, S. A. , S. A. Hansen, andK. Fjeldgaard, 1988. Horizontal Drilling and Completion：Denmark. SPE 18349 presentedatthe European Petroleum Conference, London, United Kingdom, 16−19 Oct.

［3］ API Recommended Practice 90 Part 1, 2015. Annular Casing Pressure Management for Offshore Wells, （code name APIRP 90−1）publishedby API.

［4］ API Recommended Practicc 90 Part 2, 2015. Annular Casing Pressure Management for Onshore Wells, (codename APIRP 90-2) publishedby API.

［5］ API 65-2, American PetroleumInstitute, Standard 65-Part 2, 2nded. , titled "Isolating Potential Flow Zones During Well Construction," Dec. 2010.

［6］ APITR 10TR1, American PetroleumInstitute, Technical Report 10TR1, 2nded. , titled "Cement Sheath Evaluation," Sep. 2008.

［7］ Araiza, G. G. , H. Rogers, L. Pena, andS. Montoya, 2007. "Successful Placementof Openhole Plugin HT Conditions," paper SPE 109649 presentedatthe SPE Asia Pacific Oil & Gas Conferenceand Exhibition, Jakarta, Indonesia, 30 Oct. -1 Nov.

［8］ Aston, M. S. , M. W. Alberty, M. R. McLean, H. J. deJong, andK. Amiagost, 2004. "DrillingFluids forWellbore Strengthening," paper SPE/IADC 87130 presentedattheI ADC/SPE Drilling Conference, Dallas, Texas, U. S. A. , 2-4 March.

［9］ Broding, R. A. , J. C. Buchanan, 1986. "ASonic Techniquefor Cement Evaluation", SPWLA 1986-GG, SPWLA Twenty-Seventh Annual Logging Symposium, 9-13 Jun.

［10］ Calvert, D. G. , J. F. Heathman, andJ. E. Griffith, 1995. "Plug Cementing: Horizontalto Vertical Conditions," Paper SPE 30514 presentedatthe SPE Annual Technical Conference and Exhibition, Dallas, Texas, 22-25 Oct.

［11］ ClarksonB. , T. Grigsby, C. Ross, E. Sevadjian, andB. Techentien. 2008. Evolutionof Single Trip Multiple Zone Completion Technolog: How Stateofthe ArtNew Developments Can Meet Today's Ultradeepw-ater Needs, SPE 116245 presentedat the Annual Technical Conferenceand Exhibition, Denver, Co, 21-24 Sep.

［12］ Dreikhausen, H. , 1991. QualityImprovement of Liner Cementationsby Using Bottomand Top Plugs. SPE/IADC 21971 presentedat the SPE/IADC Drilling Conference, Amsterdam, The Netherlands, 11-14 March.

［13］ Frisch, G. J. , W. L. Graham, andJ. Griffith, 1990. "Assessmentof Foamed—Cement Slurries Using Conventional Cement Evaluation LogsandImprovedInterpretation Methods," paper SPE 55649 presentedatthe 1999 SPE Rocky Mountain Regional Meeting, Gillette, Wyoming, 15-18 May.

［14］ Frisch, G. J. , P. E. Fox, D. A. Hunt, andD. Kaspereit, 2005. "Advancesin Cement Evaluation Tools and Processing Methods AllowImprovedI nterpretation of Complex Cements," paper SPE 97186 presentedat the 2005 SPE Annual Technical Conferenceand Exhibition, Dallas, TexasU. S. A, 9-12 Oct.

［15］ Fuh, G. -F. , N. Morita, P. A. Boyd, and S. J. McGoffin, 1992. "Anewapproachtopreventinglostcirculationwhiledrilling," paper SPE 24599 presentedatthe SPE Annual Technical Conferenceand Exhibit, Washington, D. C. , 4-7 Oct. , 1992.

［16］ Gai, H. , T. D. Summers, D. A. Cocking, andC. Greaves, 1996. ZonalIsolationand Evaluationfor CementedHorizontal Liners, SPE-29981-PA, SPE Drilling & CompletionJournal, Dec.

［17］ Graham, W. L. , C. I. Silva, J. M. Leimkuhler, andA. J. deKock, 1997. "Cement Evaluationand CasingInspection With Advanced Ultrasonic Scanning Methods," paper SPE 38651 presentedatthe 1997 SPE Annual Technical Conferenceand Exhibition, SanAntonio, TexasU. S. A, 5-8 Oct.

［18］ Halliburton Best PracticesSeries, 2001, "Squeeze Cementingwith Coiled Tubing," publishedby Halliburton EnergyServices, Inc. , Bibliography No. H01929 revised Nov.

［19］ Ingraffea, A. R. , 2013. "Fluid Migration Mechanisms DueToFaulty Well Design And/Or Construction: An Overview, And Recent ExperiencesIn The Pennsylvania Marcellus Play," Physicians Scientists & Engineers for Healthy Energypaper, Jan.

［20］ Jackson, A. T. , B. Watson, andL. K. Moran, 2008. Developmentofan ExpandableLiner Hanger With Increased Annular FlowArea, SPE 116261 presentedatthe SPE Annual Technical Conferenceand Exhibition, Denver, Colorado, 21-24 Sep.

[21] Kessler, C. W. , C. Boavides, A. Quintero, andJ. T. Hill, 2011. "Cement Bond Evaluation: AStep Changein Capabilities," paper SPE 145970 presentedatthe SPE Annual Technical Conferenceand Exhibition, Denver, ColoradoU. S. A, 30 Oct. -2 Nov.

[22] Kossack, C. A. , J. Kleppe, and T. Aasen, 1987. Oil ProductionfromtheTrollField: AComparisonof Horizontaland VerticalWells, SPE 16869 presentedat SPE Annual Technical Conferenceand Exhibition, Dallas, Texas, 27-30 Sep.

[23] Mason, D. , O. Hey, andH. Kramer, 1997. Extended Reach Well Completionand Operational Considerations, OTC paper 8569 presentedatthe Offshore Technolog Conference, Houston, Texas, 5 May.

[24] Mc Pherson, S. A. , 2000. Cementation of Horizontal Wellbores, SPE 62893 presentedatthe SPE Annual Technical Conferenceand Exhibition, Dallas, Texas, 1-4 Oct.

[25] Moran, L. and M. Savery, 2007. Fluid Movement Measurements Through Eccentric Annuli: Unique Results Uncovered, SPE 109563 presentedatthe SPE Annual Technical Conferenceand Exhibition, Anaheim, California, 11-14 Nov.

[26] Norman D. , R. Paurciau, R. Dusterhoft, and S. Schubarth. 2005. Understanding the Effectsof Reservoir Changesin Sand-Control Completion Performance, SPE 96307 presentedatthe Annual Technical Conference and Exhibition, Dallas, Texas, 9-12 Oct.

[27] Reddy, B. R. , F. Liang, andR. Fitzgerald, 2010. Self-Healing CementsThatHeal Without Dependence onFluidContact: ALaboratory Study, SPE-121555-PA, SPE Drillingand CompletionJournal, Sep.

[28] Reiss, L. H. , A. P. L. Jourdan, F. M. Giger, and P. A. Armessen, 1984. Offshoreand Onshor eEuropean Horizontal Wells, OTC 4791 presentedat Offshore Technology Conference, Houston, Texas, 30 April.

[29] Rike, E. A. , 1986. Successin Prevention of Casing Failures Opposite Salts, Little Knife Field, North Dakota, "SPE- 12903-PA, SPE Drilling Engineering Journal, April.

[30] Rogers, H. E. , D. L. Bolado, and B. L. Sullaway, 1998. Buoyancy Assist Extends Casing Reachin Horizontal Wells, SPE 50680 presentedatthe European Petroleum Conferencein TheHague, The Netherlands, 20-22 Oct.

[31] Rueda, F. and R. Bonifacio, 2000, "In-Situ Reactive System Stops Lost Circulation and Underground Flow Problemsin Several SouthernMexico Wells," paper SPE 59059 presentedatthe International Petroleum Conference and Exhibitionheldin Villahermosa, Mexico, 1-3 Feb.

[32] Sanad, M. , C. Butler, A. Waheed, B. Engelman, and R. Sweatman, 2004, "Numerical Models Help Analyze Lost-Circulation/Flow Eventsand Frac GradientIncreaseto Controlan HPHT Well in the East Mediterranean Sea," paper IADC/SPE 87094 presentedatheI ADC/SPE Drilling Conference, Dallas, Texas, U. S. A, 2-4 Mar.

[33] Schnell R. , N. Tapper, R. Genyk, D. Deliu, and H. Tavakol, 2009. MontneyUnconventionalGas—Next Generation: AnIntegrated Approachto Optimizing Wellbore Completions. SPE 125970 presentedatthe Eastern RegionalMeeting, Charleston, West Virginia, 23-25 Sep.

[34] Shook, E. H. , G. J. Frisch, and T. W. Lewis, 2008. "Cement Bond Evaluation", paper SPE 108415, presentedat the 2008 SPE Western Regional and Pacific Section AAP GJoint Meeting, Bakers field, California, 31 March-2 April.

[35] Smith, T. R. , 1989. Cementing Displacement Practices: Applicationinthe Field, SPE/IADC 18617 presentedatthe Drilling Conference, New Orleans, Louisiana, Feb. 28-March 3.

[36] Sonowal, K., B. Bennetzen, K. M. Wong, andE. Isevcan, 2009. How ContinuousImprovement Leadto the Longest Horizontal Wellin the World, SPE 119506 presentedat the SPE/IADC Drilling Conference and Exhibition, Amsterdam, The Netherlands, 17-19 March.

[37] Surjaatmadja, J. B., 2007. "The Mythical Second Fractureandits Optimal Placementfor Maximizing Production," paper SPE 106046 presentedat the SPE Europec/EAGE AnnualConference and Exhibition, London, United Kingdom, 11-14 June.

[38] Sweatman, R., 2015, International Association of Drilling Contractorspeerreviewedbook, "Well Cementing Operations," publishedbyI ADC, May.

[39] Sweatman, R., J. Heathman, R. Faul, and N. Gazi, 1999. "Conformance-While-Drilling Technology Proposedto Optimize Drillingand Production," paper SPE 53312 presentedat the SPE 11th Middle East Oil Showand Conference, Bahrain, 20-23 Feb.

[40] Sweatman, R., J. Heathman, and R. Vargo, 2007. Enhanced Transfer Efficiency of Bulk Cement and SpacersReducesNon-Productive Timeand Bulk Material Waste, AADE-07-NTCE-15 presentedat the American Association of Drilling Engineers National Technical Conference and Exhibition, Houston, Texas, 10-12 April.

[41] Sweatman, R., S. Kelley, and J. Heathman, 2001, "Formation PressureIntegrity Treatments Optimize Drillingand Completion of HTHP Production Hole Sections," paper SPE 68946 presentedat the European Formation Damage Conference, The Hague, The Netherlands, 21-22 May.

[42] Sweatman, R., C. W. Kessler, andJ. M. Hillier, 1997. "New Solutions to RemedyLost Circulation, Crossflows, and Underground Blowouts," paper SPE/IADC 37671 presenteda tthe SPE/IADC Drilling Conference, Amsterdam, The Netherlands, 4-6 March.

[43] Sweatman, R. E., R. F. Mitchell, and A. Bottiglieri, 2015, Why 'Do Not Disturb' isa Safety Message, SPE 174891 presentedat SPE Annual Technical Conferenceand Exhibition, Houston, Texas, 28-30 Sep.

[44] Sweatman, R. E., M. E. Parker, andS. Crookshank, 2009, Industry Experience with CO_2 Enhanced Oil Recovery Technology, SPE 126446 presentedatthe SPE International Conferenceon CO_2 Capture, Storage, and Utilizationheldin San Diego, California, U. S. A, 2-4 Nov.

[45] Thompson, D., K. Rispler, S. Stadnyk, O. Hoch, and B. McDaniel 2009, Operators Evaluate Various Stimulation Methods for Multizone Stimulationof Horizontalsin North East British Columbia, SPE 119620 presentedatthe SPE Hydraulic Fracturing Conference, The Wood lands.

[46] Traugott, D., R. Sweatman, and R. Vincent, 2007, "WPCI Treatmentsina Deep HP/HT Production Hole Increase LOT Pressuresto DrillAhead toT Dina Gulf of Mexico Shelf Well," paper SPE 96420 in SPE Drilling& CompletionJournal, June.

[47] vanOort, E., J. Gradishar, G. Ugueto, K. M. Cowan, K. K. Barton, andJ. W. Dudley, 2003, "Accessing Deep Reseroirsby Drilling Severely Depleted For^nations," paper SPE 79861 presentedatthe SPE/IADC Drilling Conference, Amsterdam, The Netherlands, 19-21 Feb.

[48] Walker, M. W., 2012, Pushingtheextended-reachenvelopeat Sakhalin: Anoperator5sexperiencedrilling arecordreachwell, IADC/SPE 151046 presentedatthe IADC/SPE Drilling Conferenceand Exhibition, San Diego, California, March 6-8.

[49] Webb, S., T. Anderson, R. Sweatman, and R. Vargo, 2001, "New Treatments Substantiall yIncrease LOT/FIT Pressuresto Solve Deep HTHP Drilling Challenges," paper SPE 71390 presentedat the Annual Technical Conference and Exhibitionheldin New Orleans, Louisiana, 30 Sep. -3 Oct.

[50] Williford, J. W. and P. E. Smith, 2007, Expandable Liner Hanger Resolves Sealing Problemsand Improves Integrityin Liner Completion Scenarios. SPE 106757 presentedat the Production and Operations Symposium, Oklahoma City, Oklahoma, 31 March-3 April.

[51] Wilson, M. A. , and F. L. Sabins, 1988, ALaboratory Investigation of Cementing Horizontal Wells, SPE-16928-PA, SPE Drilling Engineering Journal, Sep.

[52] Zurdo, C. , C. Georges, and M. Martin, 1986, Mud and Cement for Horizontal Wells, SPE 15464 presented at SPE Annual Technical Conference and Exhibition, New Orleans, Louisiana, 5-8 Oct.

10 水平井压裂完井技术

在水平井完井技术发展初期，一些业内人士认为，在适当的方向上钻取侧向长度足够长的水平井，其产量与在直井的相应生产层段进行压裂厚的产量相当（Bosio 等，1987）。其目的是在海上油田开发过程中，无须压裂即可更有效地实现生产井眼或裂缝与储层接触，以此来降低开发成本。

水平井应用的成功案例不胜枚举，特别是在高渗油藏进行大斜度钻井，这样做不但可使井眼穿过多个生产层段，同时水平段的射孔可与天然裂缝相交。但对于低渗透储层，水平井完井的纵向泄油能力受渗透率各向异性的影响较大。低渗透储层足够厚时，可利用水力压裂增大油气藏的接触面积，同时提高水平井与上、下生产层的连通性。

与水平井压裂提高产能有关的另一个因素是径向汇流。储层的流体流动必须径向汇聚至井筒，此时在井筒附近会形成非达西流动效应，岩石基质则产生阻流效应，因此需要更大的压降才能保证预期流量。具有良好导流能力的压裂裂缝可以纠正径向汇流，如果裂缝垂直延伸到整个生产层段，该井的整体产能将得到提升。如果该水力压裂裂缝纵向起裂并远离井筒横向延伸，则能进一步提高产能（Surjaatmadja 等，2008b）。

最初，大多数水平井都是为基质渗透率高的储层或预计无法与直井相交的天然裂缝群预留的。具体示例见北海和北美奥斯汀白垩系储层。在北海储层开发过程中，根据海上平台位置并满足单个平台覆盖更大面积的要求，水平井成为尽可能扩大与储层岩石接触面积的主要手段。对于许多高渗透储层，增大储层接触面积就可以达到预期产量。然而，在某些情况下，需要采用水力压裂技术来实现增产，从而达到预期产量。具体示例见该技术在北海丹麦地区白垩系储层中的应用（Owens 等，1992）。

水平井水力压裂方面的许多早期行业经验都来源于北海地区。北美奥斯汀白垩系储层第一次开发热潮的理论依据为：如果垂直钻井无法穿透天然裂缝群，则可采用巨大的水力裂缝连通储层内的天然裂缝。但由于水平应力各向异性的作用，直井压裂裂缝往往与天然裂缝群平行，而不是与之相交，这与预期效果差异较大。太阳石油公司对一口位于得克萨斯州比格韦尔斯的废弃直井进行了改造，沿最小主应力方向（即垂直于压裂裂缝延伸方向）钻取了一口较短的分支水平井（Layden，1971）。这一作业触及到仍保持原始地层压力的区域，使水平井开发效率大幅提升，引发了奥斯汀白垩系储层的第二次开发热潮（图 10.1）。在发现该水平井下方的鹰滩页岩后，"新"奥斯汀白垩系储层的产能得到提升，人们意识到新发现的油气可能产自这两个地层之间的交叉连通地带（Martin 等，2011；Durham，2012）。从北海奥斯汀白垩系储层第二次热潮开始，人们的关注点集中在如何对分支水平井采取有效的增产措施（McDaniel 等，2006）。

在奥斯汀白垩系油藏开发早期，大部分是裸眼完井，天然裂缝系统往往因过平衡钻井而受损。因此，可通过大排量水力压裂和酸化处理来降低钻井伤害和表皮效应。此类处理有效提高了产能，但由于注入的压裂液在井筒中流动不畅，所以不能确定支撑剂是否均匀分布。这就需要在压裂增产过程中进行有效的压裂液导流，为此催生了许多广泛用于水平井完井多级压裂的导流工艺，其中大部分仍沿用至今（Sanders 等，1997；Barkved 等，2003；Barclay 等，2009）。

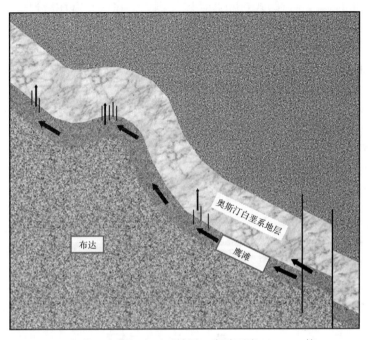

图 10.1　"新的"奥斯汀白垩系储层—鹰滩页岩（Martin 等，2011）

10.1　井筒类型

根据水平井多级压裂的井筒导流形式，水平井完井可分为裸眼完井和套管完井两类。裸眼完井进一步包括裸眼完井、割缝筛管完井、预射孔筛管完井和防砂筛管完井。套管完井包括光管（水泥固井或不固井）完井或筛管（采用裸眼封隔器分段或全井生产）完井（图 10.2）。采用套管井完井增产措施还需要通过预射孔手段连通目标储层，并适当分配压裂液。

读者可能对油井设计在压裂方案中的重要性更感兴趣。从地表将压裂液泵入到正确位置（可采用封堵球封堵其他层段）并非最佳方案（即发生故障时，可能需要采取这种方案）。但是，一份优秀的压裂设计，必须包括备用方案来应对发生的故障。此时可能需要对井筒进行干预，因此需要详细的井筒剖面图。例如，特殊短节 [图 10.2（F~H）] 通常为决定井筒的最小直径因素之一。

最初，为了削减开采成本，大多数油井采用裸眼完井方式 [图 10.2（A）]。只有在预计会出现井筒完整性问题时，才会放置孔眼或割缝筛管来为井筒提供机械支撑 [图 10.2（D，E）]。在裸眼完井过程中，由于压裂液通常流失严重，若裸眼井产量过低，唯一方法就是高速泵入增产压裂液，但压裂液极有可能在跟端或"薄弱点"被"消耗"。该方法虽然有一定成效，但却不是最佳方案，因为并未对大部分井筒进行压裂。采用酸化压裂时，情况会更糟。由于井下温度较高，酸液与跟端岩石先发生反应，反应的位置会形成一个较大空腔，导致后期很难重再泵入压裂液，否则容易造成井筒坍塌。如果没有多余空间安装裸眼封隔器 [图10.2 (F)]，则孔眼筛管和割缝筛管完井 [图10.2 (D、E)] 也会发生类似问题。需要注意的是，通过跨式封隔器管柱 (例如，在中间有注液口的封隔器管柱) 可对封隔器之间的地层单独实施增产措施，一次至少可压裂一个相对较短的区域；但这对老井来说往往并不奏效。人们对裸眼水平井选择性层段增产措施的需求最终催生了新的充填方法，如水力喷射辅助压裂 (HJAF) 技术 (Surjaatmadja, 1996, 1998; Eberhard 等, 2000; East 等, 2004)。

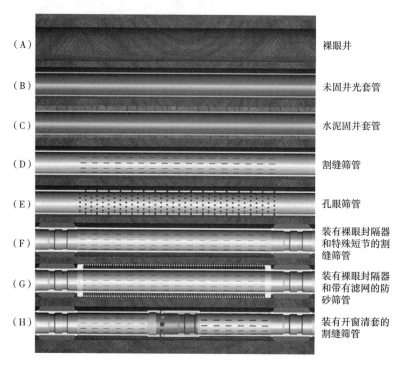

（A）　　　　　　　　　　　　　　　　　　裸眼井

（B）　　　　　　　　　　　　　　　　　　未固井光套管

（C）　　　　　　　　　　　　　　　　　　水泥固井套管

（D）　　　　　　　　　　　　　　　　　　割缝筛管

（E）　　　　　　　　　　　　　　　　　　孔眼筛管

（F）　　　　　　　　　　　　　　　　　　装有裸眼封隔器和特殊短节的割缝筛管

（G）　　　　　　　　　　　　　　　　　　装有裸眼封隔器和带有滤网的防砂筛管

（H）　　　　　　　　　　　　　　　　　　装有开窗清套的割缝筛管

图 10.2　常用水平井完井配置

如图 10.2 所示，G 和 H 两种特殊完井方式可根据需要与其他技术相结合。例如，G 在割缝筛管外围增加一层滤网。虽然这种方法本身效果已经很好，但通常与"砾石充填"结合使用，在滤网和筛管之间填充砾石，还可与 [图10.2 (H)] 所示的装有开窗滑套的割缝筛管配合使用。

上述大部分完井作业都需要一些井下辅助工具 (包括 HJAF 工具)，来保证顺利实施增产措施。必须充分了解每种工具对井筒的适用性及井筒的最小尺寸，才能保证辅助工具能够顺利下入井内。

1998 年之前 (即在引入 HJAF 技术之前)，水平井多级压裂完井技术的发展基本都集中在水泥固井套管完井领域 [图10.2 (C)]。未固井光套管完井技术 [图10.2 (B)] 虽然从内部看起来和水泥固井套管完井完全相同，但压裂技术实施起来与早期完井方式一样困难。在图 10.3 中，将该压裂技术分为三大类：连续油管类、滑套类和钢丝投送类。每种方法的基本工艺步骤均包括获取储层岩石信息、开展压裂施工、封堵前一级压裂层段。重复这些步骤进行新层段压裂，完井结束时进行井筒清洗。

图 10.3　套管井完井类别和压裂方法

10.1.1　井眼导流在水平井套管完井中的应用

高产储层非常罕见，特别是在美国，人们不得不在致密页岩气等储层中采用多级压裂完井。钻井技术的发展使油井开发更具经济性，随之发展的高效、经济的多级压裂技术也层出不穷。为确保充分封隔各层段，人们开发了以下套管井转向技术。

（1）套管完井套管泵送相关技术：

①大排量限流射孔；

②小排量水力射孔配合常规压裂和桥塞封堵；

③多级滑套压裂；

④大排量常规射孔配合颗粒转向；

⑤可钻桥塞封隔配合大排量限流射孔分段压裂；

⑥大排量泵送电缆射孔配合封堵球导向；

⑦投球打滑套大排量压裂。

（2）套管完井中油管、连续油管或环空泵送相关技术：

①HJAF 大排量动态转向；

②射孔完井连续油管输送跨式封隔器封隔；

③连续油管输送水力喷砂射孔配合砂塞转向；

④连续油管输送水力喷射环空压裂；

⑤水力射孔配合砂塞转向及压裂液井下混合；

⑥机械滑套大排量压裂。

10.1.2　射孔和压裂技术在套管完井中的应用

进入多层段完井储层的技术主要包括爆炸射孔技术、水力喷射射孔技术和滑套喷射射孔技术，还包括定压阀配合跨式封隔器的射孔技术。从完井工艺效率来看，不同的射孔工艺对油井投产前的非生产时间影响较大。例如，投球驱动滑套几乎可实现一趟管柱多级连续射孔和压裂作业，而电缆输送技术每趟投送只能实现一次射孔和桥塞坐封，利用连续油管也可以实现一趟管柱多级射孔及压裂。通常可根据以下压裂设计参数来灵活选择储层射孔和压裂技术。

（1）目标层段的位置。

滑套完井要求在套管柱中预先放置滑套，并保证滑套处于目标层段的适当放置，但如果套管出现下入困难时，也会产生不居中的情况。

（2）后置液对增产措施的影响。

一些储层在压裂后非常容易受到后置液顶替的影响（Tollman 等，2003；VanGijtenbeek 等，2012）。在延展性较强的岩石中，由于井筒附近裂缝未支撑部分的闭合应力较高，井筒附近的裂缝可能部分闭合或完全闭合。采用"清洁或无固体"液体进行的射孔作业通常要求实施压裂后都必须进行后置液顶替。对于酸化压裂等利用增大裂缝表面粗糙度形成导流通道的增产措施，这可能不会造成严重问题；但在采用支撑剂的压裂作业过程中，这一问题需要引起关注。

（3）压裂分段总数。

尽管投球滑套压裂完井的压裂分段数目很多，并且随着该领域新技术的发展在不断增加，但投球滑套压裂完井可完成的压裂分段数仍然受到限制。连续油管配合滑套压裂完井是个更好的选择，但该技术需要连续油管装置进行辅助作业（Rushing 和 Sullivan，2003）。

（4）一趟管柱多级压裂。

在某些情况下，最好一次对多个层段或射孔簇进行压裂来提高完井的总体效率。在这种情况下，选择性射孔、多层段水力喷射和投球打滑套（单球开启多级滑套）等方法应运而生。

（5）预期压裂排量。

大排量压裂能够在较厚的生产层段、或多个层段、或多簇压裂中产生预期的裂缝高度。由于压裂期间井内连续油管存在摩阻，所以采用水力喷射的连续油管压裂可能会影响压裂效果；但是与多层段或多簇压裂相比，限制每次压裂的单个层段或射孔簇能够以更小的排量产生预期的裂缝形态。如果需要更大尺寸的裂缝，则可以通过环空注入压裂液补偿流量，但这时需要通过喷嘴来泵入高浓度支撑剂（Surjaatmadja 等，1998）。当喷嘴较大（砂粒直径的 4 倍以上）时，喷嘴处的支撑剂浓度可能高于 12lb/gal。

（6）可能出现砂堵现象。

经证明，水力喷射能够相对提高支撑剂进入裂缝的概率，从而降低出现砂堵的风险。如果压裂设计中需要具有腐蚀性的高浓度支撑剂，并且有记录表明储层容易受到高浓度支撑剂的腐蚀，那么在压裂过程中采用连续油管可实现井筒的快速清洗。对于电缆投送或投球打滑套完井，通常会采用更保守的压裂设计（较低的支撑剂浓度），从而降低砂堵风险。

在过去 25 年里，在压裂过程中对部分井筒进行充分封隔的技术已经被成功开发并成为行业创新领域。采用微地震裂缝测绘技术观测到一些储层中存在复杂裂缝，裂缝系统内部的导流（即储层导流）也已成为压裂处理优化的新领域。合适的裂缝导流技术或封隔技术是整个压裂完井的重要组成部分。将裂缝导流技术与射孔和压裂工艺相结合，是确保提高压裂效率和效果的关键完井设计策略（Surjaatmadja 等，2008b）。

对于超低渗透页岩，一般是沿最小水平主应力的方向进行水平钻孔，这意味着压裂裂缝延伸方向与井筒垂直（或横切）。前几章中已经对该部分内容进行了讨论，此处不再做过多介绍；接下来将讨论设计目标，即在分支水平井中压裂多条横向裂缝。

对于高渗透储层，沿最大水平应力方向钻孔能够有效改善裂缝/井筒的接触面积和渗流汇聚问题。但是，由于裂缝将沿井筒方向延伸（纵向裂缝），很难生成预期高度的裂缝来连接水平井上方和下方地层。对储层条件进行深入了解，将有助于根据局部储层性质做出正确的井筒定向决策（Demarchos 等，2006）。

10.2 压裂技术在水平井裸眼完井中的应用

在水平井裸眼完井中需要进行多段压裂增产措施，这催生了一些独特的压裂方法和对裂缝的新认识（ElRabaa，1989）。传统的压裂技术和新研发的压裂技术可分为以下几类。

（1）水力喷射辅助压裂：

①HJAF 的动态转向（Love 等，1998；McDaniel 等，2002a；Li 等，2012）；

②"过近井伤害带"压裂（Surjaatmadja 等人，2013；McDaniel，2014）。

（2）高渗透油藏压裂充填技术（Sanford 等，2010；Ugueto，2015）：

（3）非受控挤注压裂技术：

①采用或不采用多级颗粒转向技术配合连续大排量压裂（Hill 等，1978；Seright 和 Liang，1995）；

②小排量多级颗粒转向技术配合大排量压裂（Glasbergen 等，2006；Allison 等，2013年）；

③预射孔可回收管柱的限流分布压裂。

（4）裸眼跨式封隔器封隔技术：

通过油管连接的扩张式裸眼跨式封隔器注入处理液，采用化学封隔器转向。

10.2.1 水力喷射辅助压裂技术

水力喷射辅助压裂技术（HJAF）是一种新技术，利用水力喷射产生射孔，然后加压产生裂缝，同时提高了炮眼周围的导流能力。表 10.1 汇总了这项技术的一些关键特性，图 10.4 为水力喷射辅助压裂。

表 10.1   水力喷射辅助压裂技术汇总表

注入路径	油管和井筒环空
转向技术	动态转向
每次压裂段数（射孔簇数）	1 个层段
最大压裂段数	无限制
主要优点	不管是对于酸压还是常规压裂，都无须机械暂堵转向技术
完井设计限制	喷射工具最小内径为 2⅜in，或较大油管或连续油管

HJAF 工艺是与裸眼水平井多段水力增产措施相关的一项独特技术。水力喷射技术并不是行业新技术，大部分是在 20 世纪 50 年代初发展起来的，旨在通过套管射孔连通储层。在 20 世纪 90 年代中期，人们认识到，在射孔通道中，高速喷射能量可转化为压力（Surjaatmadja，1998）（图 10.5）。当这一压力足够大时，就能够在裸眼完井中选择性地生成裂缝，并使裂缝从该位置向外延伸。

图 10.4　水力喷射辅助压裂技术

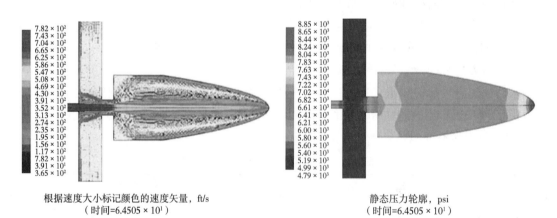

根据速度大小标记颜色的速度矢量，ft/s
（时间=6.4505×10¹）

静态压力轮廓，psi
（时间=6.4505×10¹）

图 10.5　采用加砂液喷射岩石内部受冲蚀射孔孔道时流体速度和压力的计算流体动力学（CFD）示意图

需要注意在射孔通道顶端会形成滞点压力，这个压力远远高于环空压力，也就是地层压力。这种压力使地层裂缝从射孔通道的顶端产生并延伸。

由于通过高速射流或伯努利效应可生成裂缝并使其扩展，因此裸眼水平井的价值显而易见（Surjaatmadja 等，1998，2004）。通过在油管或连续油管上安装喷射工具组件，下入裸眼分支水平井并定位到目标位置，在压裂处理过程中进行连续水力喷射，能够确保流体能量集中在各个目标位置。较高的射流压差和射流速度可将高压能转换成动能，用于生成并扩展裂缝。因此，建议采用至少 2⅜in 的油管，在射流压差超过 2500psi 时，可达到最低 6bbl/min 的流速。截至目前，有效采用连接管的外径尺寸可达到 4in，射流速度超过 25bbl/min，射流压差超过 4000psi。

HJAF 工艺是将包含支撑剂或酸的压裂液被泵入油管，然后直接喷射到裂缝中，来提高裂缝的导流能力。为了避免支撑剂在井筒附近沉积，压裂作业过程中需要向环空泵入清洁液。由于在井筒与油管之间的环空内存在高速射流（代表水平井筒的最低压力），环空流体将与喷射流体结合，共同使裂缝扩展。因此，与单纯依靠油管相比，此方法可实现更高的压裂排量。在压裂过程中的环空加压应不大于裂缝的扩展压力，从而防止井筒其他位置产生裂缝。在一些废弃的天然压裂或先前压裂完井的油井中，井内压力漏失情况会比较严重，从而破坏喷嘴附近的最佳环境压力。因此，压裂前最好先进行模拟注入试验，以确定环空注入的最佳排量来抵消漏失。如果漏失量过大，可在环空中注入交联凝胶或具有固液转换性能的流体，挤压这些流体来控制漏失量。

在陆地、近海甚至深水地区的许多储层类型和完井中，HJAF 工艺都取得了巨大成功。无须坐封封隔器或桥塞等机械工具，井底组合工具（BHA）的尺寸能够确保通过限制区域，例如井筒中的坐入短节、缩径点或套变点。虽然这一工艺最初仅针对裸眼完井提出，但同样适用于割缝筛管和孔眼筛管，甚至对于最新的水泥固井套管完井也很有效。HJAF 工艺在裸眼（McDaniel 等，2002b）和套管（Surjaatmadja 等，2003）多分支水平井完井应用中都取得了巨大成功。

喷射工具对岩石的冲蚀同样也可用于在套管和水泥环上射孔。在常规爆破射孔可能无法达到足够的穿透深度或井眼尺寸时，可采用该工艺来射穿套管和水泥环。在严格控制炸药使用的国家，水力喷射工艺则更加方便，特别是在实施多段压裂增产措施时。此工艺不受温度限制。

该工艺可实现一趟管柱多级压裂，因此效率极高。但喷射工具受到的磨蚀对整体作业效率的影响较大。自 20 世纪 50 年代开始，标准的水力喷射压裂技术开始逐渐应用，但单趟管柱的耐用度很低。硬质合金技术和喷射工具设计的发展大幅优化了喷射工具的性能，单个喷嘴的允许过液量从 1×10^4 lb 增加到 30×10^4 lb 以上。目前，多级压裂所使用的支撑剂用量已经超过单趟 110×104 lb，单趟管柱可以完成 30 多级压裂（Surjaatmadja，2008a）。

"过近井伤害带"压裂。研究发现，HJAF 在绕过近井伤害（比如因过平衡钻井使钻井液和钻井液滤液进入近井地带所造成的伤害）方面非常有效。与直井井筒相比，水平井井筒暴露在这种过度平衡状态下的时间更长，造成的伤害可能更加严重，特别是在高渗透储层中。以往，完井工作主要围绕酸洗等工序进行，旨在去除钻井液滤液，降低表皮效应。但是，一旦井筒某一部位的伤害被有效消除，就意味着建立了注入通道，注入的流体会优先集中到这一部位，其他部位则无法得到充分处理。

HJAF 的大排量射流能力对这种伤害的修复起到了非常重要的作用，不但可以控制注入流体位置，而且能在受损井筒中制造小裂缝。在高渗透储层中，裂缝尺寸取决于射流速度和储层渗透率。如果喷射速度设计合理，就可以保证既能让裂缝扩展到伤害区域之外，又不会出现裂缝过度延伸的情况。

在很多情况下，常规尺寸（外径 $1\frac{3}{4} \sim 2$in）的连续油管足以达到 $2 \sim 4$bbl/min 的排量，能够满足低渗透储层的小排量需求。连续油管还能够连续上提实现压裂层段的转换（不需要像常规油管一样卸扣），而且通常每段所需的压裂液量较小。在一趟管柱作业过程中可进行多达 87 次小型压裂，采油指数（PI）可提高 10 倍以上（Surjaatmadja 等，2002a；AlHamad 等，2012）。可利用连续油管将上述两种 HJAF 工艺结合起来：通过水力喷射和增加环空流量生成大裂缝，然后减小环空排量，同时缓慢上提连续油管（$1 \sim 3$ft/min），并持续进行水力喷射，当薄弱部分或天然裂缝受到射流影响时会产生较小的近井裂缝。在本章稍后的重复压裂部分还将进一步讨论这种组合工艺。

10.2.2　高渗透储层中压裂充填技术

经证明，在一些储层中压裂充填方案效果良好，合地层防砂和压裂措施，可实现长期可持续的生产。压裂充填完井的关键特性见表 10.2。

高渗透储层似乎不需要压裂增产措施，但在某些情况下这一工艺又不可或缺，这些水平井完井中最常见的钻井方向为最大水平应力方向，通常会产生与井筒平行的纵向裂缝。

表 10.2　高渗透储层封隔压裂法汇总表

注入路径	油管
转向技术	无
每次压裂段数（射孔簇数）	1 个层段
最大压裂段数	$1 \sim 5$ 个层段
主要优点	具有较好连通性的裂缝
	出砂控制
	与高渗透储层相适应
完井设计限制	在薄弱地层中可能需要防砂筛管提供机械支撑

对于高渗透率储层（$K > 500$mD）的水平井完井，需要特别注意以下问题：

（1）在过平衡钻井作业时，高渗透储层往往受到大量钻井液和水泥浆滤液侵入的影响，造成近井伤害；

（2）油气流入井筒时产生的汇流和加速流动常导致井筒附近出现非达西流动及高压损失；

（3）井筒附近储层压力下降，可能造成储层压实，由于地层压力下降和储层枯竭，导致岩石压实，降低储层渗透率，通常会因此产生砂粒或地层固体颗粒；

（4）水平井筒穿过的储层的上下页岩层是该储层油气纵向流动的边界。

因此，在高渗透率条件下压裂裸眼完井极具挑战性，通常结合使用专用防砂筛管和工具进行压裂作业。根据"端部脱砂"的方法进行压裂设计，可生成具有最大导流能力的压裂裂缝。已经研发出了新方案和工具系统，并在墨西哥湾的超深油井中进行了测试。这些井大多比水平井斜度大，但往往需要多次压裂才能有效动用整个生产层段，来维持经济产量（Sanford 等，2010；McDaniel，2014）。

10.2.3　环空注入裸眼压裂完井

裸眼压裂完井是水平井增产的一种可行方案，该技术的一些关键特性见表 10.3。

表 10.3　环空注入裸眼压裂完井

注入路径	套管
转向技术	颗粒
每次压裂段数（射孔簇数）	无法预测，通常认为等于转向级数
最大压裂段数	通常认为等于导流分段数
主要优点	单次、大排量压裂
完井设计限制	转向次数无法预测
	缺少支撑剂充填保证压裂效果

对于水平井裸眼完井，可能最简单且最常用的压裂增产方法是就配合颗粒转向的大排量套管注入压裂技术（Ugueto 等，2015）。这种方法通常用于无须依靠支撑剂来维持裂缝导流能力的天然裂缝，主要为碳酸盐岩储层。此工艺过程中，需要大排量泵送液体进入储层，有时速度超过 200bbl/min。在整个压裂过程中，尝试多级转向，以确保整个分支水平井的压裂增产效果。在多级转向过程中，压裂裂缝内利用固体颗粒形成架桥，迫使压裂液沿分支水平井流向新裂缝中。颗粒暂堵材料通常随着时间的推移溶解或融化，以避免生产过程中产生堵塞。多级转向之后马上进行酸化压裂，以降低新层段的击穿压力。

颗粒暂堵转向材料有三个主要设计特征：粒度分布、随时间变化的溶解度以及有效溶解的温度范围。设计目标是使材料能够封堵足够长的时间来完成整个压裂处理，但封堵时间也不能过长，否则会导致关井时间过长或需要进行作业后清除处理才能使材料溶解或降解。

尽管此工艺已经有许多成功案例（Allison 等，2013），特别是在含有天然裂缝的碳酸盐岩地层中，但是压裂处理的微震裂缝成像显示，由于难以实现有效转向，压裂处理往往导致"跟端-趾端"的压裂反应。已针对这些应用中的转向技术进行了改进，并在一定程度上改善了压裂效果。但是，该方案的预测和设计仍存在挑战。

10.2.4　油管限流注入的裸眼压裂完井

在裸眼压裂完井中，可通过特殊设计的管柱来实现油管限流，这种管柱能够在较长层段内均匀地分配流量。该技术的一些关键特性见表 10.4。

表 10.4　油管限流注入的裸眼压裂完井

注入路径	油管
转向技术	动态
每次压裂段数（射孔簇数）	3~4 个层段
最大压裂段数	无限制
主要优点	每次泵送作业可以压裂多个层段
	井底组件可回收
完井设计限制	只能进行酸化压裂

在裸眼完井中利用油管限流有效地分配压裂液和支撑剂的压裂方法已经取得了一些成功。有一种管柱在井下组合工具中使用多个带孔接头,横穿裸眼分支水平井,可依靠"限流"技术同时完成多个层段的液体转向(Burtsev 等,2006)。与 HJAF 方法类似,在接头的注入口上安装喷嘴,并产生射流压差,通过喷射动作实现裸眼井筒的裂缝起裂。这种压差有助于确保注入的流体沿着整个井筒合理分布,同时将流体能量集中到与带孔接头相对的层段。

该方法已广泛应用于碳酸盐岩储层的酸化压裂中。如果分支水平井较长,可在井口重新定位井下组合工具,然后对新层段进行压裂。该方法的一个缺点是,由于同时有多个喷嘴在进行喷射作业,环空的排量很难提供所需的混合压裂液。通常,油管的排量和压力限制使得井下组合工具只能有 3~4 个喷射孔。

10.2.5　油管注入跨式封隔器转向的裸眼压裂完井

当井眼质量可以保证良好的封隔器封隔时,可在裸眼完井中应用跨式封隔器系统。该技术的一些关键特性见表 10.5。

表 10.5　跨式封隔器导流和油管注入的裸眼压裂完井汇总表

注入路径	油管
转向技术	化学/机械
每次压裂段数(射孔簇数)	1 个层段
最大压裂段数	视需要而定
主要优点	利用井中油管可以更快地完成洗井作业
完井设计限制	转向无法预测,井下组合工具可能会遇卡

对裸眼层段进行压裂的另一种方法是采用跨式封隔器进行封隔。在压裂前,可通过油管打压坐封裸眼扩张式封隔器,进行油套环空封隔;或通过油管投球打开滑套,并将化学封隔器从油管注入进套管进行油套环空封隔(Saaverdra 等,1998)。该压裂方法的局限性在于,油管的注入排量远低于套管的注入排量,并且由于各个层段均已被封隔,因此油套环空不能提供注入通道。

10.3　水平井套管完井的压裂法——套管注入压裂

水平井利用水泥固井套管完井可以将压裂集中在特定的目标层段,同时避免受到水平井筒与水层较近、钻出油层或钻遇断层等问题的影响。首先,通过射孔进行套管与地层的沟通是必不可少的;其次,对特定层段压裂后,需要将压裂液转向到其他层段进行多层增产。套管与井壁之间的空间采用水泥固井或裸眼封隔器(包括液压坐封封隔器或自膨胀封隔器)进行封隔。水平井裸眼完井采用的许多转向技术同样适用于水平井套管完井。

(1)采用颗粒或封堵球转向的连续大排量压裂。

(2)水力喷射辅助压裂完井。

(3)滑套完井:

①投球开启滑套;

②机械开启滑套；

③压力开启滑套；

④压力平衡滑套；

⑤地面控制滑套（液压或电子控制）；

⑥无线射频识别芯片开启滑套。

一次性完井多层合采的做法已经应用多年。由于行业想从低产储层中开采油气，因此这种类型的完井更具经济性，尤其是非常规储层的完井。很多非常规储层都需要进行压裂增产改造，多年来已成功开发出许多创新型压裂法，有望大幅提高完井效率。为此，其中的一些压裂方法将重心放在短时间内泵送大量压裂液和支撑剂上，从而实现一趟管柱就可以同时对多个层段进行射孔和压裂。只要有某种方法可封隔之前的压裂层段，那么反复实施这种压裂方法，就可以在较短的时间内完成整个完井施工。

常规射孔配合暂堵桥塞进行压裂的方法主要有三种，所有这些方法均涉及从套管泵送压裂液。与裸眼压裂不同，采用封堵球和/或桥塞可以仅对射孔段进行机械封堵，封堵球或桥塞的材质可以是金属、复合材料，也可根据具体需要选择可溶等其他材料。有些时候，先在最底层的目标层段射孔、压裂，然后利用桥塞封堵压裂完的层段，将桥塞作为新的人工井底重复上述步骤，反复施工至顶层。这种方法也可以被称为"分段多簇压裂"，并且实现了 60 段以上的压裂施工。每段的压裂排量和水力功率通常取决于射孔簇的排量和压力需求，每个分段通常有 1~6 个射孔簇。

利用电缆或连续油管下入复合桥塞最初应用于垂直井完井。复合桥塞不仅成本低，还可利用连续油管快速钻除。新型的可溶桥塞也开始投入应用，完井后自行降解，不再需要钻铣施工。

10.3.1　桥塞射孔联作压裂法

桥塞射孔联作压裂工艺是一种常见的水力压裂法，即利用桥塞封隔之前完成的压裂段，然后用射孔枪进行新层段射孔并实施压裂作业。该技术的一些关键特性见表 10.6，原理图如图 10.6 所示。

表 10.6　桥塞射孔联作压裂法汇总表

注入路径	套管
射孔方法	选择性点火电缆输送射孔枪
转向技术	限流射孔
每次压裂簇数	根据可提供的排量，通常 3~6 簇
最大压裂段数	无限制
主要优点	每次可完成多簇压裂
完井设计限制	需要在各分段之间进行后冲洗处理；支撑剂和压裂液在每个压裂段内分配不确定

10.3.1.1　限流射孔转向技术

水平井压裂增产最常用的一个方法是采用限流射孔转向技术，在一次压裂过程中进行多段射孔，以确保压裂液分配至各射孔段。在每段压裂完成后，通过电缆下入桥塞和射孔

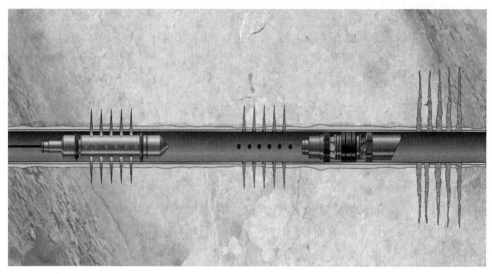

图 10.6 水平井水泥固井套管完井中的多段桥塞射孔联作压裂工艺

枪。当工具串到达造斜段时,向套管内泵液将射孔枪和桥塞推至预设位置,以封隔前一压裂层段,并在下一个压裂层段进行射孔。

当同时进行多井压裂完井时,几乎可以实现连续作业。例如,可在一口井上进行泵送作业,同时在另一口井进行压裂作业。

每个压裂层段通常包括 3~6 个射孔簇,在特定水平井完井中通常对 20 个以上的压裂分段进行射孔。该方法常用于对支撑剂浓度要求较低、出现过早砂堵风险较低的致密气层和页岩储层的压裂。为了实现限流导流,射孔总数较少,处理泵速较高,有时超过 80bbl/min。

限流导流射孔的目标压差通常为 400~500psi。泵速、压差及所需(或畅通)射孔数的确定方法见方程式(10.1)至式(10.3)。

$$Q = 2.0522 \times C_d \times N \times D^2 \sqrt{p/\rho} \qquad (10.1)$$

$$p = (0.2374 \times Q^2 \times \rho)/(N^2 \times C_d{}^2 \times D^4) \qquad (10.2)$$

$$N = (0.4873 \times Q \times \sqrt{p/\rho})/(C_d \times D^2) \qquad (10.3)$$

式中　Q——总压裂泵速,bbl/min;

　　　N——射孔数;

　　　D——射孔孔径,in;

　　　p——压差,psi;

　　　ρ——压裂液密度,lb/gal;

　　　C_d——射孔系数。

上述方程式需要假定没有任何射孔被地层岩石或其他东西堵塞,因此设计结果并不准确。

在水平井筒中,受重力影响,通过电缆输送的射孔枪和桥塞会出现问题。第一组射孔必须通过其他方法辅助进行，如压差滑套、连续油管输送射孔枪、爆破射孔、泵塞射孔或牵引器辅助电缆射孔。当电缆进入分支水平井后，需要持续泵送桥塞和射孔枪到指定位置进行作业。这意味着，当前压裂层段和早期压裂层段可能会出现过顶替现象。

套管中的缩径位置会妨碍桥塞下至预定位置；但由于已经将桥塞泵入，因此可提前坐封桥塞。这也意味着可能需要打捞实弹射孔枪。射孔枪出现故障时，可能需要起下一次才能更换射孔枪。在泵送射孔枪的过程中，释放电缆的人员应和泵车人员密切合作，否则射孔枪可能掉落在井里，需要进行打捞。

10.3.1.2 封堵球转向技术

在石油行业中，常采用封堵球或射孔球来封堵畅通的射孔孔眼，并将流体转向到之前未打开的新的孔眼中。表 10.7 汇总了如何将这些技术的关键特性。

最初，用来暂时封堵射孔的封堵球是为了确保射孔作业后压裂液能够分配到所有射孔中。当压裂液被泵入已射孔的套管时，间歇性地向压裂液中泵入直径大于射孔孔径的橡胶涂层尼龙封堵球。压裂液流过射孔时，封堵球会堵住孔眼，因此压裂液被转向至其他未分配到压裂液的孔眼中。当所有孔眼都被完全堵塞的时候，通常被称为"ball-out"。

表 10.7 封堵球导流技术汇总表

注入路径	套管
射孔方法	牵引器辅助常规电缆
	TCP 射孔
转向技术	射孔封堵球
每次压裂段数（射孔簇数）	无限制
最大压裂段数	无限制
主要优点	易实现转向
完井设计限制	不可预测压裂液和支撑剂分布

在这一工艺中，由于经常出现封堵球没有封堵射孔而是掉入下方未射孔的套管的情况，因此所用封堵球的数量通常超过设计数量的 25%~50%。球堵后，地面释放套管压力，封堵球从射孔孔眼上脱离。当井内的静液柱压力高于储层压力时，必须采用机械方式清除封堵球。最近，在高压和高温条件下可自行降解的材料制成的封堵球也已投入使用。

为了改善封堵球的封堵性能，人们不断研发了多种封堵球产品。有些产品侧重于改变封堵球的密度，使封堵球在压裂液中漂浮或下沉。当封堵球返吐至井口的节流油嘴时，会造成油嘴周期性堵塞问题，为此可采用可生物降解的封堵球。

在水平井压裂作业中，封堵球转向压裂通常用于不需要明显支撑剂来提高导流能力的储层，如碳酸盐岩酸化压裂或低渗透页岩的大排量滑溜水压裂。

在压裂前，对所有要压裂层段进行射孔。通常，在压裂的携砂液接近结束时，释放一些转向用的封堵球，然后再泵入下一个层段的前置液。重复该过程，直到压裂所有射孔段。尽管从资源利用的角度来看，连续泵送作业极其有效，但是转向压裂的不确定性（何时、向何处转向）使得产油量难以预测。

为了对转向情况进行实时预测，人们研发了一种在压裂过程中对井筒流体进行监测的光纤分布式温度传感技术。借助该技术，可实时调整压裂方案，以改善压裂效果（Ugueto 等，2015；McDaniel 等，1999）。

10.3.1.3 实时射孔技术

实时射孔技术（JITP）需要用到封堵球和选择性射孔枪，利用封堵球封堵当前孔眼，然后立即采用射孔枪射出新孔眼，从而实现几乎连续的作业。该技术的一些关键特性见表10.8。

表10.8　实时射孔技术汇总表

注入路径	套管
射孔方法	选择性射孔枪
转向技术	复合桥塞
每次压裂段数（射孔簇数）	1 个层段
最大压裂段数	无限制
主要优点	可预测支撑剂分布情况
完井设计限制	可能出现砂堵事件，需要在完井结束后钻除复合桥塞

埃克森美孚公司研发了一种改良的封堵球转向技术，但一次只能压裂一个层段。该技术采用电缆输送的选择性射孔枪，被称为实时射孔技术（JITP）。起初，该技术主要应用于垂直井完井，最近已经逐渐推广至水平井完井。

该技术首先对最底段进行射孔。在通过套管泵入压裂液对最底段进行压裂时，电缆输送射孔枪上行下一目标层段。在压裂的携砂液接近结束时，向压裂液中注入大量封堵球以堵塞所有射孔孔眼。当压裂压力显著增加时，表示封堵球已经临时封堵了所有的孔眼，此时即可对第二层段进行射孔，并重复该过程。当射孔弹耗尽后（通常是 10 个层段或更少），通过电缆将射孔枪提至地面，再下入新的选择性射孔枪和复合桥塞。在将桥塞安装至之前的所有压裂层段以上，再次重复射孔—压裂—封堵球—射孔—压裂过程，进行新一组压裂施工（Lonnes 等，2005）。

在水平井筒中，受重力影响，通过电缆输送的射孔枪和桥塞会出现问题。第一组射孔必须通过其他方法辅助进行，如压力驱动滑套、连续油管输送射孔枪、爆破射孔、泵塞或牵引器辅助电缆射孔。当电缆位于分支水平井时，再下入桥塞和射孔枪进行连续作业。这意味着当前压裂层段和早期压裂层段可能会出现过顶替现象。该技术常用于致密气层和脆性页岩储层。

实时射孔技术压裂方法具有一定风险。例如，若出现过早砂堵，必须将射孔枪上提至地面。使井内流体循环，以回收井筒中残留的支撑剂，或者进行连续油管反循环洗井。套管中的缩径会妨碍桥塞下至预定位置；但由于已经将桥塞泵入，因此可提前坐封桥塞。这也意味着可能需要打捞实弹射孔枪。射孔枪出现故障时，可能需要起下一次才能更换射孔枪。在泵送射孔枪的过程中，释放电缆的人员应和泵车人员密切合作，否则射孔枪可能掉落在井里，需要进行打捞。

10.3.2　滑套压裂完井

在水平井压裂作业中，滑套技术也得到了广泛应用，成为提高作业效率的一种有效手段。该项技术的一些关键特性见表 10.9。

表 10.9　滑套套管压裂完井汇总表

注入路径	套管
射孔方法	投球驱动滑套
转向技术	射孔孔眼上的封堵球或封隔器
每次压裂段数（射孔簇数）	通常 1 个层段，但可通过调节系统增加段数
最大压裂段数	取决于封堵球和挡板设置
主要优点	缩短层段之间的停井时间
完井设计限制	封堵球/挡板数量受限，通过挡板的流体速率限制在 80ft/s 以内

为了通过缩短压裂处理之间的时间间隔来提高作业效率，人们研发了一种投球驱动滑套的完井方法（图 10.7）。通过向下泵送封堵球或塞子来驱动滑套，这些封堵球或塞子落在内部球座上，使套管中的端口或窗口移动打开、并阻止流体流动到上一个压裂层段。该技术作为一种多级固井方法，多年来在行业中应用广泛。在早期的奥斯汀白垩系地层开发中，采用油管上部署的机械转换工具打开套管端口或窗口。

图 10.7　带有封隔器的投球驱动滑套完井示意图

在压裂作业过程中，可采用球座将多个套管串联运行，球座内径从分支水平井趾端到跟端逐渐增大。可通过泵入直径略大于球座直径的封堵球来打开单个滑套。当球座上的封堵球阻止压裂液进入先前的压裂层段时，套管上持续增加的压力将剪切预定数量的锁销并移动内部滑套来打开外部端口。当球在阀座上处于开启位置时，将正在泵入的压裂液导流至新层段。

对于大多采用套管泵送的水平井压裂法，必须采用连续油管输送射孔枪或采用带牵引器的电缆输送射孔枪对首个压裂段进行预射孔。另一种方法是在水平井趾端安装液压驱动滑套。将套管加压到预定压力时，液压驱动滑套会打开，开始进行初始压裂作业。滑套打开前，采用专门的滑套进行压力测试，然后再利用泵送桥塞或投球驱动套管进行后续分段压裂。

采用这种方法进行多段完井，可缩短压裂处理间的时间间隔，实现连续泵送作业。依靠球座和套管环空上的固井水泥、管外膨胀封隔器或液压坐封管外封隔器控制转向性能。采用该技术，可以根据套管尺寸进行多次独立压裂。可在地面对封堵球进行回收，或者使用可溶材料制成的封堵球，但如果需要进行井筒清理等措施，则通常会磨铣掉球座。

如果这种类型的裸眼完井采用管外封隔器，则可把滑套的出液口设计成可溶解的喷嘴或可快速冲蚀连通的特殊结构（Surjaatmadja 和 Howell，2009，2010）。采用该结构，可打开每个套筒，过程类似于 HJAF。与在井中使用 HJAF 工具不同，该结构采用封堵球打开套筒，使射流作用于砂浆，形成喷嘴并在裸眼井段压出裂缝。滑套上的喷嘴迅速溶解，为高速压裂留下足够空间。

与桥塞射孔联作压裂工艺类似，BASS 方法似乎最适用于低应力脆性厚岩层，例如需要高速泵入大量压裂液的 Barnett 页岩。虽然滑套的出液口能承受大排量的磨蚀，但球座直径受到限制，这就意味着球座直径最小的早期压裂只能提供较小的排量。

滑套作为套管柱的一部分，可采用水泥固井或液压坐封或自膨胀的裸眼管外封隔器的方式在外部进行封隔。压裂层段外部封隔的最佳方法是水泥固井或管外封隔器，对此人们已经进行了大量讨论。一般认为，如果井筒存在明显天然裂缝，应选择管外封隔器进行隔器，对于低渗透和延展性较强的岩层，则应采用水泥固井方式进行封隔（Ugueto，2015）。采用这种压裂法出现的完井问题通常与以下做法有关。

（1）有缩径或变形的井筒。管外封隔器和带孔接头的外径均大于套管外径。应采用井眼轨迹数据计算扭矩和阻力，以确保套管串可顺利下至预设深度。当水平长度接近实际垂深时，这一点尤为重要。

（2）滑套打开过早。在固井作业期间，当固井胶塞通过小直径球座时，可能导致滑套过早打开。若未按照适当顺序泵入封堵球，也会出现这种情况。从趾部到跟部设置驱动滑套所需的球座，内径逐渐增大，较小的封堵球可顺利通过，直到落入内径大小合适的球座。如果过早泵入大直径封堵球，大直径封堵球会过早落入球座，从而过早打开滑套并封隔下方其他滑套，改变压裂先后顺序。如果出现过早砂堵，可利用连续油管提前打开滑套，对井筒进行清洗。最后，由于球座区域存在压差，大排量泵入小密封求至小直径球座也能打开滑套。

（3）大排量泵入封堵球。封堵球在球座上的瞬时入座会产生水锤效应，可能会超过套管的承压等级，并导致套管损坏（通常在跟部附近）。套管上采用高质量螺纹连接十分重要，尤其套管采用短半径弯头连接的时候。

以上问题在大多数情况下可以预防，从而大幅提高完井效率。通常，采用其他工艺可能需要几天时间完井，而采用这种工艺仅需要数小时。清洗井筒的干预措施通常需要借助连续油管、钻头和钻具钻穿球座。

10.4　水平井套管完井压裂法——油管或环空注入

使用组合管柱的多段完井压裂法并不常见。液压修井（HWO）作业等井干预措施通常采用这种压裂法，在管柱运行时控制环空压力并不是难题。主要问题是，管柱在层段间移动时需要释放油管压力，以便在含气油井中移动油管，这需要在管柱中安装止回阀。在压裂过程中，高速流动的携砂液会对止回阀产生影响，容易导致冲蚀磨损。

采用油管、连续油管或混合油管与连续油管能够进行连续作业，而无须在多个层段之间"断管"。连续油管还能在水平井套管完井中更好地控制压裂液和支撑剂的泵送过程，提高了完井作业的灵活性。由于在压裂处理过程中针对过早砂堵、套管缩径、射孔和井筒返排等问题采取了应急措施，因此采用该连续油管管柱通常会降低压裂完井措施的风险。如果采用跨式封隔器法，可在启动压裂设备之前完成射孔，也可采用液压喷射技术或机械式滑套进行射孔，从而避免在压裂过程中起下管柱（即单趟管柱多段完井）。

第一种也是最基本的封隔方法是采用两个密封体来封隔目标层段，然后在两个密封体之间注入压裂液。跨式封隔器已经应用了数十年，各种组合也都沿用至今，图 10.8（a）所示为中间有一个注入孔的跨式封隔系统；图 10.8（b）（略做改良）所示为将封隔器与桥塞结合使用。

注：封隔器与桥塞的区别在于，封隔器在油套环空进行密封，隔离封隔器上方的油套环空，而桥塞则隔离下方的套管。

为了方便起见，另一种方法采用两个皮碗［图 10.8（c）］。但是，皮碗只能单向密封，封隔效果通常不太理想。一般情况下，皮碗在下井过程中会损坏；除非进行特殊设计，否则即使皮碗在运行过程中功能保持良好，封隔后也不会达到额定承压指标。采用流体进行封隔的效果更不理想，比如交联凝胶；虽然效果欠佳，但由于体积非常大，因此累积后效果可逐渐增强［图 10.8（e）］。此外，可根据需要联合采用以上各种技术。

选择性压裂法与前述传统压裂法不同。在多级压裂作业中，进行多次单段压裂可确保所有层段都能够分配到足够量的支撑剂。为了提高完井效率，采用连续油管对各层段进行水力喷射射孔，以便进行单层段压裂处理。这些压裂法不需要在压裂过程中取出连续油管，还可对过早砂堵的意外情况进行快速补救，降低对总体完井成本的影响。单段压裂可大幅降低作业现场所需的水力功率，降低碳排放量，减少作业人员，同时还能够确保每个目标层段都得到最佳的压裂处理。每段压裂结束时，支撑剂段塞不仅可用于封隔先前的压裂层段，还可最大限度地提高井筒附近的导流能力，有助于维持长期产能，这对高应力下延展性较强的岩层尤为重要（Marsh 等，2000；Butter，2006）。

大多数应用的目标是单独、谨慎地封隔和压裂目标层段，确保每个层段的每次压裂处理都得到优化。连续油管压裂工艺可分为以下几类。

（1）通过油管注入进行封隔器封隔；

（2）通过连续油管注入进行套管井跨式封隔器封隔；

（3）通过油管及支撑剂段塞充填的环空进行常规管汇注入；

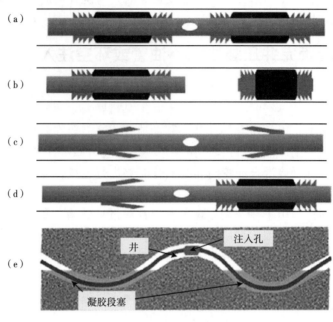

图 10.8　双重封隔法

（4）采用封隔器封隔及环空泵送水力喷射射孔；

（5）环空注入、支撑剂段塞转向的水力喷射射孔；

（6）HJAF 动态转向辅助压裂；

（7）水力喷射射孔和支撑剂段塞转向井下混合；

（8）滑套完井：

①机械式滑套；

②压力平衡滑套。

10.4.1　通过油管注入进行封隔器封隔

通过封隔器保护其以下套管柱不受超压影响，并通过油管泵液的压裂技术在过去得到了广泛的应用，在水平井中也有一定应用前景。此项技术的一些关键特性见表 10.10。

表 10.10　通过下注式油管进行封隔器封隔汇总表

注入路径	组合油管
射孔方法	常规或连续油管输送射孔枪
封堵技术	支撑剂段塞
每次压裂段数（射孔簇数）	单个层段
最大压裂段数	无限制
主要优点	组合油管或连续油管
完井设计限制	可实现环空压力

　　该技术一直是多级直井压裂完井的常用方法。虽然在连续油管作业中不经常采用,但是可通过压缩式封隔器组来封隔层段,从分支水平井的趾部到跟部对单个预射孔层段进行压裂。通过在覆盖先前压裂层段的套管中充填携砂液或形成砂塞可实现与先前压裂层段的封隔。

　　该技术的一个问题是部分油管重量由封隔器承担。随着分支水平井长度增加,管柱的重量从帮助封隔器坐封变成了造成封隔器失封的威胁,而沿分支水平井的油管的摩擦力分担了一部分施加在封隔器上的管柱重力。封隔器还可配备液压压紧卡瓦,以防止工具在压裂过程中移动,但这也增加压裂结束后工具串解封的复杂性。

　　大多数分支水平井采用的封隔器为往复式"J"形槽结构,能封隔器通过上提下放即可进行坐封(而不是正转管柱)。但应用该压裂方法,解决过早砂堵问题时可能存在困难。要解封封隔器上的锚定机构,必须先平衡封隔器上下的压差。随着封隔器以上的射孔开启,环空液体流失到其他射孔段,环空压力可能无法平衡油管中残留携砂液产生的静水压力。

10.4.2　通过连续油管注入进行跨式封隔器封隔

　　采用跨式封隔器进行层段封隔的连续油管压裂是用于水平井压裂完井的一种相对较新的工艺。此项技术的一些关键特性见表 10.11。

表 10.11　通过下注式连续油管进行套管井跨式封隔器封隔汇总表

注入路径	连续油管
射孔方法	常规爆炸射流
封堵技术	跨式封隔器
每次压裂段数(射孔簇数)	单个层段
最大压裂段数	无限制
主要优点	增能流体适用
完井设计限制	泵速限制(仅通过油管)

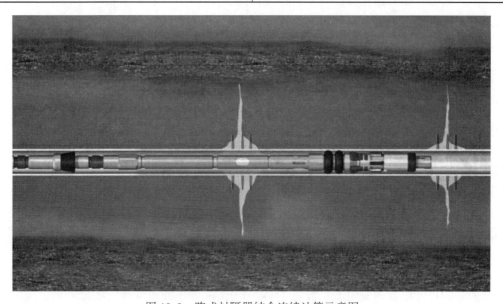

图 10.9　跨式封隔器结合连续油管示意图

提高多段完井效率的一次最早尝试是在连续油管上采用跨式封隔器（图10.9）。在压裂设备到达作业现场之前，对所有层段进行射孔，尽量缩短现场泵送设备的非生产时间。

需要预先选择和预先射孔待压裂层段，可采用连续油管输送射孔枪、带牵引器的电缆输送射孔枪或连续油管水力喷射进行射孔。在某些情况下，破裂盘会被在安装具有管外封隔器的套管上。通常需要进行模拟通井以确保套管没有缩径或断裂情况。

跨式封隔器组件能够进行单层段封隔。所有用于压裂的液体都通过连续油管和大直径连续油管泵入，连续油管直径为 $2\frac{3}{8}$in 或 $2\frac{7}{8}$in，泵速可达 12bbl/min。压裂层段之间的时间间隔可缩短至 15min，上封隔器是皮碗式封隔器，可在出现过早砂堵时实现返洗。该方法的优势之一在于它适用于增能流体或泡沫流体，此类流体通常用于在低压储层中解决过早砂堵问题。

在单次连续油管进入井筒的过程中，用该方法压裂了多达 25 个层段。由于在工具处需要利用管柱重量来坐封底部封隔器，分支水平井能到达的深度可能受到限制。上部封隔器组件通过连续油管的压裂压力进行坐封。在完井后不需要清理支撑剂段塞或复合段塞。该方法最适用于压裂层段间距小、压裂段数多的低应力下中低温薄储层（Rodvelt 等，2001；Hoch，2005）。

自 20 世纪 90 年代末以来，采用连续油管结合跨式封隔器对单个层段进行封隔的方法已经用于水泥固井套管完井的压裂增产措施中。加拿大报告了 3000 多个直完井案例，每口井有 6 个以上压裂层段。这项技术于 2008 年首次应用于水平井完井。自那时起，在一趟水平井压裂完井的起下作业中，采用跨式封隔器可对 25 个以上层段进行压裂。

采用该工艺需要在完井过程中首先对所有压裂目标层进行射孔，因此需要详细了解水平段信息，以便在完成钻井之后和压裂之前选择最佳目标层段。可通过连续油管输送射孔（TCP）枪或通过带牵引器的电缆输送射孔枪完成射孔。每个射孔层段长度通常小于井筒直径的 4 倍。例如，如果钻孔直径为 8.5in，则射孔层段应小于 4×8.5in（即 34in）。应避免射孔层段过长，以确保封隔器组件适当的跨距（通常小于 12ft）。

最佳做法是在射孔后，下刮削通井工具至井底，以确保套管中没有可能损坏跨式封隔器的套管缩径、错断或毛刺。在开始压裂前，也可以使用压裂用的连续油管进行刮削通井。

跨式封隔器的井下工具组合（BHA）包括一个带有往复式"J"形槽的底部压缩坐封封隔器，可通过上提下放来实现坐封和解封工具。封隔器还装有一个压力平衡阀，当对 BHA 施力时，压力平衡阀将平衡封隔器上下压差。封隔器上方的密封结构是一个皮碗封隔器，通过位于下部封隔器上方的喷砂口，随套压增大而密封。皮碗封隔器随工具上方套压增大而收缩，这样就可以在不解封下部封隔器的情况下实现反向循环（图10.10）。为了最大限度地降低皮碗封隔器的磨损，建议在工具串下井过程中，以较低速率持续反循环，使皮碗保持收缩状态。应用于水平井时，BHA 还可配备液压锚定机构，以确保封隔器在压裂过程中不会意外解封或移动。

这种利用连续油管压裂的方法适用于增能流体压裂，例如氮气泡沫或含二氧化碳的流体。连续油管在含气油井条件下的连续作业有助于提高作业灵活性。但缺点是，压裂速度受连续油管的尺寸限制造成限流。常规 $2\frac{3}{8}$in 或 $2\frac{7}{8}$in 的连续油管注入携砂液时，流速限制为 35ft/s。

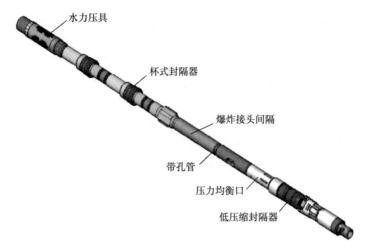

图 10.10　连续油管跨式封隔器

10.4.3　通过油管及支撑剂段塞充填的环空进行常规管汇注入

在表 10.12 中纳入水力喷射射孔时，采用油管和环空注入的常规管汇作业具有某些独特性能。

表 10.12　通过油管及支撑剂段塞充填的环空进行常规管汇注入汇总表

注入路径	油管和环空
射孔方法	投球驱动水力喷射射孔
封堵技术	支撑剂段塞
每次压裂段数（射孔簇数）	无限制，通常为 1~3 个层段
最大压裂段数	无限制
主要优点	单层段射孔和压裂一体化
	井筒附近转向能力强
	井下支撑剂进度管理
完井设计限制	压裂后必须有相应的方法来控制油管压力、移动管柱或治理废井

这种压裂法最常用于低压浅井完井，或在无法应用连续油管的情况下与 HWO 装置一起使用。该工艺采用油管和环空作为压裂液通道。对该工艺进行改良之后，将两种不同流体同时泵入井下，以便在井下获得混合流体。

例如，可通过油管将高浓度携砂液泵入井下，与通过环空泵入的清洁压裂液在井底混合，形成所需浓度的携砂液混合流体。通过改变油管和环空流速，可立即改变复合流体的支撑剂浓度。如果存在潜在过早砂堵现象，可停止通过油管泵液，同时继续在环空中泵入清洁压裂液向地层内顶替，当压力变化表明潜在砂堵现象不再明显时，继续进行加砂压裂。相比之下，在常规的套管压裂作业中，当在地面调节支撑剂浓度时，如果观察到出现过早砂堵，则需要对整个套管空间进行洗井。

当用于多段压裂完井时，水力喷射组件安装在油管末端，并通过油管内投球来激活液压喷射装置，投球落在喷嘴下方的球座上，这样磨料液可在喷嘴处顺利转向。完成射孔后，通过反向循环从油管中回收投球。这样就可以通过油管泵入支撑剂浓缩液，然后从油管末端喷出，并与通过环空泵入的清洁处理液混合。

可通过油管泵入含高浓度支撑剂的钻井液，同时减缓或停止通过环空泵入，而将含高浓度支撑剂的钻井液注入射孔，从而形成转向用支撑剂段塞。如有必要，可反向循环多余的支撑剂钻井液。

采用连续油管或 HWO 作业，可根据现场条件直接将油管上提到下一层段。当提出一定长度的油管时，就可开始新层段的压裂作业。最常见的做法是，在对前一个压裂层段进行水力喷射后和压裂施工前，将水力喷射 BHA 放置在新压裂层段的位置。

10.4.4 采用封隔器封隔及环空泵送水力喷射射孔

适用于较低层段的水力喷射射孔与封隔器封隔相结合，成为一种非常奏效的完井解决方案，见表 10.13。

表 10.13　采用封隔器封隔及环空注入水力喷射射孔汇总表

注入路径	油套环空
射孔方法	水力喷射射孔
封堵技术	可重复工作的压缩封隔器
每次压裂段数（射孔簇数）	1 个层段
最大压裂段数	无限制
主要优点	与以往压裂层段完全封隔
	单独射孔和压裂
完井设计限制	35ft/s 流速限制
	必须有足够的机械压力坐封封隔器

这种压裂法（图 10.11）于 2003 年在直井中首次应用，采用连续油管输送压缩式封隔器和水力喷射组件（Surjaatmadja 等，2005）。在直井中，该方法采用行业上常用的 1¾in 或 2in 外径连续油管，但在水平井中，该方法采用 2⅜in 外径连续油管或组合油管和连续油管的混合管柱，以确保将足够的重量转移至封隔器来进行封隔。

将 BHA 下入井中并进行磁定位确定深度后，下放管柱使封隔器压缩坐封。然后，磨料液经连续油管循环到液压喷射装置，返回的流体则通过地面油嘴进行回收。如果封隔器下方有开放的射孔，由于返排液被抑制，封隔器上方的环空压力将略高于封隔器下方的压力，这有助于维持封隔器的坐封状态。

磨料液喷射持续足够长的时间后，关闭环空，使井筒内压力升高，使裂缝在新的射孔内起裂并延伸。然后，通过环空泵入压裂液，连续油管压力可用来监测压裂过程中井底压力的变化。

在喷嘴下方有一个球座，能够在不坐封封隔器的条件下实现反向循环。封隔器包含一个压力平衡阀，通过感应连续油管的压力来驱动该阀门，以平衡封隔器上下压差，从而使管柱运行至下一压裂层段。通常在上移 BHA 时缓慢进行反向循环，避免支撑剂在工具周围堆积。一旦封隔器在新压裂层段完成坐封，就能封隔之前的压裂层段。

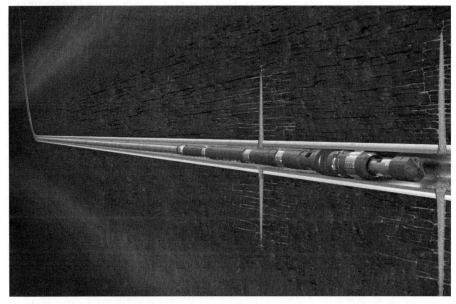

图 10.11   连续油管采用压缩坐封封隔器和液压喷射组件，实现层段封隔、
水力喷射射孔和环空压裂处理

通过连续油管和套管的环空泵入磨料液的过程中，连续油管有可能发生冲蚀。为了防止这一情况，泵入速度必须低于冲蚀限值，其定义如下：

（1）撞击速度——进入流动路径的流体必须转向 90°，例如注入管汇与压力控制设备相连的流动交叉处。撞击速度应撞击速度应保持低于 20ft/s。通常可通过在井控防喷器组上安装的大内径对孔相反端口注入向"流动交叉处"注入流体来降低；

（2）直线速度——与连续油管平行的流体流速应低于 35ft/s，防止在泵送磨料液时发生严重冲蚀。

当通过环空注入流体时，不同套管尺寸配置相对 1.75in、2in、2.375in、2.875in 和 3.5in 外径连续油管的常用磨料液流速上限见表 10.14。这些流速上限是在假设环形通道内

表 10.14   油套环空的最大流速

推荐最大流速，bbl/min					
套管筒	套管内径	油管外径，in			
	in	1.750	2.000	2.375	2.875	3.500
4.5in，10.5lb/ft	4.052	17.612	14.874	10.849	5.9075	1.499
5.5in，15.5lb/ft	4.950	31.412	28.121	23.109	16.527	9.049
7in，26lb/ft	6.276	58.034	54.066	47.902	39.460	28.945
9.63in，26lb/ft	8.921	132.897	127.769	119.739	108.503	93.835
11.75in，54lb/ft	10.880	206.859	200.938	191.674	178.676	161.566
13.38in，61lb/ft	12.515	280.611	274.049	263.795	249.417	230.450

没有限制的条件下计算的。此外，基于35ft/s的最大流速假设，也可以采用与非同心油套环形空间具有当量截面积的导管，根据下列关系式进行计算（Surjaatmadja等，2002b）：

$$水力直径 = D - 0.36d - 0.64d^2/D \tag{10.4}$$

10.4.5 环空注入、支撑剂段塞导流的水力喷射射孔

水力喷射射孔也可以使用支撑剂段塞来封隔低层段（表10.15和图10.12）。

表 10.15 环空注入、支撑剂段塞导流的水力喷射射孔汇总表

注入路径	油套环空
射孔方法	水力喷射射孔
封堵技术	支撑剂段塞
每次压裂段数（射孔簇数）	1~3个层段，通常是1个
最大压裂段数	无限制
主要优点	井筒附近导流能力较高
	过早砂堵应急措施风险小
	单层段射孔和压裂
完井设计限制	环空和油管内流体速度限制为35ft/s

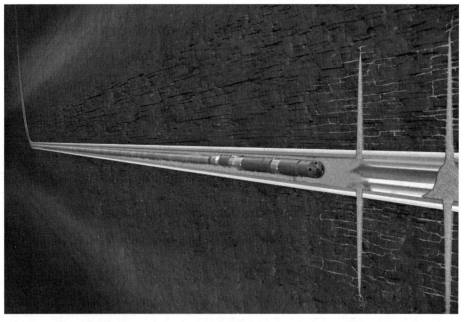

图 10.12 水力喷射射孔工艺示意图——通过连续油管注入流体，再通过环空泵入处理液；
在每次压裂结束时，放置支撑剂段塞封隔先前的压裂层段

岩石的延展性较强或脆性中等的储层更适合应用较高浓度的支撑剂，但需要控制射孔的过度返排、防止降低支撑剂嵌入效果。在压裂结束时特意形成射孔砂堵，可以在保证孔

眼附近地层导流能力的同时，形成支撑剂段塞，封隔先前的压裂层段。

连续油管可用于清理井筒中多余的支撑剂，也是套管水力喷射射孔、裂缝起裂的有效手段。为延长喷射工具的使用寿命，连续油管仅用于水力喷射射孔。通过油套环空泵入主要压裂液。水力喷射射孔作业要求的泵入速度较低，因此可以采用常规尺寸的连续油管（1¾in 和 2in）。当井下工具组合采用最新的喷射工具及技术后，起下一趟管柱可完成的压裂段数将显著增加——通常一趟管柱可压裂段数超过 40 个。

为实现这一目标而设计的工艺于 2004 年首先应用于直井，并于 2005 年应用于水平井（East 等，2005）。连续油管可以连接用于水力喷射的井下工具组合。在水力喷射射孔和裂缝起裂后，经环空注入压裂液。压裂后，高浓度支撑剂形成段塞，暂时封隔先前的压裂层段，并保证井筒附近裂缝的导流性能。

水力喷射工艺要求通过连续油管将流体泵入用于水力喷射的井下工具组合，并通过地面油嘴进行回收。如果先前压裂层段位于新目标层段下方，则在喷射作业期间应保持环空压力，以防止前一层段的支撑剂充填层变得不稳定而流向井口。

在水力喷射射孔和裂缝起裂完成后，用于水力喷射的井下工具组合被提至新射孔的上方，通常位于下一个压裂层段的相对位置。压裂过程中，通过连续油管以较低排量泵入清洁压裂液，连续油管压力可用来监测压裂过程中井底压力的变化。连续油管和环空流体的排量限值不应超过流体流速，即 35ft/s，以避免管柱受到磨料冲蚀。

10.4.6　水力喷射动态转向辅助压裂

水力喷射动态转向是另一种选择性注入方法，可以降低对下方射孔层段机械封隔的要求。此项技术的一些关键特性见表 10.16。

表 10.16　水力喷射动态转向辅助压裂动态汇总表

注入路径	油套环空
射孔方法	水力喷射射孔
转向技术	动态转向
每次压裂段数（射孔簇数）	1 个层段
最大压裂段数	无限制
主要优点	射孔、压裂同时完成
	不需要封隔器、挡板或支撑剂段塞
	可用于套管缩径井
	可用于预射孔套管
完井设计限制	必须考虑油管内流体速度和压力
	衰竭层段需要临时封隔，避免环空过度漏失 油管内流体浓度限制为每喷嘴 12ppg❶
	喷射工具寿命限制为每喷嘴 200000lb 支撑剂

---

❶　1ppg（lb/gal）＝ 0.1198g/cm³。

该方法与"水力喷射辅助压裂法汇总表"中所描述的方法非常相似。最大的区别在于，液压喷射必须先经过套管和水泥环才能接触储层岩石。该方法特别适用于套管完整性受到损害的情况，如预先射孔的套管、套管开窗、套管开裂或滑套过早打开的情况，以及常规储层封隔技术难以应用或无法应用的情况。

该方法的另一个优点是，通过油管泵入支撑剂和酸等提高导流能力的材料，所需的流体体积比通过环空或套管泵入的流体体积小。这意味着此工艺中使用的流体体积小于其他工艺。

该工艺采用动态转向，亦适用于先前压裂层段的重复压裂。

10.4.7 水力喷射射孔和支撑剂段塞转向井下混合

在井下混合液体是一种创新解决方案，使泵送作业具有极大的灵活性。此项技术的一些关键特性见表10.17。

表10.17 水力喷射射孔和支撑剂段塞导流井下混合汇总表

注入路径	油套环空
射孔方法	水力射孔
转向技术	支撑剂段塞
每次压裂段数（射孔簇数）	1~3个层段，通常是1个
最大压裂段数	无限制
主要优点	井底控制支撑剂分布
	过早砂堵应急措施
	储层转向技术灵活
完井设计限制	连续油管管柱为2⅜in或更大
	混合连续油管管柱组合（组合油管和连续油管）
	复合支撑剂浓度受到限制（<5ppg）

有些储层为中等脆性和脆性岩石，具有明显非均质性，包含薄弱段和天然裂缝。在这种低应力各向异性岩层中，水力压裂形成的裂缝系统较复杂，是由水力裂缝和延伸的天然裂缝组成的缝网，而不是常规的双翼平面裂缝。在此类岩层中进行压裂可能很难控制支撑剂浓度并同时避免砂堵。通常，在压裂过程中支撑剂浓度的微小变化很可能会导致砂堵。要求在地面按比例混合出一整根套管或整个工作管柱体积的支撑剂后，整体进行校正。针对这样的情况，另一个更好的方法就是在井下调整支撑剂浓度，从而让压裂施工过程更灵活可控（图10.13）。这样的解决方案不但能够对可能出现的砂堵做出即时反应，同时还能提供一些临时应变的压裂方案，通过转向技术增强裂缝系统的连通性。

具有明显非均质性和低应力各向异性的储层岩石在水力压裂过程中产生分支缝的概率大大增加（EAST等，2010；Stanojcic和Rispler，2010），能够增加与岩石基质的接触面积。岩石的非均质性，例如天然裂缝、裂隙、内生裂隙和其他薄弱面，可能会产生与最大水平应力方向成一定角度的剪切裂缝（图10.14）。如果在水力压裂过程中观察到流体压力高于预期压力，可能表明压裂液已完全填充了剪切裂缝，地面泵车压力随储层应力增大而提高

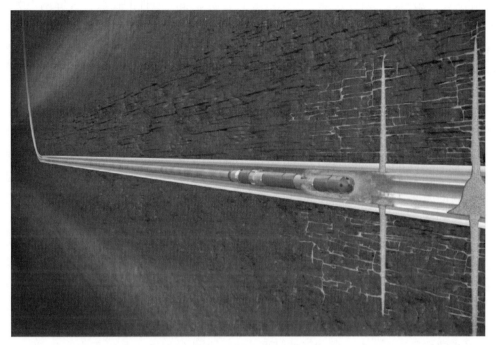

图 10.13　井下混合示意图

通过连续油管注入高浓度支撑剂，再通过环空泵入清水。在每个压裂层段结束时，用支撑剂充填来实现层段封堵。井下混合技术是通过调整油管和油套环空的排量来调整支撑剂浓度

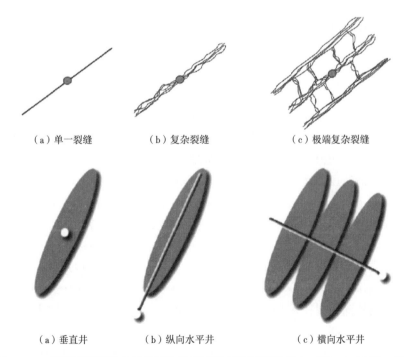

（a）单一裂缝　　　　　（b）复杂裂缝　　　　　（c）极端复杂裂缝

（a）垂直井　　　　　（b）纵向水平井　　　　　（c）横向水平井

图 10.14　解释不同程度的裂缝复杂性和裂缝间距引起的应力（Warpinski 等，2008）

（Ramurthy 等，2009a）。研究发现，煤矿层等具有明显非均质性的储层，其缝网更为复杂，压裂作业过程实际上是压力扩散的过程，较高的储层应力可诱导地面压裂车压力到可接受的最高值。在对某些储层应力较高的页岩油藏压裂时，发现水力裂缝过于复杂可能会导致油井产能较低（Ramamurthy 等，2009b）。这一结论可以通过基本的储层认识和数值模拟进行验证。值得注意的是，在两个研究案例中，破裂梯度均非常高（1.19psi/ft 和 0.86psi/ft）。破裂梯度较低（<0.80psi/ft）的复杂裂缝才对油井产能具有积极的影响。

如果根据压裂诊断，认为预期的裂缝复杂性过高，则可修改压裂设计来避免这些影响，降低压裂作业压力，改善裂缝扩展效果。水力喷射射孔、降低排量、提高压裂液黏度或采用较小尺寸支撑剂颗粒（如 100 目的砂粒）等方法已成功降低了裂缝复杂性过高引起的储层应力过高的问题（Ramurthy 等，2009b）。多级压裂完井设计的一个最重要优势是能够防止出现过早砂堵，这是因为在地面混合的支撑剂在到达孔眼前需要经过套管或环空，一旦支撑剂浓度发生变化，完井管柱首先会被砂卡。如果支撑剂浓度变化过大，并且压裂压力显示出现过早砂堵，那么只能启动洗井并寄希望于砂堵条件下可在套管或环空中排出支撑剂。通常的方法是设计保守浓度的支撑剂方案，确保不发生砂堵现象。

压裂过程中，增大井底压力可生成更复杂的缝网，有效增加储层的渗流面积。通过设计设定较高的地面泵车的压力能够向储层的缝网施加更高的应力，从而使天然裂缝扩大或延伸，提高储层导流性。微地震裂缝特征图表明，某些储层在压裂过程中产生的缝网越复杂，其初期产能就越高。

水力喷射射孔井下混合支撑剂的压裂方法使压裂作业更具灵活性。利用独特的投球驱动 BHA 来启动水力喷射射孔，球从连续油管落入喷射接头下方的球座，使流体通过喷射接头进行转向。在完成射孔和裂缝起裂后，投球被反向循环至地表。高浓度支撑剂（浓度为 18~20lb/gal）通过连续油管泵入井下，在专用混合接头中与经环空泵入的压裂液混合，然后经 BHA 排出。通过改变连续油管和环空中流体的排量，可得到不同浓度的支撑剂和压裂注入排量。

这种改变流速和井下支撑剂浓度的能力实现了对射孔中压裂支撑剂方案的按需控制和实时控制。如果存在潜在过早砂堵现象，可停止油管泵液，同时继续在环空中泵入清洁压裂液向地层内顶替，当压力变化表明潜在砂堵现象不再明显时，继续进行加砂压裂。在出现砂堵后持续泵入清洁压裂液会导致压裂压力下降，表明流体将从当前储层转向至新的未压裂的储层，从而增强了与岩层的连通性。在压裂结束时特意形成射孔砂堵，可以在保证孔眼附近地层导流能力的同时，形成支撑剂段塞，封隔先前的压裂层段。

连续油管和 BHA 也可用来洗井，使系统能够进行一趟管柱多级压裂的完井作业。截至目前，单井注入支撑剂超过 $40×10^5$ lb 的压裂作业可进行 30 级的单段压裂。

基于提高压裂作业压力的设计思想，催生了能够在储层内实现裂缝转向的多种压裂技术。但采用储层内转向压裂技术很难预测裂缝行为，与常规工艺相比，其对井下支撑剂浓度的控制灵活度要求更高。例如，如果突然出现压力峰值，则油管内流体流速应下降，而环空内流体流速增加，复合流体在射孔处的支撑剂浓度会降低，从而避免出现过早砂堵（图 10.15）。通过即时响应处理，为实现储层内裂缝按需转向提供了更大的灵活性。

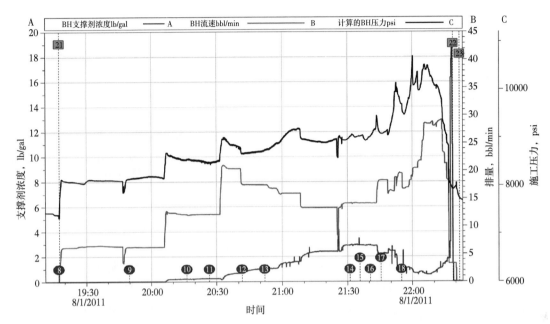

图 10.15　鹰滩页岩段 HP-DM 压裂曲线图。压力峰值和断裂表明已实现裂缝转向

10.5　重复压裂

　　许多已经压裂过的水平井储层对重复压裂响应良好。初始水平井完井可能包括裸眼分支井完井、割缝筛管完井、孔眼筛管完井和滑套筛管完井。重复压裂方法的规模大小不一，涵盖大排量套管注入大规模压裂以及用于近井增产的小规模压裂（利用连续油管对近井地层实施有针对性的压裂）。可根据多个因素和目标选择合适的压裂技术和压裂规模。本节的目的是确定重复压裂法最重要的设计参数，并提供风险最小、效果最好的经验方法。本节还重点介绍了 HJAF 与连续油管的结合使用。

　　进行重复压裂有两个原因：一是由于以下任何原因造成裂缝导流能力完全或部分丧失；二是希望生成更好的裂缝形态，或者减小裂缝间隔实现更高效的储层泄油。下列一种或多种情况可能导致裂缝丧失导流能力：

　　（1）支撑剂破碎或嵌入地层；

　　（2）地层微粒运移到裂缝中的支撑剂充填层，造成井筒附近堵塞；

　　（3）井筒地带结垢，影响地层微粒运移导致堵塞；

　　（4）与储层流体发生化学反应导致导流能力下降。

　　原因可能是初次压裂增产措施无效或完井设计方案不理想。这种影响的原因可能包括缝高控制较差、支撑剂混液情况不好、裂缝导流能力自然丧失或因裂缝间距过大而无法达到最佳泄油效果。水平井多级压裂的另一个重要问题是支撑剂在不同压裂段的分布不均匀。改善压裂液组成、使用更合适的支撑剂、预防导流能力随时间下降及更有效的支撑剂充填技术均可产生更好的压裂效果。

Surjaatmadja 和 Gijtenbeek (2011) 详细讨论了关于支撑剂和支撑剂伤害的各种问题。认为喷出的砂撞击硬岩石或喷嘴侧壁会造成伤害的观点在大多数情况下是错误的。虽然这两个因素确实造成了一定程度的支撑剂伤害，但它们的影响微乎其微。大量测试表明，支撑剂从来没有被撞碎过，相反，它们在承载张力时会受到伤害。当速度大于 530ft/s 时，喷嘴内巨大的加速度便会将砂粒"拉成"碎片。测试结果表明，陶瓷支撑剂对这种失效机制更具抵抗力，陶瓷支撑剂可在 750ft/s 的喷射速度下保持完整。与预测结果一样，计算结果表明铝土矿能够抵抗 1000ft/s 以上的喷射速度，这个速度在试验期间并未进行测试（注意铝土矿在试验期间并未损坏）。第四章曾讨论了流体汇流问题。但是，由于重复压裂过程也涉及该问题，本章将对此进行进一步讨论。此外还将讨论支撑剂分布不均的问题。

10.5.1　横向裂缝内的汇流

如第四章所述，横向裂缝内部的汇流主要出现在井筒附近，压裂设计时需要考虑诸多因素。随着裂缝导流能力下降，产能也迅速下降（图 10.16 和图 10.17）。即使垂直裂缝与垂直井筒相交时具有合理的无因次裂缝导流能力，汇流的影响也可能很明显。因此，将井筒附近无因次裂缝导流能力设计为 100 左右较为合理。同时最好采用高强度、高渗透支撑剂尾随注入。虽然可能发生支撑剂过顶替，但是必须控制程度，确保避免近井处裂缝闭合（Soliman 等，2012a），过顶替设计准则见表 10.18。如果不能确保井与裂缝之间连通良好，将会对产能产生非常不利的影响。非达西效应也将使油井产能进一步降低。

表 10.18　最大容许过顶替参数

杨氏模数，psi	5000000	1000000	5000000	1000000
泊松比	0.25	0.25	0.3	0.3
闭合压力，psi	4000	4000	5000	5000
容许过顶替的最大长度，ft	10	2	7.7	1.5

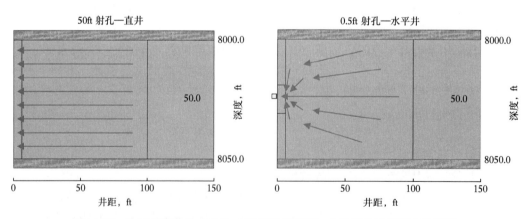

图 10.16　流过垂直井和水平井（具有横向裂缝）中裂缝的流体流动示意图

注意，水平井中的流体流动必须在井筒附近的裂缝汇合，才能流入与裂缝相交的井筒。

在直井情况下，射孔覆盖整个井段，裂缝中不存在汇流现象

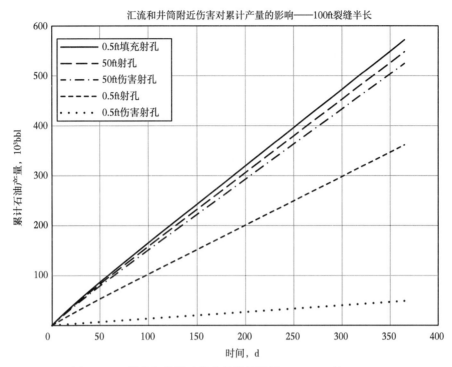

图 10.17　射孔条件影响的产量模拟结果（Soliman 等，2008）

图 10.17 显示了以下各案例的模拟结果：

（1）表示水平井累计产量预测，裂缝半长 100ft，无因次裂缝导流能力（C_{fd}）为 10，但在 C_{fd} 为 500 的近井区域（距井筒半径 6ft）除外，较高的近井裂缝导流能力抵消了汇流的影响；

（2）表示裂缝半长为 100ft、C_{fd} 为 10 的直井的预期累计产量。井筒在整个储层厚度进行射孔，流体流动无阻碍。该示例为传统设计方法；

（3）表示除井筒附近（距井筒半径 6ft）的导流能力稍低（$C_{fd}=1$）外，其他情况与（2）相同。注意，如果直井全井射孔，则井筒附近裂缝导流能力损失对产能影响很小；

（4）表示裂缝半长为 100ft、C_{fd} 为 10 的水平井的预期累计产量。造成产量下降的原因是井筒附近的汇流效应；

（5）表示除井筒附近的 F_{cd} 降低至 $C_{fd}=1$ 外，其他情况与（4）相同。结果表明，水平井横向裂缝的汇流和井筒附近导流能力的损失联合作用，使产量大幅下降。

Soliman 等人（2008）指出，补救的第一步是确定产能下降的原因，这通常包括单独层段的注入/压力恢复测试，通过这些测试能够判定问题出在井筒附近还是裂缝系统。图 10.18 和图 10.19 显示了如何根据压力恢复测试确定裂缝导流能力伤害的程度和深度。了解二者的差异，可以采取近井解决方案（或近井导流能力的恢复处理），往往比进行新一轮全面压裂处理更具经济效益。

10.5.2　支撑剂分布不均

需要进行多段压裂时，常在分支水平井趾端附近射 3~6 簇孔，同时压裂这些层段，用

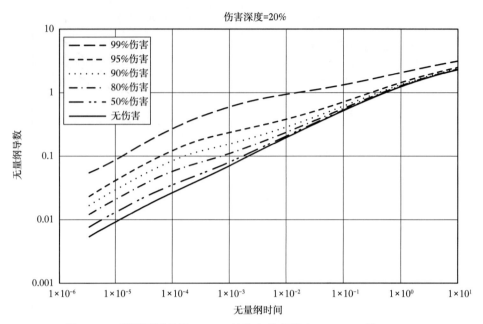

图 10.18　压降图显示了 $C_{\mathrm{fd}} = 50$ 的伤害程度影响 (Soliman 等, 2008)

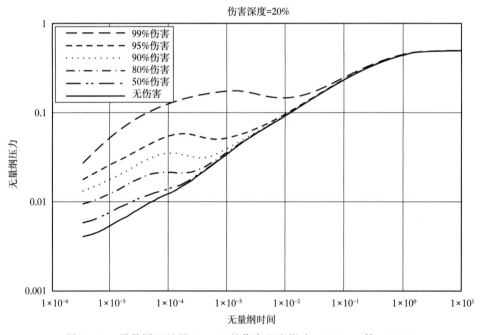

图 10.19　导数图显示了 $C_{\mathrm{fd}} = 50$ 的伤害程度影响 (Soliman 等, 2008)

可钻桥塞对层段进行封隔, 再沿井筒上行方向重复这一过程。压裂段数、射孔簇数及簇间距主要取决于实际可实现的套管压裂排量。该技术应用案例中, 最大排量超过 150bbl/min。

　　然而, Daneshy (2011) 和 CReso 等人 (2013) 提出的流体力学模型仿真结果表示, 尽管流量分布均匀，但各个射孔簇内支撑剂的分布很可能并不均匀（图10.20）。有些射孔簇分配到的支撑剂很少，甚至根本未分配到支撑剂。这一结论得到了许多现场操作人员的支持，如 Cipolla 等人（2012）认为，许多射孔簇的产能与理论计算相差甚远。

或者，井筒下行方向较高浓度的携砂液可能会导致最长的裂缝过早发生砂堵现象，导致压裂液转向至射孔上行方向，这会使一些裂缝因缺少支撑剂而产能不足。

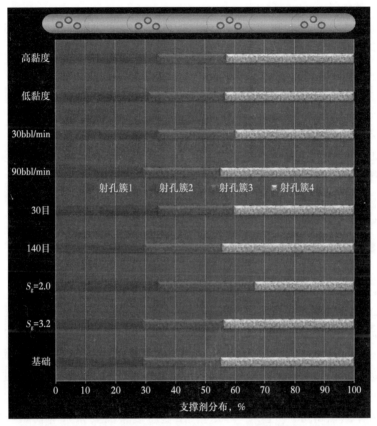

图 10.20　采用单层段 4 簇完井 CFD 进行支撑剂分布模拟

尽管每个射孔簇中的流体分布相等，但最下行方向的射孔簇支撑剂浓度最高，
上行方向的射孔簇支撑剂浓度最低（Daneshy，2015）

如果裂缝支撑剂浓度不足或裂缝长度较短，那么这些裂缝更适合重复压裂。这种情况下重复压裂设计规模最好与原有预期设计规模类似。设计难点在于确定对哪些裂缝进行重复压裂更具经济效益。

10.5.3　水平井重复压裂完井的衰竭问题

由于初次压裂后经过几年才可进行重复压裂，所以产油层会出现部分衰竭，从而降低地层压力；这些衰竭对压裂作业、预期采收率及应力变化相关的压裂设计均有影响。下文对此类影响进行了简单讨论。预计重复压裂后油井的产能将会提高，但很难达到最初压裂时的产能水平。预计重复压裂过程中地层漏失会很严重、压裂液的采收率较低。

衰竭储层裂缝带处应力较低，进而导致产油层与相邻层之间的应力差较大，这将导致裂缝生长高度受到限制。如果初始裂缝被堵塞，压裂可能会重新定向。Soliman 等人（2008，2012b）详细讨论了储层衰竭对应力的影响。已有案例表明，初次压裂后油井生产时间为 6 年，经过重复压裂后，产能可能超出初始完井产能水平（Ely 等，2000）。

因为已经是压裂过的裂缝了，所以应该采用层间封隔或转向技术，而限流法难以满足需求。现有的转向技术包括封堵球转向、颗粒转向、跨式封隔器封隔和动态转向技术。

10.5.4　重复压裂恢复近井导流能力

有关导流能力损伤机制的实验室研究证明，射孔区的裂缝堵塞会对产量造成显著影响。如果在初始完井中采用的射孔数量较少，例如限流射孔技术，支撑剂嵌入、地层微粒运移和凝胶残留可能是造成近井导流能力减弱的重要因素。

导流能力保持技术能够帮助减少支撑剂嵌入和微粒运移现象，有助于保持和提高长期产能。这项技术可应用于最初未采用导流能力保持产品完井的油井，其作为一种补救措施，能够冲走堵塞微粒，并将微粒锁在远离井筒的位置。这些补救措施采取的支撑剂注入技术包括采用连续油管干预及转向技术。为改善近井导流能力问题而研发的工艺还包括采用近井地层固结流体。

10.6　重复压裂法

水平井重复压裂技术的应用越来越广泛，特别是在页岩完井领域。当然，所采用的压裂方法往往不如确定初次压裂方案时那样慎重。通常沿整个分支井筒进行射孔，预计会出现一些衰竭问题，同时新射孔的转向问题也更为复杂。

已开发油田中有效重复压裂活动的工作流程与初始油田开发的工作流程差异很大。其中最重要的是选井工作流程，通常需要进行神经网络分析来确定产能不足、但具有较大增产潜力的油井（Shelley 和 Grieser，1999）。首先应尽早确定潜在的伤害机制（例如结垢、支撑剂嵌入、近井导流能力损失、压裂液混合不匀或支撑剂无效等），再通过重复压裂提高油井产能。

在某些情况下（Schraufnagel 等，1993），重复压裂不需要泵入与初始压裂等体积的压裂液来达到有效效果。事实上，泵入少量压裂液来恢复近井裂缝导流能力更加有效、且更具经济效益。具有横向裂缝的水平井，近井导流能力的损失对长期生产极为不利（Soliman 等，1990，2007）。

在其他情况下，重复压裂有利于裂缝转向技术，可获得更大的储层压裂体积。初始生产使储层衰竭，从而改变储层应力。重复压裂能够进一步改变应力方向，以产生更复杂的缝网，扩大与新岩层的接触面积。裂缝转向技术与微地震裂缝测绘诊断技术、光纤分布式温度监测和全井筒分布式声响应监测相结合，可实时优化重复压裂方案。

10.6.1　用于恢复近井导流能力的跨式封隔器重复压裂

跨式封隔器压裂系统可用于重复完井和重复压裂作业。此项技术的一些关键特性见表 10.19。

这种方法类似于"通过连续油管注入进行套管井跨式封隔器封隔汇总表"中所描述的方法。在许多情况下，在重复压裂完井中，衰竭储层可能需要泵入氮气或二氧化碳泡沫等增能流体，以提高压裂液返排率。安装在连续油管上的跨式封隔器可与增能流体有效配合。此外，通过跨式封隔器系统，可有效封隔之前压裂绕过的层段。

表 10.19　用于恢复近井导流能力的跨式封隔器重复压裂

注入路径	连续油管
射孔方法	预射孔
导流技术	跨式封隔器封隔
每次压裂段数	单层段
最大压裂段数	无限制
主要优点	压裂设备到位前完成射孔
完井设计限制	泵速限制 35ft/s
	连续油管尺寸限制 2⅜in
	环空必须留有流体以监测 BHA 上方射孔穿透情况

选择适用于该方法的压裂液类型时，需要考虑所有储层的衰竭程度。例如，若出现早期砂堵现象，采用增能流体能够帮助回收残留在油管中的支撑剂携砂液。在这种情况下，油管内打压，丢手封隔器系统，跨式封隔器系统将被推至所有射孔段上方，重新坐封并反向循环到其他压裂层段继续完井。

一般情况下，重复压裂与正常压裂作业的步骤相同。例如，需要确定以下几点：

（1）所提及地层的渗透率：是否足以提供经济产能？如果可以，则必须采用改善近井导流能力的溶液；通常情况下，采用 HCl（用于碳酸盐岩）或 HF 酸（用于砂岩）进行现场酸化。虽然这种推理是合理的，但是经证明，采用压裂等更激进的方案能够获得更好的效果；

（2）岩石类型：储层中的岩石包括碳酸盐岩/白垩系储层、砂石、页岩和煤。显然，在大多数情况下，应选择支撑剂压裂。只有当岩石在酸中的溶解度大于 90% 时（例如碳酸盐岩或白垩），才采用酸化压裂；

（3）衰竭层位或区域可能比其他层位或区域吸收液体的能力更强。在这种情况下，必须采用临时封隔技术，例如机械封隔（封隔器/桥塞或滑套）、化学封隔（厚凝胶）或其他转向材料（可生物降解的微粒）。当采用颗粒导流材料时，建议与支撑剂配合使用，使该层位在压裂结束后产能良好。

与初始钻井（新井）相比，上述第 3 点在重复压裂井中更普遍。可以看出，与压裂增产相比，重复压裂在施工前需要进行更多的油井评价。如图 10.21 所示，为了确定是否需要导流辅助，可进行注入测试。使用步进速率测试数据进行调整以消除环空管柱摩擦压力，环空速率为 7.0bbl/min 时，显示出现了一个泄漏区。因此，裂缝扩展阶段，环空速率必须至少保持 7.0bbl/min，以防止泄漏。在 3000psi 和 10bbl/min 环空速率下发生实际起裂现象。在压裂前堵住泄漏区，可明显减少所需的环空处理量，降低作业风险。

10.6.2　颗粒转向重复压裂

颗粒转向技术可大幅提高重复压裂的作业效率，并将伤害降至最低。此项技术的一些关键特性见表 10.20。

在水平井完井作业中，转向的形式主要有层间转向（层间封隔）和缝内转向（储层转

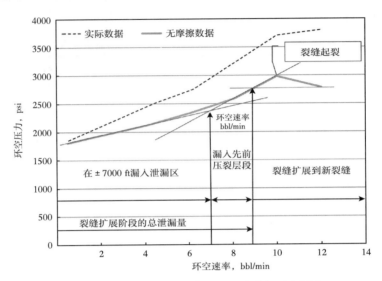

图 10.21   步进速率测试数据(环空速率与环空压力)

向)两种。这两种技术在重复压裂作业中各有优势,能够提高与新的低增产和未增产储层的连通性。将这些转向技术结合成单一的可执行工艺,能够进一步提高重复压裂效果和完井效率。

表 10.20   颗粒导流材料重复压裂

注入路径	套管
射孔方法	预射孔
导流技术	颗粒转向
每次压裂段数	通常小于 10 个层段
最大压裂段数	无限制
主要优点	可在连续泵送作业期间提供层段间转向和储层转向
完井设计限制	应根据储层响应和射孔数设计转向段塞

层间封隔技术涉及颗粒转向材料和孔眼密封球。可暂时封堵套管中的射孔孔眼,有效地将压裂液转向至未压裂的射孔上。由于以前压裂生产的射孔可能与新射孔的大小和形状不同,因此颗粒转向材料在这类完井中可能具有优势。

在重复压裂时,颗粒转向材料还具有另一个明显优势,即储层转向。由于储层衰竭,岩石发生应力变化,使裂缝方向发生改变。裂缝中放置的转向材料可以起到"架桥"作用,会使裂缝扩展压力升高,使裂缝重新定向并延伸。

有效采用这些转向技术还需要结合实时微地震裂缝测绘提供的压裂诊断、光纤分布式温度传感和/或压裂压力响应的实时分析。微地震裂缝测绘诊断技术可通过进行裂缝方向测绘来评价颗粒转向材料对储层导流的影响,而分布式温度诊断法则可对井筒内部进行诊断,用于评估层段封隔和井筒转向的效果。压裂压力诊断能够提示导流活动,在恒定排量下,净压力的升高或降低就是其中一个指标。

固体颗粒转向材料包括盐或聚乳酸等其他可溶性微粒，并且对应不同的粒度（从 8 目、12 目到 100 目粒度）和溶解度范围。在井生产过程中，颗粒不应对导流能力造成伤害。虽然目前有多种铺置技术，但最常用的方法是在支撑剂段中泵送预定导流材料"段塞"，同时通过套管连续泵入处理液。

10.6.3　水力喷射辅助压裂技术在重复压裂中的应用

动态转向提供了另一种用于重复压裂作业的选择性注入方案。此项技术的一些关键特性见表 10.21。

表 10.21　水力喷射辅助压裂技术在重复压裂中的应用

注入路径	油管和环空
射孔方法	水力喷射
导流技术	动态
每次压裂段数	单层段
最大压裂段数	无限制
主要优点	水力喷射辅助压裂不依赖机械封隔
完井设计限制	喷射工具需要解决衰竭层段的高漏失率问题，每个喷射工具使用周期内最多处理 200000lb 支撑剂

如果选择酸化压裂，则酸化挤注可与水力喷射辅助压裂法结合使用。这种组合技术可能是酸化处理的首选方法。有时也会采用其他方法，例如采用跨式封隔器、凝胶封隔器和砂塞等。早期应用已经证明了水力喷射辅助压裂对重复压裂有效。

首次应用水力喷射辅助压裂技术进行重复压裂的油井是一口裸眼水平井，位于一个衰竭严重的碳酸盐岩地层。这口油井已产油 30 多年，产量几乎为零。多次采用常规技术对该井进行重复压裂，每次压裂后日产油量小于 3~4bbl，并迅速降至零。当时，由于水力喷射辅助压裂技术尚未经验证，因此选择这口井作为试验井；该技术可在 8 个不同的位置准确地产生多个裂缝，不需要任何机械封隔。这项作业于 1997 年完成（Love 等，2001），8h 内完成了所有 8 个层段进行压裂。（这实际上具有历史性意义，因为当时类似的作业通常需要数周时间才能完成。）结果"比较"满意，处理后日产油量约为 50bbl，且维持了很长一段时间，6~8 个月后最终日产油量下降至 30bbl。施工过程还采用了不同的放射性示踪剂，以确认每个压裂段都在预定位置。自那时起，许多油井都采用大型组合管柱和修井机进行重复压裂（Rees，2001；Surjaatmadja 等，2002b）。但由于采用了大型组合管柱，需要拆除生产油管及 BHA，才能使大型组合管柱及其相关工具进入井筒。

在任何情况下，采用水力喷射辅助压裂法进行重复压裂时，该工艺与"水力喷射辅助压裂法汇总表"中讨论的内容基本相同。特别是在采用该工艺加砂或注入支撑剂的情况下，这一点尤其正确。然而，在选择酸化压裂时，必须考虑以下几点。

（1）基质酸化：如果表皮系数为 0，能够实现经济生产，则可选择进行基质酸化。该工艺可消除伤害。

（2）定点酸化：与第（1）点相同，但必须采用合理的井干预手段，如连续油管输送到预定地点。此工艺比第（1）点更受青睐的原因是，酸往往在顶部或跟部附近消耗，因此会留下一个大的空腔。

（3）酸洗：采用连续油管在岩石表面喷射，从而进一步提高产量。通过小喷嘴泵入酸来清除（清理）堵塞（妨碍）生产的沉积物；

（4）HJAFNWB：绕过近井伤害区域进行酸化压裂——生成（非常）小的裂缝或开放的天然裂缝；

（5）HJAF：生成中到大型裂缝，以实现最大产能。

虽然每个酸化压裂方法都比上一个更好［第（1）点除外］，但受实际情况限制，可能无法选择最佳方法。人们担心当压裂层段靠近油水界面时，压裂缝可能延伸至水层，HJAF可能导致大量产水；或者，如果不采用连续油管，则难以实施定点酸化。

随着 HJAF 技术的不断改进，将 HJAF 和 HJAFNWB 技术相结合可能会成为新的趋势。酸化压裂尤其如此，因为需要采用工具和连续油管。已将这种组合方法应用于几口井，并取得了很大成功（Surjaatmadja 等，2011；Chimalgi 等，2013）。

然而，许多老井可能设有 BHA，很难在不破坏油井的情况下取出这些 BHA。这种特殊情况在中东地区很常见。这意味着，如果必须采用 HJAF，工具必须能够通过小直径生产油管。更糟糕的是，许多裸眼水平井井径较大。因此，任何能够穿过油管的喷射工具外径都很小，无法进行有效的液压喷射。

在连续油管上安装压力驱动弯曲工具不失为一种解决方案，如图 10.22 所示，该工具可在施加压力时向目标层段弯曲。目前市场上有一些类似工具，但图中所示工具最为紧凑，且能够通过 2.5in 的小型生产油管。在布置和加压时，工具弯曲，从而缩短与井壁之间的喷射距离。在这些井中，采用了 HJAF 和 HJAFNWB 组合形式。这个工艺很简单：以较高的速率泵出"黏稠"酸，同时以略低于裂缝起裂压力的压力对环空进行加压（从而因伯努利效应启动裂缝）；继续泵送，直至产生预期的裂缝长度；然后降低环空压力，缓慢拉动连续油管。后一步产生 NWB 效应，从而提供了进入井筒的最大流道。这两个步骤重复多次，直到完成整个油井的压裂。压裂效果令人满意，产量得到大幅提高，达到了该油井的原始产量水平（AlHamad 等，2012；Surjaatmadja 等，2013）。

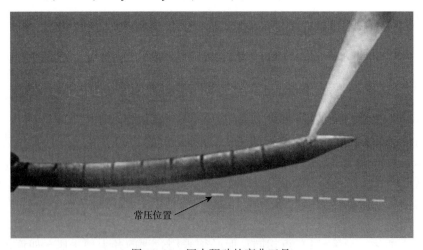

常压位置

图 10.22　压力驱动的弯曲工具

参 考 文 献

［1］ A1 Hamad, A., Abdul‐Razaq, E., A1 Bahrani, H., Surjaatmadja, J. B., Bouland, A., Turkey, N., ... Gazi, N. H. 2012, Jan. 1. Unique Process and Tool Provides Better Acid Stimulation and Better Production Results. Society of Petroleum Engineers, doi: 10. 211^/163384‐MS.

［2］ Allison, D., Bryant, J., and Butler, J. 2013, Nov. 5. Hydrocarbon Recover ^^ Boosted by Enhanced Fracturing Technique. Society of Petroleum Engineers, doi: 10. 2118/167182‐MS.

［3］ Barclay, D. A., Trodden, I. C., Allam, R. D., and Chisholm, A. W. 2009, Jan. 1. First North Sea Application of Pinpoint‐Stimulation Technolog to Perforin a Rig‐Based Acid Fracture Treatment Through CT. Society of Petroleum Engineers, doi: 10. 2118/121483‐MS.

［4］ Barkved, 0., Heavey, P., Kjelstadli, R., Kleppan, T., and Kristiansen, T. G. 2003, Jan. 1. Valhall Field‐Still on Plateau after 20 Years of Production. Society of Petroleum Engineers, doi: 10. 2118/83957‐MS.

［5］ Bosio, J. C., Fincher, R. W., Giannesini, J. F., and Hatten, J. L. 1987, Jan. 1. ［11］ HORIZONTAL DRILLING‐A NEW PRODUCTION METHOD. World Petroleum Congress.

［6］ Burtsev, A., Ascanio, F. A., Mollinger, A. M., Kuvshinov, B., and De Rouffignac, E. P. 2006, Jan. 1. Limited Entry Perforations in HVO Recovery: Injection and Production in Horizontal Wells. Society of Petroleum Engineers, doi: 10. 211^^102656‐MS.

［7］ Butter, M. K. 2006, Jan. 1. The Potential of Multiple Fractured Horizontal Wells in Layered Reservoirs. Society of Petroleum Engineers, doi: 10. 2118/102633‐MS.

［8］ Chimmalgi, V. S., Al‐Humoud, J., Al‐Sabea, S., Gazi, N., Bardalaye, J., Mudavakkat, A., ... El‐mofti, M. 2013, Mar. 10. Reactivating a Tight Carbonate Reservoir in the Greater Burgan Field: Challenges, Options and Solutions. Society of Petroleum Engineers, doi: 10. 2118/164248‐MS.

［9］ Cipolla, C. L., Maxwell, S. C., and Mack, M. G. 2012, Jan. 1. Engineering Guide to the Application of Microseismic Interpretations. Society of Petroleum Engineers, doi: 10. 2118/152165‐MS.

［10］ Crespo, F., Soliman, M., Bokane, A., Deshpande, Y., Kunnath Aven, N., Cortez, J., and Jain, S., 2013, Feb. 4. Proppant Distribution in Multistage Hydraulic Fractured Wells: A Large‐Scale Inside‐Casing Investigation. Society of Petroleum Engineers, doi: 10. 2118/163856‐MS.

［11］ Daneshy, A. A. 2011, Jan. 1. Hydraulic Fracturing of Horizontal Wells: Issues and Insights. Society of Petroleum Engineers, doi: 10. 211^^140134‐MS.

［12］ Daneshy, A. A. 2015, Feb. 3. Dynamic Interaction Within Multiple Limited Entry Fractures in Horizontal Wells: Theory, Implications, and Field Verification. Society of Petroleum Engineers, doi: 10. 2118/173344‐MS.

［13］ Demarchos, A. S., Porcu, M. M., and Economides, M. J. (2006, Jan. 1). Transverse Multi‐Fractured Horizontal Wells: A Recipe for Success. Society of Petroleum Engineers, doi: 10. 2118/102262‐MS‐Durham, L. S. (2012). Austin Chalk Getting Another Look. AAPG Explorer Archives, July.

［14］ Durham, L. S. 2012. "Austin Chalk Getting Another Look," AAPG Explorer Archives, July 2012.

［15］ East, L. E., Grieser, W., McDaniel, B. W., Johnson, B., Jackson, R., and Fisher, K. 2004, Jan. 1. Successful Application of Hydrajet Fracturing on Horizontal Wells Completed in a Thick Shale Reser^^oir. Society of Petroleum Engineers, doi: 10. 2H^/91435‐MS.

［16］ East, L. E., Rosato, M. J., Farabee, M., and McDaniel, B. W. 2005, Jan. 1. Packerless Multistage Fracture‐Stimulation Method Using CT Perforating and Annular Path Pumping. Society of Petroleum Engineers. doi: 10. 211/96732‐MS.

［17］ East, L. E. , Soliman, M. Y. , and Augustine, J. R. 2010, Jan. 1. Methods for Enhancing Far – Field Complexity in Fracturing Operations. Society of Petroleum Engineers, doi: 10. 2118/133380-MS.

［18］ Eberhard, M. J. , Surjaatmadja, J. , Peterson, E. M. , Lockman, R. R. , and Grundmann, S. R. 2000, Jan. 1. Precise Fracture Initiation Using Dynamic Fluid Movement Allows Effective Fracture Development in Deviated Wellbores. Society of Petroleum Engineers, doi: 10. 2118/62889-MS

［19］ El Rabaa, W. 1989, Jan. 1. Experimental Study of Hydraulic Fracture Geometry Initiated from Horizontal Wells. Society of Petroleum Engineers, doi: 10. 2118/19720-MS.

［20］ Ely, Tiner, J. W. , Rothenberg, R. , Krupa, A. M. , McDougal, F. , Conway, M. , and Reeves, S. 2000, Jan. 1. Restimulation Program Finds Success ICn Enhancing Recoverable Reserve. Society of Petroleum Engineers. doi: 10. 211^63241-MS.

［21］ Glasbergen, G. , Todd, B. L. , Van Domelen, M. S. , and Glover, M. D. 2006, Jan. 1. Design and Field Testing of a Truly Novel Diverting Agent. Society of Petroleum Engineers, doi: 10. 2118/102606-MS.

［22］ Hill, O. F. , Ward, A. J. , and Clark, C. 1978, Dec. 1. Austin Chalk Fracturing Design Using a Crosslinked Natural Polymer as a Diverting Agent. Society of Petroleum Engineers, doi: 10. 2118/6869-PA.

［23］ Hoch, O. F. 2005, Jan. 1. The Dry Coal Anomaly – The Horseshoe Canyon Formation of Alberta, Canada. Society of Petroleum Engineers, doi: 10. 2118/95872-MS.

［24］ Layden, R. L. 1971. The Story of Big Wells. CGACS, Trans. Vol1. pp. 245-256.

［25］ Li, G. , Sheng, M. , Tian, S. , Huang, Z. , Li, Y. , and Yuan, X. 2012, Jan. 1. New Technique: Hydra-jet Fracturing for Effectiveness of Multi–Zone Acid Fracturing on an Ultra Deep Horizontal Well and Case Study. Society of Petroleum Engineers, doi: 10. 2118/156398-MS.

［26］ Lonnes, S. B. , Hall, T. , Nygaard, K. , Sorem, W. , and Tolman, R. 2005, Jan. 1. Advanced MultiZone Stimulation Technology. Society of Petroleum Engineers, doi: 10. 2118/95778-MS.

［27］ Love, T. G. , McCarty, R. A. , Surjaatmadja, J. B. , Chambers, R. W. , and Grundmann, S. R. 2001, Nov. 1. Selectively Placing Many Fractures in Openhole Horizontal Wells Improves Production. Society of Petroleum Engineers. doi: 10. 2118/74331-PA; 1998, Jan. 1. doi: 10. 2118/50422-MS.

［28］ Marsh, J. , Zemlak, W. M. , and Pipchuk, P. 2000, Jan. 1. Economic Fracturing of Bypassed Pay: A Direct Comparison of Conventional and Coiled Tubing Placement Techniques. Society of Petroleum Engineers, doi: 10. 2118/60313-MS.

［29］ Martin, R. , Baihly, J. D. , Malpani, R. , Lindsay, G. J. , and Atwood, W. K. 2011, Jan. 1. Understanding Production from Eagle Ford-Austin Chalk System. Society of Petroleum Engineers, doi: 10. 2118/145117-MS.

［30］ McDaniel, B. W. 2014, Dec. 10. Mature Assets to Unconventional Reservoirs: CT Deployed Hydrajet (Abrasive) Perforating Offers Many Stimulation Alternatives. International Petroleum Technology Conference, doi: 10. 2523/17982-MS.

［31］ McDaniel, B. W. , East, L. , and Hazzard, V. 2002a, Jan. 1. Overview of Stimulation Technology for Horizontal Completions without Cemented Casing in the Lateral. Society of Petroleum Engineers, doi: 10. 2118/ 77825-MS.

［32］ McDaniel, B. W. , Marshall, E. J. , East, L. E. , and Surjaatmadja, J. B. 2006, Jan. 1. CT – Deployed Hydrajet Perforating in Horizontal Completions Provides New Approaches to Multi-Stage Hydraulic Fracturing Applications. Society of Petroleum Engineers, doi : 10. 2118/100157-MS.

［33］ McDaniel, B. W. , Surjaatmadja, J. B. , Lockwood, L. , and Sutherland, R. L. 2002b, Jan. 1. Evolving New Stimulation Process Proves Highly Effective in Level 1 Dual – Lateral Completion. Society of Petroleum

Engineers, doi: 10. 2118/78697-MS.

[34] McDaniel, B. W. , Willett, R. M. , and Underwood, P. J. 1999, Jan. 1. Limited-Entry Frac Applications on Long Intervals of Highly Deviated or Horizontal Wells. Society of Petroleum Engineers, doi: 10. 2118/56780-MS.

[35] Owens, K. A. , Pitts, M. J. , Klampferer, H. J. , and Krueger, S. B. 1992, Jan. 1. Practical Considerations of Horizontal Well Fracturing in the "Danish Chalk. " Society of Petroleum Engineers, doi: 10. 2118/ 25058-MS.

[36] Ramurthy, M. , Barree, R. D. , Broacha, E. F. , Longwell, J. D. , Kundert, D. P. , and Tamayo, H. C. 2009a, Jan. 1. Effects of High Process-Zone Stress in Shale Stimulation Treatments. Society of Petroleum Engineers, doi: 10. 2118/123581-MS.

[37] Ramurthy, M. , Lyons, W. S. , Hendrickson, R. B. , Barree, R. D. , and Magill, D. P. 2009b, Aug. 1. Effects of High Pressure-Dependent Leakoff and High Process-Zone Stress in Coal-Stimulation Treatments. Societyof Petroleum Engineers, doi: 10. 2118/107971-PA.

[38] Rees, M. J. , Khallad, A. , Cheng, A. , Rispler, K. A. , Surjaatmadja, J. B. , and McDaniel, B. W. 2001, Jan. 1. Successful Hydrajet Acid Squeeze and Multifracture Acid Treatments in Horizontal Open Holes Using Dynamic Diversion Process and Downhole Mixing. Society of Petroleum Engineers, doi: 10. 2118/ 71692-MS.

[39] Rodvelt, G. , Toothman, R. , Willis, S. , and Mullins, D. 2001, Jan. 1. Multiseam Coal Stimulation Using Coiled-Tubing Fracturing and a Unique Bottomhole Packer Assembly. Society of Petroleum Engineers, doi: 10. 2118/72380-MS.

[40] Rushing, J. A. , and Sullivan, R. B. 2003, Jan. 1. Evaluation of a Hybrid Water-Frac Stimulation Technology in the Bossier Tight Gas Sand Play. Society of Petroleum Engineers, doi: 10. 2118/84394-MS.

[41] Saaverdra, N. F. , Mamora, D. D. , Burnett, D. B. , and Platt, F. M. 1998, Jan. 1. Chemical Wellbore Plug for Zone Isolation in Horizontal Wells. Society of Petroleum Engineers, doi: 10. 2118/39647-MS.

[42] Sanders, G. S. , Weng, X. , and Ferguson, K. R. 1997, Jan. 1. Horizontal Well Fracture Stimulation Experience in Prudhoe Bay. Society of Petroleum Engineers, doi: 10. 2118/38607-MS.

[43] Sanford, J. , Flanagan, E. J. , Bruton, J. , Woomer, J. , Prince, J. C. , Landry, J. M. , and Hansen, C. 2010, Jan. 1. Multizone Single Trip (MST): Deepwater and Downward Recompletion Case Histories. Society of Petroleum Engineers, doi: 10. 2118/134681-MS.

[44] Schraufnagel, R. A. , Spafford, S. D. , and Conway, M. W. 1993, Jan. 1. Restimulation Techniques to Improve Fracture Geometry and Overcome Damage. Society of Petroleum Engineers, doi: 10. 2118/26198-MS.

[45] Seright, R. S. , and Liang, J. 1995, Jan. 1. A Comparison of Different Types of Blocking Agents. Society of Petroleum Engineers, doi: 10. 2118/30120-MS.

[46] Shelley, R. F. , and Grieser, W. V. 1999, Jan. 1. Artificial Neural Network Enhanced Completions Improve Well Economics. Society of Petroleum Engineers, doi: 10. 2118/52959-MS.

[47] Soliman, M. Y. , Daal, J. A. , and East, L. E. 2012a, Jan. 1. Impact of Fracturing and Fracturing Tech-niques on Productivity of Unconventional For^nations. Society of Petroleum Engineers, doi : 10. 2118/ 150949-MS.

[48] Soliman, M. Y. , Daal, J. A. , and East, L. E. 2012b. Fracturing Unconventional Formations to Enhance Productivity. Jrnl Natural Gas Science &Engg, 2012. pp. 52-67.

[49] Soliman, M. Y. , East, L. E. , and Ansah, J. 2008, Jan. 1. Well Completion Design for Tight Gas For^na-

tions. Society of Petroleum Engineers, doi: 10. 2118/114988-MS.

[50] Soliman, M. Y. , East, L. E. , and Pyecroft, J. F. 2007, Jan 1. Fracturing Horizontal Wells to Offset Water Breakthrough in Naturally Fractured Reservoirs. International Petroleum Technology Conference, doi: 10. 2523/11468-MS.

[51] Soliman, M. Y. , Hunt, J. L. , and El Rabaa, A. M. 1990, Aug. 1. Fracturing Aspects of Horizontal Wells. Society of Petroleum Engineers, doi: 10. 2118/18542-PA.

[52] Stanojcic, M. , and Rispler, K. A. 2010, Jan. 1. How to Achieve and Control Branch Fracturing for Unconventional Reser^oirs : Tw-o Novel Multistage -Stimulation Processes. Society of Petroleum Engineers, doi : 10. 2118/136566-MS.

[53] Surjaatmadja, J. B. 1996, May 1. New Hydrajet Tool Offers Better Horizontal Well Fracturing. Petroleum Society of Canada, doi: 10. 2118/96-05-03.

[54] Surjaatmadja, J. B. 1998, Jun. 16. Subteranian Fracturing Methods, US Patent 5, 765, 642.

[55] Surjaatmadja, J. B. , Al Hamadi, A. , and Ables, C. 2011, Jan. 1. Unique Self - Aligning Jetting Tool Provides Better Acid Stimulation and Better Production Results. Society of Petroleum Engineers, doi: 10. 2118/ 144051-MS.

[56] Surjaatmadja, J. B. , AL Hamad, A. M. , and Waheed, A. 2013, Apr. 15. Improving Production Using a Unique Self-Positioning Tool to Deliver Four Types of Acid Stimulations in a Well: Matrix Penetration, Acid Washing, Many Micro/Mini Fractures, and Large Fractures. Society of Petroleum Engineers, doi: 10. 2118/ 164692-MS.

[57] Surjaatmadja, J. B. , Bezanson, J. , Lindsay, S. D. , Ventosilla, P. A. , and Rispler, K. A. 2008a, Jan. 1. New Hydrajet Tool Demonstrates Improved Life for Perforating and Fracturing Applications. Society of Petroleum Engineers. doi: 10. 2118/113722-MS.

[58] Surjaatmadja, J. B. , East, L. E. , Luna, J. B. , and Hernandez, J. O. E. 2005, Jan. 1. An Effective Hydrajet-Fracturing Implementation Using Coiled Tubing and Annular Stimulation Fluid Delivery. Society of Petroleum Engineers, doi: 10. 2118/94098-MS.

[59] Surjaatmadja, J. B. , Grundmann, S. R. , McDaniel, B. , Deeg, W. F. J. , Brumley, J. L. , and Swor, L. C. 1998, Jan. 1. Hydrajet Fracturing: An Effective Method for Placing Many Fractures in Openhole Horizontal Wells. Society of Petroleum Engineers, doi: 10. 211^48856-MS.

[60] Surjaatmadja, J. B. , and Howell, M. 2009, Nov. 17. Hydrajet Bottomhole Completion Tool and Process, U. S. Patent7, 617, 871.

[61] Surjaatmadja, J. B. , and Howell, M. 2010 Mar. 9 Apparatus for Isolating a Jet Forming Aperture in a Wellbore Ser^icing Tool, U. S. Patent 7, 673, 673.

[62] Surjaatmadja, J. B. , McDaniel, B. W. , Case, L. , East, L. E. , and Pyecroft, J. F. 2008b, May 1. Consideration for Future Stimulation Options Is Vital in Deciding Horizontal Well Drilling and Completion Schemes for Production Optimization. Society of Petroleum Engineers, doi: 10. 2118/103774-PA.

[63] Surjaatmadja, J. B. , McDaniel, B. W. , Cheng, A. , Rispler, K. , Rees, M. J. , and Khallad, A. 2002a, Jan. 1. Successful Acid Treatments in Horizontal Openholes Using Dynamic Diversion and Instant ResponseDownhole Mixing-An In-Depth Postjob Evaluation. Society of Petroleum Engineers, doi : 10. 2118/ 75522-MS.

[64] Surjaatmadja, J. B. , McDaniel, B. W. , Clint, B. , East, L. E. , Schoolfield, C. , and Herbel, S. R. 2003, Jan. 1. Effective Stimulation of Multilateral Completions in the James Lime Formation Achieved by Controlled Individual Placement of Numerous Hydraulic Fractures. Society of Petroleum Engineers, doi : 10. 2118/

82212-MS.

［65］ Surjaatmadja, J. B. , McDaniel, B. W. , and Sutherland, R. L. 2002b, Jan. 1. Unconventional Multiple Fracture Treatments Using Dynamic Diversion and Downhole Mixing. Society of Petroleum Engineers, doi: 10. 2118/77905-MS.

［66］ Surjaatmadja, J. B. , and Van Gijtenbeek, K. A. W. 2011, Jan. 1. Recent Advancements in Hydrajet Perforating and Stimulation Provide Better Penetration and Improved Stimulation. Society of Petroleum Engineers, doi: 10. 2118/144121-MS.

［67］ Surjaatmadja, J. B. , Willett, R. , McDaniel, B. W. , Rosolen, M. A. , Franco, M. L. A. , dos Santos, F. C. R. , . . . Cortes, M. 2004, Jan. 1. Hydrajet-Fracturing Stimulation Process Proves Effective for Offshore Brazil Horizontal Wells. Society of Petroleum Engineers, doi: 10. 211^88589-MS.

［68］ Tollman, R. C. etal. Apr. 8, 2003. Method for Treating Multiple Wellbore Intervals, U. S. Patent 6, 543, 538.

［69］ Ugueto, G. A. , Huckabee, P. T. , and Molenaar, M. M. 2015, Feb. 3. Challenging Assumptions About Fracture Stimulation Placement Effectiveness Using Fiber Optic Distributed Sensing Diagnostics: Diversion, Stage Isolation and Overflushing. Society of Petroleum Engineers, doi: 10. 2118/173348-MS.

［70］ Van Gijtenbeek, K. A. W. , Shaoul, J. R. , and De Pater, H. J. 2012, Jan. 1. Overdisplacing Propped Fracture Treatments-Good Practice or Asking for Trouble? Society of Petroleum Engineers, doi: 10. 2118/154397-MS.

［71］ Warpinski, N. R. , Mayerhofer, M. J. , Vincent, M. C. , Cipolla, C. L. , and Lolon, E. 2008, Jan. 1. Stimulating Unconventional Reservoirs : Maximizing Network Growth While Optimizing Fracture Conductivity. Society of Petroleum Engineers, doi: 10. 2118/114173-MS.

11 利用测井数据和分析进行压裂设计

本文中的"测井"是指钻井液测井、电缆测井和随钻测井（LWD），分析人员可以通过这三种测井方式获取关键数据，并依据这些数据精确定位目标地层、计算其孔隙度、渗透率、油气含量以及潜在产能。借助适当的测井工具和方法，可以获取下列数据：

（1）总有机物含量（TOC）及其成熟度；

（2）孔隙度、渗透率和含气饱和度；

（3）岩性和矿物学特征；

（4）地质特征；

（5）结构特征、分层和裂缝；

（6）储层地质力学特征；

（7）水平井的最佳方位布置；

（8）增产和完井效果。

测井数据虽然具有重要价值，但只有在综合考虑整体岩石物理环境时才能发挥其最大价值。图 11.1 解释了如何将各种类型的测井和岩心数据进行整合从而获得非常规储层的总体概况。

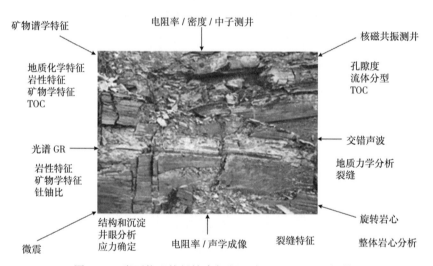

图 11.1 岩石物理特征综合解释（由 BakerHughes 提供）

开发非常规储层时，面临的挑战包括如何确定最有价值的测井参数，以及如何将各种类型的测井和岩心数据进行整合进而获得最佳解释。希望本章能对读者有所启发。

11.1 通过测井获得的地层弹性特征

通过地质力学可以确定岩石强度，并针对为实现油气经济型开采需要进行压裂增产的油井进行完井措施规划。确定页岩气储层段和/或天然裂缝密集储层段的薄弱部分至关重要，这些储层段需要通过压裂处理来进行互相连通。

对于常规储层，通常需要在实验室中受控条件下（即模拟实际储层条件下的覆岩应力和孔隙压力）进行岩心切割（完整直径或侧壁）和测试。此方法并不完全适用于非常规储层，由于非常规储层的岩石较脆，取样进行的敲击极易使其破碎或变形，因此无法获得足够的岩心样本进行测试。所以，应采用其他地层力学性能指标进行分析，通常需要采用特殊的声波测井工具来获得压缩声速和剪切声速。声速以"慢度"值表示，采用符号 *t* 表示，测量单位为 s/ft 或 s/m。

现代声波测井工具配备定向声源和定向声波接收器，其提供的信息有助于检测地层各向异性；工具中可能还包括可测量地层最大和最小应力方向的导航插件。

可根据声波测井数据与体积密度数据计算地层弹性常数。相关定义见表 11.1。

当 ρ_b 单位取 g/mL、Δt 单位取 μs/ft 时，系数 a 取 1.34×10^{10}。

表 11.1 地层弹性特征

泊松比	横向应变	$v = \dfrac{2 - (\Delta t_s^2 / \Delta t_c^2)}{2(1 - (\Delta t_s^2 / \Delta t_c^2))}$
	纵向应变	
剪切模量	外加应力	$G = \dfrac{\rho_b}{\Delta t_s} a$
	剪切应变	
杨氏模量		$E = 1.354 \times 10^{10} \rho_b \dfrac{4 - 3(\Delta t_s^2 / \Delta t_c^2)}{\Delta t_s^2 (1 - (\Delta t_s^2 / \Delta t_s^2))}$
比奥常数		$\alpha = 1 - C_{ma} / C_b$
体积压缩系数		$C_b \equiv \dfrac{3(2 - 2v)}{E}$

11.2　测井工具要求

裸眼电缆测井工具是适用于垂直井和近垂直井的一种标准数据采集工具。但在非常规储层开发过程中，通常要钻大斜度和/或水平井，这给正常的电缆测井作业带来一定难度。为了解决这一问题，可在特制钻铤上安装测井传感器，或使用钻杆将标准电缆测井工具送至井底。根据具体情况，有时采用随钻测井法效果更好。

电缆测井传感器对各种物理地层特征和储层流体性质都很敏感。此外，电缆测井传感器在常规储层测井分析和地层评价方面也发挥重要作用（Bateman，2012）。本章仅介绍了应用于非常规储层的测量和分析技术。常见的操作方法是采用所谓的"三重组合"（电阻率测井、中子密度测井、以及伽马射线、自然电位和井径辅助测井）记录单次入井的一套"标准"测井数据。

为说明地层的弹性特征，从而为压裂设计提供相关地质力学信息，必须采用声波和密度工具以及井眼成像设备。

声波测井在非常规储层的岩石物理分析中发挥着重要作用，不仅可用于地层孔隙度估算，还可用于 TOC 估算和地层各向异性测量。本章第四节将对后者进行详细讨论。

声波测井的多种"适应性"工具包括：

（1）简单的无补偿双接收器；

（2）带补偿的多发多收接收器；

（3）以上工具的长距离版本；

（4）用于相似处理的阵列接收器版本；

（5）定向偶极子接收器；

（6）带有压缩波和剪切波源的接收器版本。

分析人员应熟知这些设备的功能，并确保用于测井的工具能够提供分析所需的参数，例如 t_c 和 t_s。穿过水泥环和地层到达接收器的声波波形如图 11.2 所示。可观察到，压缩波传播速度快，剪切波传播速度慢，最后以 Stoneley 波结尾。波的传播方向和粒子的运动方向如图 11.3 所示。在对剪切波进行研究时，可能观察到剪切波的速度存在差异，这取决于粒子是在垂直面还是在水平面上发生振荡。在均匀地层中，两者将以相同的速度行进，但在各向异性介质中两者的速度会出现差异。当使用交叉偶极声源时，可以发现该差异，并用于指示方向各向异性。

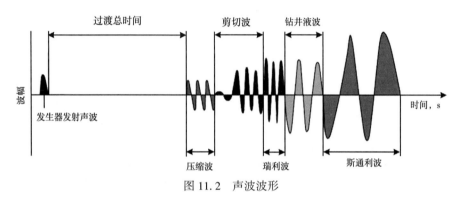

图 11.2　声波波形

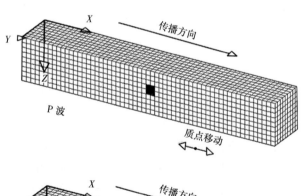

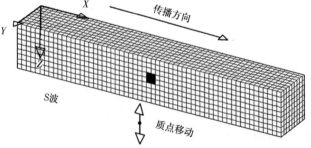

图 11.3　顶部 P（压缩）波和底部 S（剪切）波

密度测井能够测量地层密度 ρ_b。已知纯地层（无黏土，单一矿物）的岩石骨架密度，则可以轻易计算出孔隙度。由于非常规储层的岩石骨架为砂、页岩和干酪根的混合物，因此单独测量地层密度很难准确描述孔隙度。这种情况下，可使用密度测井工具记录光电吸收截面指数（P_e 值）或者获取更多信息。页岩气储层的矿物学特征极其复杂，需要多种测井方法获得的数据以便进行全面评估。

页岩气地层的典型组分及其相应的颗粒（岩石骨架）密度见表 11.2。

表 11.2　页岩气基质组分

名称	化学式	密度，g/mL
石英	SiO_2	2.64
钾长石	$KAlSi_2O_8$	2.54~2.57
钠长石	$NaAlSi_3O_8$	2.59
方解石	$CaCO_3$	2.71
白云石	$CaMg(CO_3)_2$	2.85
陨铁	$FeCO_3$	3.89
磷灰石	$Ca_5(PO_4)_3F$	3.21
硬石膏	$CaSO_4$	2.98
石膏	$CaSO_4 2H_2O$	2.35
伊利石	$K_{0.67}[Al_2](Al_{0.67}Si_{3.3})O_{10}(OH)_2$	2.52
蒙皂石	$Na_{0.33}[Al_2](Al, Si)_4O_{10}(OH)_2 - nH_2O$	2.41~2.52
亚氯酸盐	$[Mg_3Fe_3](AlSi_3)O_{10}(OH)_8$	2.76
高岭石	$Al_2Si_2O_5(OH)_4$	2.41
海绿石	$K_{0.8}[Fe_{1.2}Al_{0.4}Mg_{0.4}](Al_{0.35}Si_{3.65})O_{10}(OH)_2$	
黄铁矿	FeS_2	4.9
赤铁矿	Fe_2O_3	5.18
岩盐	$NaCl$	2.04
钾盐	KCl	1.86
沸石	$(Ca, Na)_{2-3}Al_3(Al, Si)_2Si_3O_{36}12(H_2O)$	2.10~2.47
其他碳类	煤，干酪根或石油	

由 Baker Hughes 提供。

若已知储层岩石的组成和岩心性质，可根据总有机碳量（TOC）对密度测井读数进行"校准"。Schmoke 推荐的校准示例如图 11.4 所示。

可通过地层显微成像工具获得如图 11.5 所示电子图像。图中分层清晰可见，并可以根据井眼图像确定倾角和方位角。

当工具沿井眼移动时，声波成像仪发射超声波束，沿螺旋路径扫描井眼内部，从而监测其反射声学信号的行程和强度。行程时间是孔尺寸和岩石纹理相关强度的测量标尺。图像的分辨率则取决于传感器的旋转速度和测井速度。声学成像工具和典型测井图像如图 11.6 所示。

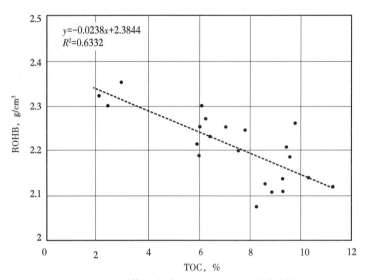

图 11.4　地层体积密度——TOC 校准图质量较差

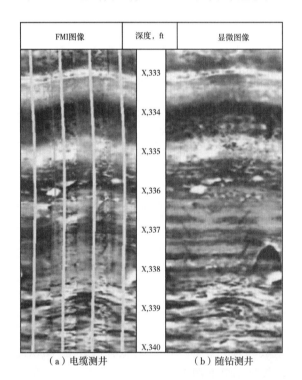

（a）电缆测井　　　　　　（b）随钻测井

图 11.5　井眼电子成像由 Schlumberger（a）和 Weatherford（b）提供

　　在油基钻井液和水基钻井液中，声学成像工具同样有效。但电缆输送的成像设备具有一定局限性，尤其是应用于大斜度或水平井眼时。许多用于电缆测井工具的传感器也可安装在随钻测井工具的钻铤上。在正常钻井作业过程中，钻铤旋转，利用单个电极或其他传感器（伽马射线、中子或密度）对井眼进行 360 度"扫描"。随钻测井钻孔成像及与电缆图像的对比结果如图 11.7 所示。

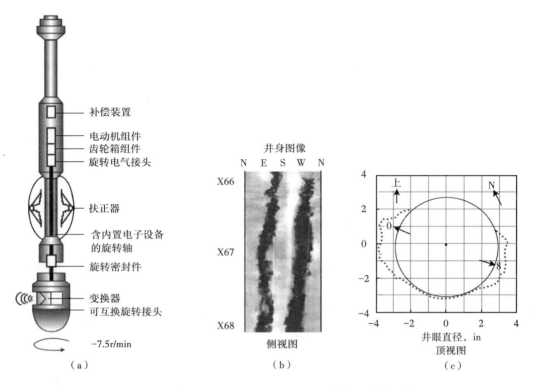

图 11.6   超声波钻孔成像装置（a）（由 Schlumberger 提供）；声学图像（b）和（c）
（由 Halliburton 提供）

图 11.7   随钻测井钻孔成像

成像测井的一大优势在于它能够检测出裂缝段，而裂缝段能够提高页岩气和煤储层的油气开发效率。

11.3　各向异性的影响

有机页岩等层状地层在不同方向上可表现出不同的弹性特征。

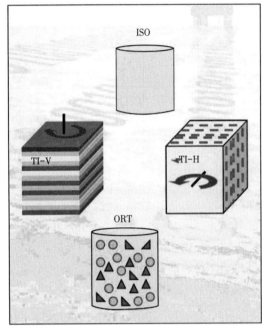

图 11.8　各向同性和正交各向异性分层

（1）各向同性地层在三个方向（一个垂直和两个水平）（ISO）上的弹性特征相同。

（2）横向各向同性地层在水平（TI-H）或垂直（TI-V）两个方向上的弹性特征相同。

（3）正交各向异性地层在三个方向（ORT）上的弹性常数不同，弹性特征也不同。

此类差异如图 11.8 所示。

如果分析人员能够获取快速剪切波、慢速剪切波和斯通利剪切波的相关数据，便可对这些声波测井记录进行分析，从而得出不同储层的特征。典型示例中"慢度"（D_t）测井的相对顺序如图 11.9 所示。

横向各向同性地层的声波测井数据如图 11.10 所示，其中快速剪切波和慢速剪切波波速相等，但斯通利剪切波波速相对较小。

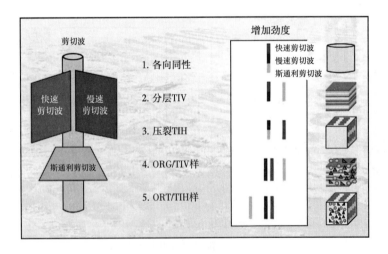

图 11.9　剪切波速度的相对慢度读数（由 Tom Bratton 提供）

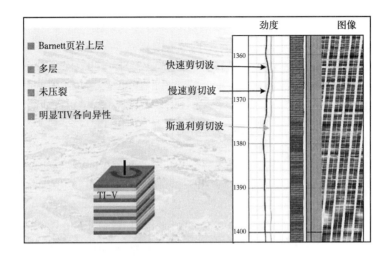

图 11.10   横向各向同性地层声波测井（Barnett 页层上层）（由 Tom Bratton 提供）

Barnett 页岩下层的正交各向异性情况如图 11.11 所示。请注意，井眼成像显示 Barnett 页岩下层存在多条裂缝。

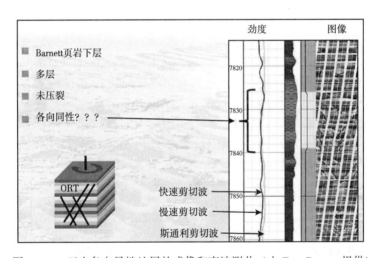

图 11.11   正交各向异性地层的成像和声波测井（由 Tom Bratton 提供）

11.4   采用成像测井确定应力场方向

分析人员可利用特殊定向设备记录的成像测井数据解释储层的最大和最小应力方向。在钻井过程中，两个相互关联的测井数据可改善井眼成像的效果。井眼将会形成沿最小水平应力方向扩展的定向裂口，如图 11.12 所示。

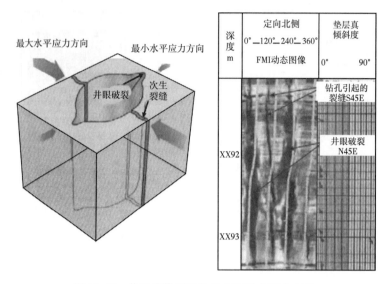

图 11.12　井眼成像显示的最大和最小应力方向

11.5　通过地层弹性常数推导脆性指数

如果不采取增产措施，非常规储层将很难实现经济型开采。在实际的施工作业中通常采取压裂的方式进行增产，为确保压裂方案的成功实施，必须选择脆性地层。如果目标地层的延展性较强，则不能保证气体从地层顺利流至井筒。设计压裂方案时，确定地层压裂的位置和方式十分重要，因此设计时往往需要检测地层脆性。

实际上，非常规页岩气储层的黏土含量较低（低于 40%），Britt 和 Schoeffler 将其描述为"褶皱"。衡量脆性方法之一是将杨氏模量和泊松比结合成一个单一的"脆性系数"。

E 和 ν 的交会图如图 11.13 所示，其中延展性较强的页岩点位于右下方，而脆性较强的页岩点位于左上方。可以通过以下等式计算"脆性系数"：

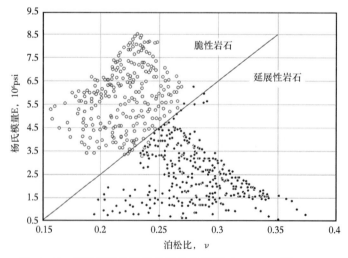

图 11.13　杨氏模量和泊松比脆性交叉图（Rickman 等，2008）

$$脆性系数 = 50 \times \left[\left(\frac{E-1}{7} \right) + \left(\frac{0.4-v}{0.25} \right) \right] \tag{11.1}$$

可通过连续测井数据（密度和声波 ΔT_c 和 ΔT_s）逐级计算该系数。压裂时，应避开延展性较强的页岩层位，挑选易于破裂的区间进行压裂。

涉及矿物学特征、页岩分类、脆性闭合应力、起裂条件、裂缝宽度、泊松比和杨氏模量等相关参数的岩石物理分析的地质力学部分示例如图 11.14 所示。

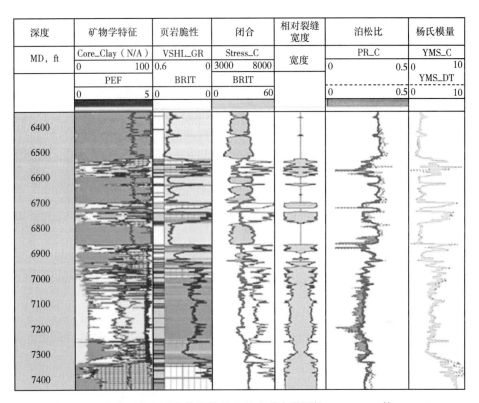

图 11.14　从岩石物理测井数据推导出的地质力学属性（Rickman 等，2008）

11.6　非常规储层的矿物学特征

非常规储层的组成各不相同。如果需选取三种主要组分的相对含量对有机页岩的特征进行描述，可以选择黏土、石英和碳酸盐。利用常规的测井分析技术不难推导出这些矿物的组成，如图 11.15 所示三角形分类图。

（1）可压裂性指数。

为优化井位布置和压裂设计，提出了两种新的相关性分析方法。Alzahabi 等（2015a-c）发现伽马射线测井数据能够优化模型的相关性系数。构建该模型所需的数据来自二叠纪盆地沃夫坎普页岩。通过下列等式可以看出这种新的相关性，适用范围见表 11.3。

$$FI = 0.871 \times E'_n - 0.0126 \tag{11.2}$$

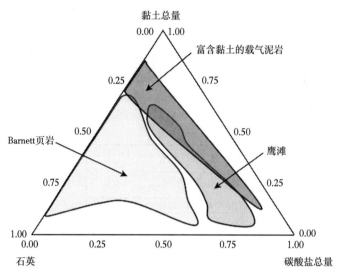

图 11.15　有机页岩分类图

其中，

$$E'_n = \frac{\left[\left(\dfrac{E}{1-v^2}\right) - \left(\dfrac{E}{1-v^2}\right)_{\min}\right]}{\left[\left(\dfrac{E}{1-v^2}\right)_{\max} - \left(\dfrac{E}{1-v^2}\right)_{\min}\right]}$$　　　(11.3)

式中　$\left(\dfrac{E}{1-v^2}\right)_{\min}$——储层中的最小平面应变杨氏模量；

$\left(\dfrac{E}{1-v^2}\right)_{\max}$——储层中的最大平面应变杨氏模量。

可压裂性指数（FI）是指矿物组成和能量释放对裂缝产生的影响。

表 11.3　FI 相关性参数取值范围

参数	最小值	最大值
E，psi	0.38×10^6	9.75×10^6
ν，比例	0.02	0.38
方解石，%（质量分数）	0.00	83.0
石英，%（质量分数）	6.00	75.0
黄铁矿，%（质量分数）	0.00	8.00
黏土，%（质量分数）	3.00	49.0
密度 ρ（g/mL）	2.40	2.71

相关性交会图如图 11.16 所示，其中，脆性较强的页岩点位于右上方，延展性较强的页岩点位于左下方。

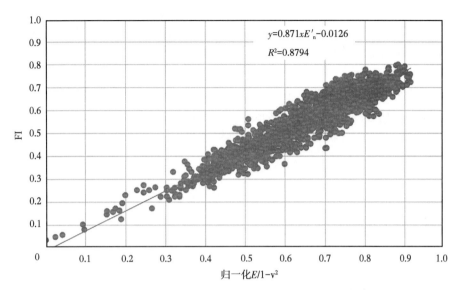

图 11.16   基于已开发的 FI 模型绘制的延展性和脆性页岩储层

（2）可压裂性指数是一个矿物学指数（MI）：指导压裂决策的新方法。

以矿物学特征为基础的可压裂性指数，可沿水平井确定最佳压裂区域。

二叠系 Wolfcamp 页岩的矿物学数据库被广泛用于开展相关性分析，可将其视作页岩的参考特征，或者用于判断有机物或二氧化硅的含量程度，同时可用于构建基于矿物学指数的二叠纪盆地 Wolfcamp 页岩 3D 岩相模型。也可采用相同的方法对其他主要页岩层进行分析。

在广泛探索代表性参数的最优化组合后，得到下列组合：

$$MI = 1.09 \times \frac{石英 + 长石 + 黄铁矿}{石英 + 长石 + 方解石 + 黏土 + 黄铁矿} + 0.1136 \tag{11.4}$$

MI 可用于设计大多数页岩储层中的井位。有机硅质页岩中石英和干酪根的含量都很高。图 11.17 所示流程图描述了井位设计应用中 MI 图的绘制过程。

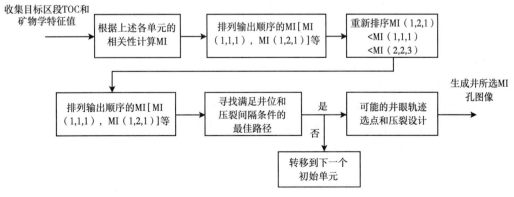

图 11.17   井位设计算法

（3）密度测井推导覆岩应力。

在地表以下的任何深度，覆岩应力与在掩埋和压实过程中累积的岩石（沉积物）密度存在函数关系。这好比潜水员下潜的深度越大，压力就越大。淡水密度接近 1.0g/mL，深度每增加 1 英尺压力上升约 0.43psi。可采用淡水的"压力梯度"来计算正常压力下地层某深度的孔隙压力。

根据覆岩的平均密度，可确定覆岩（静岩）的应力梯度。该值通常取 1.1psi/ft，表明平均地层密度为 2.6g/cm³。如果可以从地表向下到目标层位进行连续的地层密度测井，计算体积密度在深度上的积分将可以更精准地确定覆岩应力。因此，分析人员可以通过下列等式计算目标地层的垂直应力：

$$p_o = C \times \int_0^{TD} \rho_b dh \tag{11.5}$$

其中，C 为单位常数，用于进行单位转换；当 ρ_b 单位取 g/cm³、h 取 ft（或 m，视情况而定）时，p_o 取 psi。

11.7 地层破裂压力

已知泊松比 ν 和体积压缩系数 KB，即可估算裂缝闭合压力（FCP），即在任何特定区域保持水力裂缝开启并延伸所需的压力。FCP 的计算方法如下：

$$FCP = \alpha P_p + \{v/(1-v)\} \times \{p_o - \alpha p_p\} \tag{11.6}$$

其中

$$\alpha = 1 - (C_{ma}/C_B)$$

式中 p_p——孔隙压力；

p_o——覆岩（静岩）压力；

C_{ma}——孔隙度为零的岩石骨架的可压缩性。

上述参数数值因井的类型和深度不同而异。通常孔隙压力梯度的取值范围为 0.43 ~ 0.45psi/ft，覆岩压力梯度的取值范围为 1.0 ~ 1.1psi/ft，而 C_{ma} 接近 8×10^{-6}psi⁻¹。对比目标层位的 FCP 值与上层、下层的 FCP 值，即可估计出裂缝的垂直范围。

根据目标地层的弹性常数（通过声波测井和密度测井获得），即可计算出诱发垂直裂缝所需的水平应力。许多商业软件都可计算地层力学特征并预测特定地层在特定深度进行压裂所需的破裂压力。相关分析结果如图 11.18 所示。

（1）基于测井数据确定"甜点"。

多段压裂设计方案中，通常对测井数据进行分析，来确定最佳压裂段。可采用多种测井分析方法来突出有利条件，包括孔隙度、渗透率、有机碳含量、干酪根类型和成熟度。

通常情况下，岩心数据不可用，因此稀疏岩心分析值和测井数据之间的区域相关性是突出显示"甜点"的最常用参数。

孔隙度通常用标准中子/密度测井组合来表示。然而，有机页岩储层都含有高含量的黄铁矿，为推导孔隙度带来困难。

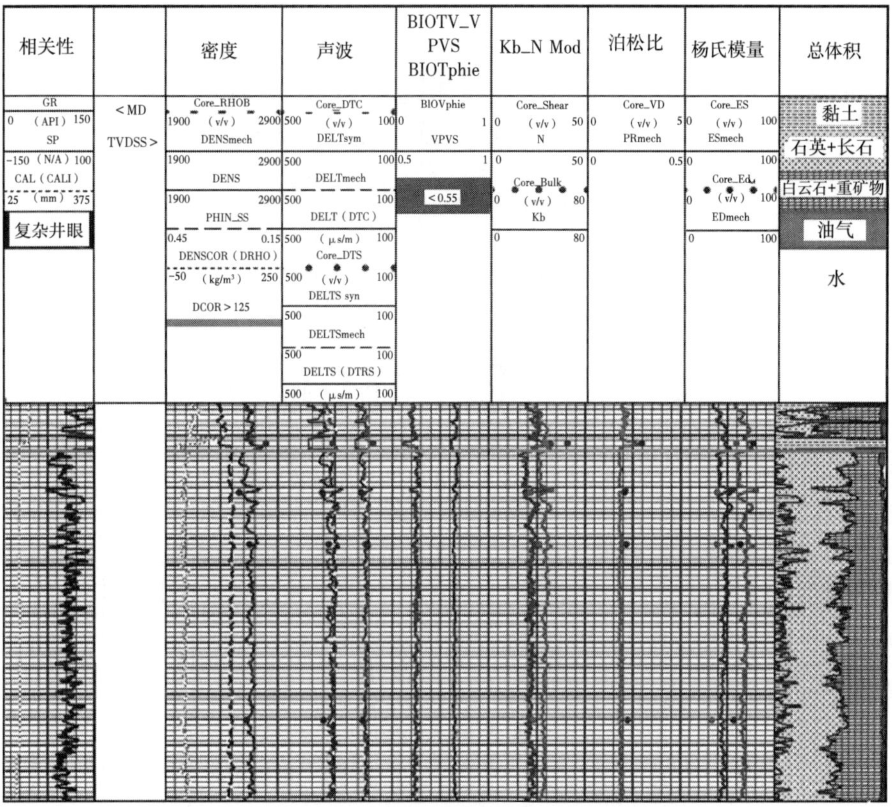

相关性		密度	声波	BIOTV_V PVS BIOTphie	Kb_N Mod	泊松比	杨氏模量	总体积
GR 0 (API) 150 SP −150 (N/A) 100 CAL (CALI) 25 (mm) 375 复杂井眼	<MD TVDSS>	Core_RHOB 1900 (v/v) 2900 DENSmech 1900 2900 DENS 1900 2900 PHIN_SS 0.45 0.15 DENSCOR (DRHO) −50 (kg/m³) 250 DCOR>125	Core_DTC 500 (v/v) 100 DELTsym 500 100 DELTmech 500 100 DELT (DTC) 500 (μs/m) 100 Core_DTS 500 (v/v) 100 DELTS syn 500 100 DELTSmech 500 100 DELTS (DTRS) 500 (μs/m) 100	BIOVphie VPVS 0.5　1 <0.55	Core_Shear 0 (v/v) 50 N 0 50 Core_Bulk 0 (v/v) 80 Kb 0 80	Core_VD 0 (v/v) 50 PRmech 0 0.5	Core_ES 0 (v/v) 100 ESmech 0 Core_Ed 0 (v/v) EDmech 0 100	黏土 石英+长石 白云石+重矿物 油气 水

图 11.18　根据测井数据计算的地层力学特征

确定渗透率这一参数存在一定困难，即使是有目标地层的代表性岩心。在某些情况下，核磁共振（NMR）测井可以更好地指示高渗透层位。

通常采用 Schmoker 相关性（伽马射线、中子、密度和/或声波）或 Passey 法（声波和电阻率测井的标准化叠加）来计算总有机碳量。

虽然使用 Z 方法根据含水饱和度和中子测井数据可以获得有价值的结果，但仅仅根据测井数据来推测干酪根类型和成熟度比较困难。

可在已发表的论文以及 Bateman（2012）的论文中获得有关所有此类方法的详细信息。

（2）压裂作业监测。

监测压裂的方法有两种。第一种方法是在相邻近的井中实时观测压裂过程，该过程通常需要采用定向地震检波器来记录与压裂过程相关的微震事件。多级压裂作业的微震事件 3D 图如图 11.19 所示。

第二种方法需要使用放射性示踪剂，将其"掺入"支撑剂或压裂液中。根据方案设计对其进行预冲洗，由于支撑剂和压裂液被不同的放射性同位素标记，可以通过光谱伽马射线测井来监测作业效率和效果。位于支撑剂上的铀、钍和钾三种元素在流体中的相对比例不同，因此可以"看到"压裂液和支撑剂进入（或不进入）地层的位置。典型的示踪剂测井如图 11.20 所示。

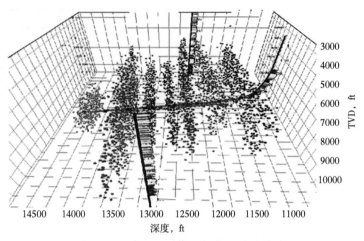

图 11.19　多段压裂作业的微地震监测图

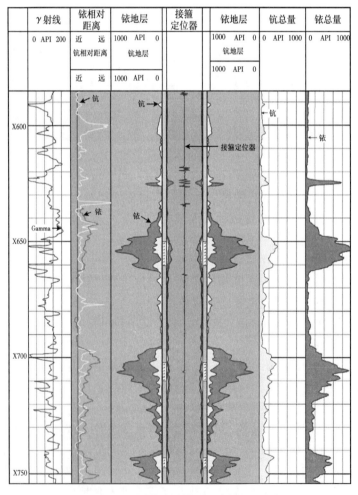

图 11.20　放射性示踪剂监测支撑剂分布

（3）生产测井监测各压裂段效果。

压裂后的生产测井可用于确定各压裂段是否成功引入压裂液和支撑剂。一种方法是在电缆或油管上安装流量和/或温度传感器，该方法在水平井测井作业过程中可能会有些难度，但仍可以使用光纤电缆连续监测整个套管的温度和压力。目标层段的注入量分布情况如图 11.21 所示。可以看出，最深的射孔段 6104~6124ft 在日注水量为 7500bbl 时没有明显反应，但在日注水量达到 11500bbl 时变化明显。温度曲线表明，相对于中间和上部射孔段，下部射孔段的注入量较小。

关于生产测井工具和技术的详细信息，参见 Bateman（2015）的论文。

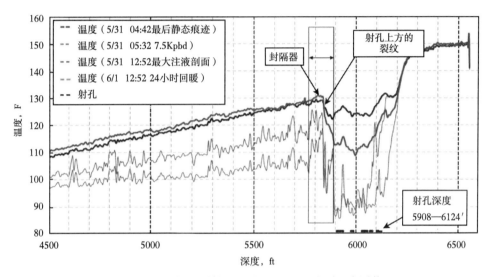

图 11.21   不同压裂射孔段的 Warmback 光纤温度测井

参 考 文 献

［1］ Alzahabi, A., AlQahtani, G., Soliman, M. Y., Bateman, R., Asquith, G., and Vadapalli, R. 2015a. Fracturability Index is a Mineralogical Index. A new approach for fracturing decision. ATSE, SPE-178033, presented at 2015 Annual Technical Symposium &Exhibition, Al-Khobar Saudi Arabia.

［2］ Alzahabi, A., M. Y. Soliman, G. D. AlQahtani, R. M. Bateman, and G. Asquith, Jan. 20156. Fracturability Index Maps for Fracture Placement in Shale Plays. Hydraulic Fracturing Journal, Vol. 2 - Issue No. 1, p. 818. ISSN 2373-8197.

［3］ Alzahabi, A. M., Soliman, R. Bateman, A. Asquith, Mohamed, and N. Stegent, 2015c. Shale-Gas Plays Screening Criteria: Technology Screens Shale Play Criteria. American Oil and Gas Reporter http://www. aogr. com.

［4］ Available at https://"www. spec2000. net/22-fracloc5. htm.

［5］ Bateman, Richard, M., 2012. Open-hole Log Analysis and Formation Evaluation, 2nd ed., SPE Books.

［6］ Bateman, Richard. M. 2015. Cased-hole Log Analysis and Reservoir Performance Monitoring, 2nd ed., Springer.

［7］ Britt, L. K., and J. Schoeffler, 2009. "The Geomechanics of a Shale Play: What Makes a Shale Prospective". Presented at the SPE Eastern Regional Meeting held in Charleston, West Virginia, USA, Sep. 23-25, SPE Paper Number 125525.

[8] Huckabee, P. T. 2009, January 1. Optic Fiber Distributed Temperature for Fracture Stimulation Diagnostics and Well Performance Evaluation. Society of Petroleum Engineers, doi: 10. 2118/118831-MS.

[9] Jaeger, J. , and N. G. Cook. 2007. Fundamentals of Rock Mechanics, Blackwell Publishing.

[10] Rickman, R. , M. Mullen, E. Petre, B. Grieser, and D. Kundert, 2008. "A Practical Use of Shale Petrophysics for Stimulation Design Optimization: All Shale Plays Are Not Clones of the Barnett Shale. " Presented at the SPE Annual Technical Conference and Exhibition held in Denver, Colorado, USA, Sep. 21-24, SPE Paper 115258.

12 压裂诊断

水平井的水力压裂诊断比直井所受限制更大。直井，可使用放射性示踪剂、井温测井或许多其他方法来评估井筒的裂缝高度（Barree 等，2002）。而水平井只能利用远场监测技术评估裂缝高度变化。由于只能利用远场监测技术测量裂缝的长度、方位角和不对称性，因此本章主要侧重于微震监测和使用测斜仪测量微变形。

诊断测量旨在评价并优化油田开发，包括井眼轨迹、完井方法、压裂井段划分以及增产改造设计的各个方面。此外，页岩气压裂微震监测对于确定总增产油藏和评估增产改造与完井工程设计复杂性有着重要意义。

12.1 微震勘察研究

12.1.1 微震测绘

微震水力压裂测绘是指利用地震波接收器探测并定位水力压裂引起的微震，以确定裂缝性质和几何结构（Warpinski，2009a）。因此，进行压裂测绘分析需要综合考虑岩石力学、地球物理学和石油工程原理，以获得适当结果并对其进行合理解释。

需要强调的是，微震监测的目的是从工程学角度解释地底深处发生的现象。微震测绘主要目标是获取信息，以便更好地了解裂缝大小、形状及、扩展方式。很多时候，测绘结果还可提供储层地质灾害和压裂边界信息。

图 12.1 为在 Marcellus 页岩区两口相邻水平井的压裂监测微震数据（Mayerhofer 等，2011）。在本案例中，两口水平井沿西北向钻修，并对每口井进行分段压裂。分别用深色和浅色标示井的方位（浅色表示西南，深色表示东北）。微震数据可用于推断井眼轨迹、井距、分段压裂有效性、未波及到的区域、两口井压裂的重叠区、裂缝复杂性、裂缝长度、裂缝高度等信息。此类工程信息对于了解压裂情况较复杂的非常规储层具有重要价值。

12.1.2 微震来源

微震即微地震，这种震动较轻微，只能通过高灵敏度仪器探测到。微震是由水力压裂膨胀和压裂液泄漏导致的孔隙压力或应力（或二者兼有）变化所引起的轻微地壳运动（Pearson，1981；Warpinski 等，2004）。经验证明，此类地震主要表现为剪切滑移，通常沿已有破坏面发生（Albright 和 Pearson，1982；Fe-hler，1989；Rutledge 等，2004）。破坏面可以是断层、天然裂缝、层理面、页岩脱水特征面及岩石的各种其他不连续面。在大多数情况下，由于剪切应力强度有限，不太可能在剪切面发生破坏（即产生新裂缝），但疏松砂岩和硅藻岩等较脆弱岩石可能发生破裂。

水力压裂的施工压力大于储层的闭合应力，且与储层应力变化成正比（Warpinski 等，2004）。压裂的压力通常为 1000psi 量级，因此储层应力变化数量级也为 1000psi。在裂缝端部附近，由于产生的应力较为集中，因此可能更大。扩展的裂缝端部周围通常存在一个拉应力和剪切应力都很大的区域，此处的应力变化可能是很多微震发生的原因。

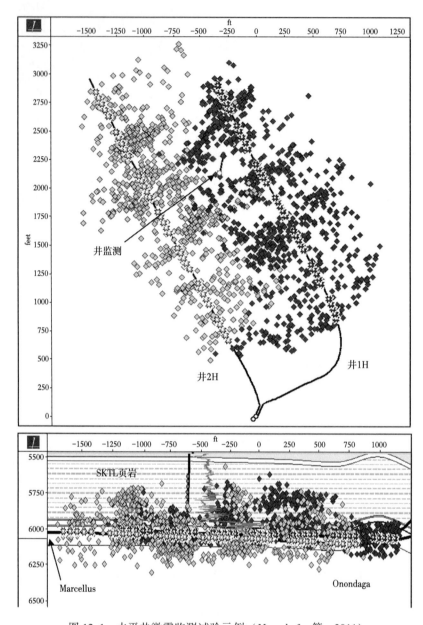

图 12.1 水平井微震监测试验示例（Mayerhofer 等，2011）

但是，如果研究微震位置随时间的变化情况，就会发现大多数微震通常是在裂缝端部向前传播很远之后伴随着水力压裂发生的（Warpinski 等，2012）。这些微震可能与压裂液发生漏失进入岩石的天然裂缝、层理面、断层及其他脆弱特征面有关。压裂的压力比储层压力大得多，当压裂液进入地层时，压裂的压力会显著改变储层的应力状态，大大减少脆弱特征面上的摩擦力，造成剪切滑移，从而产生微震。

某些页岩储层出现复杂裂缝，除与裂缝端部的应力机制和漏失压力机制有关外，可能还存在更为复杂的机制。这些机制可能是应力和压力效应的不同组合，并且可能包含混合压裂模式。图 12.2 为水力压裂过程中可能发生微震活动的震源示意图。裂缝较复杂（例如存在偏移、分叉）可能也是部分微震活动的原因。

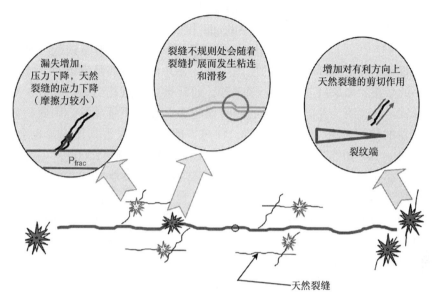

图 12.2　与水力压裂相关的微震机制示意图

12.1.3　微震勘查研究

地壳滑动时，突然的运动和弹性回跳会产生从震源向外传播的弹性波（Aki 和 Richards，2009）。所产生的波包括纵波（P 波，P 表示"主要"）和横波（S 波，S 表示"次要"）。两种波的速度不同，具体取决于介质密度和弹性常数（Jaeger 等，2007）。P 波的速度用 V_p 表示（有的表示为 α），可按下式计算：

$$V_p = \sqrt{\frac{3K}{\rho(1+v)}}$$ （12.1）

S 波的速度用 V_s 表示（有的表示为 β），可按下式计算：

$$V_s = \sqrt{\frac{G}{\rho}}$$ （12.2）

将上述两个方程组合在一起，得到第三个常用公式，即波速比：V_p/V_s。该比率与介质密度无关，仅与泊松比存在函数关系。

$$\frac{V_p}{V_s} = \sqrt{\frac{2(1-v)}{1-2v}}$$ （12.3）

S 波速通常约为 P 波速的 50%~60%（一般情况下 $V_p/V_s = \sqrt{3}$，则 $v = 0.25$）。由于 P 波和 S 波是以不同的速度由震源向外传递，因此会在远处分散开来。知道 P 波与 S 波之间的时间差和两种波的速度，即可确定震源到接收器安装站的距离。

P 波和 S 波，除了速度不同，粒子振动方向也不同。P 波能在液体中传递，其粒子振动方向与波前进动方向一致。确定 P 波的粒子振动方向即可推断 P 波传递方向，进而确定震源方向。这是单井微震测绘的关键，也是确定微震方向的基础。后面章节将对此进行讨论。

虽然微震监测始于 20 世纪 70 年代（Albright 和 Pearson，1982），但直到 20 世纪 90 年代中期多级阵列接收器问世，这项技术才从室内研究走向现场试验（Warpinski 等，1998a）。这在很大程度上归因于邻井的使用限制。邻井相隔距离足够近时，才能探测并准确定位非常小的微震。如果只安装单个接收器，通常很难就近找到一口邻井，更不用说两口以上。此外，经验表明，井筒内放置的接收器越多，数据质量越好，因此我们可以搭建有数十台接收器的阵列。采样率、传感器、噪声、耦合、共振等其他因素也会产生影响。目前，典型阵列由 10~40 个间隔排列的接收器组成，长度为 400~2000ft。

每个接收器都有一个三轴传感器，这意味着三个地震检波器（或其他传感器）互相垂直，其中一个与工具心轴平行，另外两个垂直于工具心轴。这些传感器通常是全方位地震检波器，具有较大的带宽和较好的相应平坦度。传感器也可设计成其他几何形状，但三轴设计最为常见。

接收器带有夹具，用于将工具固定在井壁上，这样工具就会随着压裂引起的微地震而震动。地震检波器是弹簧质量系统，当质量出现变化时，在线圈中产生电流。A/D 系统测量电响应并输出成比例的电压。信号通常在井下完成数字化处理，以尽量减少向井口传输过程中的噪声干扰，井下采样速率通常为每秒数千个。

一般而言，最佳观测位置是让接收阵列横跨储层。但是，大多数情况下接收器都会被安置在压裂层段上方，因为监测井多为射孔段被桥塞封隔的老井，接收器无法通过桥塞。为此，接收器形成的阵列一般位于压裂层段上方。封隔射孔井段，可以避免受井内压力影响，并尽量减少气泡撞到工具上所产生的噪声（Warpinski，2009a）。这些气泡所产生的噪声通常比我们关心的微震振幅还要大。将阵列置于较高位置的主要影响是：（1）便于了解浅部速度结构；（2）增大了阵列到微震点的距离。

压裂测绘项目的另一个重要内容是测量监测井到微震点的距离。微震通常很轻微，接收器必须靠得足够近才能探测到，对于距离的要求主要取决于储层情况。对于很多页岩储层，特别是页岩较厚的地方，接收距离（微震最远探测距离）可达 3000~5000ft。但是，由于裂缝通常很长，并且可能延伸到距监测井很远的地方，因此压裂井的观察距离（可确定大部分或全部裂缝几何形状的距离）通常为 1000~2000ft。而砂岩油藏压裂井的观察距离只是页岩油藏的一半。微震大小除与钻井液处理速度和体积等特征有关外，通常还与储层厚度有关。

完井类型和增产改造设计也可能对微震活动性产生影响。对于井筒固井质量不好的井，采用笼统压裂施工不适用于监测，因为能量不能很好地集中在特定位置，导致的微震通常较小，此时如果应用分段压裂施工效果会更好。较少的注入量和较小注入速度的压裂施工也不适用于监测，因为它们产生微震的概率小，且强度低。

如上所述，除了储层厚度外，储层本身也可能对监测产生影响。由于岩石具有高衰减性，离观测井的距离需要非常近，因此对高衰减岩石（如硅藻土和固井质量差的砂岩）的监测会更加困难。高度自然断裂层段和穿过储层的断层也可能对精度和可观测性产生影响。

12.1.4 微震数据

图 12.3 为 12 级接收器阵列检测到的微震。图像包含两条叠加的水平通道和水平通道上方的垂直通道，以便于识别 P 波和 S 波。图中，微震位置在阵列下方，波初至位置在最下方的传感器处。虽然可清楚地识别 P 波和 S 波，但需要注意的是，在 S 波之后还有二次波。在很多情况下，反射或其他事件也会产生多次波，可能会造成混淆。

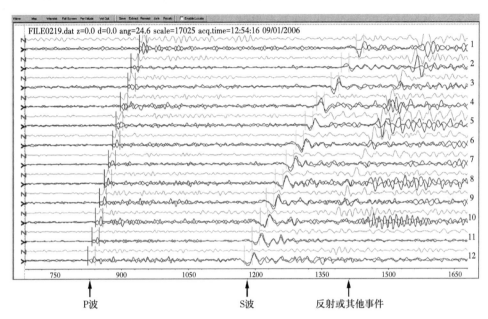

图 12.3　包含叠加水平通道和垂直通道的 12 级波形图

P 波到达地面时，两个水平通道反相位（正相位信号增强，反相位信号减弱），而 S 波到达地面时，两个水平通道同相位。这符合预期，因为两种波的粒子振动方向相互垂直。根据此特征，很容易区分两种相位。

除了相位区别和安装位置最低的工具处检测到明显的初至波外，还可发现 S 波波前初至不如 P 波陡峭，这是因为 S 波的速度较慢。随着接收器距震源越来越远，S 波到达时间会越来越晚，与 P 波的距离也越来越远。存在时差，是因为距离不同导致到达时间不同，P 波与 S 波的时差不同，可用于区分两个相位。

12.1.5 微震数据分析

定位微震相对简单，但很大程度上取决于高质量数据和精确的速度模型。在本节中，只讨论单个直井的情况。多井或斜井监测需要考虑更多因素。

最简单的情况是 P 波速和 S 波速均恒定的均质地层，便于了解速度和到达数据的重要性。在这种情况下，波的传播距离与传播时间和速度成正比。因此，P 波传播距离可用下式计算：

$$d = V_{\mathrm{p}}(t_{\mathrm{p}} - t_{\mathrm{o}}) \tag{12.4}$$

式中　t_{p}——P 波到达时间；

t_o——微震发生时间;

d——P 波传播距离。

因此,传播距离等于传播速度乘以传播时间。S 波也适用于类似方程式:

$$d = V_s(t_s - t_o) \tag{12.5}$$

这里为 S 波的速度和到达时间。假设到达时间测量准确,速度已知,就有两个未知数,即距离和微震发生时间。通过求解这两个方程,可抵消微震发生时间,从而算出 S 波传播距离:

$$d = \frac{V_p V_s}{V_p - V_s}(t_s - t_p) \tag{12.6}$$

速度组合是将 P 波–S 波分离时间和到微震点的距离相关联的"速度因子",得

$$V_f = \frac{V_p V_s}{V_p - V_s} \tag{12.7}$$

如果速度恒定,则到微震点的距离是速度因子及 P 波与 S 波到达时间差的函数。

一般来说,距离本身就是 x、y 和 z 的复杂关系,但对于单个垂直阵列(一般情况)而言,距离可分解为:水平距离和垂直距离。即

$$d = \sqrt{r_o^2 + (z_i - z_o)^2} \tag{12.8}$$

式中 r_o——观测井筒到震源的径向距离;

z_o——震源深度;

z_i——第 i 个接收器的海拔高度。

显然,计算详细数据需要更多信息,而获得更多信息的最好方法是使用多个接收器。但是,这种简单分析是定位微震震源的一般方法。

对于分层开采(几乎涵盖所有开采储层),分析会更复杂,而且更依赖于速度模型。有很多方法可以解决这个问题,但最常用的是利用正演模型计算传播时间,假设速度已知,利用网格搜索法找到与观测到的传播时间最匹配的位置,进而计算传播时间(Nelson 和 Vidale,1990)。

这种方法的第一步是建立速度模型,即绘制 P 波和 S 波速度随震源深度变化的曲线,但通常会分解成块状构造。图 12.4 为此类速度模型示例。构建此类模型,通常以偶极子声波测井数据或公司提供的速度数据(如通过井间测量得到的速度)为基础。通常可用偶极子声波测井仪进行大致分层,确保各层的平均速度相差不大。可根据平均过程或采用其他直观方法,估算 P 波和 S 波的平均速度。如图 12.4 所示,根据微震的地层划分和特征,可分为多层,也可以只有几层。使用多层数据有助于修正位置,但不利于速度模型优化。

由于偶极子声波测井测量的是垂直速度,而微震监测一般需要测量水平速度,因此需要对速度模型进行校准(Warpinski 等,2005a;Warpinski,2009b)。通常利用位置已知的震源激发来完成校准。如果能够确定激发时间,还可以获得其他有用的校准数据,激发时间会影响速度(至少部分层会受影响)。

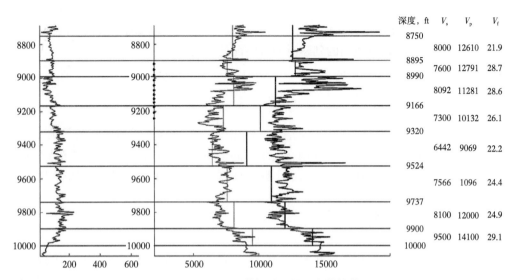

深度, ft	V_s	V_p	V_f
8750			
	8000	12610	21.9
8895			
	7600	12791	28.7
8990			
	8092	11281	28.6
9166			
	7300	10132	26.1
9320			
	6442	9069	22.2
9524			
	7566	1096	24.4
9737			
	8100	12000	24.9
9900			
	9500	14100	29.1
10000			

图 12.4   用于微震数据处理的速度结构模型

如果没有偶极子声波测井仪，也可用井筒补偿声波测井仪替代，但井筒补偿声波测井仪只可用于估算 P 波速，无法估算 S 波。与偶极子声波测井仪使用方法一样，井筒补偿声波测井仪估算 P 波传播速度，也是进行分层，但需要根据 P 波速估算 S 波。对于泊松比为 0.25 的各向同性弹性体，P 波速与 S 波速的比率为 $\sqrt{3}$，但一般情况下，该比率介于 1.5~2.0。

如果没有速度信息，则必须根据利用其他测井仪或根据基性岩类型推测主层数据。但不建议使用这种方法进行微震监测。

下一步是构建正演模型，计算整个关心区域内的传播时间。最佳方法是建立网格（对于具有平坦层的单个直井，为二维网格），将接收器放置在网格内的适当位置，然后计算 P 波相位和 S 波相位从每个接收器所在网格点到各其他网格点所需的传播时间。图 12.5 为一

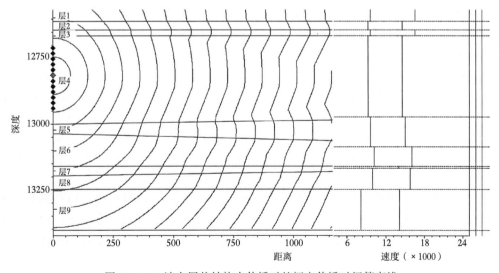

图 12.5   P 波在层状结构中传播时的恒定传播时间等高线

级接收器系统根据 P 波速计算得出的 P 波传播时间等高线图。对于 m 级接收器系统，需存储 $2m$ 组数据，每组有 n_x 乘以 n_z 个数值，其中 $n_i s$ 是每个方向上的网格点数。网格搜索需要筛选每个数据点，以找到与观测的到达时间最匹配的数据。

求解光线追踪方程（Eikonal 方程），常用方法是与 Vidale（1988）提出的方法类似的正演模拟法，该方法相对快速和高效。Vidale 的方法为快速扫描法，该方法也已广泛应用于此类计算。

Nelson 和 Vidale（1990）等很多研究人员使用的网格搜索算法均不需要像典型回归那样分别求解三个未知数（二维模型的微震发生时间、距离和震源深度）。大多数人使用的方法是用观测到达时间与拟合到达时间的最小残差计算微震发生时间。残差计算公式如下：

$$残差 = \sqrt{\sum_n \left[\frac{(\mathrm{Obs}_i - \mathrm{Calc}_i)^2}{n\sigma_i^2} \right]} = \sqrt{\sum_n \left[\frac{(t_i - t_o - \mathrm{Calc}_i)^2}{n\sigma_i^2} \right]} \quad (12.9)$$

式中，用于残差比较的观测到达时间是用测得的到达时间与微震发生时间的差值。只有各接收器的标准误差 i 相同，方可计算最小残差。假设相同，则可根据最小残差按下式确定微震发生时间：

$$t_o = \frac{1}{n} \sum_n (t_i - \mathrm{Calc}_i) \quad (12.10)$$

这样很容易得出结果，但需要在进行网格搜索之前完成这项工作，这一点很重要。如果每个接收器的标准误差不同，首波、反射、顶部接收器噪声等因素可能会导致存在大的误差，但是该误差通常忽略不计。

检查所有网格点并确定修正残差最小的点，以找到最佳匹配点。修正后的残差方程为

$$修正残差 = \frac{1}{n} \sum_n \left[(t_i - t_o - \mathrm{Calc}_i)^2 \right] \quad (12.11)$$

该方程式表明，微震最佳定位点是从震源到接收器的观测传播时间与拟合传播时间最接近的点。观测传播时间为到达时间减去 t_o。对于分层情况的不确定性，可使用蒙特卡罗法予以确定。

确定震源方向，还需考虑其他信息。标准方法是根据与 P 波和 S 波相关的偏振分析数据推断波返回震源的方向。对于 P 波，振幅较大时检测相位最佳，因为 S 波通常位于 P 波尾声，且可能有分裂迹象。

虽然可利用三维偏振分析确定三维方向，但许多接收器系统的垂直轴响应通常与水平轴略有不同，可能影响整体响应。避免这个问题的最佳方法是只进行水平分析，并确定震源的方位角方向。

利用矢端曲线图进行分析，是一种有效的偏振检查方法。这里的矢端曲线图只是两个正交轴振幅的交会图。假设接收器的轴向已知，可分析两个水平轴的交会图以确定任意轴的夹角，进而确定方位角。如果需要倾斜，可分析垂直轴与两个水平轴的交会图，或进行完整的三维偏振分析。

图 12.6 为矢端曲线图绘制方法。图中显示了数据和波形，以及根据数据绘制的矢端曲

线图。本例中，两个轴同相位，矢端曲线图在第一和第三象限。若两个轴反相位，则矢端曲线图位于第二和第四象限。理想的矢端曲线图应是一条直线，其随着循环往返覆盖。更为普遍的说法是，矢端曲线图近似于椭圆形。x 轴与平均矢端曲线间的夹角是能量冲击接收器的平均角。x 轴的振幅大于 y 轴的振幅，说明沿 x 轴传递的能量多于 y 轴。如果波仅沿 x 轴传递，则 y 轴振幅为零，且矢端曲线将是水平的。因此，矢端曲线与 x 轴的夹角是震源相对于 x 轴的方向（需沿 y 轴方向旋转，因此需要知道如何将传感器放置在接收器中）。

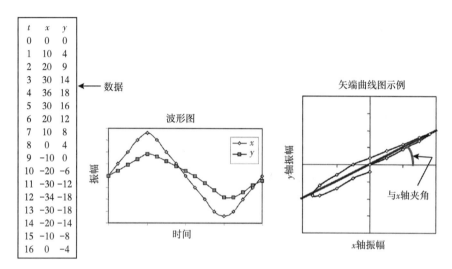

图 12.6　模拟数据、波形图和矢端曲线图示例

但是，在信号传递方向存在 180°模糊度，通常无法确定信号来源方向，但很容易结合其他因素进行推断。

矢端曲线图并不用于分析微震数据，但仍是重要的直观图示方法。一般认为，非线性或椭圆形矢端曲线图不可靠，不建议使用，但是有很多数学方法可以确定矢端曲线图的角度，从而改善结果质量，最常用的两种方法是协方差矩阵法和圆形统计法。

对网格搜索结果进行蒙特卡罗分析，并对方位信息进行标准统计分析，可得到微震不确定性的估计值。根据观测传播时间和拟合传播时间的实际比较结果可得知蒙特卡洛分析的误差分布情况。有误差表明在波至拾取方面存在相关错误。可使用不同随机抽样方法对每个接收器的每次波至进行 N 次分析，很好地了解不确定空间的情况。这种方法也可用于描述与速度模型有关的不确定性。

微震震源反射方向不确定性分析非常简单，只需进行圆形统计分析即可根据实际数据计算平均值和标准差。但是，测量切向误差与震源深度呈函数关系，震源深度越大，不确定性就越大。

12.1.6　微震试验

为了便于微震监测，通常需要在监测前将接收器阵列部署到静态井的适当位置，然后调整接收器的方位，并校准速度模型。对于多级水平井，由于各段相对于监测井的位置不断变化，因此可能需要多次重复分析。

接收器阵列的深度通常接近增产改造储层。了解接收器的确切位置至关重要。对所有监测井进行现场勘测和GPS测量以及井斜测量，是精确测量的必要条件。除了准确定位接收器相对于压裂井的确切位置，部署工作还包含其他两个重要方面：（1）套管与地面的充分耦合；（2）噪声管理。

耦合包括套管状况和接收器耦合系统适用性。如果套管固井良好，即使有多个管柱（所有管柱均需注入水泥固定），也不会出现地面耦合问题。问题通常出现在没有水泥或水泥质量较差的井段，或套管自由悬挂于井筒中的情况。在这些情况下，地震会在套管中引起鸣震，导致很难或无法获得必要地震信息。

如果未将接收器固定至井壁，可能还会有接收器耦合问题。如果牵引比足够大，则可使用带井壁锁的接收器，并保持机械臂沿套管伸展，以解决接收器耦合问题。但是，在某些情况下，例如在斜井中，甚至有时在直井中，即使按上述操作仍有可能耦合不良。其他耦合装置（如磁铁和弓形弹簧）的性能通常比机械臂更差，常见故障是，接受频率较高时会失去响应。

第二个部署问题是噪声管理。微震会产生极小的地壳运动，即使很小的噪声也会干扰监测试验。因此，需要将接收器阵列放置在静态井筒中。如果监测井是生产井，则必须对所有畅通射孔孔眼放置桥塞进行封堵。从桥塞渗出的气泡撞击到接收器上，产生噪声，可掩盖大部分微震活动。

如果附近钻机的钻探深度与已部署接收器大致相同，则这些钻机也是噪声源。1~2英里范围内的钻探活动都可以产生能够掩盖微震活动的噪声。半径数英里内的地震勘测也会干扰监测，尤其是在持续振动器扫描的情况下。若压裂井和监测井位于同一个井组，多井同时作业通常会导致噪声水平升高，在某些情况下可能会出现问题。此外，风噪声、靠近火车轨道以及生产作业也都会导致噪声水平升高。

水力压裂也是噪声的一大来源。如果压裂液侵入井内（侵入页岩储层的情况较多见），噪声水平会升高，导致很难探测到远处发生的微震。如果在高速注入压裂液期间监测井距压裂井过近，则管内和穿过射孔的液流噪声也会导致噪声水平升高。对于高速处理水平井，监测位置最好距水平井至少400ft。

整体噪声水平可通过本底监测进行评估，但是，泵送压裂液后才能确定压裂效果。有时可通过移动接收器阵列和在不同位置重新耦合来解决耦合问题。

用于微震监测的接收器没有机载陀螺仪，因此需通过位置已知的震源进行定位。通常是在桥塞射孔联作过程中监测射孔，或进行一次或多次串状震源激发（通常在压裂井的垂直段将导爆索缠绕于射孔枪）。如果震源位置已知，且可探测到波至，则只需反向进行上述偏振分析，即可确定传感器轴向。

若无法监测射孔或串状震源激发，可使用地面炸药或振动器位置对工具进行定位，尽管这种方法的准确度较低。用滑套和封堵器进行完井作业时会使用该方法。但是，在这种情况下，通常可探测到球座，且由于球座位置已知，因此可通过球座位置精准定位。

如前所述，通常利用偶极子声波测井仪构建微震定位初始速度模型，但由于介质的各向异性、储量耗减不同、岩性变化及许多其他因素导致水平速度与垂直速度存在较大差异，因此一般需要对模型进行校准，最好是建立"射孔过程"瞬态模型（Warpinski等，

2005a），测量射孔时间或串状震源激发时间，以获得波至时间和实际传播时间，进而通过反演来确定某些层的速度，为其他速度校准提供精确依据。如果无法利用瞬态时间（如，使用的是球座或难以对瞬态时间进行测定），则可利用其他方法对速度模型进行优化。通常来说，反演过程可尽量减少射孔位置和时间残差错配，优化速度模型，从而实现射孔精确定位和速度结构最佳拟合。

12.1.7 微震监测

微震监测通常是在完成部署、定位和速度模型构建等所有准备工作之后进行，但有时也会监测与准备工作同时进行。一般来说，监测流程如下：收集背景资料、进行额外校准射孔（例如多井段情况或使用球座）、在压裂过程中和压裂后一段时间内进行连续监测、探测"微震触发"信号（探测到上升信号表明可能有微震）、分析触发信号确定微震、明确微震位置，然后进行微震数据测绘或参考数据模型进行微震数据分析。

本底监测是一个好方法，尤其是对于新油井监测，可确定储层中是否有自然发生的或由其他作业（例如生产或二次开采）引发的微震。而且，本底监测可提醒作业人员注意与设备安装或地面情况有关的噪声或其他问题，从而根据问题产生的原因采取缓解措施。

监测时应完整记录所有原始数据，以防初步分析时无法获得足够信息；有时，进行重复分析可发现更多信息，尤其在进行有噪声干扰的监测时。但是，一般是对原始数据进行实时分析，探测"微震触发信号"并将其记录于单独的小文件中。数据分析是通过 STA/LTA 算法进行的，其中长期平均值（LTA）表示总体信号水平。若短期平均值（STA）大于LTA，则提示可能是微震。然后对触发信号进行独立分析。分析时应确保：（1）尽可能不用通过卫星等通信系统传送的数据；（2）尽可能不使用需要由自动处理程序或地球物理学家进行分析的数据。

最终分析结果通常为已确定为微震并在地图上标记其位置的触发信号的子集。结合压裂参数进行分析时，裂缝扩展、最终总长度和总高度、方位角、不对称性和复杂性也会更加明显。但是，由于通常会存在偏差、不确定因素及其他可能导致出现偏差的问题，因此微震数据分析应十分谨慎。我们将在下文示例中举例说明。

12.1.8 震源分析

微震是轻微地震。微震监测可对波形进行标准地震学分析，但该方法具有一定局限性，因为微震监测的震源球覆盖范围非常有限，导致对震源机制描述不清。但是每种微震都可以采用一种常规方法进行分析，以获得震源特征信息。该方法是 Brune（1970）最先提出的波形频谱分析法。

如果可确定横波脉冲的位移谱，则可将该频谱分为相对恒定的低频振幅和高于某个拐角频率的幂律指数衰减。低频振幅是一个微震强度度量指标，通常用于计算"地震矩"，公式如下：

$$M_o = \frac{4\pi \rho V_s^3 R \Omega_o}{H_c} \tag{12.12}$$

式中　ρ——密度；

　　　V_s——横波速度；

R——到微震点的距离（明确微震位置才能计算地震矩）；

Ω_o——低频振幅；

H_c——辐射方向因子。

由于地震矩涉及很多数量级，因此使用对数标度（矩震级标度）相对简单，矩震级相当于我们熟悉的里氏震级，以达因—厘米（dyne-cm）为单位，公式如下：

$$M_w = \frac{2}{3}\big[\lg(M_o) - 16.1\big] \tag{12.13}$$

按照地震矩大小确定震级，+3 震级表示地表可感觉到的地震，微震震级一般在−2 到−7 级。震级相差一级，能量相差约 32 倍，因此，微震能量比地表可感觉到的地震的能量小约 3000 万倍。

位移谱的拐角频率与发生的滑移量有关，其大小与滑移量成反比。可根据下式计算滑移半径：

$$r_o = \frac{K_c V_s}{2\pi f_c} \tag{12.14}$$

式中 K_c——几何因子；

f_c——拐角频率。

一般来说，滑移量近似于压裂储层厚度。

进行频谱分析可获得很多质量控制信息。图 12.7 为微震震级与压裂井距离关系图。该图提供了相关经验信息，包括特定储层的阵列观察距离，是否可对压裂延伸总范围进行成

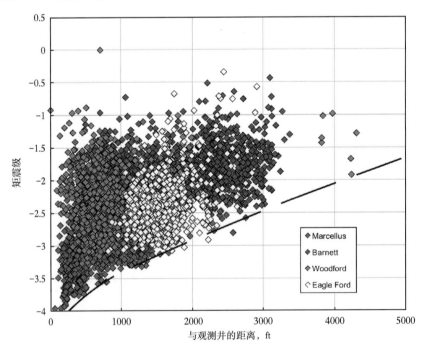

图 12.7　页岩储层微震震级与压裂井距离关系图

像，哪些数据可能有偏差，以及是否存在被激活断层。一般来说，任何大于-1.5 的震级都与断层活动有关，且常见于大多数储层。

除常规震源分析外，还可利用矩张量反演法进一步研究（Nolen-Hoeksema 和 Ruff，2001；Vavrycuk，2007；Warpinski 和 Du，2013），以确定断层面和滑移方向。但是，该方法通常需要一个以上的监测井、高质量数据和高度精确的速度模型，以获得准确信息。

结果的不确定性可能是矩张量反演分析存在的主要问题（Du 和 Warpinski，2011）。

12.1.9　多井监测及其他条件

虽然典型微震监测采用直井，但多井监测、偏斜井监测或水平井监测及复杂储层测井也很常见。试井分析基本采用相同压裂方法，但是位置分析通常采用三维空间定位法。位置分析仍可利用偏振数据，但最好与三维时空残差分析相结合。在很多情况下，速度结构问题越来越复杂，非垂直井筒数据质量可能会受到影响，但总体分析方法大同小异。

12.1.10　结果验证

由于微震不一定是压裂诱生的，因此需要进行监测才能确定裂缝的分布。为验证微震监测结果，研究人员利用其他监测技术进行了大量试验，这有助于证明微震监测的准确性和可靠性。

其中最全面的试验是对位于美国科罗拉多州 Piceance 盆地的 M 井场进行的水力压裂诊断（Warpinski 等，1996，1997，1998b）。该试验利用电缆工具对两口下了套管的旧井进行了压裂和监测，使用加速度计和测斜仪测量一口用水泥固结的新井得出数据，然后使用两口交叉斜井验证微震数据。所有测量均与应力测试和岩心信息相结合，以充分了解压裂情况。

图 12.8 为 M 井场试井结果示意图，其中钻石形激波图表示三个试井的射孔段多次注入压裂液所产生的微震，阴影区域表示用测斜仪测量的上面两层的裂缝高度。下射孔段为可

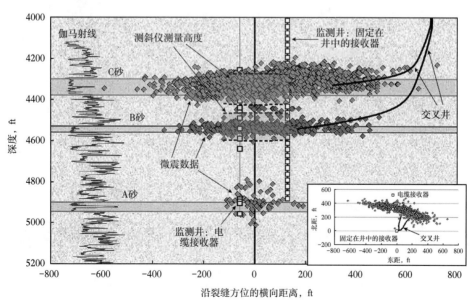

图 12.8　M 井场验证数据的侧视图结果幻灯片，含平面图插页

行性试井层，从该层获得的数据有限。上面两层的裂缝方位角是通过在这些射孔段钻取的斜井来确定的。上射孔段在压裂前已钻好，距压裂井 300ft。使用封堵器和井下压力计对井进行封堵。若压力发生变化，交叉裂隙处会有信号显示。通过这种方式验证了根据微震活动性推导出的裂缝长度。最后，用井下测斜仪测量实际变形，对比微震点高度与测斜仪测量推断高度，以验证裂缝高度。所有测试结果一致性均良好，方位角差异为 2%，长度差异为 5%，高度差异小于 10%。由于测斜仪是很大的压裂区域内取平均值，因此高度比较最为困难，并且由于高度随长度变化而变化，因此无法与微震数据进行精确比较；尽管如此，总体一致性仍然很好。

12.1.11　微震示例

对于 Barnett、Marcellus、Eagle Ford、Haynesville 和其他几个页岩储层，已经进行了很多基于微震监测的压裂研究。这些研究中的许多试验均表明，可通过微震监测收集有用信息。

12.1.11.1　Barnett 双井胶凝监测和水力压裂

Warpinski 等人（2005b）对 Barnett 页岩进行了胶凝和水力压裂研究，讨论了如何利用两口监测井测量通常用于页岩增产改造的长水平段水平井。图 12.9 是一个示例性比较，比较了单一交联型胶凝封堵射孔竖井 6 个区域的微震情况和几个月后进行单一滑溜水压裂所诱生的微震情况。因为进行胶凝压裂后产量仍不高，所以进行了重复压裂。滑溜水压裂实现的增产量明显大于胶凝压裂。

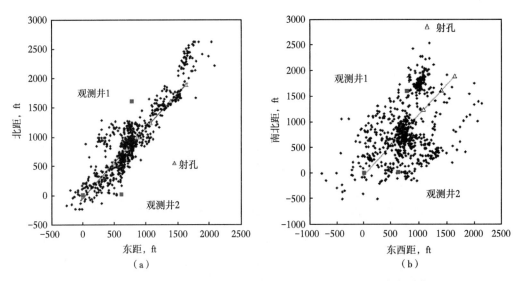

图 12.9　胶凝（a）和滑溜水重复压裂（b）的 Barnett 页岩水平井

如图 12.9 所示，水力压裂效果非常明显。这些结果表明，微震监测有助于改善增产措施。

12.1.11.2　Barnett 单井压裂增产与拉链式压裂增产对比

King 等人（2008）详述过对 Barnett 页岩储层进行微震监测的重要意义，这里重点介绍对两口井同时或几乎同时进行拉链式压裂的增产效果。图 12.10（b）为进行八级分段压裂期间观测到的微震活动。虽然单井压裂增产效果相对较好，但裂缝复杂性小。

　　然而, 如图 12.10 (a) 所示, 对两口邻井进行拉链式压裂, 微震活动性明显增加, 裂缝复杂性也明显更大。由此推断, 同步压裂和拉链式压裂能够显著提高裂缝复杂性。

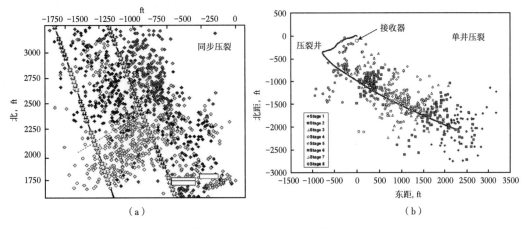

图 12.10　拉链式压裂 (a) 与单井压裂 (b) 效果对比

12.1.11.3　Marcellus 双井压裂方案

　　Mayerhofer 等人 (2011) 曾对 Marcellus 页岩进行增产改造和生产监测综合研究, 研究对两口井进行了压裂改造、测绘、干扰评估以及生产试验。图 12.11 为微震数据图, 图中用不同颜色对各增产改造井进行了编码。如前所述, 压裂监测可提供有价值的工程信息, 包括裂缝方位与井筒轨迹、裂缝长度与井距、压裂分段与重复压裂或遗漏压裂井段、裂缝复杂性以及裂缝发育高度等。但是, 对微震数据和其他信息进行综合分析, 意义更大。本例中, 首先对西南井 (浅色示微震) 进行了压裂增产改造、返排和清理、进行短期生产, 然后关井进行压力恢复。待井压稳定后, 对第二口井进行改造, 并观察各级压裂的压力干扰。微震时间分布提供了两个压裂缝隙相交处的坐标信息。

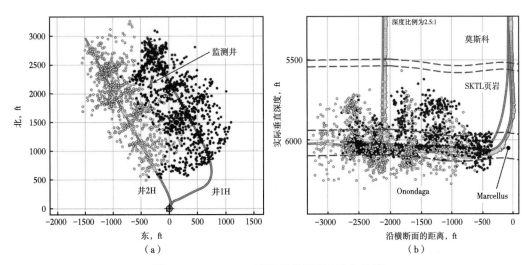

图 12.11　Marcellus 页岩双井压裂改造与监测

为确定压裂改造的增产效果是临时还是永久性的,在生产过程中进行了交替关井试验。结果发现,当一口井关闭时,两口井均显示出产量增加,这表明压裂的增产效果是永久性的。此外,裂缝相交处的微震坐标显示,天然裂缝沿西北方向延伸,使得沿东北方向延伸的水力裂缝复杂性增大。

12.1.11.4 加拿大沉积盆地示例

图 12.12 为 Shaffner 等人 (2011) 对加拿大一处未命名页岩进行分析的结果。

结果表明,使用封堵器和滑套进行裸眼完井可产生更多的平面压裂。这是一个很好的微震示例,因为其展示了在裸眼完井和微震监测过程中可能出现的各种问题。在第一井段存在明显问题,第一级和第二级压裂是针对同一射孔段,其余级压裂对应其他射孔段。有的裂缝很长,并具有单一平面特征;还有的从裸眼井段开始裂为两条缝隙。很多裂缝是从封堵器附近而并非压裂液注入口附近开始起裂。由于压裂改造是快速连续完成的,因此前几层压裂余震可能与各层结构面连通性可能没有太大关系,但是余震频繁的两层或多层压裂间可能存在一定关联。分段压裂不一定是均匀压裂,而且似乎没有观测误差,因为可看到有的级段明显更长。跟部附近的级段一定是不均匀压裂,而且由于接收器会"仔细查看"压裂情况,因此最后的四级五级压裂会有观测误差。不过,早期出现这种误差的可能性较小。虽然图中未给出比例尺,但是根据横向尺寸可以进行推断裂缝很长。

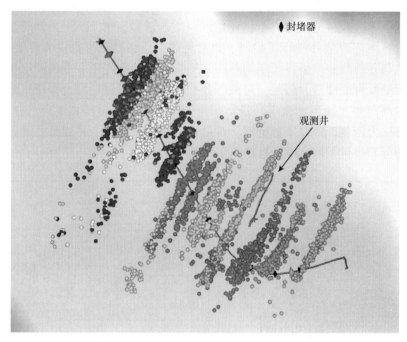

图 12.12 使用封堵器和滑套进行裸眼完井的监测结果

12.2 地表微震监测

地表微震监测是一项在北美多个页岩储层中普遍采用的技术,地热区多年来也一直进行微震地表监测 (Smith 等, 2000),但这些微震震级通常相对较高 (大于 0 级),很容易在地表探测到。探测水力压裂诱生的震级极小的微震，则需要采用可进行数据堆叠存储的传感器阵列技术（Duncan，2010）。虽然目前还没有关于该技术的 M 井场井下微震监测等地表微震监测验证研究，但是其已广泛应用于因临近监测井稀少或温度过高而无法部署井下工具的页岩区。

　　地表微震监测需要在地表安装数百甚至数千个地震检波器，或在浅层井筒中安装数十乃至数百个微波接收器。数据处理需要使用精确的地表至深层速度模型，因为探测非常小的微震，需要进行绕射叠加或类似分析，对能量贡献求和。不进行能量叠加分析通常无法直观地看到地层深处发生的微震。

　　Diller 等人（2011）讨论了星形阵列在 Bakken-ThreeForks 页岩区的应用，并提供了水平井多级压裂改造诱生微震的井下数据平面图和地表数据图。这种可比性一般较差，但可观察到从地表到井筒内的微震活动性。

　　Ciezobka 和 Salehi（2013）对比了 Marcellus 页岩区块开发中地表与井下微震测绘结果，如图 12.13 所示。两种技术的储层改造增产效果相似，但改造施工存在较大差异。可通过进一步验证，全面了解两种技术的相应优势。

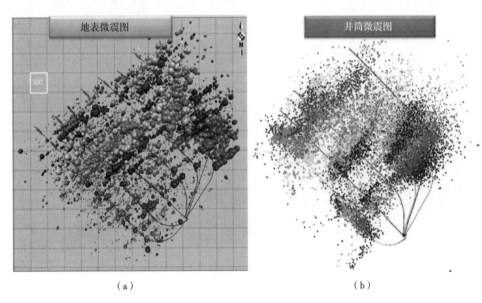

图 12.13　Marcellus 页岩地表与井下微震测绘对比

12.2.1　微变形（测斜仪）压裂监测

　　另一种微震监测技术是使用测斜仪进行微变形监测。测斜仪可通过地表相对于重力方向的倾斜角变化测量井下活动引起的地表微小变形。可使用测斜仪阵列测得地表形变场，并通过反演得到产生变形所需的井下条件（Wright 等，1998）。

　　测斜仪提供的信息不如利用微震活动性获得的信息详细，但其能够直接测量变形量（而不是根据地震活动性进行推断），这对于了解垂直、水平或复杂压裂的分量非常有用。虽然偶尔也会用到测斜仪井下阵列，但一般采用地面阵列。地面阵列可提供储层变形具体位置信息，这有助于了解储层增储体积，而井下阵列可提供直接变形数据，用于验证裂缝高度。

12.2.2 地表变形原因

地下裂缝张开导致地表变形，这是水力压裂特征（Davis，1983）。图 12.14 为垂直裂缝、水平裂缝和斜裂缝的理论变形图。可采用 Okada（1992）提出的介质在自由表面附近运动的位错方程构建相关模型。位于中心的水平裂缝最容易观察到。水平裂缝会抬升覆盖层，并导致地表凸起。位于左边的垂直裂缝也会把地表向上推，但它距实际裂缝位置很远。由于在裂缝上方存在受拉区，地层实际是被略微下拉。垂直裂缝的坑槽通常与裂缝方位角对齐。右侧的斜裂缝兼有水平裂缝和垂直裂缝的特征，具体取决于倾斜度。利用现有的地表变形地质力学模型很容易确定倾斜度，因此测斜仪可帮助区分垂直裂缝、水平裂缝或倾斜裂缝。

变形量很大程度上取决于压裂方式。图 12.14 为尺寸相同的裂缝的位移，位移方向不同。水平裂缝引起的变形幅度最大，垂直裂缝引起的最小。

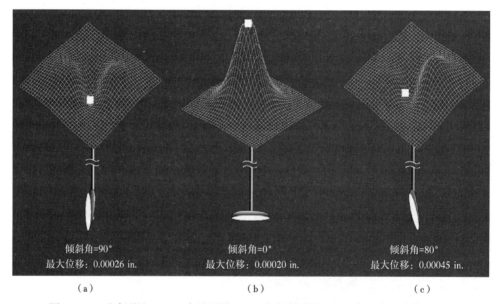

图 12.14   垂直裂缝（a）、水平裂缝（b）和倾斜裂缝（c）的理论地表变形图；
尺寸相同的三种裂缝在地表沿不同方向的最大位移

由于变形可能会叠加，因此可以在任何数据集中确定裂缝类型。T 型裂缝比较容易识别，在煤层气储层等许多储层中都很常见。通过强大的反演过程区分两条垂直裂缝带也相对容易，如在复杂的 Barnett 页岩压裂中观察到的裂缝带即为垂直裂缝带。

12.3   测斜仪

微变形通常使用测斜仪进行测量，因为其对微小的旋转极其敏感。测斜仪是一种精密传感器，由玻璃壳体内的导电流体和气泡组成。由于气泡可自由旋转，因此流体会根据传感器的重力位置进行调整。如图 12.15 所示，顶部装有激励电极，底部装有拾取电极，用于确定随着气泡移动和不同区域流体接触电极而发生的差分阻值变化。这类测斜仪的分辨率可高达 1 纳弧度或 1/109，能够在 1km 范围内测量 1m 变化量，因此可用于测量地球表面的微小变化，这些变化主要受噪声、热应变和地球潮汐扰动的影响。

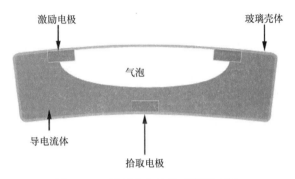

图 12.15　测斜仪气泡传感器原理图

由于这种气泡传感器仅响应沿特定轴进行的运动，因此每个测斜仪需要有两个正交传感器才能获得矢量和及矢量方向等信息，从而得以在分析时同时考虑倾斜矢量的幅度和方向。

12.3.1　部署测斜仪阵列

在进行微变形监测试验时，需要在受测场地适当开阔区域布置测斜仪阵列。该阵列可用于探测地表变形模式，而合适的范围对于获得预期最大倾斜场测量结果至关重要。一般是在预期裂缝位置上方部署某种圆形阵列，这种阵列，井内测斜仪间隔距离约为射孔深度的 25%，井外测斜仪间隔距离约为射孔深度的 75%。对于分多段压裂的较长水平井，测斜仪阵列应沿井筒长度适当扩展，以覆盖所有压裂段，如图 12.16 所示。这种情况需要约 40 个测斜仪充分覆盖 2000ft 深的监测井。若井更深，需要的测斜仪也更多。

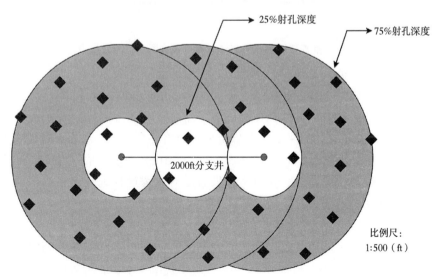

图 12.16　一口长水平井覆盖端部、中心、跟部所有压裂段的测斜仪布局

12.3.2　测斜仪数据

图 12.17 为一口直井倾斜模式的测斜仪数据（Wright 等，1998）。图 12.17（a）所示案例为直井垂直水力压裂测量结果。在该示例中，地表变形呈与裂缝方位角对齐的坑槽，因此倾斜模式表现为倾斜矢量全部线性指向坑槽，很容易将这些结果理解为东北方位垂直裂缝。

图 12.17（b）为水平裂缝示例。水平裂缝倾斜矢量均指向远离中心的方向，这对于水平水力压裂诱生的地表凸起变形是很常见的。数据信噪比越高，得到准确结果的可能性越大。图中两种情况均具有良好信噪比。

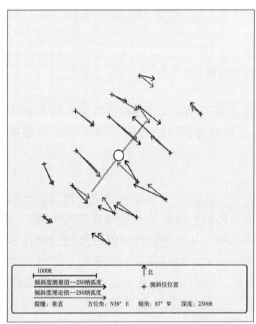 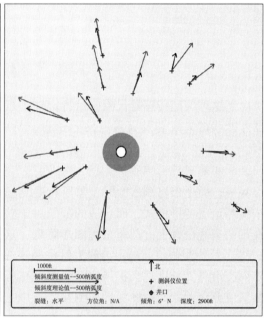

（a）垂直裂缝　　　　　　　　　　　　　　　（b）水平裂缝

图 12.17　垂直裂缝和水平裂缝倾斜模式的测斜仪测量结果

12.3.3　压裂储层特征分析

在某些情况下，特别是在分支井相对较浅、测斜仪阵列密集且数据质量较高的情况下，可进行更复杂的分析，以获取更具体的压裂信息。将分支井周围的储层分割成横向网格块（网格块大小主要取决于分支井的深度）并确定哪些网格块会变形，从而呈现观测到的地表变形模式（Astakhov 等，2012；Walser 和 Roadarmel，2012）。同时可采用裂缝张开度模型检查水平裂缝和垂直裂缝，如图 12.18 所示。最后是对压裂过程进行逐格逐块解读，查看压裂施工造成储层体积发生变化的位置以及诱生的裂缝的性质。

12.3.4　井下测斜仪阵列

事实证明，井下测斜仪阵列可用于确定裂缝高度，在用于多口邻井监测时，还可确定裂缝长度（Warpinski 等，1997；Fisher 等，2002）。尽管该技术在非常规储层中的应用曾受到限制，但由于其可用于由微震监测工具和测斜仪组成的混合阵列，因此其应用已日益广

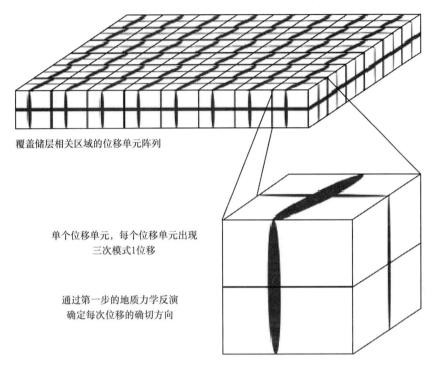

覆盖储层相关区域的位移单元阵列

单个位移单元，每个位移单元出现
三次模式1位移

通过第一步的地质力学反演
确定每次位移的确切方向

图 12.18　含裂缝单元的网格储层体积示意图

泛。这种混合阵列的优点是能够同时探测微震和压裂诱生的变形，并可提供更多额外信息，因此预计其使用范围将会进一步扩大。

12.4　微变形示例

已知的水平井水力压裂微变形测量案例包括硅藻页岩、McLure 页岩以及 Eagle Ford 页岩试验。其中，Eagle Ford 页岩案例是微震和微变形综合监测试验，该实验是利用增产储层特征分析获得更多信息。

12.4.1　LOSTHILLS 硅藻页岩试验

Emanuele 等人（1998）对该油田背斜构造侧翼的数口水平井进行了监测案例研究，如图 12.19 所示。与地表微变形相关的裂缝的方向显示，水平井压裂诱生的裂缝方位角高度一致，且先前生产也未导致出现大的变化。这类油田的裂缝通常在东北区域。该案例说明测斜仪是一种广泛应用于高度复杂储层的勘探工具。可将测斜仪固定放置，以获得相应区域所有裂缝信息，用于绘制结果图。

12.4.2　Mclure 页岩示例

Minner 等人（2003）对 McLure 页岩区一口 8000ft 深的水平井进行了单级压裂测绘。在该案例中，压裂过程中裂缝发生了明显变化。图 12.20 为其中一个测斜仪（两个通道）在压裂期间的响应情况。

本案例采用了两个 X（黑色）$-Y$ 倾斜（灰色）双轴倾斜传感器。于当日 13 点开始压

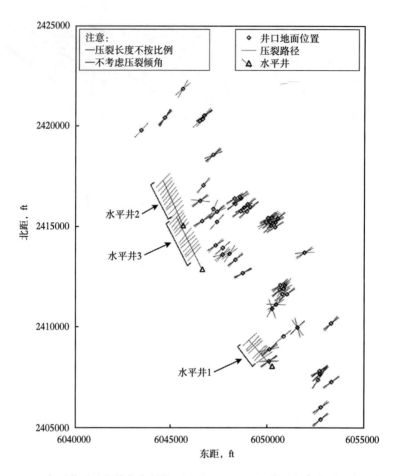

图 12.19　水平井裂缝方位角与早期测量的 LostHills 硅藻页岩直井裂缝方位角对比

裂，并在此之前进行本底监测，在数据中可看到火车和其他车辆经过所诱生的地表变形，但这些都是瞬态现象。

　　压裂开始时，两个传感器的压力响应（上方数据）下降，倾斜监测值迅速减小。然而，在 13 点 30 分左右，压力开始迅速上升，倾斜传感器读数稳定甚至有上升趋势。地表变形模式随压力数据变化而变化，而压力数据体现的是裂缝变化情况。压力变化时，砂浓度呈阶段性升高，但泵速未变化。

　　对微变形结果的解释是，单级压裂开始时诱生的主要为纵向裂缝，如图 12.21（a）所示。端部附近主要是横向裂缝，而跟部附近主要是水平裂缝。在压裂过程中，纵向裂缝停止扩展（但仍保持膨胀状态），而端部和跟部的横向和水平裂缝则沿原方向扩展。

12.4.3　Eagle Ford 综合示例

　　Astakhov、Walser 和 Roadarmel 等人（2012）进行了地表微变形与微震综合监测案例研究，进行了地表微变形增产改造储层表征分析。研究对 Eagle Ford 页岩区一个深度约 4600ft 的水平井进行了多级压裂增产改造。研究在地表部署了测斜仪密集阵列，并对邻井部署了微震监测阵列。

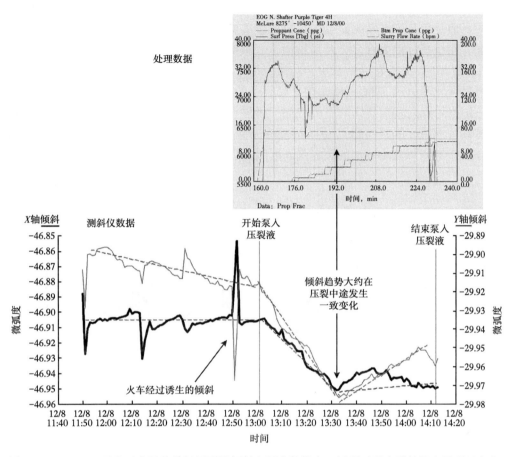

处理数据

图 12.20   McLure 页岩区水平井单级压裂的倾斜和压力数据表（压裂过程中裂缝发生了明显变化）

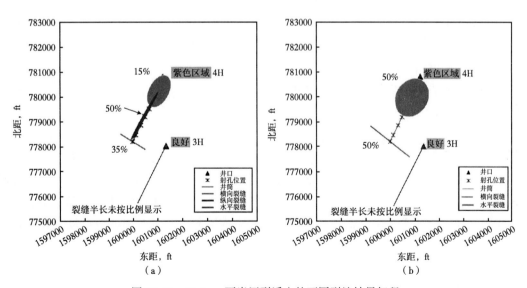

（a）

（b）

图 12.21   McLure 页岩压裂诱生的不同裂缝结果解释

微震监测结果如 12.22（a）透视图所示。由于噪声问题，在前几个级段探测到的微震活动有限，但是后几个级段明显改善，根据微震活动性确定了多个特征。根据震级等信息可以推断，在压裂过程中有多个断层被激活，最突出的是井筒西侧［图 12.22（a）］的断层。图 12.22（b）为微震（钻石块）与微变形（彩色框）综合数据平面图。微变形数据根据主要分量［水平（普通框）和垂直（带线条的框）］进行颜色编码。垂直线条网格框还显示了该网格单元内垂直裂缝的主要方向。虽然在最后九个级段的微震和微变形监测结果符合性良好（解决了噪声问题），但是从微变形监测结果来看，没有井筒西侧主要断层和东侧［图 12.22（b）］较小断层的裂缝张开度测量数据。

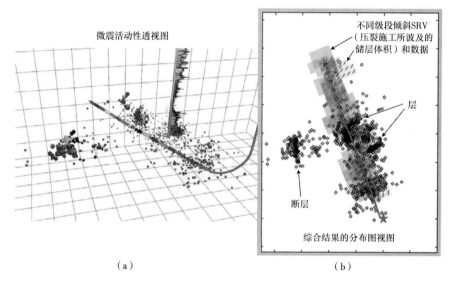

（a）　　　　　　　　　　　　（b）

图 12.22　Eagle Ford 页岩多级压裂增产改造综合监测示意图

根据微变形数据获得的另一个重要信息是，该区域大多为水平裂缝，垂直裂缝的数量有限，有些级段甚至全部为水平裂缝。因此，仅根据微震活动性确定裂缝是否水平，仍存在困难，可借助测斜仪进行测定。

本案例研究表明，结合监测技术可获得更多有用信息，这对于研究存在复杂断层和构造的新页岩储层，意义重大。

12.5　分布式温度传感系统

虽然可通过微震和微变形监测获得远场裂缝信息，但有时候不能详细评估近井情况，例如可能无法获悉水泥封堵、封堵器处裂缝或封堵、或注入流体的射孔簇数量等信息。为此，我们可利用分布式温度传感（DTS）系统这种新技术来测量井筒各段温度变化，以收集更多信息。

12.5.1　DTS 系统

DTS 测量过程包括在井筒中布置光缆、用光束脉冲、记录并叠加沿光缆远链路返回的折射光（Carnahan 等，1999）。可将光缆布置在井下油管中、电缆内或套管后方（固定）。

推荐将光缆固定在套管后方，以获得最详细的近井裂缝和压裂射孔段封堵信息。该方法是将光缆放入小直径油管内，然后在井中布置套管时将油管与套管相连，最后将整个组件固定在适当位置。光缆会对套管内流体温度做出响应，对从套管中流出并直接与油管接触的流体（如在压裂液注入口或射孔处）的响应尤其明显。需要注意的是，必须根据射孔方向进行布置，以免光缆被切割。

图 12.23 为分布式温度传感系统的基本原理（Holley 等，2012）。将光缆布置于井中后，将其连接至带有激光器和检测系统的 DTS 盒。光脉冲沿光缆向下传播，并沿光缆各点小幅度折射。根据光在光缆中的速度特征可以知道，光纤折射位置与双向传播时间呈函数关系。由于折射能量非常小，所以激光每秒脉冲几千次。然后将折射能量叠加，以导出信号（通常需要几秒）。DTS 系统并不用于连续测量，而是按规定间隔测量，通常以 1m 为单位，可沿光缆的整个长度进行测量。

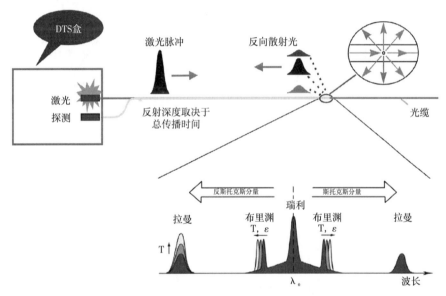

图 12.23　分布式温度传感系统基本原理（Holley 等，2012）

折射光有很多分量，但 DTS 系统的目标分量是对温度敏感的斯托克斯拉曼散射分量。该分量的波长稍大于对温度不敏感的输入光，而波长稍小的反斯托克斯拉曼散射分量对温度较敏感。通过比较这两种分量可确定光纤各折射点的温度。

12.5.2　DTS 示例

图 12.24 为可根据 DTS 结果得出的推论（Huckabee，2009）。12.24（a）为用滑溜水压裂法增产改造时水平井第一级段（深度为 9435ft）不同位置的温度情况。由于光缆位于套管和水泥后方，井筒各处温度差异较大；将光缆夹在套管上时，传导良好，但放置在其他地方，可能会因为有水泥而导致绝缘。当流体从井筒中流出并直接与光缆管接触时，温度通常最低。9390ft~9450ft 区域因直接接触流体而异常寒冷，由此可推断该区域封堵良好，所有流体都从预期位置流出。

如图 12.24（b）所示，第二级段的不同之处在于存在一个没有任何环状封堵的大区域

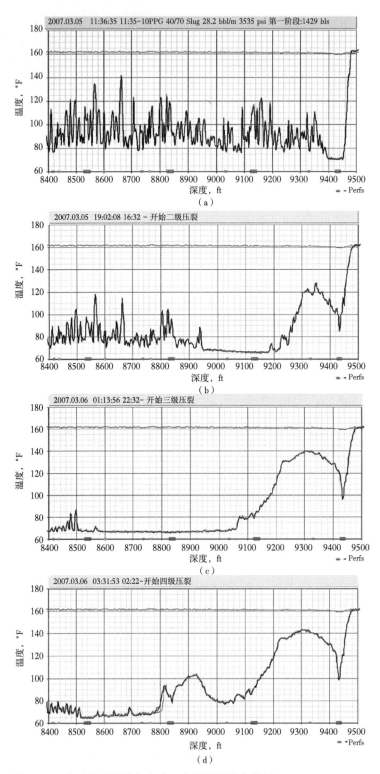

图 12.24　水平井压裂增产改造四个级段的温度数据（Huckabee，2009）

（深度从 8945ft 至 9220ft 的级段）。但是第一级段是封闭的，"回温"方式不同，图中清楚标示了一级压裂的位置，并表明其可能是井筒中的单一裂缝面。在第三级段［图 12.24（c）］，更多井筒暴露于压裂液，一级压裂的回温特征更加明显。目前尚无任何关于二级压裂的推断。在第四级段［图 12.24（d）］进行了桥塞封堵，以隔离前三个级段。第二级段的回温与第一级段完全不同，这表明流体并非从单个裂缝中流出，而很可能是沿井筒多个位置流出，由此产生的回温剖面非常宽。

更常见的情况是，DTS 数据表现为温度随时间和位置变化的彩色曲线，如图 12.25 所示（Holley 等，2014）。这是一个分段压裂（蓝色表示寒冷期）直井案例，压裂后温度回升。这类数据可提供关于主要压裂位置及可能出现的任何封堵问题的信息。

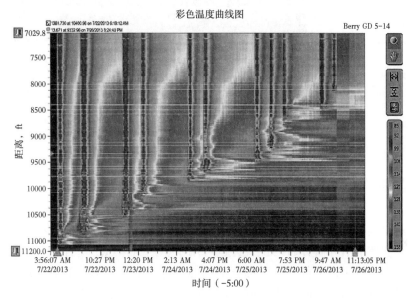

图 12.25　分段压裂寒冷和回温温度—时间（x 轴）和深度（y 轴）曲线图

12.5.3　分布式声波传感系统

分布式声波传感（DAS）系统是一种光纤技术，与 DTS 一样，其可用于确定井筒内发生的活动。该技术可用于测量由流体或岩石任何运动产生的噪声，实时测量流体活动，例如射孔液流噪声。

当光纤受到振动时，光纤折射率会发生变化，光脉冲的相位信息经过振动光纤时也会发生变化。因此可通过测量相变，将光纤用作分布式干涉仪，其传感长度可达数米。而通过测量信号振幅、频率和相位及仪表间隔，有可将光纤用作分布式声波传感系统。

图 12.26 为有四个射孔簇的水平井单级压裂 DAS 数据（Holly 和 Kalia，2015）。在该案例中，水平轴表示时间，垂直轴表示深度，颜色表示声强。四个射孔簇的位置在左图上以白线显示。从图中可以看出，簇 2 和簇 4 在整个压裂过程中都有相当大的活动性（底部图为压裂数据），簇 3 开始注入大量压裂液，但在压裂过程中活动性减弱，簇 1 不会流入太多压裂液。

DAS 可实时提供有关射孔簇效率和封堵问题（例如，桥塞周围液流）的信息，因此大有用途，可用于评估何时需要使用分流器以及分级段工具是否存在机械故障。

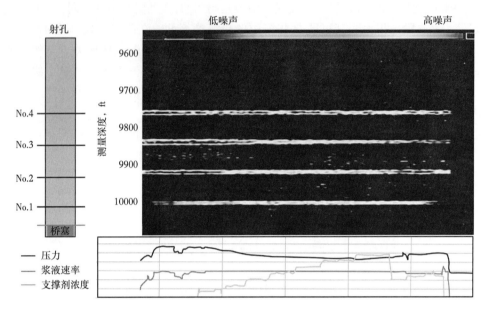

图 12.26　包含四个射孔的压裂级段 DAS 数据

12.6　示踪剂

　　放射性示踪剂和化学示踪剂常用于监测水平井水力压裂情况。将支撑剂嵌入放射性示踪剂，可显示支撑剂沿井筒分布的位置，也可用于识别与探边水平井相交的裂缝。化学示踪剂包括亲水性和疏水性两种，每种都有不同的用途。亲水性示踪剂通常用于监测各个压裂级段的回流和流体回收，而油溶性示踪剂等疏水性示踪剂通常用于检查各压裂级段的石油产量。

12.6.1　放射性示踪剂的应用

　　Leonard 等人（2007）进行了在水平井中使用示踪剂的案例研究。应用于支撑剂的放射性示踪剂通常包括光谱特征和半衰期均不相同的铱、钪和锑。压裂后，使用伽马射线测井仪在井筒内检测不同同位素。以交替顺序在各个级段添加放射性示踪剂，可推断出近井筒裂缝和封堵情况。

　　图 12.27 为 Barnett 页岩中两口并排井（井距约 450ft）的示踪结果。为了增加裂缝复杂性，对两口井同时压裂。多个射孔段均可观察到邻井压裂增产改造时泵入的示踪剂。在大多数射孔段，井筒沿线存在大面积连通，表示封堵不良（水泥不足）或沿井筒或通过缝网出现大面积裂缝。出现这种情况的原因，水泥不足的可能性较大。

　　支撑剂上的放射性示踪剂可作为近井筒监测工具，因为其可标记支撑剂接触位置，比 DTS 推导得出的流体位置信息更准确。此外还发现，相隔距离远大于本案例的邻井监测也使用了这些示踪剂，有助于测定储层的支撑裂缝长度。

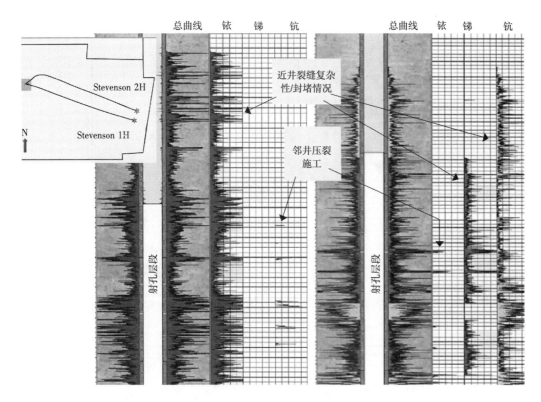

图 12.27   两口并排水平井放射性示踪剂监测（Leonard 等，2007）

12.6.2 油溶性示踪剂的应用

Stegent 等人（2011）在多级压裂水平井中使用油溶性示踪剂评估了 Eagle Ford 页岩的不同完井情况。研究将大量疏水性示踪剂放置在不同压裂级段，并在生产过程中进行分析，以确定对整体产量提升贡献最大的级段。在该案例中，将固井滑套与两相邻井的桥塞封堵射孔联作完井进行了对比。其中一口井有 11 个阀门封堵级段和 5 个桥塞封堵级段，而第二口井则完全采用桥塞+射孔联作分段压裂。为进一步评价响应，对使用压裂阀的井进行了微震监测，以评估压裂特征是否随完井发生变化。

图 12.28 为平面图和侧视图展示的井筒构造和微震监测结果。图中分别用黑色、深灰色和浅灰色表示不同级段，作为各级段起点的压裂阀或压裂射孔同样以颜色区分。西南方向的井筒部署了接收器阵列，东北方向的井筒正在进行压裂增产改造。随后取出接收器，西南井完工。由于无法将监测阵列移至水平井的最底部，因此端部监测数据质量受到一定影响。一般情况下，两种完井类型的压裂观测值差异不大。

图 12.29 和图 12.30 分别为对滑套完井和桥塞—射孔联作完井在 14 天生产周期内油溶性示踪剂的平均分析结果。两口井在不同区域的产量差异较大，但除联作完井的 1 个级段（12 级段）外，其他级段的结果非常相似。图中还显示了两口井的相对产量，数据已转换为联作完井产量数据。

油溶性示踪剂和水溶性示踪剂是评价多级压裂水平井生产和清理效果的有效工具，是一种可用于评价压裂和完井效果及对产量的影响的非侵入性技术。

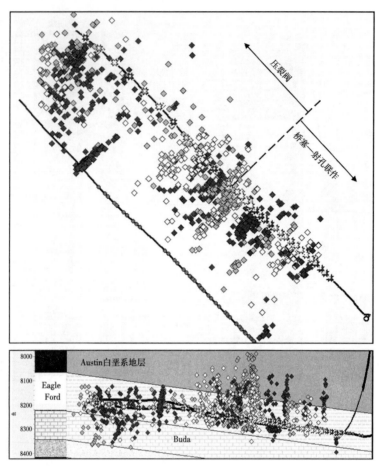

图 12.28　按照不同完井方案使用油溶性示踪剂确定压裂增产效率的
水平井微震检测数据（Stegent 等，2011）

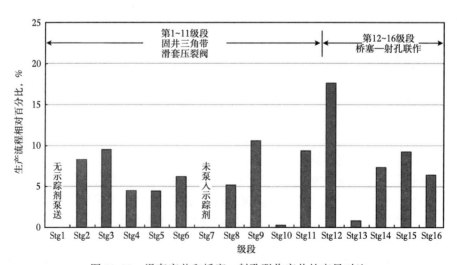

图 12.29　滑套完井和桥塞—射孔联作完井的产量对比

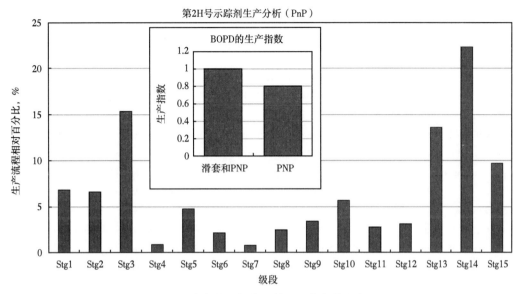

图 12.30　滑套完井和桥塞—射孔联作完井的产量对比

12.7　总结

水力压裂诊断可为多级压裂水平井增产改造提供依据。根据微震和微变形监测获得的裂缝方位角信息可推测油田井筒的轨迹，根据微震监测获得的裂缝长度信息可用于确定最佳井距，而根据微震监测获得的裂缝高度数据可帮助"管理"产量增长速度和增长体积变化、分流器和井位情况。可通过增产改造设计（流体、泵速和体积）和完井方案提高压裂复杂性并根据微震或微变监测进行结果验证。根据微震监测数据可确定断层等潜在地质灾害。利用 DTS 和示踪剂技术可明确近井筒封堵问题（封堵器和水泥）及多射孔簇压裂、纵向和横向压裂及一般作业的效率。

所有这些诊断都有助于确定最佳油田开发方案，对于非常规储层尤为重要，因为非常规储层的经济可行性依赖于微薄的利润空间，而进行压裂增产改造是实现产量激增的有效方法。

参 考 文 献

［1］Aki, K., and Richard, P. G. 2009. Quantitative Seismology, 2nd ed. University Science Books：Sausalito, California.

［2］Albright, J. N., and Pearson, C. F. 1982. "Acoustic Emissions as a Tool for Hydraulic Fracture Location：Experience at the Fenton Hill Hot Dry Rock Site."SPEJ 22：523-530.

［3］Astakhov, D. K., Roadarmel, W. H., and Nanayakkara, A. S. 2012. A New Method of Characterizing the Stimulated Reservoir Volume Using Tiltmeter - Based Surface Microdeformation Measurements. Paper SPE 151017 presented at the SPE Hydraulic Fracturing Technology Conference. The Woodlands, TX. Feb. 6-8.

［4］Barree, R. D., Fisher, M. K., and Woodroof, R. A. 2002. A Practical Guide to Hydraulic Fracture

Diagnostic – Technologies. Paper SPE 77442, presented at the SPE Annual Technical Conference and Exhibition. San Antonio, TX. Sep. 29 to Oct. 2.

[5] Brune, J. N. 1970. "Tectonic Stress and the Spectra of Seismic Shear Waves from Earthquakes. " *Journal of Geophysical Research* 75 (26): 4997–5009.

[6] Carnahan, B. D., Clanton, R. W., Koehler, K. D., Harkins, G. O., and Williams, G. R. 1999. Fiber Optic Temperature Monitoring Technology. Paper SPE 54599 presented at the SPE Western Regional Meeting. Anchorage, AL. May 26–28.

[7] Ciezobka, J., and Salehi, I. 2013. Controlled Hydraulic Fracturing of Naturally Fractured Shales—A Case Study in the Marcellus Shale Examining How to Identify and Exploit Natural Fractures. Paper SPE 164524 presented at the Unconventional Resources Conference, –USA, The Woodlands, TX. Apr. 10–12.

[8] Davis, P. M. 1983. Surface Deformation Associated " with a Dipping Hydrofracture. J. Geophys. Res. 88: 58295834.

[9] Diller, D. E., and Gardner, S. P. (2011, January 1) . Comparison of Simultaneous Downhole And Surface Microseismic Monitoring In the Williston Basin. Society of Exploration Geophysicists.

[10] Du, J., and Warpinski, N. 2011. "Uncertainty in Fault Plane Solutions from Moment Tensor Inversion. " *Geophysics* 76 (6): WC65–WC75.

[11] Duncan, P. M. 2010. Microseismic Monitoring: Technology State of Play. Paper SPE 13177 presented at the SPE Unconventional Gas Conference, Pittsburgh, PA. Feb. 23–15.

[12] Emanuele, M. A., Minner, W. A., Weijers, L., Broussard, E. J., Blevens, D. M., and Taylor, B. T. 1998. A Case History: Completion and Stimulation of Horizontal Wells with Multiple Transverse Hydraulic Fractures in the Lost Hills Diatomite. Paper SPE 46193 presented at the SPE Western Regional Meeting. Bakersfield, CA. May 10–13.

[13] Fehler, M. C. 1989. "Stress Control of Seismicity Patterns Observed during Hydraulic Fracturing Experiments at the Fenton Hill Hot Dry Roc. k Geothermal Energy Site, New Mexico. " Int. J. Rock Mech. , Min. Sci. Geomech. Abstr. 26: 211–219.

[14] Fisher, M. K., Davidson, B. M., Goodw–in, A. K., Fielder, E. O., Buckler, W. S., and Steinberger, N. P. 2002. Integrating Fracture Mapping Technologies to Optimize Stimulations in the Barnett Shale. Paper SPE 77411 presented at the SPE Annual Technical Conference and Exhibition, San Antonio, TX. , Sep. 29 to Oct. 2.

[15] Holley, E. H., Jones, T. A., Dodson, J., and Salazar, J. 2014. Using Distributed Optical Sensing to Constrain Fracture Models and Confirm Reservoir Coverage in the Permian Basin. Paper SPE 168610 presented at the SPE Hydraulic Fracturing Technology Conference, The Woodlands, TX. Feb. 4–6.

[16] Holley, E. H., and Kalia, N. 2015. Fiber – Optic Monitoring: Stimulation Results from Unconventional Reservoirs. Paper URTeC 2151906 presented at the Unconventional Resources Technology Conference, San Antonio, TX. Jul. 20–22.

[17] Holley, E. H., Molenaar, M. M., Fidan, E., and Banack, B. 2012. Interpreting Uncemented Multistage Hydraulic–Fracturing Completion Effectiveness Using Fiber–Optic DTS Injection Data. Paper SPE 153131 presented at the SPE Middle East Unconventional Gas Conference and Exhibition. Abu Dhabi, UAE. Jan. 23–25.

[18] Huckabee, P. 2009. Optic Fiber Distributed Temperature for Fracture Stimulation Diagnostics and Well Performance Evaluation. Paper SPE 118831 presented at the SPE Hydraulic Fracturing Technology Conference. The Woodlands, TX. Jan. 19–21.

[19] Jaeger, J. C. , Cook, N. G. W. , and Zimmerman, R. W. 2007. *Fundamentals of Rock Mechanics*. 4th Ed. Blackw−ell Publishing. Malden, MA.

[20] King, G. E. , Haile, L. , Shuss, J. , and Dobkins, T. A. 2008. Increasing Fracture Path Complexity and Controlling Downward Fracture Growth in the BarnettShale. Paper SPE 119896 presented at the 2008 SPE Shale Gas Production Conference, Fort Worth, TX. , Oct. 16−18.

[21] Leonard, R. S. , Woodroof, R. A. , Bullard, K. , Middlebrook, M. L. & Wilson, R. E (2007, January 1) Barnett shale completions : A Method for Assessing New Completion Strategies. Society of Petroleum Engineers. doi: 10. 2118/110809_ MS.

[22] Mayerhofer, M. J. , Stegent, N. A. , Barth, J. O. , and Ryan, K. M. 2011 Integrating Fracture Diagnostics and Engineering Data in the Marcellus Shale. Paper SPE 145463 presented at the SPE Annual Technical Conference and Exhibition, Denver, Colorado, U. S. , Oct. 30 to Nov. 2 doi: 13. 2118/145463−MS.

[23] Minner, W. A. , Du, J. , Ganong, B. L. , Lackey, C. B. , Demetrius, S. L. , and Wright, C. A. 2003. Rose Field: Surface Tilt Mapping Shows Complex Fracture Growth in 2500′ Laterals Completed with Uncemented Liners. Paper SPE 83505 presented at the SPE Western Regional Meeting. Long Beach, CA. May 19−24

[24] Nelson, G. D. , and Vidale, J. E. "1990. Earthquake Locations by 3D Finite Difference Travel Times." Bull, of the Seismological Society of America 80: 395.

[25] Nolen−Hoeksema, R. C. , and Ruff, L. J. 2001. "Moment Tensor Inversion of Microseisms from the B−Sand Propped Hydrofracture, M−Site, Colorado." Tectonophysics 336 (1−2): 163−181.

[26] Okada, Y. 1992. "Internal Deformation due to Shear and Tensile Faults in a Half−Space." Bulletin of the Seismological Society of America 82: 1018.

[27] Pearson, C. 1981. "The Relationship between Microseismicity and High Pore Pressures during Hydraulic Stimulation Experiments in Low Permeability Granitic Rocks." J. Geophys. Res. 86: 7855−7864.

[28] Rutledge, J. T. , Phillips, W. S. , and Mayerhofer, M. J. 2004. "Faulting Induced by Fluid Flow−and Fluid Flow Induced by Faulting: An Interpretation of Hydraulic−Fracture Microseismicity, Carthage Cotton Valley Gas Field, Texas." Bulletin of the Seismological Society of America 94 (5): 1817−1830.

[29] Shaffner, J. , Cheng, A. , Simms, S. , Keyser, E. , and Yu, M. 2011. The Advantage of Incorporating Microseismic Data into Fracture Models. Paper CSUG/SPE 148780 presented at the Canadian Unconventional Resources Conference, Calgary, Alberta, Canada, Nov. 15−17 doi: 13. 2118/148780−MS.

[30] Smith, W. , Beall, J. , and Stark, M. 2000. Induced Seismicity in the SE Geysers Field, California, USA. Proceedings of the World Geothermal Congress. Kyushu−Tohoku, Japan, May 28 to Jun. 10.

[31] Stegent, N. A. , Ferguson, K. , and Spencer, J. 2011. Comparison of Frac Valves vs. Plug − and − Perf Completion in the Oil Segment of the Eagle Ford Shale : A Case Study. Paper CSUG/SPE 148642 presented at the Canadian Unconventional Resources Conference. Calgary, Alberta, Canada. Nov. 15−17.

[32] Vavrycuk, V. 2007. On the retrieval of moment tensors from borehole data. Geophysical Prospecting 55 (3): 381−391.

[33] Vidale, J. E. 1988. "Finite Difference Calculation of Travel Times." Bulletin of the Seismological Society of America 78: 2062.

[34] Walser, D. W. , and Roadarmel, W. H. 2012. Integrating Microseismic with Surface Microdeformation Monitoring to Characterize Induced Fractures in the Immature Eagle Ford Shale. Paper ARMA 12 − 594 presented at the 46th US Rock Mechanics/Geomechanics Symposium. Chicago, IL. Jun. 24−27.

[35] Warpinski, N. R. 2009a. Microseismic Monitoring: Inside and Out. J. Pet. Tech. 61 (11): 80−85. SPE− 118537−MS. doi: 13. 2118/118537−MS.

[36] Warpinski, N. R., Branagan, P. T., Engler, B. P., Wilmer, R., and Wolhart, S. L. 1997. "Evaluation of a Downhole Tiltmeter Array for Monitoring Hydraulic Fractures." International Journal of Rock Mechanics and Mining Sciences 34 (4): 108. e1-108. e13.

[37] Warpinski, N. R., Branagan, P. T., Peterson, R. E., Fix, J. E., Uhl, J. E., Engler, B. P., and Wilmer, R. 1997. Microseismic and Deformation Imaging of Hydraulic Fracture Grow, th and Geometry in the C Sand Interval, GRI/DOE M-Site Project. Paper SPE 38573 presented at the SPE Annual Technical Conference and Exhibition, San Antonio, TX., U. S., Oct. 5-8 doi 13. 2118/38573-MS.

[38] Warpinski, N. R., Branagan, P. T., Peterson, R. E., and Wolhart, S. L. 1998b. AnInterpretation of M-Site Hydraulic Fracture Diagnostic Results. Paper SPE 39950 presented at the Rocky Mountain Regional/Low, Permeability Reservoirs Symposium and Exhibition, Denver, Colorado, U. S., Apr. 5-8 doi: 13. 2118/39950-MS.

[39] Warpinski, N. R., Branagan, P. T., Peterson, R. E., Wolhart, S. L., and Uhl, J. E. 1998a. Mapping Hydraulic Fracture Growth and Geometry Using Microseismic Events Detected by a WirelineRetrievable Accelerometer Array. Paper SPE 40014 presented at the Gas Technology Symposium, Calgary, Alberta, Canada, Mar. 15-18 doi: 13. 2118/40014-MS.

[40] Warpinski, N. R. and Du, J. 2013. Source – Mechanism Studies on Microseismicity Induced by Hydraulic Fracturing. Paper SPE 135254 presented at the SPE Annual Technical Conference and Exhibition, Florence, Italy, Sep. 19-22 doi: 13. 2118/135254-MS.

[41] Warpinski, N. R., Kramm, R. C., Heinze, J. R., and Waltman, C. K. 2005b. Comparison of Single-and Dual-Array Microseismic Mapping Techniques in the Barnett Shale. Paper SPE 95568 presented at the SPE Annual Technical Conference and Exhibition, Dallas, TX., U. S., Oct. 9-12.

[42] Warpinski, N. R., Mayerhofer, M. J., Agarwal, K., and Du, J. 2012. Hydraulic Fracture Geomechanics and Microseismic Source Mechanisms. Paper SPE 158935 presented at the SPE Annual Technology Conference and Exhibition. San Antonio, TX. Oct. 8-10.

[43] Warpinski, N. R., Sullivan, R. B., Uhl, J. E., Waltman, C. K., and Machovoe, S. R. 2005a. "ImprovedMicroseismic Fracture Mapping Using Perforation Timing Measurements for Velocity Calibration." SPE Journal 10-1: 14-23.

[44] Warpinski, N. R., Waltman, C. K., Du, J., and Ma, Q. 2009b. Anisotropy Effects in Microseismic Monitoring. Paper SPE 124208 presented at the SPE Annual Technical Conference and Exhibition, New Orleans, LA. Oct. 4-7.

[45] Warpinski, N. R., Wolhart, S. L., and Wright, C. A. 2004. "Analysis and Prediction of Microseismicity Induced by Hydraulic Fracturing." SPE Journal 9 (1): 24-33.

[46] Warpinski, N. R., Wright, T. B., Uhl, J. E., Engler, B. P., Drozda, P. M., and Peterson, R. E. 1996. Microseismic Monitoring of the B–Sand Hydraulic Fracture Experiment at the DOE/GRI Multi–Site Project. Paper SPE 36450 presented at the SPE Annual Technical Conference and Exhibition, Denver, Colorado, U S., Oct. 6-9doi: 13. 2118/36450-MS.

[47] Wright, C. A., Davis, E. J., Minner, W. A., Ward, J. F., Weijers, L., Schell, E. J., and Hunter, S. P. 1998. Surface Tiltmeter Fracture Mapping Reaches New Depths—10, 000 Feet and Beyond? Paper SPE 39919 presented at the 1998 SPE Rocky Mountain Regional Conference, Denver, Apr. 5-8.

13 环境管理

全球能源供求关系正在发生变化，对世界经济、制造、交通运输、水源和优先保护等方面都产生了深远的影响。各类规模的独立勘探和生产公司的管理层均认为，目前已探明的石油和天然气储量处于历史最高水平。据估计，在过去几年中，仅美国每年就钻探并水力压裂改造 20000 多口新井。

然而，油气开采方法造成了很多公共环境问题，本章旨在阐明其中部分问题。大多数环境问题都会涉及非常规油气开采对现有水源的影响，包括水资源可用量、潜在水污染、化学品使用以及采出水的处理和处置等。水力压裂井附近生活着数百万人，而且，附近经常存在饮用水源，因此，负责任地开采这些资源至关重要。虽然水力压裂本身并不足以直接污染饮用水资源，但会增加污染的可能性以及一些其他问题。

目前，已有许多油气开采标准和最佳实践，但有时可能需要更好地执行该等标准以降低化石能源开采带来的环境影响。更具体地说，本章旨在全面概述环境影响和可供选择的技术，而这些技术有助于尽量降低或避免油气开采可能造成的不利环境影响。

本章的要点之一是说明尽管存在既定的最佳实践和标准，但应根据具体情况采取不同的应对措施。例如，与较湿润的地域相比，在干旱地区养护现有淡水资源更为紧迫。同样，基础设施发达区域看似合理的运输方式可能并不适用于其他欠发达地区。一般性准则和历史成功案例对于安全勘探至关重要；然而，标准并不总是合理的，在分析具体问题时，也需要进行批判性思考。

13.1 取水

众所周知，水是世界上最宝贵的资源之一。全球淡水资源有限，人类对淡水的需求必不可少，特别是在人口不断增长的地区。美国和全球许多地区都面临严重的"淡水压力"，因此引发了人们对石油和天然气行业大量用水的担忧。

水是大多数水力压裂作业的关键组成部分。一般来说，约 90% 以上的压裂液是由水构成的。近年来，水力压裂技术不断发展，尤其随着钻井深度逐渐加深出现了分段压裂技术，进一步增加了压裂改造的总用水量。除水力压裂外，勘探和完井等各个阶段也需要使用水资源；然而，此类应用的用水量明显低于水力压裂的用水量，因此本章将不再赘述。表 13.1 列出了不同的非常规油藏钻井和压裂用水量实例。

表 13.1 钻井压裂用水

钻井用水，gal	压裂用水，gal	每口井用水，10^6 gal
250000	3800000	4.1
60000	5000000	5.6
65000	4900000	5.0
85000	5500000	5.6
125000	6000000	6.1

水力压裂用水量根据具体的压裂情况而不同。通常情况下，水平井每口井的用水量约为 500×10^4gal；然而，据报道，其实际用水量高达 1300×10^4gal（ALL 咨询公司）。直井的用水量通常要少得多。具体而言，用水量主要取决于地质、压裂液成分和井的长度等因素。首先要考虑再利用、循环利用以及选择除淡水外的其他压裂液。

据估计，石油和天然气行业每年淡水的使用量通常不到现有供应量的5%，计划50年后降至不到3%（Darrell Brownlow "页岩天然气用水管理倡议"）。得克萨斯州中南部2060年用水量预测显示，"采矿"（包括石油和天然气用水量）仅占总用水量的1.5%，而"灌溉"和"市政"用水量分别占23.7%和50.1%（2011年《得克萨斯州中南部地区水资源规划计划组》（第1卷），ES-5）。此外，得克萨斯州水资源开发委员会进行的一项预测研究显示，该州的油气井压裂改造用水需求量将低于 2020 十年总需求的 1%（https：//www.twdb.state.tx.us/wrpi/rWP/docu.asp，Brenner Brown "页岩天然气用水管理倡议"）。换言之，Eagle Ford 页岩区的 80 多口井（平均每口井用水量为 500×10^4gal）的用水量与灌溉 625 acre 玉米地（Darrell Brownlow "页岩天然气用水管理倡议"）的用水量相同。即便如此，用水量仍然很大，节约用水至关重要。

为便于比较，表 13.2 列出了不同能源产生能量所需的用水量。

表 13.2　能源行业用水量

能源	每口井用水，10^6bbl
页岩气	0.60~10（取决于工艺过程）
天然气	1~3
煤（无泥浆输送）	2~8
煤（水煤浆输送）	13~32
核能（经加工的铀，可供工厂使用）	8~14
普通油	8~20
合成燃料-煤气化	11~26
油页岩油	22~56
油砂油	27~68
合成燃料—费舍尔热带（煤）	41~60
提高采收率（EOR）	21~2500
燃料乙醇（从灌溉玉米中提取）	2510~29100
生物柴油（从灌溉大豆中提取）	13000~75000

水力压裂的用水多为地表水或地下水（淡水）。一般来说，水源的选用取决于当地气候和技术条件。例如，在缺乏地表水的地区，通常使用地下水。

除淡水水源外，还使用海水、采出水和盐水源等劣质水。这些替代水的广泛使用通常受当地淡水供应有限或采出水处理能力不足等条件限制。在宾夕法尼亚州用采出水进行循环注入主要是由于当地注水井（处理井）数量较少。通常，正是由于当地存在各种限制因素，才推动了新技术的发展（如耐盐化学品）。

13.1.1　淡水提取

水力压裂对可用淡水资源的影响很小。在世界范围内，能源行业每年消耗数十亿加仑的水，数量无疑是惊人的，但该用水量并不会引起淡水资源短缺。然而，如果当地还存在其他严重制约因素（其他行业用水量较大以及整体水资源供应不足），则可能导致淡水资源短缺。因此，在这些地区，应尽量减少淡水的使用，并探索其他替代水源非常重要。

美国很多已勘探地区（包括 Eagle Ford 页岩干旱地区）的淡水资源匮乏。在这些地区，使用替代水是很有必要的。在美国以外，非常规石油和天然气开发速度较慢，此类问题可能并没有如此严重。但是，随着非常规资源的广泛开发，该问题肯定会受到越来越多的关注。

淡水提取技术的发展也可能会改善淡水源（地表水或地下水）的质量，但也有可能使地表水水位降低、河流降解能力变弱。在干旱和少河地区尤其如此，因此可适当控制取水以降低这一风险。对于地下水，当水位超过自然排放速率时，可能会发生类似情况，从而导致附近劣质水渗入。在这种情况下，污染物的移动可能发生变化。总之，进行适当的淡水提取管理是避免此类风险的最佳方式。在干旱地区，应尽可能使用替代水源全部或部分替代淡水。

13.1.2　替代水源

选择劣质水源会带来诸多挑战，包括水源可持续性、水源位置以及与压裂液化学品潜在的不兼容问题。能够长时间大量供应且化学组成稳定的水源将成为优先水源。此外，应尽量选择靠近井位的水源，以降低运输成本。

潜在替代水源包括生活污水、经处理的工业废水、海水、盐水、咸水和采出水。油田服务供应商应提供压裂液的化学成分和配方设计等确保水力压裂成功的关键因素。若使用替代水源，压裂液的化学成分和配方设计将面临更大挑战，需要提前进行全面测试以确定是否相容。目前，尽管需公开压裂液的化学组成，但压裂液的性质主要取决于有助于提高油气产量的"化学配方"。通常使用溶解性固体总量（TDS，包括溶解盐和可溶性金属）说明水质，开采商必须对其适用性和潜在不相容性进行评估。此外，如果替代水源的质量有波动，则必须进行频繁的测试，这会导致效率低下、成本增加。

Harris 和 Batenburg（1999）、Terracina 等人（2001）和 Bukovac 等人（2009）的报告显示，海水已成功用于常规海上作业。世界各地海水的组分都有所不同，但在同一地区波动不大。表 13.3 列出某地的海水成分。表 13.4 对比了不同水源的溶解性固体总量。

表 13.3　海水水质分析

成份	含量，mg/L
溶解性固体总量（TDS）	35000
钠（Na）	10800
氯（Cl）	19400
镁（Mg）	1290
硫（S）	904
钾（K）	392
钙（Ca）	411

续表

成份	含量，mg/L
重碳酸盐（HCO_3）	145
溴（Br）	27
锶（Sr）	13
氟（F）	1

表 13.4   不同水源系统的溶解性固体总量对比

水源类型	溶解性固体总量，mg/L
饮用水	<750
淡水	<1000~4000
咸水（井或表面）	5000~20000
回流出水	2000~300000
工业废水	1000~12000
城市污水	400~1000

　　石油开采、化工和精炼厂的污水经处理，可作为勘探和生产用水的备用水源。根据水源可用量、与油气田作业的距离以及与压裂添加剂的兼容性，可以考虑将处理后的污水作为替代水源。表 13.5 和表 13.6 列出了清洁水许可范围（NPDES 许可）界定的工业处理废水的一般质量，表 13.7 列出了典型的城市污水质量。相关分析表明，TDS 水平存在一定差异，但总体水平都相当低。使用前必须对压裂液进行适当的测试。

表 13.5   有机化工厂污水处理成分

成分	浓度，mg/L
化学需氧量（COD）	150~200
pH 值	6~9 单位
总悬浮固体量（TSS）	38
石油和油脂（O 和 G）	<5
氨氮（NH_3-N）	<5
六价铬（Cr-6）	0.05
铜（Cu）	0.02
铅（Pb）	0.08
苯、甲苯、乙苯及二甲苯（BTEX）	0.04
VC	0.04
汞（Hg）	0.002
碳化生化需氧量（CBOD）	13
总有机碳量（TOC）	70
溶解性固体总量（TDS）	5000~12000

表 13.6 炼油厂污水处理成分

成分	浓度，mg/L
碳化生化需氧量（CBOD）	15~20
化学需氧量（COD）	175~340
总悬浮固体量（TSS）	20~30
氨氮（NH_3-N）	9~18
酚类	0.02~0.4
硫酸根（SO_4）	100~800
TDS	1000~5000
六价铬（Cr-6）	0.01~0.03
硒	0.006~0.02
锌	0.1~0.3
石油和油脂（O 和 G）	7~14

表 13.7 典型城市（POTWs）污水处理成分

成分	浓度，mg/L
生化需氧量（BOD）	5~10
总悬浮固体量（TSS）	5~10
氨氮（NH_3-N）	<1~3
溶解性固体总量（TDS）	100~500
总磷	0.5~4
硝酸盐氮	5~10
正磷酸酯	1~3
石油和油脂（O 和 G）	<5
钡	<1
镉	<1
铁	5~30
锌	<4
汞（Hg）	<2
铅（Pb）	<1
铜（Cu）	1~4
粪大肠菌群	200 菌落形成单位（cfu）/mL

生活污水（市政或公有污水处理厂）再利用具有低 TDS 的优点，但消毒至关重要。大多数的生活污水处理采用常规氯化消毒，但对于压裂处理用水而言，可能还需要其他消毒技术，包括：

（1）紫外线（UV）消毒。使用该技术时，紫外线会穿透生物体的细胞壁，破坏细胞的遗传物质，让其无法复制和合成，经该技术处理后的水不存在任何化学残留物，并且大幅降低了所含微生物数量。

(2) 过氧化氢消毒。过氧化氢是一种快速反应的强氧化剂，除水和氢外，不会产生其他产物。

(3) 臭氧消毒。臭氧能够迅速氧化有机化合物，几乎不产生其他反应物。

(4) 二氧化氯消毒。二氧化氯是一种强氧化剂和非常有效的消毒剂，与常规氯化相比，其副产物要少得多，主要通过氧化而不是氯化来消毒。

与其他污水一样，必须对生活污水进行适当的作业前测试，以确保与压裂液添加剂的兼容性。

13.2　钻井和完钻

钻井和试采是勘探开发全周期中很少引起公众关注的两个领域。公众对石油和天然气行业的关注主要侧重于水力压裂（将在本章后文重点讨论）；然而，钻井和试采过程中也潜在一些环境问题，本文将简要说明这些问题。

13.2.1　钻井

探井主要用于评估岩石中流体的成分，并预估地层流体的数量。一旦确定了地质条件，便能确定最终的钻井设备和技术并开始钻井作业。钻井平台是一套超大型的设备，从很远的地方就可以看到（如图 13.1 所示），其主要功能之一是对化学药品进行处理形成钻井液。

钻井液用于控制地层压力，保持井筒稳定。针对不同的地质条件，应使用不同组分的钻井液。例如，在浅井中，通常使用含有淡水、增黏剂和化学物质的水基钻井液来控制易膨胀的黏土，而在深井中，则可能需要通过增重剂来增加密度以更好地控制不断增大的压力。此外，根据地层的不同，可使用油基钻井液来控制黏土膨胀。需要注意的是，在淡水源附近只能使用水基钻井液并定期监测井筒压力，以确保钻井液的密度相对合理。钻井液储存在钻井平台的钻井液池中，钻井时被泵送至井下的钻头位置，清洁并辅助冷却钻头，再将钻屑携带至地面，为此钻井液需具有一定的黏度。

钻井液返回至地面后与钻屑分离，并被回注至钻井液池。钻屑则按规定处置，根据油和矿物质含量，或者被倒在填埋场处理，或者作为油田废弃物处理。

钻井过程中，噪声、污水废气的排放、与交通相关的问题、化学品使用和潜在的泄漏以及压力泄漏或超压的问题通常是大家关注的焦点。为了降低噪声，可以在操作设备周围安装隔音屏障，也可使用电动钻机来降低噪声；使用电动钻机的另一好处是排放量很低，也有一些运营商将柴油驱动转为天然气驱动来降低排放量；与交通有关的问题包括道路交通拥堵、铺设新道路和粉尘污染，可通过铺设管道的方式将水运送至井位，减少由车辆运输造成的此类问题；与化学品的储存和运输有关的问题（潜在泄漏）则可以通过使用适当的储存容器、定期检查和维护设备和阀门来解决；为解决压力泄漏或超压的问题，必须按规定对压力控制设备进行定期测试（包括检查和维护），以确保功能正常。

13.2.2　完钻施工

与钻井一样，完钻施工也很少受到公众的关注。完井初始阶段涉及数据收集，以确定油井是否需要完井投产还是废弃。若完井后投产，则需要下入各种套管柱并进行固井。这

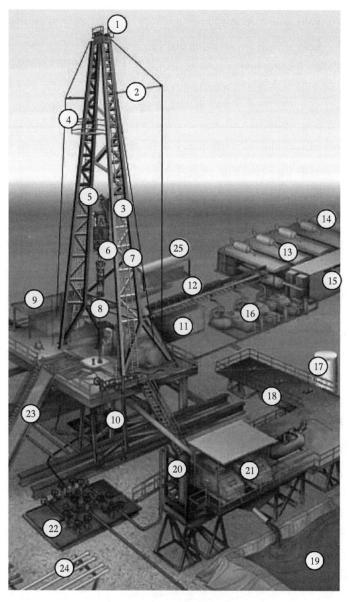

图 13.1　钻井设备（OSHA 网站）

①天车；②吊杆和吊线；③钻井钢丝绳；④二层台；⑤游动滑车；⑥顶驱；⑦榀杆；⑧钻杆；
⑨司钻房；⑩防喷器（BOP）；⑪水箱；⑫电缆托盘；⑬发动机发电机组；⑭燃料罐；
⑮电气控制室；⑯钻井泵；⑰散装钻井液材料储存；⑱钻井液池；⑲储备池；
⑳钻井液气体分离器；㉑振动筛；㉒节流管汇；㉓管道坡道；㉔管架；㉕蓄能器

些"近地表"的套管柱将延伸至当地法律规定的最深水源以下，以保护附近的淡水资源不
受影响。套管和水泥环作为屏障将油气保持在套管内，将水源保持在套管外，该双屏障隔
离系统是防止地下水污染的关键所在，因此，应花费大量精力来确保制订最佳方案和顺利
施工。必须对固井管柱进行大量的测试，以确保良好的隔离效果。固井可能发生的问题包

括初始位置差、水泥凝固时气体运移以及套管偏心，这些问题将导致水泥出现的长通道或小孔隙等固井空隙。如果这些空隙连通地层和套管，那么多余的气体和其他污染物可能会穿过水泥到达井筒。最终完井前，需要通过井内钻井液（或其他流体）的静水压力来抵消储层压力，以防地层流体侵入井筒。当水泥通过套管柱泵入套管与井眼环空时，地层中的气体对施工没有影响；但当水泥开始凝结时，静水压力会略有下降。研究表明，此时会有少量气体穿过水泥形成小的空隙和/或通道进入井筒（Kinik 和 Wojtanowicz，2011）。水泥的固结质量取决于用未污染的水泥填充环空，并确保其与钢套管和井壁结合。为了确保水泥未被污染，在水泥使用前要进行一次预冲洗，以清理套管和岩壁上的泥土，该步骤是确保水泥及相应的水泥密封能够良好粘结的关键环节。

完成初始钻井和固井隔离后，可进一步向生产层段钻进。套管的管柱数和延伸长度各不相同，但套管的设计必须能够满足产层压力和压裂压力的要求以及井的使用寿命的要求。最后，将防喷器更换为井口，再进行水力压裂完井。

为尽量降低施工风险，必须采用合理的固井设计方案，同时对固井过程进行监测，还应了解上部气层或油层的局部情况有助于防止套管的泄漏。此外，还可以考虑增加阻碍气体迁移的机械屏障或化学添加剂。

13.3　水力压裂液

油气开采过程中，压裂液具有多项用途，这包括生成裂缝，放置支撑剂或砂，最终生成油气通道。水力压裂液通常由基液、各种化学添加剂和支撑剂组成，主要成分通常为水组成的基液。水力压裂中使用的化学添加剂，在不同地区和不同的油井中差别很大，通常占总流体体积的不到2%。

13.3.1　水力压裂添加剂

备受公众关注的水力压裂相关的问题是如何选择和表述化学添加剂。压裂液成分根据操作类型的不同而不同。例如，交联压裂液至少含有一种凝胶剂、一种交联剂和一种破碎剂，而滑溜水压裂液则至少含有一种降阻剂。另外，任何一种流体类型都包含杀菌剂和阻垢剂。每种化学添加剂都有特定的用途。例如，凝胶剂用于增加压裂液黏度，添加杀菌剂以减少细菌的生长，防止油井酸化。此外，还可以添加阻垢剂来抑制结垢，从而保证回流。因为压裂液成分是根据地质条件、成本、化学剂可用性、成功经验以及作业人员的偏好等各种因素决定的，所以有多种组合，在此无法一一罗列。此类化学添加剂的常见类别包括多糖、表面活性剂、酸、碱、醇、碳氢化合物和烃类混合物等。简单的压裂液成分可能只有几种，而复杂的压裂液则可能含有 20 多种化学添加剂。在这些添加剂中，有些可能用量很小（每口井几加仑），而有些则用量很大（每口井数千加仑）。与化学添加剂有关的潜在健康和安全危害因油井而不同，因此需要具体情况具体分析，详细说明使用的化学品、使用量、接触类型以及接触时间等情况。

目前，在 www.fracfocus.org 网页上可以看到志愿者对每个地区的水井所做的报告。FracFocus 是美国国家水力压裂化学注册机构，由地下水保护委员会和州际油气契约委员会管理。该中心在开始运营的第一年（2011 年 4 月 11 日–2012 年 4 月 11 日），便收到了共231 家公司提交的 15000 多份披露报告。登记册中记录了有关水力压裂过程中使用的化学品的详细信息。

此外，许多运营商和服务公司都会在自己的网站上向公众发布类似信息，提供世界各地使用的压裂液的详细信息，包括成分百分比、用途以及相关的材料安全数据表（MSDS）和化学品摘要服务登记处编号（CAS#）。

许多服务公司和运营商还开发了用于评估所用化学品的健康、安全和环境分数的内部评分系统（Sanders 等，2010；Brannon 等，2012），此类系统还作为新产品的开发和评估工具。具体来说，内部化学评分指数（CSI）基于产品成分的危害来量化环境、物理和健康属性，并从健康、安全和环境（HSE）的角度确定总体评级。每一项标准都与危险级别以及组成部分的百分比相关加权，不再是传统的评价（仅基于产品的性能和价格），而是在选择最合适的产品时提供一项额外标准，以确保将接触该产品的人员健康危害以及环境风险降到最低。

随着公众对水力压裂技术的日益关注，流体系统中使用的化学品应符合严格的环境准则，为此，油田服务供应商最近开发了更环保的替代产品（Loveless 等，2011；Brannon 等，2012；Bryant 和 Haggstrom，2012）。例如，已开发出一种源于食品工业的新型流体系统，即由美国联邦法规第 21 章（CFR21）或一般公认的安全物质（GRAS）公布的成分构成。该系统在满足较高的环境优先级的同时并不影响流体性能，与工业标准硼酸盐交联流体相比，还具有优越的支撑剂导流和携带能力（Holtsclaw 等，2011；Loveless 等，2011）。

13.3.2　运输、储存和化学泄漏

虽然水力压裂液的化学添加剂含量很低，但仍引起了公众对其潜在风险（包括运输、储存和潜在泄漏危险）的广泛关注。一旦发生泄漏，则应不惜一切代价避免使化学品释放到环境中。虽然一些化学品对环境的危害非常小（甚至无害），但通常情况下，应在所有阶段消除或尽量减少化学泄漏。虽然化学泄漏（包括水力压裂液和采出水的泄漏）的数据非常少，但根据美国现有的数据，可以得出结论：与油井数量相比，漏油井的数量相对较少。在全球范围内，数据更为有限，似乎很少发生化学泄漏的情况，但仍需要对其进行评估，以进一步减少风险隐患。一般而言，泄漏与化学品的运输、储存和/或使用有关。对设备进行适当维护、检查和更换，以及采用适当的工艺以减少人为错误的影响，有助于将泄漏量降到最低并避免潜在污染。在可能的情况下，使用双层或防撞储运箱可进一步降低潜在风险。对储运箱进行监测，同时垫高阀门，有助于尽量减少泄漏。

若发生地面泄漏，溢出的化学物质有可能污染土壤，也可能污染地下水（尽管可能性较小）。由于污染物需要很长时间才能到达地下水，因此在发生重大泄漏后，必须对附近的水源进行持续监测。此外，与液体化学品相比，因为固体化学品更易清理，所以在一定程度上减少了潜在伤害。

13.4　注入井

在准备和/或泵送压裂液的过程中，除可能造成环境污染外，还存在液体/气体意外从生产井流出而污染地下淡水源的情况，其原因可能是液体/气体由于固井质量差，通过生产套管外的水泥环渗出，或通过生产地层直接流至淡水层。

常规情况下，通过使用套管和水泥环（物理屏障）将淡水源与石油和/或产气区隔离开来保护井筒，所以为了最大限度地保护淡水资源，表层套管应延伸至淡水资源的最低点。

造成潜在水污染的原因包括套管和/或固井设计不当,或套管和/或水泥环损坏。在某些情况下,老井需要通过水力压裂进行增产,老井会因为无法承受水力压裂的压力而增加泄漏的风险,为此应制定合理的施工方案显得至关重要。

数十年来,油气行业一直在研究裂缝高度的增长情况,收集的数据表明,页岩储层的压裂措施与通过裂缝途径污染地下水无关(Fisher,2010;Fisher 和 Warpinski,2012)。裂缝高度增长的研究从最初的关注压裂液成分和泵送水力功率等,过渡到深入了解裂缝延伸情况以及控制裂缝生长的方法。相关的数据资料显示了北美各种页岩的微地震裂缝图,其中绘制了数千条裂缝并对其进行描述。如图 13.2 所示,该示意图绘制了 Barnett 页岩储层的人工裂缝发育情况,显示为初始深度的函数,并与地下水深度的相关。可以看出,裂缝的趾部和跟部情况。此外,该图还显示了同一区域的最深含水层(美国地质勘探局)。向上和向下的较大尖峰是水力裂缝截留的断层,根据这些资料可以得出结论:现有的断层似乎不会导致水力裂缝向地表延伸。此外,某一储层中,最长的裂缝似乎都出现在既定储层中最深的井中,而浅井的裂缝相对较短。

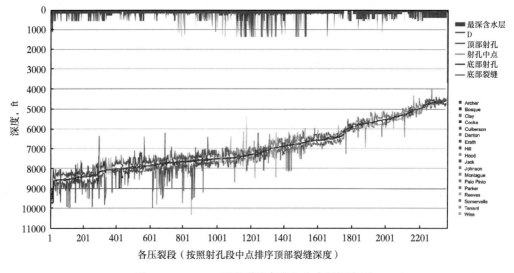

图 13.2　Barnett 页岩裂缝高度和含水层深度图

13.4.1　Barnett 页岩裂缝处理/TVD

从某一口井或它的产层到另一口井(如生产井或注入井),也有可能发生液体和气体的移动。井与井之间的距离越近,发生这种情况的可能性越大,通常被称为井间连通。如果在水力压裂处理过程中,邻井无法承受该井的压裂压力,则很可能会形成井间连通。当今,水力压裂作业中不断增加的高压更容易对临近的老井(石油和天然气、不活跃的石油和天然气、注入液和饮用水)造成影响,因为这些老井在钻井和布井时,并未考虑压裂作业的影响。特别是那些较老的、没有进行适当封堵的油井,可能会造成连通风险,因此,在这些井周围进一步开发时,应优先考虑解决这些井的问题。

13.4.2　排放物

汽油或柴油等动力设备排放甲烷、二氧化碳、氮氧化物、二氧化硫等气体的问题也引起了公众的关注。减排的方法包括使用气体动力或电力设备、平台化多井开发（而不是单井开发）以及尽量减少短期排放。此外，还需不断提高设备效率，以尽量减少所需卡车的数量。此外，尽可能利用管道运输也可以大幅减少卡车运输和相关排放，从而大幅降低道路磨损。

13.4.3　水力压裂相关的地震问题

最近，许多头条新闻都提及了水力压裂与地震之间的联系，具体而言，即页岩储层的多级水力压裂是否与该地区的地震有关。地震是因断层平面上的运动或火山活动导致地壳或上地幔中的能量释放，进而产生地震波的活动。据估计，每年都会有数百万次地震发生；然而，大多数地震由于震级小或在偏远地区发生而未被觉察（www.usgs.gov）。每年发生大地震的次数相对稳定。

众所周知，长期在地下深处注入液体会引发地震，已有相关案例记录（King，2012；Rao，2012；Denney 等，2013）。微地震测量技术是一种可用来评估水力压裂地震潜力的技术，多年来一直被用于研究地层裂缝。研究人员已利用该技术对北美主要页岩盆地（Barnett 页岩、Marcellus 页岩、Eagle Ford 页岩、Woodford 页岩、Haynesville 页岩和 Hornriver 盆地）进行了研究。结果表明，在正常情况下，不存在任何地震风险。此外，研究人员还对数千个压裂阶段进行了监测，虽然观测到的最大震级差异很大（由于断层、自然裂缝等地质环境等不同），但震级似乎与注入速度或注入量无关。地震的震级低于任何已确定的地震震级，相应的能量也要低得多。在一些高风险地区，可以通过微震实时监测压裂作业，如果出现任何问题可以及时停止作业。

13.5　采出水

压裂液在高压下注入后，释放压力并从井中回流，该回流液通常称为返排液，主要成分为压裂液。随着时间的推移，返排液会减少，成分也会发生变化，成为采出水。在本节中，返排液和采出水统称为采出水。

采出水的数量因位置的不同而有很大差异，但通常都为最初注入量的 $10\% \sim 40\%$。仅在美国一地，油气井每年就产出数十亿桶的采出水。表 13.8 最初由 Mantell（2010）发表，显示了美国四家页岩厂的压裂用水和采出水的回收实例。

表 13.8　压裂用水量与采出水回收（Mantell，2010）

页岩区块	压裂用水量 10^3 Mgal	10 天返排量 10^3 gal	采出水回收 10^3 gal	返排率
Barnett	3.8	0.6	11.730	3.1
Haynesville	5.5	0.25	4.475	0.9
Fayetteville	4.2	0.5	0.980	0.25
Marcellus	5.5	0.5	0.700	0.15

采出水的组成因使用的压裂液、地层特征和井龄的不同而有很大差异。非常规页岩开发的采出水通常含有较高的溶解性固体总量（TDS），被认为是油气开发的副产品。采出水可能同时含有有机和无机化学物质，需要进行各种分析，以便更全面地了解所有成分。通常会进行"标准"水质分析，以确定最常见的阴离子和阳离子，以及总悬浮固体（TSS）和总有机碳量（TOC）水平。采出水中的 TDS 水平范围从淡水至饱和盐水（超过 250, 000mg/L）不等，其巨大差异受到公众关注，向其潜在再利用、处理、应对和处置等方面提出了挑战。

13.5.1　采出水处理

当地条件和作业人员的喜好决定了采出水的处理方式。如果当地淡水资源充足，也有能力进行废水处理，则首选方法是处理后注入地下（UIC）。对于附近排放不便和/或淡水供应有限的地区，更为普遍的方法是在下一次水力压裂中循环利用采出水。也可将回收后的水输送至废物集中处理厂或污水公共处理厂（POTW），并经处理后再利用或进行地面排放。美国的 Marcellus 页岩在水力压裂作业中基本都会循环利用采出水，因为该地区的废水处理井很少，而在 Bakken 页岩开采中，通常将采出水处理后注入地下。

油气行业已具有多种具有不同效率的污水处理工艺（Bryant 和 Haggstrom，2012；Dores 等，2012），处理过程包括高盐度水淡化技术以及各种净化方法。在处理高盐度水时，需要考虑的因素主要包括成本、废物的处理和处置、水质可变性、处理设备与采出水的距离、能源需求、吞吐量、污水处理质量和排放量。鉴于污水处理技术的局限性，以及各地区面临的问题和挑战都各不相同，污水处理没有捷径可走。下文列出了一些采出水的常用处理方法，此类处理技术最初用于市政等行业，在过去十年逐渐用于石油和天然气废水处理。

常用水处理工艺包括：

（1）化学氧化技术；

（2）生物氧化/消化技术；

（3）膜滤法；

（4）集成法；

（5）蒸发结晶；

（6）絮凝/沉淀/过滤；

（7）离子交换与水软化；

（8）逆渗透；

（9）电凝固法；

（10）常规过滤；

（11）紫外线处理。

上述大部分水处理工艺是专门针对 TDS 较低的污水而开发的，因此，其中有些工艺不适用于未经预处理的采出水。大多数用于石油和天然气废水工业的水处理技术各有优劣，但一般来说，处理后的水质越"清洁"，处理费用就越高。

海水淡化技术（反渗透、蒸馏等）可产生 TDS 较低的水，可用于多种情况（在某些情况下包括地表排放），但与能源需求以及渗透膜相关的成本很高，而且大多数技术还需要对污染较严重的水域进行广泛的预处理，以尽量减少膜污染和设备停机时间。因此，海水淡化技术主要适用于 TDS 值相对较低的采出水，能够大批量处理和减少产生的废物（浓缩盐水或类似物质）。例如，如果用蒸馏法处理 DTS 为 $30×10^4$mg/L 的采出水时，产量会很低而且生成副产品（废料），但处理 DTS 为 $2×10^4$mg/L 的采出水时，产量要高得多而且成本较低。

现有的许多水处理技术并不能降低水的 TDS，只能去除水中的细菌、悬浮固体、结垢离子、重金属等固体成分，而且由于总含盐量并未降低，处理后的水并不适合地面排放。很多有关此类水处理的实例表明，不同处理方式产生的副产物也不同，因此很难进行横向对比。

例如，常规过滤使用不同孔径的过滤膜，只有悬浮固体废物颗粒足够大才能被过滤。其结果是水的 DTS 与处理前相同，只是悬浮固体减少了。另外，可使用电絮凝技术（EC），其不会降低水的 DTS，主要用于去除悬浮物。其与常规过滤技术的不同之处在于去除悬浮物的颗粒大小不同。由于这些处理工艺都无法降低水的 DTS，因此通常不应使用此类技术来处理可进行地面排放的污水。然而，由于水中的总含盐量保持不变，产生的废物将减少，因此处理成本下降，进而降低卡车运输和后续处置成本。图 13.3 显示了电絮凝技术处理前（左）、紧随电絮凝技术处理后（中）和在堰槽中进一步沉淀和滤出（右）的水况。

图 13.3　电絮凝技术处理效果对比

前（左）；紧随电絮凝技术处理后（中）；在堰槽中进一步沉淀并滤出（右）的采出水

另一个不降低 TDS 水平的处理技术是化学水软化，该技术通常用于从采出水中去除结垢成分（可作为单独的处理过程，或进一步处理之前的预处理过程，如蒸馏）。根据结垢成分在污水中的占比，该过程可能产生相对少量的废物，也可能产生大量废物。同样，处理成本也随水中结垢成分数量的变化而变化，因此处理成本可能会相当高昂。

最后一个不降低 TDS 水平的处理技术是用于减少细菌数量的紫外线（UV）处理技术。数百年来，紫外线（UV）处理技术一直被用于城市污水处理，虽然该技术已得到长期验证，但转向油田污水处理时，仍然面临诸多挑战（GLOE 和 Neal，2009；Neal 等，2010；

Rodvelt 等，2011），其中包括水质的可变性和离子成分水平的增加。为了成功降低细菌含量，必须使用合理的紫外线强度。例如，样品的紫外线透过率较低时，则可适当增强紫外线强度。当这项技术应用于采出水处理时，应进行预测试以确保处理效果。

此外，采出水处理还面临着其他挑战，如能否在新地点快速建立合理的处理设施、处理流量和排放量。在提供所需产品的同时，具有移动性、高流量和低排放的处理技术是理想的选择方案；然而，这些标准通常是相互制约的，因此必须做出一些牺牲。

13.5.2 采出水的循环利用

为了循环利用采出水，节约淡水用量，以及尽可能降低与长途运输和高成本处理有关的费用，需要考虑以下几点：如何将采出水输送到下一次压裂作业地点？距离与下一次压裂作业地点有多远？采出水可循环用于哪类压裂处理？是否必须进行污水处理？如果需要，应使用什么技术进行污水处理？处理采出水和获得淡水相比，循环利用采出水是否具有更高的性比价？如果进行污水处理，但处理地点与压裂地点相距较远，则除非可通过管道运输，否则成本过高。此外，如果采出水预期用于交联压裂液，则还需进行脱盐处理，否则需要重新设计符合预期流体性能的压裂液。

由于传统的压裂液是通过淡水配置的，因此必须进行严格测试以确定与淡水的兼容性，随着采出水化学组分的变化，其流体性能预期也会发生变化。但是，在过去几年中，技术的重大进步使采出水（经处理和未处理、稀释或作为唯一来源）有可能作为水力压裂作业的基础液。Kakadji 等人（2015）对此进行了大量讨论，Lebas 等人（2013）、Bryant 和 Haggstrom（2012）以及洛德等人（2013）先后开发出了新流体系统，并对传统的流体系统进行了修正，以应对含盐量增加的问题。此外，还通过 QA/QC 工具提高压裂液质量的稳定性。

13.5.3 处理

处理采出水时，通常会使用卡车将采出水运输到配备二类回注井的处置地点。大型运营商通常有自己的回注井（许可井），而小型运营商则委托有资质的机构进行处置。仅在美国一地，目前约有 15×10^4 口二类注水井在运作，其中约 3×10^4 口是回注井。根据作业地区的地质情况，二类注水井的数量存在巨大差异。例如，在宾夕法尼亚州，约有 10 口二类注水井，这意味着许多运营商可能选择在下一次压裂处理中循环利用采出水，也可能将采出水运输至俄亥俄州进行处理。而得克萨斯州、俄克拉何马州、堪萨斯州和加利福尼亚州拥有美国大部分的回注井，因此，在这些地区不存在石油和天然气废水的处理问题。

采出水再利用的趋势取决于当地限制因素（淡水稀缺、回注井数量有限、回注量受限、距离回注井远）和规定，因此处置方案大相径庭。

13.5.4 回注井相关的地震问题

如本章前文"水力压裂相关的地震问题"所述，全球每年都会发生数以百万计的地震。相关研究表明，地震的发生与深井污水处理之间存在一定的关系（Frohlich 等，2010），向深井持续不断地注入大量水会引起微震事件。有案例表明，当回注井靠近或处于大型活动断层时，便会引发地震。在阿肯色州关闭靠近大断层的回注井后，地震次数明显减少。而该地区的其他回注井还在继续运作，并未引起更多的地震（Rabak 等，2011）。

13.5.5 采出水的运输、储存和泄漏

采出水的成分与水力压裂液类似，因此采出水出现泄漏时也会造成环境污染。一般而

言，储存或运输的采出水所含化学成分可能会对淡水资源造成潜在污染，因此应注意避免泄漏。采出水的 DTS 和特定化学成分大不相同，很难就采出水对土壤和水源造成的潜在伤害进行普遍评估，因此了解泄漏的发生方式并规范现有程序以尽量减少泄漏至关重要。泄漏通常可分为三类：与管道相关、与地面运输相关以及与储存相关。如果处理得当，管道运输是最佳选择。第一，不需要选址；第二，大幅减少卡车交通造成的路面负担和相关排放。管道的正确安装和定期检查是避免管道失效造成泄漏的必要条件。技术进步将继续改善管道质量和监管方式，以防意外泄漏，并在可能发生泄漏的情况下将影响降到最低。如果井上未连接管道，则可暂时使用具有防水衬布的水坑（最好是双层衬布）储存采出水，然后使用卡车将其运出作业现场。由于采出水可能直接泄漏到淡水源和土壤中，或者通过破损或安装不当的密封垫泄漏，以及直接接触可能对野生动物造成影响，为此，应对水坑及采出水进行连续监测。地面封闭容器不失为更好的选择，该方案可以进一步减少水坑的相关风险。此外，应定期评估储存容器的完整性，以防止容器损害而产生泄漏（这也是最常见的泄漏原因）。

13.6 监督管理

目前，美国的钻探许可证由各州政府发放给各州和私人土地。联邦政府只对联邦土地和近海土地发放许可证。但是，目前存在诸多管辖权问题，这类问题通常与联邦、州甚至市政当局以及州创建的水域、河流当局或公用事业区相关。

在美国，环境保护局（EPA）有权根据其环境法规处理与石油和天然气生产有关的诸多问题。1970 年环境保护局成立后，联邦立法范畴有所扩大，主要的联邦法规包括《清洁空气法案》《清洁水法案》《资源保护和恢复法案》《安全饮用水法案》《综合环境响应、补偿和责任法案》《有毒物质和控制法案》和《国家环境政策法案》。在美国境外，监管因国家而异。下文将简要说明联邦法规和相应条例的背景信息，此类信息可能会对过去没有石油和天然气勘探经验且监管经验有限的国家有所启发。

《清洁空气法案》 1970 年颁布，并经过多次修正，基本上确立了空气质量标准、排放标准（点源和挥发性）、燃料控制以及其他广泛的管制和法规。

《清洁水法案》 1972 年颁布，旨在管理向地表水排放污染物的行为。该法案采用国家排污系统方案（NPDES）、管控非点源废物排放（即雨水排放）和向公共污水系统（公有预处理厂）排放。

《安全饮用水法案》 1974 年颁布，旨在管控饮用水源中有毒物质的数量。该法案规定各州需制定地下灌注控制（UIC）计划，以防止包括地下水在内的饮用水源受到危害。对石油和天然气工业而言，对二类井的控制尤其重要。二类井是注入流体的井，可作为处理采出水的手段，也可作为强化采油的手段。地下灌注控制计划规定了良好的施工标准和机械完整性监测，以及可以注入的流体的类型和组成。

《资源保护和恢复法案》（RCRA） RCRA 中的 C 篇旨在规范和确保为产生、储存、处理、运输和处置危险废料制定适当的保障措施，其规定危险废料从产生到处理必须由政府监管。该法案规定危险废料在现场处理、储存或处置之前应签发许可证，并严格遵守许可证的规定。该法案涉及石油和天然气工业的主要问题是某些可能被归类为"危险废料"的物品是否可以成为"豁免废料"。此类问题是各州和环境保护局之间在未来石油和天然气生产的发展和增长中需要继续协调和处理的问题。

《综合环境响应、补偿和责任法案》(《超级基金法》) 1980 年颁布，为处置场地的清理提供资金机制，并确定 RCRA 的"全面"覆盖范围。如果石油和天然气勘探与生产部门在商业网点处理废料，则其可能被列为潜在责任方（PRP）并可能会被追责。

《有毒物质和控制法案》 勘探与生产公司历来不受该法案的约束，该法案主要适用于农药和多氯联苯（PCB）。然而，根据该法案规定，勘探与生产公司处理任何"有毒"残留物都受该法案的管辖。

《国家环境政策法案》 1970 年，国会通过了该法案，反映出联邦机构对环境问题日益关注，该法案可能开始关注管道架设等设施对环境产生的影响。

《空气排放控制、钻井和完井法》 环境保护局最近颁布了相关法规，对钻探天然气和石油过程中可能逃逸到大气中的某些化学物质进行了限制。此外，州政府也制定了类似法规，这意味着尽管该法案与州立法有所重叠，但其赋予了环境保护局更多的监督责任。

13.7 结论

世界正在经历新的能源革命，其本质是通过巨大的能源储备提高能源回收率。经济的可持续发展、创造就业机会、全球供需问题和能源独立都是人类需要关注的主要问题。环境治理必须随着变革加以改变，无论是应用研究还是成熟的环保技术。

本章试图对石油和天然气开发相关的主要环境问题提供个人见解和解决方法。油气开发生命周期中的不同环节会带来各种风险，本章对此类风险进行了详细说明。然而，相关研究证明其他因素也是尽可能降低总体风险的重要原因，包括监测（淡水源、化学品储罐等）、减少危险化学品（用量减少、替换为危险性较低的化学品）、适当的容器（用于化学品、采出水、钻井液等）、适当的井结构、优化运输以及遵循工艺标准/历史经验。

石油和天然气工业的新技术发展应侧重于尽量降低风险和隐患水平。应进一步利用在线测量（水、化学品等）和自动化阀门，尽可能缩小设备占地，并升级改造流体系统。从长远来看，应尝试进一步简化石油和天然气的开采，并去除冗余工序。

所有行业发展都存在一定的风险，石油和天然气工业应坚持可持续的商业发展方针，尽量降低风险，这需要严格遵守相关规则和条例、内部程序和历史经验，并不断开发新技术，以进一步减少环境影响。

致谢

作者特此感谢本章所引用论文作者以及推动石油和天然气工业技术发展的诸多机构在技术方面的贡献。

参 考 文 献

[1] Brannon, H. D. , Daulton, D. J. , Hudson, H. G. , Post, M. , and Jordan, A. 2012, Jan. 1. The Quest to Exclusive Use of Environmentally Responsible Fra (; turing Products and Systems. Society of Petroleum Engineers. doi: 10. 2118/152068-MS.

［2］ Bukovac, T. , Belhaouas, R. , Perez, D. R. , Dragomir, A. , Ghita, V. , and Webel, C. E. 2009, Jan. 1. Successful Multistage Hydraulic; Fracturing Treatments Using a Seawater-Based Polymer-Free Fluid System Exe 铜 (Cu) ted From a Supply Vessel; Lebada Vest Field, Black Sea Offshore Romania. Society of Petroleum Engineers. doi: 10. 2118/121204-MS.

［3］ Bryant, J. E. , and Haggstrom, J. 2012, Jan. 1. An Environmental Solution to Help Reduce Freshwater Demands and Minimize Chemical Use. Society of Petroleum Engineers, doi: 10. 2118/153867-MS.

［4］ Denney, D. 2013, Mar. 1. Measurements of Hydraulic-Fracture-Induced Seismicity in Gas Shales. Society of Petroleum Engineers, doi: 10. 2118/0313-0149-JPT.

［5］ Dores, R. , Hussain, A. , Katehah, M. , and Adham, S. S. 2012, Jan. 1. Using Advanced Water Treatment Technologies to Treat Produced Waterfrom The Petroleum Industry. Society of Petroleum Engineers, doi : 10. 2118/157108-MS.

［6］ Fisher, M. K. Jul. 2010. The American Oil and Gas Reporter.

［7］ Fisher, M. K. , and Warpinski, N. R. 2012, Feb. 1. Hydraulic-Fracture-Height Growth: Real Data. Society of Petroleum Engineers, doi: 10. 2118/145949-PA.

［8］ Frohlich, c. , Potter, E. , Hayward, C. , Stump, B. 2010. Dallas-FF Worth Earthquakes Coincident with Actu- irty Associated with Natural Gas Production. The Leading Edge, March, pp. 270-275.

［9］ Gloe, L. , and Neal, G. 2009, Jan. 1. UV Light Reduces the Amount of Biocide Required to Disinfect Water for Fracturing Fluids. Society of Petroleum Engineers, doi: 10. 2118/125665-MS.

［10］ Harris, P. C. , and van Batenburg, D. 1999, Jan. 1. A Comparison of Freshwater- and Seawater-Based Bo-rate-Crosslinked Fracturing Fluids. Society of Petroleum Engineei ∗ s. doi: 10. 2118/50777-MS.

［11］ Holtsclaw, J. , Loveless, D. M. , Saini, R. K. , and Fleming, J. 2011, Jan. 1. Environmentally Fo 铜 (Cu) sed Crosslinkecl - Gel System Results in High Retained Proppant - Pack Conductivity. Society of Petroleum Engineers. doi: 10. 2118/146832-MS.

［12］ Kakadjian, S. , Thompson, J. , and Torres, R. 2015, Mar. 1. Fracturing Fluids from Produced Water. Society of Petroleum Engineers, doi: 10. 2118/173602-MS.

［13］ King, G. E. 2012, Apr. 1. Hydraulic Fracturing 101: What Eveiy Representative, Environmentalist, Regulator, Reporter, Investor, University Researcher, Neighbor, and Engineer Should Know about Hydraulic Fracturing Risk. Society of Petroleum Engineers, doi: 10. 2118/0412-0034-JPT.

［14］ Kinik, K. , and Wojtanowicz, A. K. 2011, Jan. 1. Identifying Environmental Risk of Sustained Casing Pressure. Society of Petroleum Engineers, doi: 10. 2118/143713-MS.

［15］ Lebas, R. A. , Shahan, T. W. , Lord, P. , and Luna, D. 2013, Feb. 4. Development and Use of High -TDS Recycled Produced Water for Crosslinked-Gel-Based Hydraulic Fracturing. Society of Petroleum Engineers, doi: 10. 2118/163824-MS.

［16］ Loveless, D. , Holtsclaw, J. , Saini, R. , Harris, P. C. , and Fleming, J. 2011, Jan. 1. Fracturing Fluid Comprised of Components Sourced Solely from the Food Industry Provides Superior Proppant Transport. Society of Petroleum Engineers, doi: 10. 2118/147206-MS.

［17］ Lord, P. , Weston, M. , Fontenelle, L. K. , and Haggstrom, J. 2013, Jun. 26. Recycling Water: Case Studies in Designing Fracturing Fluids Using Flowback, Produced, and Nontraditional Water Sources. Society of Petroleum Engineers, doi : 10. 2118/165641-MS.

［18］ Mantell, M. , 2010 Jan. 26. GWPC Annual OIC Conference, Austin, Texas, .

［19］ Neal, G. , Kleinwolterink, K. , Abney, L. , and Cloe, L. M. 2010, Jan. 1. Nonchemical Bacteria-Control Process. Society of Petroleum Engineers, doi: 10. 2118/133368-MS.

［20］ Rabak, I. , Horton, S. , Withers, M. , Bodin, P. , and Langston, T. 2011. Does History Repeat itself? The Enola, Arkansas Earthquake Swarm of 2001 , The Smithsonian/NASA Astrophysics Data System.

［21］ Rao, V. 2012. Shale Gas: The Promise and the Perily RTI Press.

［22］ Rodvelt, G. D. , Yeager, V. J. , and Hyatt, M. A. 2011, Jan. 1. Case History: (Challenges Using Ultraviolet Light to Control Bacteria in Marcellus Completions. Society of Petroleum Engineers. doi: 10. 2118/149445-MS.

［23］ Sanders, J. , Tuck, D. A. , and Sherman, R. J. 2010, Jan. 1. Are Your Chemical Products Green? A Chemical Hazard Scoring System. Society of Petroleum Engineers, doi: 10. 2118/126451-MS.

［24］ TeiTacina, J. , Parker, M. , and Slabaugh, B. 2001 , Jan. 1. Fracturing Fluid System Concentrate Provides Flexibility and Eliminates Waste. Society of Petroleum Engineers, doi: 10. 2118/66534-MS.

国外油气勘探开发新进展丛书（一）

书号：3592
定价：56.00元

书号：3663
定价：120.00元

书号：3700
定价：110.00元

书号：3718
定价：145.00元

书号：3722
定价：90.00元

国外油气勘探开发新进展丛书（二）

书号：4217
定价：96.00元

书号：4226
定价：60.00元

书号：4352
定价：32.00元

书号：4334
定价：115.00元

书号：4297
定价：28.00元

国外油气勘探开发新进展丛书（三）

书号：4539
定价：120.00元

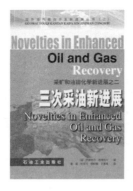

书号：4725
定价：88.00元

书号：4707
定价：60.00元

书号：4681
定价：48.00元

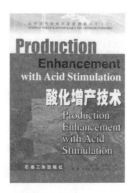

书号：4689
定价：50.00元

书号：4764
定价：78.00元

国外油气勘探开发新进展丛书（四）

书号：5554
定价：78.00元

书号：5429
定价：35.00元

书号：5599
定价：98.00元

书号：5702
定价：120.00元

书号：5676
定价：48.00元

书号：5750
定价：68.00元

国外油气勘探开发新进展丛书（五）

书号：6449
定价：52.00元

书号：5929
定价：70.00元

书号：6471
定价：128.00元

书号：6402
定价：96.00元

书号：6309
定价：185.00元

书号：6718
定价：150.00元

国外油气勘探开发新进展丛书（六）

书号：7055
定价：290.00元

书号：7000
定价：50.00元

书号：7035
定价：32.00元

书号：7075
定价：128.00元

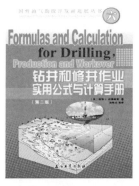

书号：6966
定价：42.00元

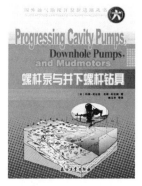

书号：6967
定价：32.00元

国外油气勘探开发新进展丛书（七）

书号：7533
定价：65.00元

书号：7802
定价：110.00元

书号：7555
定价：60.00元

书号：7290
定价：98.00元

书号：7088
定价：120.00元

书号：7690
定价：93.00元

国外油气勘探开发新进展丛书（八）

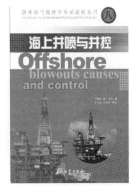

书号：7446
定价：38.00元

书号：8065
定价：98.00元

书号：8356
定价：98.00元

书号：8092
定价：38.00元

书号：8804
定价：38.00元

书号：9483
定价：140.00元

国外油气勘探开发新进展丛书（九）

书号：8351
定价：68.00元

书号：8782
定价：180.00元

书号：8336
定价：80.00元

书号：8899
定价：150.00元

书号：9013
定价：160.00元

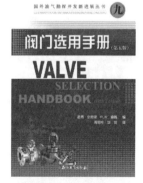

书号：7634
定价：65.00元

国外油气勘探开发新进展丛书（十）

书号：9009
定价：110.00元

书号：9989
定价：110.00元

书号：9574
定价：80.00元

书号：9024
定价：96.00元

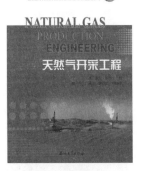

书号：9322
定价：96.00元

书号：9576
定价：96.00元

国外油气勘探开发新进展丛书（十一）

书号：0042
定价：120.00元

书号：9943
定价：75.00元

书号：0732
定价：75.00元

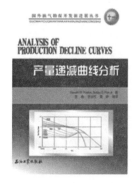

书号：0916
定价：80.00元

书号：0867
定价：65.00元

书号：0732
定价：75.00元

国外油气勘探开发新进展丛书（十二）

书号：0661
定价：80.00元

书号：0870
定价：116.00元

书号：0851
定价：120.00元

书号：1172
定价：120.00元

书号：0958
定价：66.00元

书号：1529
定价：66.00元

国外油气勘探开发新进展丛书（十三）

HANDBOOK OF LIQUEFIED NATURAL GAS
液化天然气手册

书号：1046
定价：158.00元

OFFSHORE STRUCTURES
DESIGN, CONSTRUCTION AND MAINTENANCE
海洋结构物设计、建造与维护

书号：1167
定价：165.00元

GAS SWEETENING AND PROCESSING FIELD MANUAL
天然气脱硫与处理手册

书号：1645
定价：70.00元

Reservoir Exploration and Appraisal
油气藏勘探与评价

书号：1259
定价：60.00元

THE PETROLEUM ENGINEERING HANDBOOK: SUSTAINABLE OPERATIONS
石油工程手册——可持续开发

书号：1875
定价：158.00元

WELL COMPLETION DESIGN
完井设计

书号：1477
定价：256.00元

国外油气勘探开发新进展丛书（十四）

APPLIED PETROLEUM RESERVOIR ENGINEERING, THIRD EDITION
实用油藏工程（第三版）

书号：1456
定价：128.00元

HYDRAULIC FRACTURING EXPLAINED EVALUATION, IMPLEMENTATION AND CHALLENGES
水力压裂解释——评估、实施和挑战

书号：1855
定价：60.00元

PETROLEUM ENGINEER'S GUIDE TO OIL FIELD CHEMICALS AND FLUIDS
石油工程师指南——油田化学品与流体

书号：1874
定价：280.00元

书号：2857
定价：80.00元

书号：2362
定价：76.00元

国外油气勘探开发新进展丛书（十五）

书号：3053
定价：260.00元

书号：3682
定价：180.00元

书号：2216
定价：180.00元

书号：3052
定价：260.00元

书号：2703
定价：280.00元

书号：2419
定价：300.00元

国外油气勘探开发新进展丛书（十六）

书号：2428
定价：168.00元

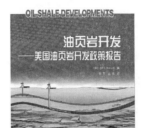

书号：1979
定价：65.00元

书号：3384
定价：168.00元

书号：2274
定价：68.00元

书号：3450
定价：280.00元

国外油气勘探开发新进展丛书（十七）

书号：2862
定价：160.00元

书号：3081
定价：86.00元

书号：3514
定价：96.00元

书号：3512
定价：298.00元

书号：3980
定价：220.00元

国外油气勘探开发新进展丛书（十八）

书号：3702
定价：75.00元

书号：3734
定价：200.00元

书号：3693
定价：48.00元

书号：3513
定价：278.00元

书号：3772
定价：80.00元

国外油气勘探开发新进展丛书（十九）

书号：3834
定价：200.00元

书号：3991
定价：180.00元

书号：3988
定价：96.00元

书号：3979
定价：120.00元

书号：4043
定价：100.00元

书号：4259
定价：150.00元